網頁設計
完全攻略

HTML、CSS
JavaScript
Bootstrap
jQuery
Vue.js、RWD

搭配 ChatGPT 效率加倍

關 於 本 書

HTML、CSS 與 JavaScript 是網頁設計最核心也最基礎的技術，無論您是想從頭開發一個網頁或改寫既有的網頁，這三種技術都是必學的基本功。此外，我們還會介紹**響應式網頁設計 (RWD)**、**Bootstrap**、**jQuery**、**Vue.js** 等進階的技術，幫助您更有效率地開發網頁。

在 **ChatGPT** 橫空出世後，有不少人驚覺「寫程式」即將被 AI 工具取代，沒錯，AI 工具確實能夠寫程式，但這並不表示您就不用學程式設計，而是程式設計師必須要進化為 AI 工具的程式審查員或教 AI 學習的老師。

換句話說，您必須具備程式設計能力，才有辦法跟 AI 工具溝通，讓它寫出您需要的程式碼，也才有辦法閱讀或審查 AI 工具所生成的程式碼，確保程式碼是正確的、有效率的、經過完整測試的，而想要練就扎實的程式功力，您所需要的正是一本好書。

在本書的一開始，我們會先告訴您如何使用 ChatGPT 學習網頁設計並撰寫網頁程式，之所以將 ChatGPT 放在最前面的章節，主要是因為這些技巧都可以運用到目前的網頁技術，與其分散到各個章節，倒不如集中在一個章節，比較能夠有系統地學習。

本書內容

- **第 0 章－ ChatGPT**：在本章中，我們會介紹如何使用 ChatGPT 學習網頁設計，例如撰寫網頁程式、解讀網頁程式、加註解、除錯、查詢語法、尋求技術支援、出題練習、解題、與其它程式語言做轉換等。

- **Part 1 － HTML**：HTML 可以用來定義網頁的內容，開發各種網頁應用程式。在本篇中，我們會介紹 HTML 常用的元素，例如文件結構、資料編輯與格式化、嵌入內容、表格、表單等。

- **Part 2 － CSS**：CSS 可以用來定義網頁的外觀，包括編排、顯示、格式化及特殊效果。在本篇中，我們會介紹 CSS 常用的屬性，例如色彩、字型、文字、清單、Box Model、定位方式、背景、漸層、濾鏡、表格、Flexbox Layout、Grid Layout、變形、轉場、動畫、媒體查詢等。

✅ **Part 3 － JavaScript**：JavaScript 可以用來定義網頁的行為，在本篇中，我們會介紹 JavaScript 的基本語法，包括型別、變數、常數、運算子、流程控制、函式、物件等，還會介紹 JavaScript 在瀏覽器端的應用，也就是如何利用 JavaScript 讓靜態網頁具有動態效果，包括文件物件模型 (DOM)、瀏覽器物件模型 (BOM)、事件處理等。

✅ **Part 4 －網頁前端框架**：在本篇中，我們會介紹下列幾種技術：

- **Bootstrap**：這是很受歡迎的 HTML、CSS 與 JavaScript 框架，用來開發響應式 (responsive)、行動優先 (mobile first) 的網頁，使用者無須撰寫 CSS 或 JavaScript 程式碼，就可以輕鬆設計出響應式網頁。

- **jQuery**：這是一個快速、輕巧、功能強大的 JavaScript 函式庫，透過它所提供的 API，可以讓諸如操作 HTML 文件、選擇 HTML 元素、處理事件、建立特效、使用 Ajax 技術等動作變得更簡單。

- **Vue.js**：除了 Bootstrap 和 jQuery，還有許多應用於 JavaScript 程式開發的函式庫與框架，例如 Vue.js、React、Angular、Backbone.js 等，其中 Vue.js 是一個 JavaScript 函式庫，提供 API 讓 Web 開發人員進行資料繫結及操作網頁上的元素，解決畫面顯示與資料狀態同步的問題。由於 Vue.js 簡單易學、容易導入並具有高度的擴充性，所以我們也將它納入本書一併做介紹。

此外，我們還會介紹**響應式網頁設計** (RWD，Responsive Web Design)，這是一種網頁設計方式，目的是根據使用者的瀏覽器環境 (例如寬度或方向等)，自動調整網頁的版面配置，以提供最佳的顯示結果，換句話說，只要設計單一版本的網頁，就能完整顯示在 PC、平板電腦、智慧型手機等裝置。

為了讓您體驗如何將各種語法活用到實際的網頁設計，我們設計了**三個大範例－「圖庫網站」、「旅遊網站」和「部落格網站」**，其中第一個範例是使用 HTML 和 CSS 手刻響應式網頁，而第二、三個範例是使用 HTML、CSS 和 Bootstrap 開發響應式網頁，這些範例均相當精美，對於設計人員開發網頁、老師設計教學範例、學生製作專題或參加競賽都極具參考價值。

排版慣例

本書在條列 HTML 元素、CSS 屬性與 JavaScript 語法時，遵循下列排版慣例：

- HTML 不會區分英文字母大小寫，本書將統一採取小寫英文字母，至於 CSS 與 JavaScript 則會區分英文字母大小寫。

- 斜體字表示網頁設計人員輸入的屬性值、敘述或名稱，例如 src="*url*" 的 *url* 表示自行輸入的網址。

- 中括號 [] 表示可以省略不寫，例如 function 函式名稱 ([參數]) 的 [參數] 表示函式的參數可以有，也可以沒有。

- 垂直線｜用來隔開替代選項，例如 font-style: normal | italic | oblique 表示 font-style（字型樣式）屬性的值可以是 normal（正常）、italic（斜體）或 oblique（傾斜體）。

聯絡方式

我們一直致力於提升內容的品質，然相關技術不斷更新，難免有疏漏，如果您有建議，歡迎與我們聯絡：碁峰資訊網站 https://www.gotop.com.tw/；國內學校業務處電話－台北 (02)2788-2408、台中 (04)2452-7051、高雄 (07)384-7699。

版權聲明

本書所引用之國內外商標、產品及例題，純為介紹相關技術所需，絕無任何侵權意圖或行為，特此聲明。此外，未經授權請勿將本書全部或局部內容以其它形式散布、轉載、複製或改作。

線上下載

本書範例程式請至 **http://books.gotop.com.tw/download/ACL070300** 下載，其中有些圖片是以 **AI 工具 Midjourney** 所生成，僅供練習使用，您可以運用本書範例程式開發自己的程式，但請勿販售或散布。附帶一提，本書封面圖案也是使用 Midjourney 所生成，希望您會喜歡！

本書範例網站 01　手刻響應式網頁－圖庫網站

使用 HTML 和 CSS 手刻響應式的圖庫網站，包含斷點設計、版面設計、彈性盒子版面 (Flexible Box Layout)、格線版面 (Grid Layout)、網站圖示等技巧。

❶　小尺寸裝置的瀏覽結果 (手機版)，內容區會顯示單欄。

❷　中尺寸裝置的瀏覽結果 (平板電腦版)，內容區會顯示兩欄。

❸　大尺寸裝置的瀏覽結果 (PC 版)，內容區會顯示三欄。

本書範例網站 02　Bootstrap 響應式網頁－旅遊網站

使用 HTML、CSS 和 Bootstrap 製作響應式的旅遊網站，包含導覽列、導覽按鈕、搜尋表單、輪播、警報效果、卡片等元件。

❶　小尺寸裝置的瀏覽結果 (手機版)，內容區會顯示單欄。

❷　中尺寸裝置的瀏覽結果 (平板電腦版)，內容區會顯示兩欄。

❸　大尺寸裝置的瀏覽結果 (PC 版)，內容區會顯示四欄。

本書範例網站 03　Bootstrap 響應式網頁－部落格網站

使用 HTML、CSS 和 Bootstrap 製作響應式的部落格網站，包含頁首、導覽列、搜尋圖示、文章、側邊欄、頁尾等區塊。

❶ 中小尺寸裝置的瀏覽結果，內容區會顯示單欄，先顯示文章，再顯示側邊欄。

❷ 大尺寸裝置的瀏覽結果，內容區會顯示雙欄，包含文章與側邊欄。

Part 1 ｜ HTML

Part 2 ｜ CSS

07　CSS 基本語法

08　色彩、字型、文字與清單

10 背景、漸層、濾鏡與表格

11 CSS 版面設計

Part 3 │ JavaScript

14 JavaScript 基本語法

15　JavaScript 內建物件

16 文件物件模型 (DOM)

17 瀏覽器物件模型 (BOM)

18 事件處理

Part 4 │ 網頁前端框架

19 Bootstrap 網格系統

20 Bootstrap 樣式

21 Bootstrap 元件

22 響應式網頁設計實例 — 旅遊網站

25 Vue.js

00

網頁設計 ╳ ChatGPT

The Complete Guide to Web Design

0-1 開始使用 ChatGPT

如果您以為「**網頁設計 ×ChatGPT**」聯名只是搶搭生成式 AI 工具的熱潮，那麼在您看過本章後，可就要改觀了，因為 ChatGPT 不但真的會寫網頁，而且程式碼簡潔乾淨，不輸給程式設計高手。

或許您會問，「既然如此，那我還買這本書做什麼，通通交給 ChatGPT 寫不就好了？！」，事實上，如果您完全不懂網頁設計，甚至沒有程式設計基礎，您要如何對 ChatGPT 提問呢？怎樣才能讓 ChatGPT 寫出您心裡面想要的程式呢？再者，您又要如何判斷 ChatGPT 所寫出來的程式對不對呢？品質好不好呢？

畢竟 ChatGPT 所提供的答案無法保證百分之百正確，因此，ChatGPT 就是一個很厲害的小幫手，可以幫助您快速撰寫程式，但您還是需要一本有系統的好書帶您學會網頁設計，才能勝任產品經理或程式碼審查員的工作。

使用 ChatGPT 的方式很簡單，請連線到 ChatGPT 官方網站 (https://chat.openai.com/auth/login)，尚未註冊的人可以按 **[Sign up]**，然後依照畫面上的提示進行註冊，已經註冊的人可以按 **[Log in]**，然後輸入帳號與密碼進行登入。

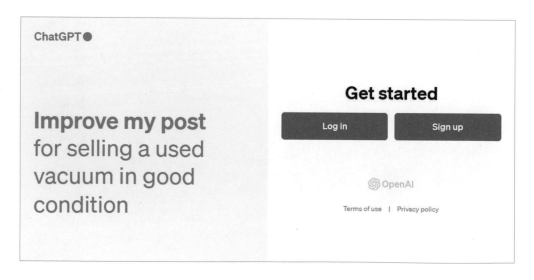

0-1-1 請 ChatGPT 扮演網頁設計專家的角色

在登入 ChatGPT 後，請輸入「**你是一個網頁設計專家，熟悉 HTML、CSS、JavaScript、Bootstrap、jQuery、Vue.js 等網頁前端技術，你的任務就是幫助我撰寫網頁。**」，然後按 ▶，將 ChatGPT 所要扮演的角色告訴它。

ChatGPT 的回答如下，由於它每次生成的對話不一定相同，所以您看到的畫面可能跟書上不同。側邊欄有目前對話的名稱，您可以按 🖊 輸入新名稱，也可以按 🗑 刪除對話，或按 ➕ New Chat 開啟新對話。

0-1-2 請 ChatGPT 提供網頁設計的學習建議

我們先來問 ChatGPT 對於學習網頁設計有何建議，於是輸入「**請問我該如何開始學習網頁設計？**」，得到如下回答。

JE 請問我該如何開始學習網頁設計？

 以下是一個建議的學習路徑，可以幫助你入門網頁設計：

1. **學習基本的 HTML：**
   - 開始學習 HTML（超文本標記語言），這是網頁的結構基礎。
   - 了解 HTML 標籤、元素和屬性。
   - 創建簡單的網頁，練習編寫 HTML 代碼。
2. **學習 CSS：**
   - CSS（層疊樣式表）用於設計網頁的外觀和布局。
   - 學習如何選擇元素、應用樣式和設定佈局。
   - 練習創建各種不同風格的網頁元素。
3. **掌握 Responsive Web Design（響應式網站設計）：**
   - 學習如何使網頁適應不同的螢幕尺寸和設備。
   - 掌握媒體查詢（Media Queries）以及流式佈局（Fluid Layouts）等技術。
4. **深入 JavaScript：**
   - JavaScript 是網頁的互動和動態功能的核心。
   - 學習變數、數據類型、控制結構和函數等基本概念。
   - 掌握 DOM（文檔對象模型）操作，以實現互動性。
5. **學習前端框架和庫：**
   - 探索流行的前端框架和庫，例如 Bootstrap、jQuery 和 Vue.js。
   - Bootstrap 可以幫助你快速構建具有現代外觀的網頁。
   - jQuery 簡化了 JavaScript 的操作。
   - Vue.js 是一個現代的 JavaScript 框架，用於構建動態的單頁應用程序（SPA）。
6. **練習項目：**
   - 最好的學習方法是實踐。嘗試創建自己的小型網頁項目，例如個人網站、部落格或網上商店。
   - 參加開源項目或參與線上網頁設計課程，以增加你的實踐經驗。

根據 ChatGPT 所建議的學習路徑，您可以跟本書的目錄做對照，步驟 1. 對照至第 1 ~ 6 章；步驟 2. 對照至第 7 ~ 12 章；步驟 3. 對照至第 13 章；步驟 4. 對照至第 14 ~ 18 章；步驟 5. 對照至第 19 ~ 25 章，本書所挑選的前端框架為目前普遍使用的 Bootstrap、jQuery 和 Vue.js。前面的 5 個步驟您可以依照本書的安排，按部就班的學習，至於後面的步驟 6. 則要靠您自己多加練習，實戰經驗愈豐富，功力自然愈強大。

0-2 查詢網頁設計相關的語法

您可以向 ChatGPT 提出任何有關 HTML、CSS、JavaScript、RWD、Bootstrap、jQuery、Vue.js...的問題,就會得到相關的說明與程式碼範例,例如:

- HTML5 提供了哪些結構元素?

- 提供 <a> 元素的語法與使用範例。

- 若要在網頁上插入圖片,可以使用哪個 HTML 元素?

- 撰寫一個網頁,裡面嵌入 Facebook 粉絲專頁,該專頁的網址為 https://www.facebook.com/hsinwangbakery/。

- 撰寫一個網頁,裡面有一個表單,包含一個姓名欄位,一個密碼欄位,一組「男」和「女」的選擇鈕,一組「蛋糕」、「餅乾」、「馬卡龍」的核取方塊,一個「提交」按鈕和一個「重設」按鈕。

- 什麼是響應式網頁設計 (RWD,Responsive Web Design)?

- CSS animation(動畫)和 CSS transition(轉場)有何不同?

- 如何 reset CSS?

- 使用 HTML 和 CSS 撰寫一個漢堡選單。

- JavaScript 有哪些資料型別?

- JavaScript isNaN() 的語法?

- JavaScript if 的語法?

- 撰寫一個 JavaScript 函式用來找出陣列中的最小值和最大值。

- 使用 JavaScript 撰寫一個猜數字遊戲的網頁。

- 哪個 JavaScript 函式可以用來排序?

下面是在 ChatGPT 輸入「**JavaScript for 迴圈的語法以及使用範例**」所得到的回答，裡面有詳細的語法說明和一個使用範例，若想查看更多使用範例，可以請 ChatGPT 繼續提供。

0-3 查詢網頁設計相關的技術建議

我們可以請 ChatGPT 推薦一些有關網頁設計的學習資源，或是向 ChatGPT 請求技術建議，例如「我該如何撰寫一個效能良好的 Bootstrap 程式？」、「什麼是網頁框架？我可以使用哪些網頁框架來加快開發進程？」等。下面是在 ChatGPT 輸入「**請推薦一些有關 JavaScript 的學習資源**」所得到的回答，裡面有線上課程、書籍、影片、社群、討論區等。

 請推薦一些有關JavaScript的學習資源

 當然可以！以下是一些值得推薦的JavaScript學習資源：

1. 網上教程：
   * Mozilla Developer Network (MDN)：MDN是一個很好的學習JavaScript的資源，提供詳盡的文檔和指南。入門教程：https://developer.mozilla.org/en-US/docs/Web/JavaScript/Guide
   * W3Schools：W3Schools提供了豐富的JavaScript教程和範例，適合初學者。教程鏈接：https://www.w3schools.com/js/
2. 書籍：
   * 《JavaScript高級程序設計》（作者：Nicholas C. Zakas）：這本書被認為是JavaScript的經典教材，適合初學者和有經驗的開發者。
3. 視頻課程：
   * FreeCodeCamp：在YouTube上有很多免費的JavaScript教程，其中FreeCodeCamp提供了一個完整的JavaScript課程，涵蓋基礎到進階知識。鏈接：https://www.youtube.com/watch?v=PkZNo7MFNFg
   * Udemy：Udemy平台上有許多優質的JavaScript課程（收費），適合不同程度的學習者。網站鏈接：https://www.udemy.com/topic/javascript/
4. 編程挑戰和練習：
   * LeetCode：LeetCode是一個編程練習平台，提供了許多JavaScript編程挑戰，適合提高編程能力。網站鏈接：https://leetcode.com/
   * Codewars：Codewars是一個編程練習社區，提供了大量的JavaScript編程挑戰，適合練習實際技能。網站鏈接：https://www.codewars.com/
5. 開源項目和社區：
   * GitHub：GitHub上有許多開源的JavaScript項目和函式庫，你可以通過閱讀他人的代碼來學習最佳實踐。網站鏈接：https://github.com/
   * Stack Overflow：Stack Overflow是一個程式設計問答社區，你可以在這裡找到很多關於JavaScript的問題和答案。網站鏈接：https://stackoverflow.com/
6. 參加線上學習社區和討論區：例如Reddit的r/javascript和r/learnjavascript。

0-4 撰寫網頁程式與除錯

我們可以請 ChatGPT 撰寫網頁程式、解讀網頁程式的意義、幫忙加上註解或進行除錯,以下有進一步的說明。

0-4-1 撰寫指定用途的網頁程式

當您要請 ChatGPT 撰寫網頁程式時,請詳細描述程式的用途,這樣它所撰寫出來的程式就會更符合要求,例如「請撰寫一個網頁,裡面有一個連結到 Google 台灣的超連結」、「請撰寫一個網頁,裡面以表格列出春夏秋冬的中英對照」、「請給我實現氣泡排序法的 JavaScript 程式」、「請給我使用 for 迴圈實現九九乘法表的 JavaScript 程式」、「請撰寫一個網頁,裡面有一個標題 1 格式的字串 "Hello!",當指標移到該字串時,字串會變成紅色,當指標離開該字串時,字串會恢復成預設的顏色」等。

下面是在 ChatGPT 輸入「**請給我計算整數 1 加到 10 的總和的 JavaScript 程式**」所得到的回答,裡面除了有程式碼,還有相關的說明,若要複製程式碼,只要點取程式碼方塊右上角的 **[Copy code]** 即可。

JE　請給我計算整數1加到10的總和的JavaScript程式

以下是使用 JavaScript 計算整數 1 到 10 的總和的程式:

```javascript
let sum = 0;
for (let i = 1; i <= 10; i++) {
  sum += i;
}
console.log(sum);
```

這段程式碼使用了 `for` 迴圈從 1 遍歷到 10,並將每個整數累加到 `sum` 變數中。迴圈結束後,`console.log(sum)` 將總和輸出到控制台。

0-4-2 解讀網頁程式的意義

除了撰寫網頁程式之外，ChatGPT 也可以解讀網頁程式的意義。下面是在 ChatGPT 輸入**「這段程式碼可以做什麼？」**，然後附上一段程式碼，ChatGPT 就會辨識出這段程式碼是以 HTML 撰寫而成，並講解主要結構和功能，說得非常清楚。

為了方便截圖做示範，所以我們附上的程式碼相當簡短，您也可以試著提問更複雜的程式碼，看看 ChatGPT 是否能夠正確解讀。

這段程式碼可以做什麼？

```html
<!DOCTYPE html>
<html>
  <head>
    <meta charset="utf-8">
  </head>
  <body>
    <form>
      <input type="radio" name="gender" id="male" value="男">
      <label for="male">男</label>
      <input type="radio" name="gender" id="female" value="女">
      <label for="female">女</label>
    </form>
  </body>
</html>
```

這段程式碼創建了一個簡單的HTML網頁，其中包含一個表單，該表單包括兩個單選按鈕（Radio Buttons）和相應的標籤（Labels）。該表單用於選擇性別（男性或女性）。

這是程式碼的主要結構和功能：

1. `<form>` 元素：這個元素定義了表單，它是一個用於接受和提交用戶輸入的HTML元素。
2. 兩個 `<input>` 元素：這些元素是單選按鈕（Radio Buttons），用於允許用戶從多個選項中選擇一個。這兩個單選按鈕都有相同的 `name` 屬性值為 "gender"，這意味著它們是一組相關聯的選項，用戶只能選擇其中一個。
3. 兩個 `<label>` 元素：這些標籤元素與單選按鈕相關聯。標籤的 `for` 屬性指向相應的單選按鈕的 `id`，這樣當用戶點擊標籤時，相應的單選按鈕將被選中。
4. `value` 屬性：每個單選按鈕都有一個 `value` 屬性，它定義了選項的值。當用戶選擇一個選項時，選擇的值將被提交到表單的伺服器端或JavaScript中。

0-4-3　幫網頁程式加上註解

適當的註解可以增加程式的可讀性，有助於其它共同開發者或未來的自己瞭解程式。下面是在 ChatGPT 輸入「**幫這段程式碼加上註解**」，然後附上一段程式碼，ChatGPT 就會詳細地加上註解，只是裡面有些用語可能跟我們平常習慣的不同，建議您稍微修改一下會更順暢。

同樣的，為了方便截圖做示範，所以我們附上的程式碼相當簡短，您也可以試著提問更複雜的程式碼，看看 ChatGPT 是否能夠正確加上註解。

JE　幫這段程式碼加上註解
```javascript
let sum = 0;
for (let i = 1; i <= 10; i++) {
 sum += i;
}
console.log(sum);
```

以下是為該段程式碼添加註解的版本：

```javascript
// 初始化一個變量 sum 用於存儲整數和
let sum = 0;

// 使用 for 迴圈遍歷從 1 到 10 (包含) 的整數
for (let i = 1; i <= 10; i++) {
  // 將當前的 i 值累加到 sum 變量中
  sum += i;
}

// 迴圈結束後，將變量 sum 的值 ( 1 到 10 之間所有整數的和 ) 打印到控制台
console.log(sum);
```

這些註解解釋了程式碼的主要部分，有助於理解其功能和工作原理。註解是一種好的編程實踐，有助於保持程式碼的可讀性，對於其他開發者或未來的自己來說，這是一個很有幫助的方式。

0-4-4 解決網頁程式的錯誤 (除錯)

當您遇到網頁程式執行錯誤時，可以向 ChatGPT 提問，讓它幫助您解決錯誤，也就是**除錯** (debug)，例如「為什麼這個程式執行錯誤？」、「我該如何解決這個程式的錯誤？」等。

下面是在 ChatGPT 輸入「**這段程式碼有什麼錯誤？**」，然後附上一段程式碼，ChatGPT 會先確認程式碼的意圖，接著根據意圖找出錯誤，解釋這樣的錯誤應該如何修正，然後提供修正完畢的程式碼。

JE 這段程式碼有什麼錯誤？

```
let sum = 0;
for (let i = 1; i <= 10; i++) {
  sum + i;
}
console.log(sum);
```

這段程式碼的錯誤在於在 `for` 迴圈內，應該將 `sum` 與 `i` 相加後的結果重新賦值給 `sum`。但是，目前的代碼中只有 `sum + i` 這個表達式，它並未更新 `sum` 的值。應該使用 `+=` 運算符來修正這個問題。

以下是修正後的程式碼：

```javascript
let sum = 0;
for (let i = 1; i <= 10; i++) {
  sum += i; // 使用 '+=' 運算符將 sum 與 i 相加後的結果重新賦值給 sum
}
console.log(sum);
```

在修正後的程式碼中，`sum += i` 將 `sum` 與 `i` 相加後的結果重新賦值給 `sum`。這樣，程式碼將正確地計算 1 到 10 之間所有整數的和並將結果打印到控制台。

0-5 與其它程式語言互相轉換

ChatGPT 不僅能夠撰寫 JavaScript 程式，還可以在 JavaScript 和其它程式語言之間做轉換，就像它能夠順暢地在中文、英文、日文、韓文、德文、法文等多種語言之間做翻譯一樣。

0-5-1 將 JavaScript 程式轉換成其它程式語言

我們可以透過 ChatGPT 將 JavaScript 程式轉換成其它程式語言，下面是在 ChatGPT 輸入「**將這段程式碼翻譯成 Python 語法**」，然後附上一段程式碼，ChatGPT 除了會如實地轉換成 Python 程式，還會加上註解與相關的說明，您也可以試著轉換更複雜的程式碼。

JE　將這段程式碼翻譯成Python語法

```
let sum = 0;
for (let i = 1; i <= 10; i++) {
  sum += i;
}
console.log(sum);
```

以下是將該段 JavaScript 程式碼翻譯成 Python 語法的版本：

```python
sum = 0
for i in range(1, 11):  # 注意，Python 的 range 函數在此情況下是左閉右開區間，所以用 11

    sum += i

print(sum)
```

這段 Python 程式碼與原始的 JavaScript 程式碼具有相同的功能，即計算從 1 到 10（包括 1 和 10）的所有整數的和，然後將結果輸出到控制台。在 Python 中，`for` 迴圈使用 `range()` 函數生成一個整數序列，並使用 `print()` 函數將結果輸出到控制台。

0-5-2 將其它語言撰寫的程式轉換成 JavaScript

我們可以透過 ChatGPT 將其它語言撰寫的程式轉換成 JavaScript，下面是在 ChatGPT 輸入「**將這段程式碼改寫成 JavaScript 程式**」，然後附上一段程式碼，ChatGPT 會先判斷這是以 Python 所撰寫，然後改寫成 JavaScript。

```
將這段程式碼改寫成JavaScript程式
answer = input("請輸入「快樂」的英文：")
while answer.upper() != "HAPPY":
    answer = input("答錯了，請重新輸入「快樂」的英文：")
else:
    print("答對了！")
```

以下是將給定的 Python 程式碼改寫成 JavaScript 的版本。由於 JavaScript 不具備類似 Python 的 `input()` 函數，因此我們將這個例子改為使用 HTML 的 `prompt` 對話框來獲取用戶輸入。

```javascript
function askForTranslation() {
  let answer = prompt("請輸入「快樂」的英文：");

  while (answer.toUpperCase() !== "HAPPY") {
    answer = prompt("答錯了，請重新輸入「快樂」的英文：");
  }

  alert("答對了！");
}

askForTranslation();
```

這段 JavaScript 程式碼定義了一個名為 `askForTranslation` 的函數，它使用 `prompt()` 函數獲取用戶輸入，並使用 `while` 迴圈檢查用戶輸入是否正確。如果答案不是 "HAPPY"（不區分大小寫），則再次提示用戶重新輸入。一旦答案正確，則使用 `alert()` 函數顯示 "答對了！"。最後，調用 `askForTranslation()` 函數以運行程式。

0-5-3 將使用 jQuery 的程式轉換成原生的 JavaScript

為了提高效能，有些人會將使用 jQuery 的程式轉換成原生的 JavaScript。下面是在 ChatGPT 輸入「**用原生的 JS 語法改寫這段程式碼**」，然後附上一段程式碼，ChatGPT 就會加以改寫，這些語法會在接下來的章節中做介紹。

JE 用原生的JS語法改寫這段程式碼

```html
<!DOCTYPE html>
<html>
  <head>
    <meta charset="utf-8">
  </head>
  <body>
    <button id="btn">Toggle</button>
    <h1>Hello, jQuery!</h1>
    <script src="https://code.jquery.com/jquery-3.6.4.min.js"></script>
    <script>
      $('#btn').on('click', function() {
        $('h1').toggle();
      });
    </script>
  </body>
</html>
```

以下是將該段程式碼中的 jQuery 語法替換為原生 JavaScript 語法的版本：

```html
                                                          Copy code
<!DOCTYPE html>
<html>
  <head>
    <meta charset="utf-8">
  </head>
  <body>
    <button id="btn">Toggle</button>
    <h1>Hello, jQuery!</h1>
    <script>
      // 獲取按鈕和 h1 元素的引用
      const btn = document.getElementById('btn');
      const h1 = document.querySelector('h1');

      // 為按鈕元素添加點擊事件監聽器
      btn.addEventListener('click', function() {
        // 切換 h1 元素的可見性
        h1.style.display = h1.style.display === 'none' ? '' : 'none';
      });
    </script>
  </body>
</html>
```

在這個修改後的版本中，我們去掉了對 jQuery 函式庫的引用，並使用原生 JavaScript 語法替換了 jQuery 語法。首先，我們使用 `getElementById()` 和 `querySelector()` 函數分別獲取按鈕和 `<h1>` 元素的引用。然後，我們使用 `addEventListener()` 函數為按鈕元素添加個點擊事件監聽器。當按鈕被點擊時，監聽器將執行一個函數，該函數會切換 `<h1>` 元素的可見性。

0-6 提供練習測驗與解答

勤加練習是提升程式功力的不二法門，ChatGPT 也可以幫忙出題練功，例如「針對 HTML 的表單元素提供一些練習題目」、「針對 CSS 的轉場屬性提供一些練習題目」等。下面是在 ChatGPT 輸入「**針對 JavaScript 的 for 語法提供一些練習題目**」，ChatGPT 就會生成不同程度的 for 語法應用，若需要更多題目，可以輸入「**繼續**」，就會再生成其它題目。

 針對JavaScript的for語法提供一些練習題目

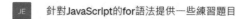 以下是一些針對 JavaScript `for` 語法的練習題目：

1. 編寫一個程式，打印出 1 到 10 的所有整數。
2. 編寫一個程式，計算 1 到 100 的所有偶數的和。
3. 編寫一個程式，輸出 1 到 100 的所有質數。
4. 編寫一個程式，讀取一個包含多個整數的數組，並計算所有整數的平均值。
5. 編寫一個程式，讀取一個包含多個整數的數組，並找出最大和最小的整數。
6. 編寫一個程式，讀取一個包含多個整數的數組，並將所有整數逆序排列。
7. 編寫一個程式，讀取一個包含多個字符串的數組，並打印出每個字符串的長度。
8. 編寫一個程式，讀取一個包含多個字符串的數組，並將每個字符串轉換為大寫字母。
9. 編寫一個程式，讀取一個包含多個整數的數組，並打印出所有奇數的個數。
10. 編寫一個程式，讀取一個包含多個整數的數組，並計算這些整數的累積和。

這些題目涵蓋了不同程度的 JavaScript `for` 語法應用。您可以嘗試解決這些問題，並在實現過程中熟悉 `for` 語法。祝您學習愉快！

 繼續

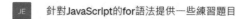 以下是更多針對 JavaScript `for` 語法的練習題目：

11. 編寫一個程式，打印出一個 n x n 的乘法表，其中 n 是一個自然數。
12. 編寫一個程式，讀取一個包含多個整數的數組，並判斷數組是否包含重複的整數。
13. 編寫一個程式，讀取一個包含多個整數的數組，並將所有正數相加，所有負數相加，分別打印出正數和負數的和。
14. 編寫一個程式，讀取一個包含多個字符串的數組，並打印出所有以元音字母開頭的字符串。
15. 編寫一個程式，讀取一個包含多個整數的數組，並將所有偶數移到數組的前部分，所有奇數移到數組的後部分。

ChatGPT 能夠生成練習題目，當然也能夠生成解答。下面是在 ChatGPT 輸入剛才生成的題目「**編寫一個程式，輸出 1 到 100 的所有質數**。」，從回答中可以看到程式碼不僅正確，而且簡潔，適合初學者觀摩學習。

JE　編寫一個程式，輸出 1 到 100 的所有質數。

以下是一個 JavaScript 程式，輸出 1 到 100 的所有質數：

```javascript
function isPrime(num) {
  if (num <= 1) {
    return false;
  }
  for (let i = 2; i <= Math.sqrt(num); i++) {
    if (num % i === 0) {
      return false;
    }
  }
  return true;
}

for (let i = 1; i <= 100; i++) {
  if (isPrime(i)) {
    console.log(i);
  }
}
```

這個程式碼首先定義了一個名為 `isPrime` 的函數，用於檢查輸入的整數是否為質數。如果輸入的數字小於等於 1，則返回 `false`。然後，函數使用一個 `for` 迴圈檢查從 2 到 `num` 的平方根的所有整數。如果找到任何可以整除 `num` 的因數，則返回 `false`。否則，返回 `true` 表示該數字是質數。

接下來，程式碼使用另一個 `for` 迴圈遍歷 1 到 100 的所有整數，並使用 `isPrime` 函數檢查每個整數是否為質數。如果是質數，則將其輸出到控制台。

閱讀至此，相信您已經體驗到 ChatGPT 強大的程式撰寫功力，請發揮舉一反三的精神善加利用，讓它成為您學習網頁設計的好夥伴！

CHAPTER

01

網頁設計基礎

1-1 網站建置流程

網站建置流程大致上可以分成如下圖的四個階段，以下就為您做說明。

1-1-1 階段一：蒐集資料與規劃網站架構

階段一的工作是蒐集資料與規劃網站架構，除了釐清網站所要傳達的內容，更重要的是**確立網站的目的、功能與目標使用者**，也就是「誰會使用這個網站以及如何使用」，然後規劃出組成網站的所有網頁，將網頁之間的關係整理成一張階層式的架構圖，稱為**網站地圖** (sitemap)。

下面幾個問題值得您深思：

- 網站的目的是為了銷售產品或服務？塑造並宣傳企業形象？還是方便業務聯繫、企業徵才或客戶服務？抑或作品展示、技術交流或資訊分享？若網站本身具有商業用途，那麼您還需要進一步瞭解其行業背景，包括品牌理念、產品類型、企業文化、競爭對手等。

- 網站的建置與經營需要投入多少人力、時間、預算與資源？您打算如何行銷網站？有哪些管道及相關的費用？

- 網站將提供哪些資訊或服務給哪些對象？若是個人的話，那麼其統計資料為何？包括年齡層、男性與女性的比例、教育程度、興趣、職業、收入、婚姻、居住地區、上網的頻率與時數、使用哪些裝置上網等；若是公司的話，那麼其統計資料為何？包括公司的規模、營業項目與預算。

  關於這些對象，他們有哪些共同的特徵或需求呢？舉例來說，彩妝網站的目標使用者可能鎖定為時尚愛美的女性，所以首頁往往呈現出豔麗的視覺效果，而購物網站的目標使用者比較廣泛，所以首頁通常展示出琳瑯滿目的商品。

彩妝網站的首頁往往呈現出豔麗的視覺效果

- ✅ 網站的獲利模式為何？例如銷售產品或服務、廣告贊助、手續費、訂閱費或其它。

- ✅ 網路上是否已經有相同類型的網站？如何讓自己的網站比這些網站更吸引目標使用者？因為人們往往只記得第一名的網站，卻分不清楚第二名之後的網站，所以定位清楚且內容專業將是網站勝出的關鍵。

此外，網站地圖的階層不宜過多，建議控制在三層以內，以免使用者在網站內迷路了，下面是一個具有三個階層的旅行社網站地圖範例。

1-1-2 階段二：網頁製作與測試

階段二的工作是製作並測試階段一所規劃的網頁，包括：

1 網站視覺設計、版面配置與版型設計

首先，由**視覺設計師** (Visual Designer) 設計網站的視覺風格；接著，針對 PC、平板或手機等目標裝置設計網頁的版面配置；最後，設計首頁與內頁版型，試著將圖文資料編排到首頁與內頁版型，如有問題，就進行修正。

2 前端程式設計

由**前端工程師** (Front-End Engineer) 根據視覺設計師所設計的版型進行「切版與組版」，舉例來說，版型可能是使用 Photoshop 所設計的 PSD 設計檔，而前端工程師必須使用 HTML、CSS 或 JavaScript 重新切割與組裝，將圖文資料編排成網頁。

切版與組版需要專業的知識才能兼顧網頁的外觀與效能，例如哪些動畫、轉場、濾鏡、漸層、陰影或框線可以使用 CSS 來取代？哪些素材可以使用輪播、彈出提示、標籤頁等效果來呈現？響應式網頁的斷點要設定在多少像素？圖文資料編排成網頁以後的內容是否正確等。

此外，前端工程師還要負責將後端工程師所撰寫的功能整合到網站，例如資料庫存取功能、後端管理系統等，確保網站能夠順利運作。

3 後端程式設計

相較於前端工程師負責處理與使用者接觸的部分，例如網站的架構、外觀、瀏覽動線等，**後端工程師** (Back-End Engineer) 則是負責撰寫網站在伺服器端運作的資料處理、商業邏輯等功能，然後提供給前端工程師使用。

4 網頁品質測試

由**品質保證工程師** (Quality Assurance Engineer) 檢查前端工程師所整合出來的網站，包括使用正確的開發方法與流程，校對網站的內容，測試網站的功能等，確保軟體的品質，如有問題，就讓相關的工程師進行修正。

1-1-3 階段三：網站上傳與推廣

階段三的工作是將網站上傳到 Web 伺服器並加以推廣,包括:

① 申請網站空間

透過下面幾種方式取得用來放置網頁的網站空間:

- **自行架設 Web 伺服器**:將一部電腦架設成 Web 伺服器,維持 24 小時運作。雖然成本較高 (包括採購伺服器軟硬體、防火牆、網路月租費、聘僱 MIS 工程師等),但可以掌控資料維護技術,也可以跟企業內部的資訊系統做結合。

- **租用虛擬主機**:向 HiNet、PChome、智邦生活館、戰國策、WordPress.com、GitHub Pages、Hostinger、Weebly、Freehostia、Byethost、Bluehost、GoDaddy、HostGator 等業者租用虛擬主機,也就是所謂的「主機代管」或「網站代管」,只要花費數百元到數千元的月租費,就可以省去採購軟硬體的費用,同時有專業人員管理伺服器。

- **申請免費網站空間**:向 WordPress.com、GitHub Pages、Hostinger、Weebly、Freehostia、Byethost 等業者申請免費網站空間,或者像 HiNet 等 ISP 也有提供用戶免費網站空間。

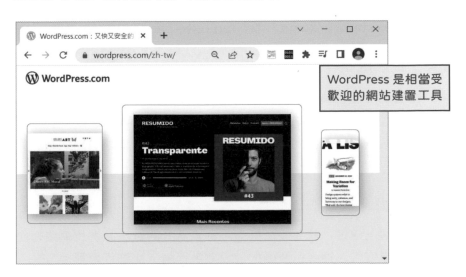

WordPress 是相當受歡迎的網站建置工具

若您的網站具有商業用途,請盡量不要使用免費網站空間,因為可能會有空間不足、頻寬受限、功能陽春、連線品質不穩定、被強迫放上廣告、無法客製化網頁、無法自訂網址、服務突然被取消、沒有電子郵件服務等問題。

此外,自行架設 Web 伺服器乍看之下成本很高,但若您需要比較大的空間或同時建置數個網站,這種方式的成本就會相對便宜,管理上也比較有彈性,不用擔心虛擬主機的連線品質或網路頻寬是否會影響網站的連線速度。

2 申請網址

向 HiNet、PChome、遠傳、台灣大哥大、亞太電信等網址服務廠商申請網址,每年的管理費約數百元不等。常見的網域名稱如下:

- **台灣網域名稱**:.com.tw、.net.tw、.org.tw、.idv.tw、.game.tw、.tw(英文)、.tw(中文)、. 台灣 (中文)、. 台灣 (英文)。

- **國際網域名稱**:.com、.net、.org、.biz、.info、.asia、.cc、.mobi、.taipei。

- **新頂級網域名稱**:.bar、.bike、.blue、.cafe、.cash、.center、.click、.cloud、.code、.coffee、.company、.cool、.digital、.directory、.email、.estate、.fun、.gallery、.gifts、.guru、.house、.insure、.land、.legal、.life、.link、.loans、.love、.media、.money、.ninja、.one、.pet、.photography、.photos、.pink、.place、.red、.rentals、.run、.shop、.show、.site、.solar、.space、.style、.supply、.systems、.team、.technology、.tips、.today 等。

3 上傳網站

透過網址服務廠商提供的平台將申請到的網域名稱對應到 Web 伺服器的 IP 位址,此動作稱為「指向」,等候幾個小時就會生效,同時將網站上傳到網站空間,等指向生效後,就可以透過該網址連線到網站,完成上線的動作。

4 行銷網站

在網站上線後,就要設法提高流量,常見的做法是進行網路行銷,例如購買網路廣告、搜尋引擎優化、關鍵字行銷、社群行銷等。

HiNet 域名註冊服務
(https://domain.hinet.net/#/)

利用 Google Search Console
(https://search.google.com/
search-console/about) 提升
網站的搜尋成效

1-1-4 階段四：網站更新與維護

您的工作可不是將網站上線就結束了，既然建置了這個網站，就必須負起更新
與維護的責任。您可以利用本書所教授的技巧，定期更新網頁的內容，然後透
過網頁空間提供者所提供的介面或 FTP 軟體，上傳更新後的網頁並檢查網站
的運作是否正常。

1-2 網頁設計相關的程式語言

網頁設計相關的程式語言很多，常見的如下：

- **HTML** (HyperText Markup Language，超文字標記語言)：HTML 主要的用途是定義網頁的內容，讓瀏覽器知道哪裡有圖片或影片、哪些文字是標題、段落、超連結、表格或表單等。HTML 文件是由**標籤** (tag) 與**屬性** (attribute) 所組成，統稱為**元素** (element)，瀏覽器只要看到 HTML 原始碼，就能解譯成網頁。

網頁的實際瀏覽結果

網頁的 HTML 原始碼

- **CSS** (Cascading Style Sheets，階層樣式表、串接樣式表)：CSS 主要的用途是定義網頁的外觀，也就是網頁的編排、顯示、格式化及特殊效果，有部分功能與 HTML 重疊。

  或許您會問，「既然 HTML 提供的標籤與屬性就能將網頁格式化，那為何還要使用 CSS？」，沒錯，HTML 確實提供一些格式化的標籤與屬性，但其變化有限，而且為了進行格式化，往往會使得 HTML 原始碼變得非常複雜，內容與外觀的倚賴性過高而不易修改。

  為此，W3C (World Wide Web Consortium，全球資訊網協會) 遂鼓勵網頁設計人員使用 HTML 定義網頁的內容，然後使用 CSS 定義網頁的外觀，將內容與外觀分隔開來，便能透過 CSS 從外部控制網頁的外觀，同時 HTML 原始碼也會變得精簡。

- **XML** (eXtensible Markup Language，可延伸標記語言)：XML 主要的用途是傳送、接收與處理資料，提供跨平台、跨程式的資料交換格式。XML 可以擴大 HTML 的應用及適用性，例如 HTML 雖然有著較佳的網頁顯示功能，卻不允許使用者自訂標籤與屬性，而 XML 則允許使用者這麼做。

- **瀏覽器端 Script**：嚴格來說，使用 HTML 與 CSS 所撰寫的網頁屬於靜態網頁，無法顯示動態效果，例如顯示目前的股票指數、即時通訊內容、社群動態消息、線上遊戲、Google 地圖等即時更新的資料。此類的需求可以透過瀏覽器端 Script 來完成，這是一段嵌入在 HTML 原始碼的程式，通常是以 **JavaScript** 撰寫而成，由瀏覽器負責執行。

  事實上，HTML、CSS 和 JavaScript 是網頁設計最核心也最基礎的技術，其中 HTML 用來定義網頁的內容，CSS 用來定義網頁的外觀，而 JavaScript 用來定義網頁的行為。

- **伺服器端 Script**：雖然瀏覽器端 Script 已經能夠完成許多工作，但有些工作還是得在伺服器端執行 Script 才能完成，例如存取資料庫。由於在伺服器端執行 Script 必須具有特殊權限，而且會增加伺服器端的負擔，因此，網頁設計人員應盡量以瀏覽器端 Script 取代伺服器端 Script。常見的伺服器端 Script 有 **PHP**、**ASP/ASP.NET**、**CGI**、**JSP** 等。

1-3 HTML 的發展

HTML 的起源可以追溯至 1990 年代，當時一位物理學家 **Tim Berners-Lee** 為了讓 CERN（歐洲核子研究組織）的研究人員共同使用文件，於是提出了 HTML，用來建立**超文字系統** (hypertext system)。

不過，這個最初的版本只有純文字格式，直到 1993 年，**Marc Andreessen** 在他所開發的 Mosaic 瀏覽器加入 <img> 元素，HTML 文件才終於包含圖片。**IETF** (Internet Engineering Task Force) 首度於 1993 年將 HTML 發布為工作草案 (Working Draft)，之後 HTML 陸續有一些發展與修正，而且從 3.2 版開始，IETF 就不再負責 HTML 的標準化，改由 **W3C** (World Wide Web Consortium) 負責。

版本	發布時間
HTML2.0	1995 年 11 月發布為 IETF RFC 1866
HTML3.2	1997 年 1 月發布為 W3C 推薦標準
HTML4.0	1997 年 12 月發布為 W3C 推薦標準
HTML4.01	1999 年發布為 W3C 推薦標準
HTML5	2014 年發布為 W3C 推薦標準
HTML5.1	2016 年發布為 W3C 推薦標準
HTML5.2	2018 年發布為 W3C 推薦標準

W3C 和 **WHATWG** (Web Hypertext Application Technology Working Group) 於 2019 年簽署協議，合作開發單一版本的 HTML，有關最新版的 HTML 規格可以到 WHATWG 官方網站查看 (https://html.spec.whatwg.org/multipage/)。

由於 PC 瀏覽器和行動瀏覽器對於 HTML5 已經有相當程度的支援，因此，我們可以放心地在網頁上使用 HTML5 的功能與 API，其中 **API** (Application Programming Interface，應用程式介面) 是一組函式，網頁設計人員可以呼叫這些函式完成許多工作，例如撰寫離線網頁應用程式、存取用戶端檔案、地理定位、繪圖、影音多媒體、拖放操作、網頁儲存、跨文件通訊、背景執行等，而無須考慮其底層的原始碼或理解其內部的運作機制。

1-4 HTML 文件的編輯工具

撰寫 HTML 文件並不需要額外佈署開發環境，只要滿足下列條件即可：

☑ 一部安裝 Windows 或 macOS 作業系統的電腦。

☑ 網頁瀏覽器，例如 Chrome、Edge、Safari、Firefox 等。

☑ 文字編輯工具。

HTML 文件其實是一個純文字檔，只是副檔名為 .html 或 .htm，而不是我們平常慣用的 .txt。原則上，任何能夠用來輸入純文字的編輯工具，都可以用來撰寫 HTML 文件，下面是一些常見的編輯工具。

編輯工具	網址	是否免費
記事本、WordPad	Windows 作業系統內建	是
Notepad++	https://notepad-plus-plus.org/	是
Visual Studio Code	https://code.visualstudio.com/	是
Atom	https://atom.io/	是
Google Web Designer	https://webdesigner.withgoogle.com/	是
UltraEdit	https://www.ultraedit.com/	否
Dreamweaver	https://www.adobe.com/	否
Sublime Text	https://www.sublimetext.com/	否

本書的範例程式是使用 **NotePad++** 所編輯，存檔格式統一採取 **UTF-8** 編碼。NotePad++ 具有下列特點，簡單又實用，相當適合初學者：

☑ 支援 HTML、CSS、JavaScript、ActionScript、TypeScript、C、C++、C#、Python、Perl、R、Java、JSP、ASP、Ruby、Matlab、Objective-C、Swift 等多種程式語言。

☑ 支援多重視窗同步編輯。

☑ 支援顏色標示、智慧縮排、自動完成等功能。

您可以到 NotePad++ 官方網站 https://notepad-plus-plus.org/ 下載安裝程式，在第一次使用 Notepad++ 撰寫 HTML 文件之前，請依照如下步驟進行基本設定：

1 從功能表列選取 [**設定**] \ [**偏好設定**]，然後在 [**一般**] 標籤頁中將語言設定為 [**台灣繁體**]。

2 在 [**新文件預設設定**] 標籤頁中將編碼設定為 [**UTF-8**]，預設程式語言設定為 [**HTML**]，然後按 [**儲存並關閉**]。

由於預設程式語言設定為 HTML，因此，NotePad++ 會根據 HTML 的語法，以不同顏色標示 HTML 標籤與屬性，也會根據輸入的文字顯示自動完成清單，如下圖，讓文件的編輯更有效率。

此外，當我們存檔時，NotePad++ 也會採取 UTF-8 編碼方式，且存檔類型預設為 HTML (副檔名為 .html 或 .htm)，若要儲存為其它類型，例如 PHP，可以在存檔類型欄位選擇 PHP，此時副檔名將變更為 .php。

1-5 HTML 文件的基本結構

HTML 文件的基本結構如下，一開始是 **DOCTYPE**，接著是 **<html>** 元素，裡面有 **<head>** 和 **<body>** 兩個元素。

DOCTYPE
用來宣告網頁所使用的 HTML 版本。

<head> 元素
用來標示網頁標頭 (head)，裡面有網頁的編碼方式、標題、關鍵字、CSS 程式碼、JavaScript 程式碼等資訊，這些資訊不會顯示在瀏覽器畫面。

DOCTYPE

<html> 元素

<head> 元素

<body> 元素

<html> 元素
用來標示網頁的開始與結束，這是網頁的根元素 (最上層元素)，裡面有網頁標頭 (head) 與網頁主體 (body)。

<body> 元素
用來標示網頁主體 (body)，裡面的內容會顯示在瀏覽器畫面。

DOCTYPE

HTML5 文件的第一行必須是如下的**文件類型定義** (DTD，Document Type Definition)，前面不能有空行，也不能省略不寫，否則瀏覽器可能不會啟用標準模式，而是改用其它渲染模式 (rendering mode)，導致 HTML5 的新功能無法正常運作：

```
<!DOCTYPE html>
```

根元素

HTML 文件可以包含一個或多個元素，呈樹狀結構，有些元素屬於兄弟節點，有些元素屬於父子節點，至於最上層的根元素則為 <html> 元素。

MIME 類型

HTML5 文件的 MIME 類型和前幾版的 HTML 文件一樣是 text/html，存檔後的副檔名也是 .html 或 .htm。

請注意，HTML 文件的檔案名稱只能使用半形的英文字母、阿拉伯數字、底線 (_) 或減號 (-)，不能使用 \、/、:、*、?、"、<、>、| 等符號或空白字元。由於 Web 伺服器會區分英文字母的大小寫，為了避免混淆，建議您將檔案名稱命名為小寫字母。

此外，建議您將網站的首頁命名為 index.html，因為多數的瀏覽器在存取網站時，會將 index.html 當作最先顯示的網頁。

不會區分英文字母的大小寫

HTML5 的標籤與屬性和前幾版的 HTML 一樣不會區分英文字母的大小寫 (case-insensitive)，本書將統一採取小寫字母。

HTML 元素

HTML 元素是由**標籤** (tag) 與**屬性** (attribute) 所組成，根據不同的用途，HTML 元素可以分成下列兩種類型：

- 用來標示網頁上的內容或描述內容的性質，例如 <head>（網頁標頭）、<body>（網頁主體）、<header>（頁首）、<footer>（頁尾）、<article>（文章）、<main>（主要內容）、<h1>（標題 1）、<p>（段落）、<ul>（項目清單）、<table>（表格）、<form>（表單）、<i>（斜體）、<b>（粗體）等。

- 用來指向其它資源，例如 <img>（嵌入圖片）、<video>（嵌入影片）、<audio>（嵌入聲音）、<object>（嵌入物件）、<iframe>（嵌入浮動框架）、<a>（超連結）等。

相關名詞與注意事項

- **標籤** (tag)：一直以來「標籤」和「元素」兩個名詞經常被混用，但嚴格來說，兩者的意義並不完全相同，「元素」一詞包含「開始標籤」、「結束標籤」和這兩者之間的內容，例如下面的敘述是將「聖誕快樂」標示為段落，其中 <p> 是開始標籤，而 </p> 是結束標籤。

開始標籤的前後要以 <、> 兩個符號括起來，而結束標籤又比起始標籤多了一個 /（斜線）。不過，並不是每個元素都有結束標籤，諸如
（換行）、<hr>（水平線）、<img>（嵌入圖片）、<input>（表單輸入欄位）等元素就沒有結束標籤。

- **屬性** (attribute)：除了 HTML 元素本身所能描述的特性之外，大部分元素還會包含屬性，以提供更多資訊，而且一個元素裡面可以加上數個屬性，只要注意標籤與屬性及屬性與屬性之間以空白字元隔開即可。

舉例來說，假設要將「ABC」幾個字標示為連結到 ABC 網站的超連結，那麼除了要在這幾個字的前後分別加上開始標籤 <a> 和結束標籤 </a>，還要加上 href 屬性用來設定 ABC 的網址。

- **值** (value)：屬性通常會有一個值，而且有些屬性的值必須從預先定義好的範圍內選取，不能自行定義，例如 <form>（表單）元素的 method 屬性有 get 和 post 兩個值，使用者不能自行設定其它值。

  我們習慣在值的前後加上雙引號 (")，事實上，若值是由英文字母、阿拉伯數字 (0 ~ 9)、減號 (-) 或小數點 (.) 所組成，那麼值的前後可以不必加上雙引號 (")。

- **巢狀標籤** (nesting tag)：有時我們需要使用多個元素來標示資料，舉例來說，假設要將標題 1（例如 Hello,world!) 中的某個字（例如 world!) 標示為斜體，那麼就要使用 <h1> 和 <i> 兩個元素，此時要注意巢狀標籤的順序，原則上，第一個結束標籤須對應最後一個開始標籤，第二個結束標籤須對應倒數第二個開始標籤，依此類推。

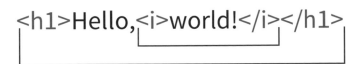

- **空白字元**：瀏覽器會忽略 HTML 元素之間多餘的空白字元或 [Enter] 鍵，因此，我們可以利用這個特點在 HTML 原始碼加上空白字元和 [Enter] 鍵，將 HTML 原始碼排列整齊，好方便閱讀。

- **特殊字元**：若要顯示保留給 HTML 原始碼使用的特殊字元，例如 <、>、"、&、空白字元等，必須輸入**實體名稱** (entity name) 或**實體數值** (entity number)。下面是一些例子，更多字元可以參考 https://entitycode.com/。

特殊字元	實體名稱	實體數值
<（小於符號）	&lt;	&#60;
>（大於符號）	&gt;	&#62;
"（雙引號）	&quot;	&#34;
&	&amp;	&#38;
空白字元		
©（版權符號）	&copy;	&#169;

1-6 撰寫第一份 HTML 文件

HTML 文件包含 **DOCTYPE**、**標頭** (header) 與**主體** (body) 等三個部分,下面是一個例子,請依照如下步驟操作:

① 開啟 Notepad++,然後撰寫如下的 HTML 文件,最左邊的行號和冒號是為了方便解說,不要輸入到程式碼。

```
01: <!DOCTYPE html> ❶
02: <html>
03:   <head>
04:     <meta charset="utf-8">
05:     <title>我的網頁</title>
06:   </head>
07:   <body>
08:     <h1>Hello, HTML!</h1>
09:   </body>
10: </html>
```

❶ DOCTYPE
❷ HTML 文件的標頭
❸ HTML 文件的主體

☑ 01:宣告 HTML 文件的 DOCTYPE,HTML5 規定第一行必須是 **<!DOCTYPE html>**,前面不能有空行,也不能省略不寫。

☑ 02、10:使用 **<html>** 元素標示網頁的開始與結束,HTML 文件可以包含一個或多個元素,呈樹狀結構,而根元素就是 <html> 元素。

☑ 03 ~ 06:使用 **<head>** 元素標示 HTML 文件的標頭,其中第 04 行是使用 **<meta>** 元素將網頁的編碼方式設定為 UTF-8,這是全球資訊網目前最主要的編碼方式;第 05 行是使用 **<title>** 元素將瀏覽器的網頁標題設定為「我的網頁」。

☑ 07 ~ 09:使用 **<body>** 元素標示 HTML 文件的主體,其中第 08 行是使用 **<h1>** 元素將網頁內容設定為標題 1 格式的「Hello, HTML!」字串。

②　從功能表列選取 [**檔案**] \ [**儲存**] 或 [**檔案**] \ [**另存新檔**]，將檔案儲存
　　為 hello.html。

③　利用檔案總管找到 hello.html 的檔案圖示並按兩下，就會開啟預設的瀏
　　覽器載入文件，得到如下圖的瀏覽結果。

我們可以將這個例子的樹狀結構描繪如下，其中有些元素屬於**兄弟節點**，也
就是父節點相同的節點，有些元素屬於**父子節點**（上層的為父節點，下層的
為子節點），至於**根元素**則為 <html> 元素。

搜尋引擎優化 (SEO，Search Engine Optimization) 的構想起源於網站的新瀏覽者大多來自搜尋引擎，而且使用者通常只會留意搜尋結果中排名前面的幾個網站，因此，網站的擁有者想要提高流量，就必須設法提高網站在搜尋結果中的排名，因為排名愈前面，被使用者看到的機會就愈高。

至於如何提高排名，除了購買關鍵字廣告，另一種常見的方式是利用搜尋引擎的運作規則來調整網站的內容與結構，即所謂的「搜尋引擎優化 (SEO)」。SEO 的效果取決於搜尋引擎所採取的搜尋演算法，而搜尋引擎為了增加搜尋的準確度及避免人為操縱排名，有時會變更搜尋演算法，使得 SEO 成為一項專業的工作，也正因為如此，有不少網路行銷公司會推出網站 SEO 服務，代客調整網站的內容與結構，增加網站被搜尋引擎收錄的機會，進而提高可見度及流量。

除了委託網路行銷公司進行 SEO，事實上，我們也可以在製作網頁時留心下圖的幾個地方，亦有助於 SEO。

❶ 令網頁的關鍵字顯示在網頁標題

❷ 令網頁的關鍵字成為網址的一部分

❸ 令網頁的關鍵字出現在內容

❹ 為圖片或影片設定替代顯示文字以利搜尋

CHAPTER

02

文件結構

2-1 HTML 文件的根元素 — <html> 元素

我們可以使用 **<html>** 元素標示 HTML 文件的開始與結束，其開始標籤 <html> 要放在 <!DOCTYPE html> 後面，接著的是 HTML 文件的標頭與主體，最後還要有結束標籤 </html>，如下：

```
<!DOCTYPE html>
<html>
  ...HTML 文件的標頭與主體 ...
</html>
```

<html> 元素的屬性有**全域屬性** (global attribute)，這些屬性適用於所有 HTML 元素，下面是一些例子：

- **accesskey**="...": 設定將焦點移到元素的按鍵組合。

- **autofocus**：設定元素在網頁載入時就取得焦點。

- **class**="...": 設定元素的類別。

- **contenteditable**="{true,false,plaintext-only}": 設定元素的內容能否被編輯。

- **data-***="...": 自訂資料屬性，以傳送資料給 JavaScript 等外部程式。

- **dir**="{ltr,rtl,auto}": 設定文字的方向，ltr (left to right) 表示由左向右，rtl (right to left) 表示由右向左，auto 表示由瀏覽器決定。

- **draggable**="{true,false}": 設定元素能否進行拖放操作。

- **hidden**：設定將元素的內容隱藏起來。

- **id**="...": 設定元素的識別字 (限英文且唯一)。

- **lang**="*language-code*": 設定元素的語系，例如 zh-Hant 為繁體中文、zh-Hans 為簡體中文、en 為英文，fr 為法文、ja 為日文。

- **role**="...": 設定元素的角色，以提升網頁的語意。

- **spellcheck**="{true,false}"：設定是否檢查元素的拼字與文法。

- **style**="..."：設定套用到元素的 CSS。

- **tabindex**="*n*"：設定元素的 [Tab] 鍵順序，也就是按 [Tab] 鍵時，焦點在元素之間跳躍的順序，*n* 為正整數，數字愈小，順序就愈高，-1 表示不允許以按 [Tab] 鍵的方式將焦點移到元素。

- **translate**="{yes,no}"：設定元素是否啟用翻譯模式。

- **title**="..."：設定元素的標題，瀏覽器可能用它做為提示文字。

此外，還有**事件屬性** (event handler content attribute) 用來針對 HTML 元素的某個事件設定處理程式，種類相當多，下面是一些例子：

- **onload**="..."：設定當瀏覽器載入網頁時所要執行的 Script。

- **onunload**="..."：設定當瀏覽器卸載網頁時所要執行的 Script。

- **onclick**="..."：設定在元素上按一下時所要執行的 Script。

- **ondblclick**="..."：設定在元素上按兩下時所要執行的 Script。

- **onmousedown**="..."：設定在元素上按下滑鼠按鍵時所要執行的 Script。

- **onmouseup**="..."：設定在元素上放開滑鼠按鍵時所要執行的 Script。

- **onmouseover**="..."：設定當滑鼠移過元素時所要執行的 Script。

- **onmousemove**="..."：設定當滑鼠在元素上移動時所要執行的 Script。

- **onmouseout**="..."：設定當滑鼠從元素上移開時所要執行的 Script。

- **onfocus**="..."：設定當使用者將焦點移到元素上時所要執行的 Script。

- **onblur**="..."：設定當使用者將焦點從元素上移開時所要執行的 Script。

- **onkeydown**="..."：設定在元素上按下按鍵時所要執行的 Script。

- **onkeyup**="..."：設定在元素上放開按鍵時所要執行的 Script。

- **onkeypress**="..."：設定在元素上按下再放開按鍵時所要執行的 Script。

2-2 HTML 文件的標頭— <head> 元素

我們可以使用 <head> 元素標示 HTML 文件的標頭，裡面可以進一步使用 <title>、<meta>、<link>、<style>、<base>、<script> 等元素來設定文件標題、文件相關資訊、文件之間的關聯、CSS 程式碼、相對 URL 的路徑、JavaScript 程式碼。

<head> 元素要放在 <html> 元素裡面，而且有結束標籤 </head>，如下，至於 <head> 元素的屬性則有第 2-1 節所介紹的全域屬性。

```
<!DOCTYPE html>
<html>
  <head>
    ...HTML 文件的標頭 ...
  </head>
</html>
```

在接下來的小節中，我們會介紹 <title>、<meta>、<link>、<style> 等元素，而 <base>、<script> 等元素會在第 3-7、4-8 節做介紹。

2-2-1 <title> 元素 (文件標題)

<title> 元素用來設定 HTML 文件的標題，此標題會顯示在瀏覽器的標題列或索引標籤。<title> 元素要放在 <head> 元素裡面，而且有結束標籤 </title>，如下，至於 <title> 元素的屬性則有第 2-1 節所介紹的全域屬性。

```
<!DOCTYPE html>
<html>
  <head>
    <title> 我的網頁 </title>
    ... 其它標頭資訊 ...
  </head>
</html>
```

2-2-2 <meta> 元素 (文件相關資訊)

<meta> 元素用來設定 HTML 文件的相關資訊，稱為 **metadata**，例如字元集、內容類型、關鍵字、描述等。<meta> 元素要放在 <head> 元素裡面，<title> 元素前面，而且沒有結束標籤，常見的屬性如下：

- **charset**="..."：設定 HTML 文件的字元集 (編碼方式)，例如下面的敘述是將 HTML 文件的字元集設定為 UTF-8：

```
<meta charset="utf-8">
```

- **name**="{application-name,author,description,generator,keywords}"：設定 metadata 的名稱，這些值分別表示網頁應用程式的名稱、作者的名稱、網頁的描述、編輯程式、關鍵字。

- **content**="..."：設定 metadata 的內容，例如下面的第一個敘述是將 HTML 文件的關鍵字設定為 " 旅行社 , 訂房 , 機票 "，第二個敘述是將 HTML 文件的描述設定為 " 提供優質國內外旅遊行程 "，兩者的作用都是提供網頁的相關資訊給搜尋引擎，而且 <title> 元素和第二個 metadata 的內容會分別顯示在搜尋結果中的網頁標題及網頁描述：

```
<meta name="keywords" content=" 旅行社 , 訂房 , 機票 ">
<meta name="description" content=" 提供優質國內外旅遊行程 ">
```

- **http-equiv**="..."：這個屬性可以用來取代 name 屬性，因為 HTTP 伺服器是使用 http-equiv 屬性蒐集 HTTP 標頭，例如下面的敘述是將 HTML 文件的內容類型設定為 text/html：

```
<meta http-equiv="content-type" content="text/html">
```

- **media**="..."：設定 metadata 所要套用的媒體，例如 all (全部裝置)、screen (螢幕)、print (列印裝置) 或 CSS 的媒體查詢 (media query)，我們會在第 12-4 節介紹媒體查詢。

- 第 2-1 節所介紹的全域屬性。

除了設定文件相關資訊之外，我們也可以利用 <meta> 元素讓網頁在指定時間內自動導向到其它網頁，其語法如下：

```
<meta http-equiv="refresh" content=" 秒數 ; url= 欲連結的網址 ">
```

下面是一個例子，它會在 5 秒鐘後自動導向到 Google 網站。

✓ \Ch02\redirect.html

```
<!DOCTYPE html>
<html>
  <head>
    <meta charset="utf-8">
    <meta http-equiv="refresh" content="5; url=https://www.google.com.tw/">
  </head>
  <body>
    此網頁將於 5 秒鐘後自動導向到 Google 網站
  </body>
</html>
```

❶ 開啟網頁　　❷ 5 秒鐘後自動導向到 Google 網站

2-2-3 <link> 元素 (文件之間的關聯)

<link> 元素用來設定目前文件與其它資源的關聯，該元素要放在 <head> 元素裡面，而且沒有結束標籤，常見的屬性如下：

- ◎ **rel**="..."：設定目前文件與其它資源的關聯，例如 alternate (替代表示方式)、author (作者)、external (外部資源)、help (說明)、icon (網站圖示)、license (授權)、next (下一頁)、preload (預先載入資源)、prev (上一頁)、search (搜尋)、stylesheet (樣式表)。

- ◎ **href**="*url*"：設定資源的網址。

- ◎ **type**="*content-type*"：設定資源的內容類型，例如下面的敘述是設定目前文件會連結一個名稱為 mobile.css 的 CSS 檔案：

```
<link rel="stylesheet" type="text/css" href="mobile.css">
```

- ◎ **sizes**="..."：設定網站圖示的大小 (針對 rel="icon")，例如下面的敘述是設定網站圖示，該圖示會顯示在瀏覽器的標題列或搜尋結果中：

```
<link rel="icon" type="image/png" sizes="32x32" href="favicon.png">
```

- ◎ **as**="..."：設定要載入之資源的類型 (針對 rel="preload")，例如 audio、document、embed、fetch、font、image、object、script、style、track、video、worker 等。

- ◎ **imagesrcset**="..."：設定在高解析度顯示器、小螢幕等不同情況下所要顯示的圖片 (針對 rel="preload" 和 as="image")。

- ◎ **imagesizes**="..."：設定在不同版面配置下所要顯示的圖片大小 (針對 rel="preload" 和 as="image")。

- ◎ **media**="..."：設定資源所要套用的媒體，例如 all (全部裝置)、screen (螢幕)、print (列印裝置) 或 CSS 的媒體查詢。

- ◎ 第 2-1 節所介紹的全域屬性。

2-2-4 <style> 元素（嵌入 CSS）

<style> 元素用來嵌入 CSS，該元素要放在 <head> 元素裡面，常見的屬性如下：

- **media**="..."：設定 CSS 所要套用的媒體，例如 all（全部裝置）、screen（螢幕）、print（列印裝置）或 CSS 的媒體查詢。

- 第 2-1 節所介紹的全域屬性。

下面是一個例子，其中第 05 ~ 07 行所嵌入的 CSS 是要套用在 <body> 元素，也就是將網頁主體的背景色彩設定為亮粉色。

```
\Ch02\style.html

01<!DOCTYPE html>
02<html>
03 <head>
04  <meta charset="utf-8">
05  <style>
06   body {background:  hotpink;}          有關如何定義 CSS，我們
07  </style>                               會在第 7 ~ 12 章做說明
08 </head>
09 <body>
10 </body>
11</html>
```

2-3 HTML 文件的主體－ `<body>` 元素

我們可以使用 **`<body>`** 元素標示 HTML 文件的主體，裡面可以包含文字、圖片、影片、聲音等內容。`<body>` 元素要放在 `<html>` 元素裡面，`<head>` 元素後面，而且有結束標籤 `</body>`，如下：

```
<!DOCTYPE html>
<html>
  <head>
    ...HTML 文件的標頭 ...
  </head>
  <body>
    ...HTML 文件的主體 ...
  </body>
</html>
```

`<body>` 元素的屬性有第 2-1 節所介紹的全域屬性，以及 onafterprint、onbeforeprint、onbeforeunload、onhashchange、onlanguagechange、onmessage、onmessageerror、onoffline、ononline、onpagehide、onpageshow、onpopstate、onrejectionhandled、onstorage、onunhandledrejection、onunload 等事件屬性。

下面是一個例子，它會在網頁上顯示「Hello, world!」。

✓ \Ch02\body.html

```
<!DOCTYPE html>
<html>
  <head>
    <meta charset="utf-8">
    <title> 我的網頁 </title>
  </head>
  <body>
    Hello, world!
  </body>
</html>
```

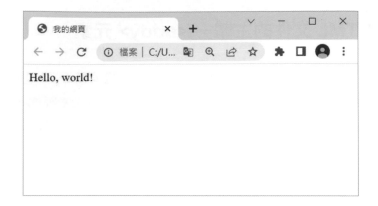

下面是另一個例子，它會透過 <body> 元素的 **onload** 事件屬性設定當瀏覽器發生 load 事件時（即載入網頁），就呼叫 JavaScript 的 alert() 方法，在對話方塊中顯示「Hello, world!」。

\Ch02\body2.html

```html
<!DOCTYPE html>
<html>
  <head>
    <meta charset="utf-8">
    <title> 我的網頁 </title>
  </head>
  <body onload="javascript: alert('Hello, world!');">
  </body>
</html>
```

2-3-1 <h1> ~ <h6> 元素 (標題 1 ~ 6)

HTML 提供了 <h1>、<h2>、<h3>、<h4>、<h5>、<h6> 等六種層次的標題，以 <h1> 元素 (標題 1) 的字體最大，<h6> 元素 (標題 6) 的字體最小，這些元素的屬性有第 2-1 節所介紹的全域屬性，下面是一個例子。

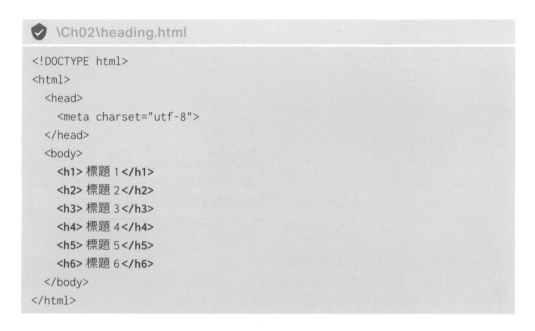

```
\Ch02\heading.html
```

```html
<!DOCTYPE html>
<html>
  <head>
    <meta charset="utf-8">
  </head>
  <body>
    <h1> 標題 1</h1>
    <h2> 標題 2</h2>
    <h3> 標題 3</h3>
    <h4> 標題 4</h4>
    <h5> 標題 5</h5>
    <h6> 標題 6</h6>
  </body>
</html>
```

2-3-2 <p> 元素 (段落)

網頁的內容通常會包含數個段落，不過，瀏覽器會忽略 HTML 文件中多餘的空白字元或 [Enter] 鍵，因此，即便是按 [Enter] 鍵企圖分段，瀏覽器一樣會忽略，而將文字顯示成同一段落。

若要顯示段落，必須使用 <p> 元素，也就是在每個段落的前後加上開始標籤 <p> 和結束標籤 </p>。<p> 元素的屬性有第 2-1 節所介紹的全域屬性，下面是一個例子。

```
\Ch02\p.html

<!DOCTYPE html>
<html>
  <head>
    <meta charset="utf-8">
  <head>
  <body>
    <p> 天命之謂性，率性之謂道，修道之謂教。</p>
    <p> 道也者，不可須臾離也；可離，非道也。</p>
    <p> 是故，君子戒慎乎其所不賭，恐懼乎其所不聞。</p>
    <p> 莫見乎隱，莫顯乎微，故君子慎其獨也。</p>
  </body>
</html>
```

❶ 在每個段落的前後加上 <p> 和 </p>
❷ 瀏覽結果顯示成四個段落

天命之謂性，率性之謂道，修道之謂教。

道也者，不可須臾離也：可離，非道也。

是故，君子戒慎乎其所不賭，恐懼乎其所不聞。

莫見乎隱，莫顯乎微，故君子慎其獨也。

2-3-3 <div> 元素 (群組成一個區塊)

<div> 元素用來將 HTML 文件中某個範圍的內容和元素群組成一個區塊，令文件的結構更清晰。<div> 元素的屬性有第 2-1 節所介紹的全域屬性，下面是一個例子，它使用 <div> 元素將一組超連結清單群組成一個具有導覽列功能的區塊。

```
\Ch02\div.html

<body>
  <div id="navigation">  ❶
  ┌ <ul>
  │     <li><a href="products.html">產品型錄</a></li>
  ❷     <li><a href="stores.html">銷售門市</a></li>
  │     <li><a href="about.html">關於我們</a></li>
  └ </ul>
  </div>
</body>
```

❶ 使用 id 屬性設定識別字以標示用途
❷ 這些元素會在第 3 章做介紹

所謂**區塊層級** (block level) 指的是元素的內容在瀏覽器中會另起一行，例如 <div>、<p>、<h1> 等均是區塊層級元素。雖然 <div> 元素的瀏覽結果純粹是將內容另起一行，沒有什麼特別，但我們通常會搭配 class、id、style 等屬性，將 CSS 套用到 <div> 元素所群組的區塊。此外，若元素 A 位於一個區塊層級元素 B 裡面，那麼元素 B 就是元素 A 的**容器** (container)，例如在 \Ch02\div.html 中，<div> 元素就是 <ul> 元素的容器，而 <body> 元素就是 <div> 元素的容器。

2-3-4 `<!-- -->` 元素 (註解)

`<!-- -->` 元素用來標示註解，而且註解不會顯示在瀏覽器畫面，下面是一個例子。

 \Ch02\comment.html

```
<body>
  <!-- 以下為大學經一章大學之道 --> ❶
  <p> 大學之道在明明德，在親民，在止於至善。
      知止而后有定，定而后能靜，靜而后能安，
      安而后能慮，慮而后能得，物有本末，事有
      終始，知所先後，則近道也。</p>
</body>
```

❶ 使用 `<!-- -->` 元素標示註解　❷ 註解不會顯示在瀏覽器畫面

- 註解可以用來記錄程式的用途與結構，適當的註解可以提高程式的可讀性，讓程式更容易偵錯與維護。

- 建議您在程式的開頭以註解說明程式的用途，並在一些重要的區塊前面以註解說明其功能，同時盡可能簡明扼要，掌握「過猶不及」的原則。

2-4 HTML5 新增的結構元素

仔細觀察多數網頁，就不難發現其組成往往是有一定的脈絡可循。以下圖的網頁為例，它包含下列幾個部分：

✅ **頁首**：通常包含標誌、標題、網站目錄、會員登入、搜尋表單等。

✅ **導覽列**：通常包含一組連結到網站內其它網頁的超連結，例如網站目錄、網頁內部功能連結等。

✅ **主要內容**：通常包含文章、區段、圖片或影片。

✅ **側邊欄**：通常包含與主要內容無直接關聯的其它內容，例如摘要、廣告、贊助廠商、相關網站、日期月曆等。

✅ **頁尾**：通常包含網站的擁有者資訊、社群媒體連結、版權聲明，以及連結到隱私權政策、網站安全政策、服務條款等內容的超連結。

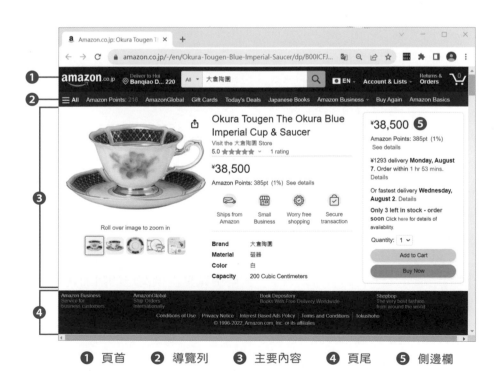

❶ 頁首　　❷ 導覽列　　❸ 主要內容　　❹ 頁尾　　❺ 側邊欄

在過去，網頁設計人員通常是使用 <div> 元素來標示網頁上的某個區塊，但 <div> 元素並不具有任何語意，只能泛指通用的區塊。

為了進一步標示區塊的用途，網頁設計人員可能會利用 <div> 元素的 id 或 class 屬性設定區塊的識別字或類別，例如透過類似 <div id="navigation"> 或 <div class="navigation"> 的敘述來標示做為導覽列的區塊，然而諸如此類的敘述並無法幫助瀏覽器辨識導覽列的存在，更別說是提供快速鍵讓使用者快速切換到導覽列。

為了幫助瀏覽器辨識網頁上不同的區塊，以提供更聰明貼心的服務，HTML5 新增了數個具有語意的結構元素，並鼓勵網頁設計人員使用這些元素取代慣用的 <div> 元素，將網頁結構轉換成語意更明確的 HTML5 文件。

結構元素	說明
<article>	標示網頁的本文或單篇獨立內容，例如部落格的一篇文章、新聞網站的一則報導。
<section>	標示通用的區塊或區段，例如將網頁的本文分割為不同的主題區塊，或將一篇文章分割為不同的章節或段落。
<nav>	標示導覽列。
<header>	標示網頁或區塊的頁首。
<footer>	標示網頁或區塊的頁尾。
<aside>	標示側邊欄，裡面通常包含與主要內容無直接關聯的其它內容。
<main>	標示網頁的主要內容，裡面通常包含文章、區段、圖片或影片。
<figure>、<figcaption>	標示在主要內容中所參考引用的獨立內容，例如圖片、影片、程式碼等。

註：這些結構元素的屬性有第 2-1 節所介紹的全域屬性。

除了上述的結構元素，我們還可以利用下列兩個元素提供區塊的附加資訊，第 3 章有進一步的介紹：

- ✅ <address>：標示聯絡資訊。
- ✅ <time>：標示日期時間。

2-4-1 <article> 元素 (文章)

<article> 元素用來標示網頁的本文或單篇獨立內容,例如部落格的一篇文章、新聞網站的一則報導。當網頁有多篇文章時,我們可以將每篇文章放在各自的 <article> 元素裡面。

下面是一個例子,它在兩個 <article> 元素裡面分別放入《翠玉白菜》和《肉形石》的介紹文章。

```
<body>
  <article>
    <h1> 翠玉白菜 </h1>
    <p>《翠玉白菜》是故宮博物院珍藏的玉器雕刻,...。</p>
  </article>
  <article>
    <h1> 肉形石 </h1>
    <p>《肉形石》是故宮博物院珍藏的國寶之一,...。</p>
  </article>
</body>
```

❶ 第一個文章　　❷ 第二個文章

2-4-2 <section> 元素 (通用的區塊或區段)

<section> 元素用來標示通用的區塊或區段,例如將網頁的本文分割為不同的主題區塊,或將一篇文章分割為不同的章節或段落。

下面是一個例子,它在一個 <article> 元素裡面放入兩個 <section> 元素,裡面分別有一首唐詩的標題與詩句。

```
\Ch02\section.html

<body>
  <article>
    <h1> 唐詩欣賞 </h1>
    <section>
      <h2> 送別 </h2>
      <p> 山中相送罷,日暮掩柴扉。春草年年綠,王孫歸不歸。</p>
    </section>
    <section>
      <h2> 鹿柴 </h2>
      <p> 空山不見人,但聞人語響。返景入深林,復照青苔上。</p>
    </section>
  </article>
</body>
```

❶ 文章　　**❷** 文章的第一個區段　　**❸** 文章的第二個區段

2-4-3 <nav> 元素 (導覽列)

<nav> 元素用來標示導覽列，而且網頁上的導覽列可以不只一個，視實際的需要而定。W3C 並沒有規定 <nav> 元素的內容應該如何撰寫，常見的做法是以項目清單的形式呈現一組超連結，當然，若不想加上項目符號，只想單純保留一組超連結，那也無妨，甚至還可以針對這些超連結設計專屬的圖案。

提醒您，並不是任何一組超連結就要使用 <nav> 元素，而是要做為導覽列功能的超連結，諸如搜尋結果清單或贊助廠商超連結就不應該使用 <nav> 元素。

下面是一個例子，它使用 <nav> 元素設計一個導覽列，讓使用者點選「產品型錄」、「銷售門市」、「關於我們」 等超連結，就會連結到 products.html、stores.html、about.html 等網頁。

\Ch02\nav.html

```
<body>
  <nav>
    <ul>
      <li><a href="products.html"> 產品型錄 </a></li>
      <li><a href="stores.html"> 銷售門市 </a></li>
      <li><a href="about.html"> 關於我們 </a></li>
    </ul>
  </nav>
</body>
```

這些元素會在第 3 章做介紹

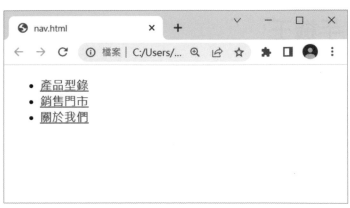

2-4-4 <header> 與 <footer> 元素 (頁首 / 頁尾)

除了導覽列之外，多數網頁也會設計頁首和頁尾。為了標示網頁或區塊的頁首和頁尾，HTML5 新增 <**header**> 與 <**footer**> 兩個元素。

下面是一個例子，它分別使用 <header> 與 <footer> 兩個元素標示網頁的頁首和頁尾，其中頁尾裡面有一個超連結，用來連結到網頁的頂端，我們會在第 3-6 節介紹 <a> 元素。

```
\Ch02\header.html
<body>
  <header>
    <h1> 手機王 </h1>
    <p> 找手機、修手機、賣手機，手機專家就在這裡！ </p>
  </header>

  <footer>
    <p>&copy; 2023 快樂通訊公司 </p>
    <p><a href="#">Back to top</a></p>
  </footer>
</body>
```

❶ 頁首　❷ 頁尾

2-4-5 <aside> 元素 (側邊欄)

<aside> 元素用來標示側邊欄，裡面通常包含與主要內容無直接關聯的其它內容，例如摘要、廣告、贊助廠商、相關網站、日期月曆等。

下面是一個例子，它除了使用 <aside> 元素標示側邊欄，同時也在側邊欄裡面使用兩個 <section> 元素標示兩個區段，放置「您可能會有興趣的文章」和「贊助廠商」。

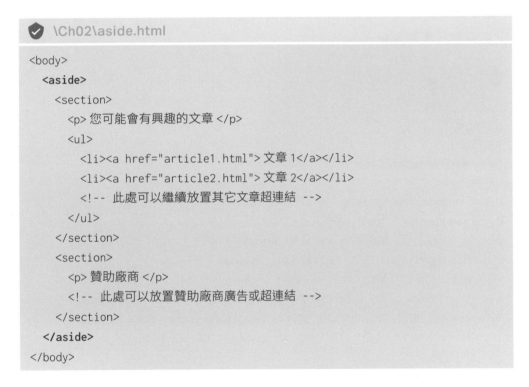

```
\Ch02\aside.html

<body>
  <aside>
    <section>
      <p> 您可能會有興趣的文章 </p>
      <ul>
        <li><a href="article1.html"> 文章 1</a></li>
        <li><a href="article2.html"> 文章 2</a></li>
        <!-- 此處可以繼續放置其它文章超連結 -->
      </ul>
    </section>
    <section>
      <p> 贊助廠商 </p>
      <!-- 此處可以放置贊助廠商廣告或超連結 -->
    </section>
  </aside>
</body>
```

2-4-6　<main> 元素 (主要內容)

<main> 元素用來標示網頁的主要內容，裡面通常包含文章、區段、圖片或影片。<main> 元素的內容應該是唯一的，也就是不會包含重複出現在其它網頁的資訊，例如導覽列、頁首、頁尾、版權聲明、網站標誌、搜尋表單等。

下面是一個例子，它示範了如何使用 <header>、<nav>、<main>、<aside>、<footer> 等元素標示網頁的頁首、導覽列、主要內容、側邊欄和頁尾，同時示範了如何在這些元素套用 CSS，對於這些 CSS，您可以先簡略看過，第 7 ~ 12 章有進一步的介紹。

✅ \Ch02\main.html

```
01 <!DOCTYPE html>
02 <html>
03  <head>
04   <meta charset="utf-8">
05   <style>
06    *{margin: 0; padding: 0;}
07    body{width: 100%; min-width: 600px;
08     max-width: 960px; margin: 0 auto;}
09    header{width: 100%; background: #eaeaea;}
10    nav{width: 100%; color: white; background: black;}
11    main{width: 70%; height: 300px; background: skyblue; float: left;}
12    aside{width: 30%; height: 300px; background: pink; float: right;}
13    footer{width: 100%; background: #eaeaea; clear: both;}
14   </style>
15  </head>
16  <body>
17   <header><h1>□□</h1></header>
18   <nav><h1>□□□</h1></nav>
19   <main><h1>□□□□</h1></main>
20   <aside><h1>□□□</h1></aside>
21   <footer><h1>□□</h1></footer>
22  </body>
23 </html>
```

- 05 ~ 14：使用 <style> 元素嵌入 CSS，其中第 06 行是將所有元素的邊界與留白重設為 0；第 07 ~ 13 行是針對 <body>、<header>、<nav>、<main>、<aside>、<footer> 等元素設定 CSS，包括寬度、高度、最小寬度、最大寬度、邊界、前景色彩、背景色彩、文繞圖與解除文繞圖等。

- 17：標示網頁的頁首。

- 18：標示網頁的導覽列。

- 19：標示網頁的主要內容。

- 20：標示網頁的側邊欄。

- 21：標示網頁的頁尾。

原則上，網頁一次只能顯示一個 <main> 元素，而且不可以放在 <article>、<section>、<nav>、<footer>、<header>、<aside> 等元素裡面。

2-4-7 <figure>、<figcaption> 元素 (獨立內容)

<figure> 元素用來標示在主要內容中所參考引用的獨立內容,例如圖片、影片、程式碼等,而 <figcaption> 元素用來針對 <figure> 元素的內容設定說明,這兩個元素的屬性有第 2-1 節所介紹的全域屬性。

<figure> 元素所標示的內容可以移到文件的其它位置或附錄,不會影響主要內容的動線。

下面是一個例子,它先使用 <figure> 元素將一張圖片標示為獨立內容,然後使用 <figcaption> 元素設定圖片的說明,至於 <img> 元素則是用來嵌入圖片,第 4 章有進一步的介紹。

```
<body>
  <figure>
    <img src="flower.jpg" width="400">
    <figcaption>
      取材自攝影師:Somben Chea:https://www.pexels.com/
    </figcaption>
  </figure>
</body>
```

3-1 區塊格式

HTML 提供了一些用來標示區塊格式的元素，例如 <h1> ~ <h6>（標題 1 ~ 6）、<p>（段落）、<div>（群組成一個區塊）、<pre>（預先格式化區塊）、<blockquote>（引用區塊）、<address>（聯絡資訊）、<hr>（水平線）等，其中 <h1> ~ <h6>、<p> 和 <div> 等元素在第 2-3 節介紹過，此處就不再重複講解。

3-1-1 <pre> 元素（預先格式化區塊）

由於瀏覽器會忽略 HTML 元素之間多餘的空白字元和 [Enter] 鍵，導致在輸入某些內容時造成不便，例如程式碼，此時，我們可以使用 **<pre>** 元素預先將內容格式化，其屬性有第 2-1 節所介紹的全域屬性，下面是一個例子。

\Ch03\pre.html

```
<body>
 <pre>
 void main()
 {
   printf("Hello, world!\n");
 }
 </pre>
</body>
```

❶ 使用 <pre> 元素標示預先格式化區塊　　❷ 瀏覽結果會保留空白與換行

3-1-2　<blockquote> 元素 (引用區塊)

<blockquote> 元素用來標示引用區塊,其屬性如下:

- **cite**="..." : 設定引用的相關資訊或來源出處。

- 第 2-1 節所介紹的全域屬性。

下面是一個例子,其中第一段文字是一般的段落,而第二段文字是引用區塊,瀏覽器通常會以縮排的形式來顯示引用區塊,同時我們還加上 cite="https://www.w3.org/" 屬性標示引用的來源出處為 W3C 的官方網站。

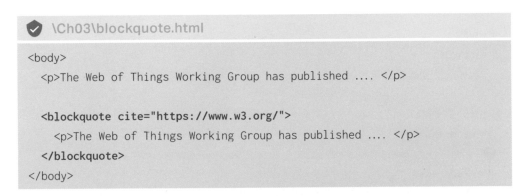

```
\Ch03\blockquote.html
```

```html
<body>
  <p>The Web of Things Working Group has published .... </p>

  <blockquote cite="https://www.w3.org/">
    <p>The Web of Things Working Group has published .... </p>
  </blockquote>
</body>
```

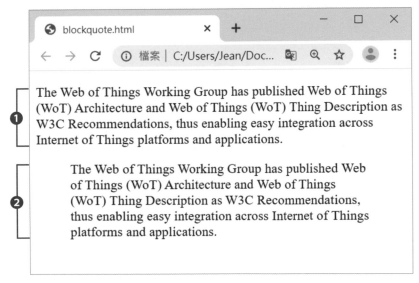

❶ 一般的段落不會左右縮排　　❷ 引用區塊會左右縮排

3-1-3 <address> 元素 (聯絡資訊)

<address> 元素用來標示個人、團體或組織的聯絡資訊，例如地址、市內電話、行動電話、E-mail 帳號、即時通訊帳號、網址、地理位置資訊等，其屬性有第 2-1 節所介紹的全域屬性。

下面是一個例子，它使用 <address> 元素在文章的最後放上 jean@hotmail.com 超連結做為作者聯絡資訊。有關超連結的製作方式，第 3-6 節有進一步的說明。

```html
<body>
  <article>
    <!-- 此處放置文章內容 -->

    <p> 聯絡本文章的作者：</p>
    <address>
      <a href="mailto:jean@hotmail.com">jean@hotmail.com</a>
    </address>
  </article>
</body>
```

❶

❶ 使用 <address> 元素標示聯絡資訊 　❷ 聯絡資訊的瀏覽結果

3-1-4 <hr> 元素 (水平線)

<hr> 元素用來標示水平線，其屬性有第 2-1 節所介紹的全域屬性，該元素沒有結束標籤。

下面是一個例子，在視覺效果上，瀏覽器會顯示一條水平的分隔線，而在語意上，<hr> 元素代表的是段落層級的焦點轉移，例如從一首詩轉移到另一首詩，或從故事的一個情節轉移到另一個情節。

```
\Ch03\hr.html

<body>
  <p> 春曉 </p>
  <p> 春眠不覺曉，處處聞啼鳥；夜來風雨聲，花落知多少？ </p>
  <hr> ❶
  <p> 送別 </p>
  <p> 山中相送罷，日暮掩柴扉。春草明年綠，王孫歸不歸。</p>
  <hr>
  <p> 相思 </p>
  <p> 紅豆生南國，春來發幾枝？願君多采擷，此物最相思。</p>
</body>
```

❶ 使用 <hr> 元素標示水平線　❷ 水平線的瀏覽結果

3-2 文字格式

適當的文字格式可以提升網頁的可讀性和視覺效果，常見的文字格式有粗體、斜體、加底線、小字型、上標、下標等，以下就為您做說明。

3-2-1 `<b>`、`<i>`、`<u>`、`<sub>`、`<sup>`、`<small>`、`<em>`、`<strong>`、`<dfn>`、`<code>`、`<samp>`、`<kbd>`、`<var>`、`<cite>`、`<abbr>`、`<s>`、`<q>`、`<mark>`、`<ruby>`、`<rt>` 元素

HTML5 提供如下元素用來設定文字格式，這些元素的屬性有第 2-1 節所介紹的全域屬性。

範例	瀏覽結果	說明
預設的格式 Format	預設的格式Format	預設的格式
`<b>` 粗體 Bold`</b>`	**粗體Bold**	粗體
`<i>` 斜體 Italic`</i>`	*斜體Italic*	斜體
`<u>` 加底線 Underlined`</u>`	<u>加底線Underlined</u>	加底線
H`<sub>`2`</sub>`O	H_2O	下標
X`<sup>`3`</sup>`	X^3	上標
`<small>`SMALL`</small>` FONT	SMALL FONT	小字型
`<em>` 強調斜體 Emphasized`</em>`	*強調斜體Emphasized*	強調斜體
`<strong>` 強調粗體 Strong`</strong>`	**強調粗體Strong**	強調粗體
`<dfn>` 定義 Definition`</dfn>`	*定義Definition*	定義文字
`<code>` 程式碼 Code`</code>`	程式碼Code	程式碼文字
`<samp>` 範例 SAMPLE`</samp>`	範例SAMPLE	範例文字

範例	瀏覽結果	說明
<kbd> 鍵盤 Keyboard</kbd>	鍵盤Keyboard	鍵盤文字
<var> 變數 Variable</var>	*變數Variable*	變數文字
<cite> 引用 Citation</cite>	*引用Citation*	引用文字
<abbr> 縮寫，如 HTTP</abbr>	縮寫，如HTTP	縮寫文字
<s> 刪除字 Strike</s>	~~刪除字Strike~~	刪除字
<q>Gone with the Wind</q>	"Gone with the Wind"	引用語
<mark> 螢光標記 </mark>	螢光標記	螢光標記

◎ 雖然 HTML5 保留了這些涉及網頁外觀的元素，但 W3C 還是鼓勵網頁設計人員使用 CSS 來取代。

◎ HTML5 移除了 <font>、<basefont>、<big>、<blink>、<center>、<strike>、<tt>、<nobr>、<spacer> 等涉及網頁外觀的元素，建議使用 CSS 來取代，同時 HTML5 亦移除了 <acronym> 元素，建議使用 <abbr> 元素來取代。至於 <small> 元素雖然沒有被移除，但在定義上做了一些修改，用來標示版權聲明、法律限制等附屬細則。

◎ HTML5 修改了 <em> 和 <strong> 元素的意義，前者用來標示強調功能，而後者用來標示內容的重要性，但沒有要改變句子的意思或語氣。至於 <mark> 元素則是用來顯示螢光標記，例如要將使用者在網頁上所搜尋到的關鍵字標記出來，就可以使用 <mark> 元素。

◎ HTML5 新增了 <ruby>、<rt>、<rp> 元素，用來標示文字的小註釋，例如東亞文字的注音或拼音，其中 **<ruby>** 元素用來包住文字，**<rt>** 元素用來包住注音或拼音，而 **<rp>** 元素用來包住符號，例如 **<ruby> 漢 <rp>(</rp><rt> ㄏㄢˋ </rt><rp>)</rp></ruby>** 的瀏覽結果如左下圖，若瀏覽器不支援這些元素，則瀏覽結果如右下圖。

ㄏㄢˋ 漢	漢(ㄏㄢˋ)

3-2-2
 元素 (換行)

 元素用來換行，其屬性有第 2-1 節所介紹的全域屬性，該元素沒有結束
標籤，下面是一個例子。

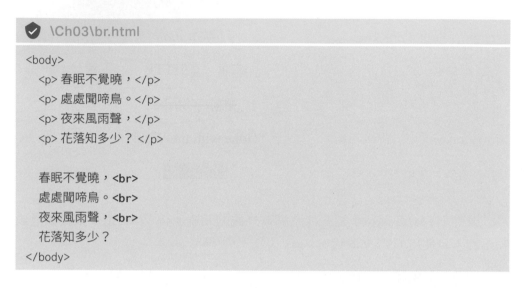

```
\Ch03\br.html
<body>
  <p> 春眠不覺曉，</p>
  <p> 處處聞啼鳥。</p>
  <p> 夜來風雨聲，</p>
  <p> 花落知多少？</p>

  春眠不覺曉，<br>
  處處聞啼鳥。<br>
  夜來風雨聲，<br>
  花落知多少？
</body>
```

❶ 使用 <p> 元素標示段落的行距比較大
❷ 使用
 元素標示換行的行距比較小

3-2-3 <span> 元素 (群組成一行)

<span> 元素用來將 HTML 文件中某個範圍的內容和元素群組成一行,其屬性有第 2-1 節所介紹的全域屬性。所謂**行內層級** (inline level) 指的是元素的內容在瀏覽器中不會另起一行,例如 <span>、<i>、<b>、<u>、<img>、<a>、<sub>、<sup>、<em>、<small> 等均是行內層級元素。

<span> 元素常見的用途就是搭配 class、id、style 等屬性,將 CSS 套用到 <span> 元素所群組的行內範圍,下面是一個例子。

\Ch03\span.html

```
<!DOCTYPE html>
<html>
  <head>
    <meta charset="utf-8">
    <style>
      .note {color: blue;}
    </style>
  </head>
  <body>
    註釋 1:<span class="note">「章台路」</span> 意指歌妓聚居之所。<br>
    註釋 2:<span class="note">「冶遊生春露」</span> 意指春遊。
  </body>
</html>
```

❶ 嵌入 CSS 將 note 類別的前景色彩設定為藍色
❷ 將 CSS 套用到行內範圍
❸ 套用 CSS 的瀏覽結果

註釋1:「章台路」意指歌妓聚居之所。
註釋2:「冶遊生春露」意指春遊。
❸

3-2-4 <time> 元素 (日期時間)

<time> 元素用來標示日期時間，其屬性如下：

- ✅ **datetime**：設定機器可讀取的日期時間格式。

- ✅ 第 2-1 節所介紹的全域屬性。

機器可讀取的日期格式為 **YYYY-MM-DD**，時間格式為 **HH:MM[:SS]**，秒數可以省略不寫，兩者之間以 **T** 做區隔，若要設定更小的秒數單位，可以先加上小數點做區隔，然後設定更小的秒數，例如：

```
<time>2024-12-25</time>
<time>14:30:35</time>
<time>2024-12-25T14:30</time>
<time>2024-12-25T14:30:35</time>
<time>2024-12-25T14:30:35.922</time>
```

下面是一個例子，它分別使用兩個 <time> 元素標示一個日期和一個時間，同時使用 datetime 屬性設定機器可讀取的日期時間格式，畢竟機器看不懂「10月 25 日」和「早上八點鐘」。

\Ch03\time.html

```
<body>
  <p> 本年度校慶日期為 <time datetime="2023-10-25">10 月 25 日 </time></p>
  <p> 進場時間為 <time datetime="08:00"> 早上八點鐘 </time></p>
</body>
```

3-3 插入或刪除資料－ <ins>、<del> 元素

當我們要在網頁上插入資料時，可以使用 **<ins>** 元素，瀏覽器通常會以底線來顯示 <ins> 元素的內容；相反的，當我們要在網頁上刪除資料，可以使用 **<del>** 元素，瀏覽器通常會以刪除線來顯示 <del> 元素的內容。

這兩個元素的屬性如下：

- **cite**="..."：設定一個文件或訊息，以說明插入或刪除資料的原因。

- **datetime**="..."：設定插入或刪除資料的日期時間。

- 第 2-1 節所介紹的全域屬性。

下面是一個例子。

🛡 **\Ch03\insdel.html**

```
<!DOCTYPE html>
<html>
  <head>
    <meta charset="utf-8">
  </head>
  <body>
    指考倒數剩下 <del datetime="2023-07-01">2</del> 天
    <ins datetime="2023-07-02">1</ins> 天
  </body>
</html>
```

3-4 項目符號與編號－ <ul>、<ol>、<li> 元素

當您閱讀書籍或整理資料時，可能會希望將相關資料條列式的編排出來，讓資料顯得有條不紊，此時可以使用 <ul> 元素為資料加上項目符號，或使用 <ol> 元素為資料加上編號，然後使用 <li> 元素設定個別的項目資料。

<**ul**> 元素用來標示項目符號，其屬性如下：

- 第 2-1 節所介紹的全域屬性。

<**ol**> 元素用來標示編號，其屬性如下：

- **type**="{1,A,a,I,i}"：設定編號的類型，設定值如下，省略不寫的話，表示阿拉伯數字。

設定值	說明
1（預設值）	從 1 開始的阿拉伯數字，例如 1.、2.、3.、4.、5.、…。
A	大寫英文字母，例如 A.、B.、C.、D.、E.、…。
a	小寫英文字母，例如 a.、b.、c.、d.、e.、…。
I	大寫羅馬數字，例如 I.、II.、III.、IV.、V.、…。
i	小寫羅馬數字，例如 i.、ii.、iii.、iv.、v.、…。

- **start**="*n*"：設定編號的起始值，省略不寫的話，表示從 1.、A.、a.、I.、i. 開始。

- **reversed**：以顛倒的編號順序顯示清單，例如 …、5.、4.、3.、2.、1.。

- 第 2-1 節所介紹的全域屬性。

<**li**> 元素用來設定個別的項目資料，其屬性如下：

- **value**="*n*"：設定一個整數給項目資料，以代表該項目資料的序數。

- 第 2-1 節所介紹的全域屬性。

下面是一個例子，它定義了一個項目清單和一個編號清單，而且編號清單的編號是從 E 開始的大寫英文字母。

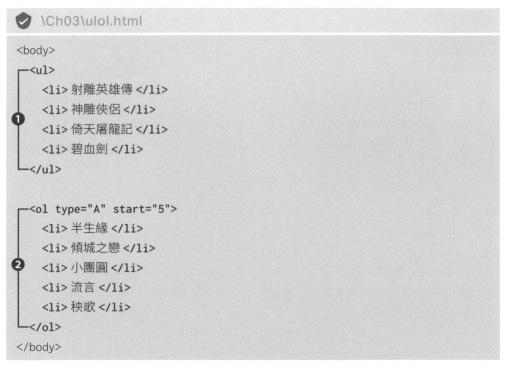

```
<body>
  <ul>
    <li> 射雕英雄傳 </li>
    <li> 神雕俠侶 </li>
    <li> 倚天屠龍記 </li>
    <li> 碧血劍 </li>
  </ul>

  <ol type="A" start="5">
    <li> 半生緣 </li>
    <li> 傾城之戀 </li>
    <li> 小團圓 </li>
    <li> 流言 </li>
    <li> 秧歌 </li>
  </ol>
</body>
```

\Ch03\ulol.html

❶ 設定項目清單

❷ 設定編號清單

❸ 項目清單的瀏覽結果

❹ 編號清單的瀏覽結果

下面是另一個例子,它示範了如何製作巢狀清單,其中外層是一個項目清單,而內層是兩個編號清單。

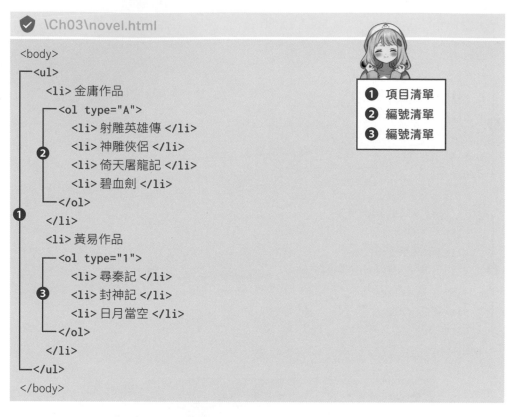

```
<body>
<ul>
  <li> 金庸作品
    <ol type="A">
      <li> 射雕英雄傳 </li>
      <li> 神雕俠侶 </li>
      <li> 倚天屠龍記 </li>
      <li> 碧血劍 </li>
    </ol>
  </li>
  <li> 黃易作品
    <ol type="1">
      <li> 尋秦記 </li>
      <li> 封神記 </li>
      <li> 日月當空 </li>
    </ol>
  </li>
</ul>
</body>
```

❶ 項目清單
❷ 編號清單
❸ 編號清單

3-5 定義清單－ <dl>、<dt>、<dd> 元素

定義清單 (definition list) 是將資料格式化成兩個層次，您可以將它想像成類似目錄的東西，第一層資料是某個名詞，而第二層資料是該名詞的定義。

製作定義清單會使用到下列三個元素，其屬性有第 2-1 節所介紹的全域屬性：

- <dl>：標示定義清單的開頭與結尾。
- <dt>：標示定義清單的第一層資料。
- <dd>：標示定義清單的第二層資料。

下面是一個例子。

\Ch03\dl.html

```
<body>
  <dl>
    <dt> 黑面琵鷺 </dt>
    <dd> 黑面琵鷺最早的棲息地是韓國及中國的北方沿海，但近年來它們覓著了
         一個新的棲息地，那就是寶島台灣的曾文溪口沼澤地。</dd>
    <dt> 赤腹鷹 </dt>
    <dd> 赤腹鷹的棲息地在墾丁、恆春一帶，只要一到每年的八、九月，赤腹鷹
         就會成群結隊的到台灣過冬，愛鷹的人士可千萬不能錯過。</dd>
  </dl>
</body>
```

3-6 超連結

超連結 (hyperlink) 可以用來連結到網頁內的某個位置、E-mail 帳號、其它圖片、程式、檔案或網站。超連結的定址方式稱為 **URL** (Universal Resource Locator)，指的是 Web 上各種資源的網址。URL 通常包含下列幾個部分：

通訊協定 伺服器名稱 [: 通訊埠編號]/ 資料夾 [/ 資料夾 2...]/ 文件名稱

例如：

- 通訊協定：這是用來設定 URL 所連結的網路服務，常見的如下。

通訊協定	網路服務	實例
http://、https://	全球資訊網	https://www.google.com.tw/
ftp://	檔案傳輸	ftp://ftp.lucky.com/
file:///	存取本機磁碟檔案	file:///c:/games/bubble.exe
mailto:	傳送電子郵件	mailto:jean@mail.lucky.com

- **伺服器名稱 [: 通訊埠編號]**：伺服器名稱是提供服務的主機名稱，而冒號後面的通訊埠編號用來設定要開啟哪個通訊埠，預設值為 80。由於電腦可能會同時擔任不同的伺服器，為了便於區分，每種伺服器會各自對應一個通訊埠，例如 FTP、SMTP、HTTP、POP 的通訊埠編號為 21、25、80、110。

- **資料夾**：這是儲存檔案的地方。

- **文件名稱**：這是檔案的完整名稱，包括主檔名與副檔名。

3-6-1 絕對 URL 與相對 URL

URL 又分為「絕對 URL」與「相對 URL」兩種類型，**絕對 URL** (Absolute URL) 包含通訊協定、伺服器名稱、資料夾和文件名稱，通常連結到網際網路的超連結是使用絕對 URL，例如 https://www.abc.com/index.html。

至於**相對 URL** (Relative URL) 則通常只包含資料夾和文件名稱，有時甚至連資料夾都可以省略不寫。當超連結所要連結的文件和超連結所屬的文件位於相同伺服器或相同資料夾時，就可以使用相對 URL。

相對 URL 又分為下列兩種類型：

◉ **文件相對 URL** (Document-Relative URL)：以下圖的文件結構為例，假設 default.html 有連結到 email.html 和 question.html 的超連結，那麼超連結的 URL 可以寫成 Contact/email.html 和 Support/FAQ/question.html。由於這些資料夾和文件位於相同資料夾，故通訊協定和伺服器名稱可以省略不寫。

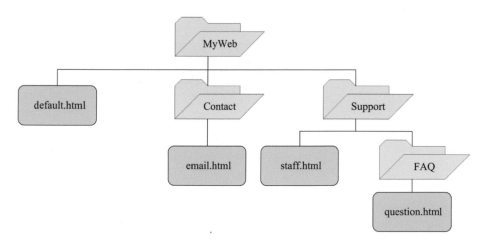

請注意，若 staff.html 有連結到 email.html 的超連結，那麼其 URL 必須設定為 ../Contact/email.html，".." 的意義是回到上一層資料夾；同理，若 question.html 有連結到 email.html 的超連結，那麼其 URL 必須設定為 ../../Contact/email.html。

◎ **伺服器相對 URL** (Server-Relative URL)：伺服器相對 URL 是相對於伺服器的根目錄，以下圖的文件結構為例，斜線 (/) 代表根目錄，當我們要表示任何檔案或資料夾時，都必須從根目錄開始，例如 question.html 的位址為 /Support/FAQ/question.html，最前面的斜線 (/) 代表伺服器的根目錄，不能省略不寫。

同理，若 default.html 有連結到 email.html 或 question.html 的超連結，那麼其 URL 必須設定為 /Contact/email.html 和 /Support/FAQ/question.html，最前面的斜線 (/) 不能省略不寫。

文件相對 URL 的優點是當我們將包含所有資料夾和文件的資料夾整個搬移到不同伺服器或其它位址時，文件之間的超連結仍可正確連結，無須重新設定；而伺服器相對 URL 的優點是當我們將所有資料夾和文件搬移到不同伺服器時，文件之間的超連結仍可正確連結，無須重新設定。

3-6-2 標示超連結－ <a> 元素

<a> 元素用來標示超連結，常見的屬性如下：

◎ **href**="*url*"：設定所連結之資源的網址，例如：

```
<a href="https://www.lucky.com/">網站 </a>
<a href="mailto:jean@mail.lucky.com">電子郵件 </a>
<a href="tel:+12345678"> 電話 </a>
```

◎ **hreflang**="*language-code*"：設定所連結之資源的語系。

◎ **rel**="..."：設定目前文件與所連結之資源的關聯，例如 alternate（替代表示方式）、author（作者）、bookmark（書籤）、external（外部資源）、help（說明）、icon（網站圖示）、license（授權）、next（下一頁）、preload（預先載入資源）、prev（上一頁）、search（搜尋）、stylesheet（樣式表）。

◎ **type**="*content-type*"：設定所連結之資源的內容類型。

◎ **target**="..."：設定要在哪裡開啟所連結的資源，設定值如下。

設定值	說明
_self（預設值）	將所連結的資源開啟在目前視窗。
_blank	將所連結的資源開啟在新索引標籤或新視窗，若不希望使用者就此離開原來的網頁，可以使用 target="_blank"，將所連結的資源開啟在新索引標籤或新視窗，如此一來，原來的網頁也會保持開啟在目前視窗。
_parent	將所連結的資源開啟在目前視窗的父視窗，若父視窗不存在，就開啟在目前視窗。
_top	將所連結的資源開啟在目前視窗的最上層視窗，若最上層視窗不存在，就開啟在目前視窗。

◎ **download**：設定要下載檔案，而不是要瀏覽檔案。

◎ 第 2-1 節所介紹的全域屬性。

下面是一個例子，它會以項目清單的方式顯示四個超連結。

✅ \Ch03\hyperlink.html

```html
<ul>
  <li><a href="pre.html">連結到 pre.html 網頁 </a></li>
  <li><a href="poem.rar" download> 下載 poem.rar 檔案 </a></li>
  <li><a href="https://www.google.com.tw/">連線到 Google</a></li>
  <li><a href="mailto:jean@mail.lucky.com"> 寫信給客服 </a></li>
</ul>
```

❶ 網頁的瀏覽結果

❷ 點取第一個超連結會開啟 pre.html 網頁

❸ 點取第二個超連結會下載 poem.rar 檔案

❹ 點取第三個超連結會開啟 Google 網站

❺ 點取第四個超連結會開啟 E-mail 程式並自動將收件者地址填寫上去

3-6-3 在新索引標籤開啟超連結

在預設的情況下，瀏覽器會將超連結所連結的資源開啟在目前視窗。若不希望使用者就此離開原來的網頁，可以在 <a> 元素加上 **target="_blank"** 屬性，將所連結的資源開啟在新索引標籤或新視窗，如此一來，原來的網頁也會保持開啟在目前視窗。

下面是一個例子，它會在新索引標籤開啟超連結所連結的 Apple 網站。

```
<body>
  <a href="https://www.apple.com/tw/" target="_blank">
      在新索引標籤開啟 Apple 網站 </a>
</body>
```

❶ 點取超連結　　❷ 在新索引標籤開啟 Apple 網站

3-6-4 頁內超連結

超連結也可以用來連結到網頁內的某個位置，稱為**頁內超連結**。當網頁的內容比較長時，為了方便瀏覽資料，我們可以針對網頁上的主題建立頁內超連結，讓使用者一點取頁內超連結，就會跳到指定的內容。

下面是一個例子，由於這個網頁的內容比較長，使用者可能得移動捲軸才能瀏覽想看的資料，有點不方便，於是我們將網頁上方項目清單中的「黑面琵鷺」、「赤腹鷹」、「八色鳥」等三個項目設定為頁內超連結，分別連結到網頁下方定義清單中對應的介紹文字，令使用者一點取頁內超連結，就會跳到對應的介紹文字。

❶ 頁內超連結　　**❷** 對應的介紹文字

建立頁內超連結包含下列兩個步驟：

1️⃣ 在對應的介紹文字分別加上 **id** 屬性，以設定唯一的識別字做為識別。

2️⃣ 使用頁內超連結的 **href** 屬性設定所連結的識別字。由於此例的 href 屬性和欲連結的識別字位於相同檔案，所以檔名可以省略不寫。若識別字位於其它檔案，那麼在設定 href 屬性時，還要寫出檔名，例如 <a href="inner.html#bird1">。

✅ **\Ch03\inner.html**

```
<body>
    <p> 您可知道，在這片名為福爾摩莎的寶島上，不僅孕育了許多特有的鳥種，更是
        許多候鳥過冬棲息的庇護所，例如黑面琵鷺、小青足鷸、大白鷺、鷹斑鷸、蒼
        鷺、戴勝、灰鶺鴒、高翹行、小環頸行鳥、燕行鳥、反嘴行鳥、中白鷺、金斑
        行鳥、赤腹鷹、中白鷺、八色鳥、花嘴鴨等，只要您肯用心留意，就可以看到
        這些美麗的天使。在這裡，我們為您介紹的候鳥有：</p>
    <ul>
      <li><a href="#bird1"> 黑面琵鷺 </a></li>
      <li><a href="#bird2"> 赤腹鷹 </a></li>
      <li><a href="#bird3"> 八色鳥 </a></li>
    </ul>                ❷
    <hr>
    <dl>          ❶
    <dt id="bird1"> 黑面琵鷺 </dt>
    <dd> 黑面琵鷺最早的棲息地是韓國及中國的北方沿海，但近年來它們覓著了一個
        新的棲息地，那就是寶島台灣的曾文溪口沼澤地。</dd>
    <dt id="bird2"> 赤腹鷹 </dt>
    <dd> 赤腹鷹的棲息地在墾丁、恆春一帶，只要一到每年的八、九月，赤腹鷹就會
        成群結隊的到台灣過冬，愛鷹的人士可千萬不能錯過。</dd>
    <dt id="bird3"> 八色鳥 </dt>
    <dd> 八色鳥在每年的夏天會從東南亞地區飛到台灣繁殖下一代，由於羽色艷麗
        （八種色彩），可以說是山林中的漂亮寶貝。</dd>
    </dl>
</body>
```

❶ 在對應的介紹文字分別加上 id 屬性，以設定唯一的識別字
❷ 使用 href 屬性設定所連結的識別字

3-7 相對 URL 的路徑資訊－ \<base\> 元素

在 HTML 文件中，無論是連結到圖片、程式、檔案或樣式表的超連結，都是靠 URL 來設定路徑，而且為了方便起見，我們通常是將檔案放在相同資料夾，然後使用相對 URL 來表示超連結的位址。

若有天我們將檔案搬移到其它資料夾，那麼相對 URL 是否要一一修正呢？其實不用，只要使用 \<**base**\> 元素設定相對 URL 的路徑資訊就可以了。\<base\> 元素要放在 \<head\> 元素裡面，而且沒有結束標籤，常見的屬性如下：

- ✅ **href**="*url*"：設定相對 URL 的絕對位址。
- ✅ 第 2-1 節所介紹的全域屬性。

下面是一個例子，由於第 05 行在 \<head\> 元素裡面加入 \<base\> 元素設定相對 URL 的路徑資訊，因此，對第 08 行的相對 URL "hotnews.html" 來說，其實際位址為 "https://www.example.com/news/hotnews.html"。

```
\Ch03\relative.html
01: <!DOCTYPE html>
02: <html>
03:   <head>
04:     <meta charset="utf-8">
05:     <base href="https://www.example.com/news/index.html">
06:   </head>
07:   <body>
08:     <a href="hotnews.html"> 熱門新聞 </a>
09:   </body>
10: </html>
```

The Complete Guide to Web Design

4-1 嵌入圖片 – <img> 元素

我們可以使用 <img> 元素在 HTML 文件中嵌入圖片,該元素沒有結束標籤, 常見的屬性如下:

- **src**="*url*":設定圖片的網址。

- **width**="*n*":設定圖片的寬度 (*n* 為像素數)。

- **height**="*n*":設定圖片的高度 (*n* 為像素數)。

- **alt**="...":設定圖片的替代顯示文字,用來描述圖片的性質。

- **srcset**="...":設定在高解析度顯示器、小螢幕等不同情況下所要顯示的圖片。

- **sizes**="...":設定在不同版面配置下所要顯示的圖片大小。

- **ismap**:設定圖片為伺服器端影像地圖。

- **usemap**="*url*":設定所要使用的影像地圖。

- 第 2-1 節所介紹的全域屬性。

網頁上常見的點陣圖檔格式有 **JPEG**、**GIF**、**PNG**、**WebP** 等,另外還有向量圖檔格式 **SVG**,優點是檔案小,縮放不會變模糊,適合儲存圖示、標誌等圖片。

	GIF	JPEG	PNG	WebP
色彩數	256 色	全彩	全彩	全彩
透明度	有	無	有	有
動畫	有	無	APNG 擴充規格支援動畫	Animated WebP 支援動畫
說明	無失真壓縮,適合儲存構圖簡單、色彩少、需要透明度或動畫的圖片	失真壓縮,檔案小,適合儲存照片、漸層等色彩豐富的圖片	無失真壓縮,適合儲存畫質不會變差或需要透明度的圖片	無失真壓縮,具有 JPEG 與 PNG 的優點,檔案小,畫質不會變差

4-1-1　圖片的網址、寬度、高度與替代顯示文字

我們可以使用 <img> 元素的 **src**、**width**、**height**、**alt** 屬性設定圖片的網址、寬度、高度與替代顯示文字，下面是一個例子。

```
01: <body>
02:   <img src="rose.jpg" width="200" alt=" 紅玫瑰 ">
03:   <img src="rose.jpg" width="200" height="300" alt=" 紅玫瑰 ">
04:   <img src="rose2.jpg" width="300" alt=" 紅玫瑰 ">
05: </body>
```

- ☑ 02：圖檔為 rose.jpg，寬度為 200 像素，替代顯示文字為「紅玫瑰」。由於只有設定寬度，所以高度會按比例調整，圖片不會變形。若都沒有設定寬度與高度，那麼瀏覽器會以圖片的原始大小來顯示。

- ☑ 03：圖檔為 rose.jpg，寬度為 200 像素，高度為 300 像素，替代顯示文字為「紅玫瑰」。由於有設定寬度與高度，所以圖片有點變形。

- ☑ 04：由於圖檔 rose2.jpg 不存在，瀏覽器無法順利顯示圖片，因而顯示「紅玫瑰」。

攝影師：Nubia Navarro:
https://www.pexels.com/

4-1-2 響應式圖片

當我們使用 PC、手機或平板瀏覽網頁上的圖片時，經常會遇到一種情況是圖片在 PC 上顯示很清晰，但在手機或平板上顯示卻變得模糊，想要更換解析度較高的圖片，又怕拖慢網頁的載入速度。比較彈性的做法是準備多種尺寸的圖檔，讓瀏覽器根據 **DPR** (Device Pixel Ratio，裝置像素比) 或**圖片寬度**載入適合的圖檔，這種技術就叫做**響應式圖片** (responsive image)。

根據 DPR (裝置像素比) 載入適合的圖檔

DPR (裝置像素比) 指的是 CSS 像素與螢幕像素之間的比例，一般螢幕的 DPR 可能是 1 或 2，而手機或平板的 DPR 可能是 2 或 3，假設 DPR 為 2，表示在水平及垂直方向都要使用 2 個螢幕像素來描繪 1 個 CSS 像素。

我們可以利用 <img> 元素的 **srcset** 屬性讓瀏覽器根據 DPR 選擇要載入哪個圖檔，舉例來說，假設有 pic_1x.jpg 和 pic_2x.jpg 兩個圖檔，其中 pic_2x.jpg 的解析度是 pic_1x.jpg 的 2 倍，接著撰寫如下敘述，若 DPR 為 1，就會載入 pic_1x.jpg；若 DPR 為 2，就會載入 pic_2x.jpg；若瀏覽器不支援 srcset 屬性或選不到適合的圖檔，就會載入 src 屬性所指定的 pic_2x.jpg：

```
<img srcset="pic_1x.jpg 1x, pic_2x.jpg 2x" src="pic_2x.jpg"
```

根據圖片寬度載入適合的圖檔

我們也可以利用 <img> 元素的 **srcset** 屬性讓瀏覽器根據圖片寬度選擇要載入哪個圖檔，舉例來說，假設有 pic_500w.jpg 和 pic_1000w.jpg 兩個圖檔，接著撰寫如下敘述，若可視區域為 500 像素且 DPR 為 1，表示圖片寬度為 500×1 = 500 像素，就會載入 pic_500w.jpg；若可視區域為 500 像素且 DPR 為 2，表示圖片寬度為 500×2 = 1000 像素，就會載入 pic_1000w.jpg；若瀏覽器不支援 srcset 屬性或選不到適合的圖檔，就會載入 src 屬性所指定的 pic_1000w.jpg，所謂**可視區域** (viewport) 指的是以瀏覽器觀看網頁時的顯示區域：

```
<img srcset="pic_500w.jpg 500w, pic_1000w.jpg 1000w" src="pic_1000w.jpg">
```

這種設定方式必須搭配 <img> 元素的 **sizes** 屬性設定圖片大小，若沒有設定，就會使用預設值 **"100vw"**，也就是可視區域的 100% 寬度。sizes 屬性的單位可以是 **px**（像素）或 **vw**（viewport width），亦支援媒體查詢的形式。

下面是一個例子，它除了使用 srcset 屬性設定相同內容但不同尺寸的圖檔，還搭配 sizes 屬性設定所要顯示的圖片大小。

✅ **\Ch04\img2.html**

```
01: <body>
02:    <img srcset="rose_400w.jpg 400w, rose_600w.jpg 600w, rose_800w.jpg 800w"
03:         sizes="50vw"
04:         src="rose_800w.jpg"
05:         alt=" 紅玫瑰 ">
06: </body>
```

☑ 02：使用 srcset 屬性設定當圖片寬度為 400、600、800 像素時，瀏覽器會分別載入 rose_400w.jpg、rose_600w.jpg、rose_800w.jpg。

☑ 03：使用 sizes 屬性設定所要顯示的圖片大小為 "50vw"，也就是可視區域的 50% 寬度。舉例來說，若可視區域為 800 像素且 DPR 為 1，表示圖片寬度為 800×(50%)×1 = 400 像素，就會載入 rose_400w.jpg；同理，若可視區域為 600 像素且 DPR 為 2，表示圖片寬度為 600×(50%)×2 = 600 像素，就會載入 rose_600w.jpg。我們刻意在圖片左上方標示 400、600、800，好方便判斷瀏覽器是載入哪個圖檔。

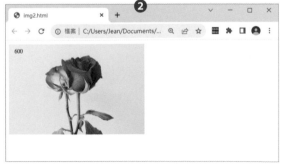

❶ 若圖片寬度為 400 像素，就會載入 rose_400w.jpg
❷ 若圖片寬度為 600 像素，就會載入 rose_600w.jpg

下面是另一個例子，比較特別的是它在設定 sizes 屬性的時候採取媒體查詢的形式，我們會在第 12-4 節介紹媒體查詢。

✅ **\Ch04\img3.html**

```
01: <body>
02:   <img srcset="rose_400w.jpg 400w, rose_800w.jpg 800w"
03:       sizes="(max-width: 600px) 200px, 400px"
04:       src="rose_800w.jpg"
05:       alt=" 紅玫瑰 ">
06: </body>
```

⊘ 02：使用 srcset 屬性設定當圖片寬度為 400、800 像素時，瀏覽器會分別載入 rose_400w.jpg、rose_800w.jpg。

⊘ 03：使用 sizes 屬性設定當可視區域的寬度≦ 600 像素時，所要顯示的圖片大小為 200 像素，假設 DPR 為 2，那麼圖片寬度為 200×2 ＝ 400 像素，就會載入 rose_400w.jpg，如圖❶。

相反的，當可視區域的寬度＞ 600 像素時，所要顯示的圖片大小為 400 像素，假設 DPR 為 2，那麼圖片寬度為 400×2 ＝ 800 像素，就會載入 rose_800w.jpg，如圖❷。

換句話說，只要可視區域的寬度≦ 600 像素，就會載入圖檔比較小的 rose_400w.jpg，以節省空間。

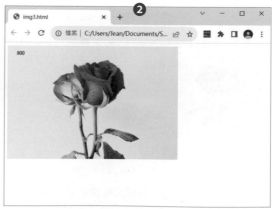

4-2 嵌入影片－ <video> 元素

和 HTML4.01 比起來，HTML5 最大的突破之一就是新增 <video> 和 <audio> 元素，以及相關的 API，進而賦予瀏覽器原生能力來播放影片與聲音，不再需要依賴 Windows Media Player、QuickTime、RealPlayer 等外掛程式。

至於 HTML5 為何要新增 <video> 和 <audio> 元素呢？主要的理由如下：

- 為了播放影片與聲音，各大瀏覽器無不使出各種招數，甚至自訂專用元素，彼此的支援程度互不相同，例如 <object>、<embed>、<bgsound> 等，而且經常需要設定一堆莫名的參數，令網頁設計人員相當困擾，而 <video> 和 <audio> 元素則提供了在網頁上播放影片與聲音的標準方式。

- 由於影片與聲音的格式眾多，所需要的外掛程式也不盡相同，但使用者卻不一定有安裝對應的外掛程式，導致無法順利播放。

- 對於必須依賴外掛程式來播放的影片，瀏覽器的做法通常是在網頁上保留一個區塊給外掛程式，然後就不去解譯該區塊，然而若有其它元素剛好也用到該區塊，可能會導致瀏覽器無法正確顯示網頁。

誠如前面所言，**<video>** 元素提供了在網頁上播放影片的標準方式，常見的屬性如下：

- **src**="*url*"：設定影片的網址。

- **poster**="*url*"：設定在影片下載完畢之前或開始播放之前所顯示的畫面，例如電影海報、光碟封面等。

- **preload**="{none,metadata,auto}"：設定是否要在載入網頁的同時將影片預先下載到緩衝區，none 表示否，metadata 表示要先取得影片的 metadata（例如畫格尺寸、片長、目錄列表、第一個畫格等），但不要預先下載影片的內容，auto 表示由瀏覽器決定，例如 PC 瀏覽器可能會預先下載影片，而行動瀏覽器可能礙於頻寬有限，不會預先下載影片。

- **autoplay**：設定讓瀏覽器在載入網頁的同時自動播放影片。

- ✅ **controls**：設定要顯示瀏覽器內建的控制面板。

- ✅ **loop**：設定影片重複播放。

- ✅ **muted**：設定影片為靜音。

- ✅ **width**="*n*"：設定影片的寬度 (*n* 為像素數)。

- ✅ **height**="*n*"：設定影片的高度 (*n* 為像素數)。

- ✅ **crossorigin**="..."：設定元素如何處理跨文件存取要求。

- ✅ 第 2-1 節所介紹的全域屬性。

下面是一個例子，它會播放 bird.mp4 影片，而且會顯示控制面板，載入網頁時自動播放影片，播放完畢之後會重複播放，一開始播放時為靜音模式，但使用者可以透過控制面板開啟聲音。

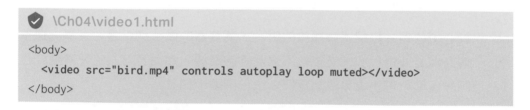

🛡️ \Ch04\video1.html

```
<body>
  <video src="bird.mp4" controls autoplay loop muted></video>
</body>
```

控制面板

此外，在影片下載完畢之前或開始播放之前，預設會顯示第一個畫格，但該畫格卻不見得具有任何意義，建議您可以使用 **poster** 屬性設定此時所顯示的畫面，例如電影海報、光碟封面等，下面是一個例子。

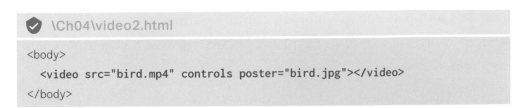

✔ \Ch04\video2.html

```
<body>
  <video src="bird.mp4" controls poster="bird.jpg"></video>
</body>
```

把在影片播放之前所顯示的畫面設定為 bird.jpg

N♢TE

HTML5 支援的視訊格式有 H.264/MPEG-4 (*.mp4、*.m4v)、WebM (*.webm)、Ogg Theora (*.ogv) 等，常見的瀏覽器支援情況如下。

	Chrome	Opera	Firefox	Edge	Safari
H.264/MPEG-4	Yes	Yes	Yes	Yes	Yes
WebM	Yes	Yes	Yes	Yes	Yes
Ogg Theora	Yes	Yes	Yes	Yes	No

4-3 嵌入聲音－ <audio> 元素

<audio> 元素提供了在網頁上播放聲音的標準方式，常見的屬性有 src、preload、autoplay、loop、muted、controls、crossorigin 等，用法和 <video> 元素類似。下面是一個例子，只要按下播放鍵，就會播放 music.mp3 音樂。

\Ch04\audio.html

```
<body>
  <audio src="music.mp3" controls></audio>
</body>
```

HTML5 支援的音訊格式有 MP3 (.mp3、.m3u)、AAC (.aac、.mp4、.m4a)、Ogg Vorbis (*.ogg) 等，常見的瀏覽器支援情況如下。

	Chrome	Opera	Firefox	Edge	Safari
MP3	Yes	Yes	Yes	Yes	Yes
AAC	Yes	Yes	Yes	Yes	Yes
Ogg Vorbis	Yes	Yes	Yes	Yes	No

4-4 設定媒體資源－ \<source\> 元素

由於不同的瀏覽器所支援的視訊 / 音訊格式各異，為了確保使用者能夠順利
觀看影片或聽見聲音，建議您同時在網頁中提供至少一種開放格式的影片檔
(WebM 或 Theora) 和 H.264/MPEG-4 格式的影片檔，以及至少一種開放格
式的聲音檔 (Vorbis) 和 MP3 格式的聲音檔。

\<source\> 元素可以放在 \<video\>、\<audio\> 和 \<picture\> 元素裡面，用來
設定影片、聲音或圖片的網址，該元素沒有結束標籤，常見的屬性如下，其
中 src 屬性適用於父元素為 \<video\> 或 \<audio\> 元素，而 srcset、sizes、
width、height、media 等屬性適用於父元素為 \<picture\> 元素：

- ✅ **type**="*content-type*"：設定資源的內容類型。

- ✅ **src**="*url*"：設定影音檔案的網址。

- ✅ **srcset**="..."：設定在高解析度顯示器、小螢幕等不同情況下所要顯示的
  圖片。

- ✅ **sizes**="..."：設定在不同版面配置下所要顯示的圖片大小。

- ✅ **width**="*n*"：設定圖片的寬度 (*n* 為像素數)。

- ✅ **height**="*n*"：設定圖片的高度 (*n* 為像素數)。

- ✅ **media**="..."：設定資源所要套用的媒體。

以下面的程式碼為例，瀏覽器會先判斷自己是否支援 video/webm 格式，是
就播放 bird.webm，否則接著判斷自己是否支援 video/mp4 格式，是就播放
bird.mp4，否則顯示「瀏覽器無法播放這個影片！」。

```
<video>
  <source src="bird.webm" type="video/webm">
  <source src="bird.mp4" type="video/mp4">
  瀏覽器無法播放這個影片！
</video>
```

4-5 嵌入不同的圖片 － <picture> 元素

<picture> 元素可以用來針對不同的裝置或顯示畫面嵌入不同的圖片，其屬性有第 2-1 節所介紹的全域屬性。下面是一個例子，它會以 800 像素為分界，顯示兩張不同尺寸、不同內容的圖片。

\Ch04\picture.html

```
01: <body>
02:   <picture>
03:     <source media="(max-width: 799px)" srcset="flower-small.jpg">
04:     <source media="(min-width: 800px)" srcset="flower-large.jpg">
05:     <img src="flower-large.jpg" alt=" 美麗的花兒 ">
06:   </picture>
07: </body>
```

- 03：使用 <source> 元素設定當可視區域的寬度 ≦ 799 像素時，就載入 flower-small.jpg，如圖❶，這張圖片的漸層背景比較小。

- 04：使用 <source> 元素設定當可視區域的寬度 ≧ 800 像素，就載入 flower-large.jpg，如圖❷，這張圖片的漸層背景比較大 。

- 05：若瀏覽器不支援 <source> 元素或選不到適合的圖檔，就載入 <img> 元素所指定的 flower-large.jpg。

4-6 嵌入物件－ **\<object\>** 元素

若您原有的影片檔或聲音檔不是 \<video\> 和 \<audio\> 元素原生支援的視訊 / 音訊格式，那麼可以使用 HTML4.01 提供的 **\<object\>** 元素在 HTML 文件中嵌入圖片、影片、聲音或瀏覽器所支援的其它物件。

\<object\> 元素的屬性如下：

- **data**="*url*"：設定物件的網址。

- **width**="*n*"：設定物件的寬度 (*n* 為像素數)。

- **height**="*n*"：設定物件的高度 (*n* 為像素數)。

- **name**="..."：設定物件的名稱。

- **type**="*content-type*"：設定物件的內容類型，例如 MP4 影片檔的 MIME 類型為 video/mp4，Ogg Vorbis 聲音檔的 MIME 類型為 audio/ogg，PNG 圖檔的 MIME 類型為 image/png。

- **form**="*formid*"：設定物件隸屬於 ID 為 *formid* 的表單。

- 第 2-1 節所介紹的全域屬性。

嵌入影片

下面是一個例子，由於 AVI 影片不是 \<video\> 元素原生支援的視訊格式，因此，我們改用 \<object\> 元素嵌入影片，此時瀏覽器會先下載 bird.avi 影片，之後只要點取 [開啟]，就會啟動內建的播放程式開始播放影片。

> ✓ \Ch04\object1.html

```
<body>
  <object data="bird.avi">
  </object>
</body>
```

❶ 點取 [開啟]　　　　　　　　　❷ 啟動播放程式開始播放影片

嵌入聲音

除了影片之外，我們也可以使用 <object> 元素嵌入聲音，下面是一個例子，
只要按下播放鍵，就會開始播放 nanana.wav 音樂。

```
<body>
  <object data="nanana.wav" type="audio/wav"
    width="200" height="200"></object>
</body>
```

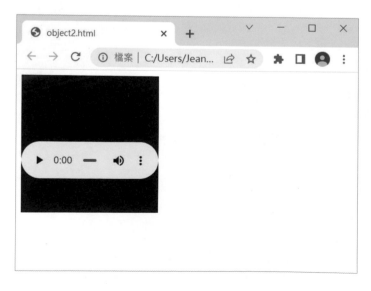

4-7 嵌入浮動框架－ <iframe> 元素

我們可以使用 <iframe> 元素在 HTML 文件中嵌入浮動框架，常見的屬性如下：

- **src**="*url*"：設定要顯示在浮動框架的資源網址。

- **srcdoc**="..."：設定要顯示在浮動框架的文件內容。

- **name**="..."：設定浮動框架的名稱。

- **width**="*n*"：設定浮動框架的寬度 (*n* 為像素數)。

- **height**="*n*"：設定浮動框架的高度 (*n* 為像素數)。

- **sandbox**="..."：設定套用到浮動框架的安全規則。

- **allow**="..."：設定套用到浮動框架的許可政策。

- **allowfullscreen**：允許以全螢幕顯示浮動框架的內容。

- **loading**="{eager, lazy}"：設定瀏覽器應該如何載入浮動框架，預設值為 eager，也就是無論浮動框架是否位於可視區域，都立刻載入浮動框架，而 lazy 是等浮動框架抵達可視區域的某個距離時才載入浮動框架。

- 第 2-1 節所介紹的全域屬性。

下面是一個例子，它將浮動框架的寬度與高度設定為 500 像素和 300 像素，並在裡面顯示 picture.html 網頁。我們也可以在浮動框架中顯示外部網站，不過，有些網站會拒絕顯示在浮動框架。

📄 \Ch04\iframe1.html

```
<body>
  <iframe width="500" height="300" src="picture.html">
  </iframe>
</body>
```

下面是另一個例子，它會透過 **srcdoc** 屬性設定要顯示在浮動框架的文件內容。

✅ \Ch04\iframe2.html

```
<body>
  <iframe width="300" height="200" srcdoc="<p>This is iframe!</p>">
  </iframe>
</body>
```

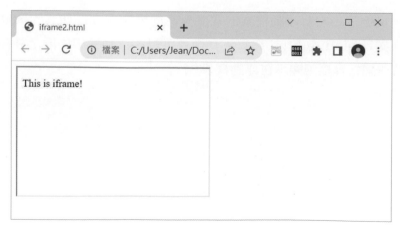

4-7-1 嵌入 YouTube 影片

我們可以利用浮動框架嵌入 YouTube 影片,操作步驟如下:

1 以瀏覽器開啟 YouTube 並找到影片,然後在影片按一下滑鼠右鍵,選取 **[複製嵌入程式碼]**。

2 將步驟 1. 複製的程式碼貼到網頁上要放置浮動框架的地方,然後儲存 網頁。

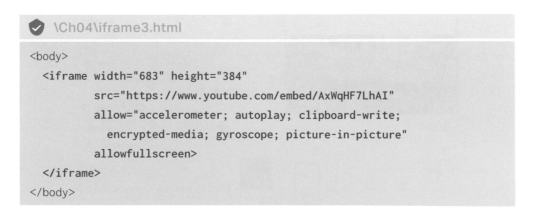

```
\Ch04\iframe3.html
```

```html
<body>
  <iframe width="683" height="384"
        src="https://www.youtube.com/embed/AxWqHF7LhAI"
        allow="accelerometer; autoplay; clipboard-write;
          encrypted-media; gyroscope; picture-in-picture"
        allowfullscreen>
  </iframe>
</body>
```

③ 瀏覽結果如下圖。

4-7-2 嵌入 Google 地圖

除了 YouTube 影片,我們也可以嵌入 Google 地圖,操作步驟如下:

① 以瀏覽器開啟 Google 地圖並找到地點,例如台北 101 大樓,然後點取 [分享]。

② 點取 [**嵌入地圖**]。

③ 點取網頁右上方的 [**複製 HTML**]。

④ 將複製的程式碼貼到 HTML 文件，然後儲存網頁，這是一個浮動框架，
裡面有一長串的地理位置資訊，簡略看過即可。

✅ \Ch04\iframe4.html

```
<!DOCTYPE html>
<html>
  <head>
    <meta charset="utf-8">
  </head>
  <body>
    <iframe
      src="https://www.google.com/maps/embed?pb=!1m18!1m12!1m3!1d3615.0147
      121106443!2d121.56166261528496!3d25.033574783972536!2m3!1f0!2f0!3f0!
      3m2!1i1024!2i768!4f13.1!3m3!1m2!1s0x3442abb6da80a7ad%3A0xacc4d11dc9
      63103c!2z5Y-w5YyXMTAx!5e0!3m2!1szh-TW!2stw!4v1656576247455!5m2!1szh-
      TW!2stw"
      width="600" height="450" style="border:0;" allowfullscreen=""
      loading="lazy" referrerpolicy="no-referrer-when-downgrade">
    </iframe>
  </body>
</html>
```

⑤ 瀏覽結果如下圖。

4-7-3 嵌入 Facebook 粉絲專頁

我們還可以嵌入 Facebook 粉絲專頁，操作步驟如下：

1 以瀏覽器開啟粉絲專頁外掛程式：https://developers.facebook.com/docs/plugins/page-plugin，依序輸入 **[Facebook 粉絲專頁網址]**、**[寬度]**、**[高度]**，然後按 **[取得程式碼]**。

2 點取 **[iFrame]** 標籤，然後複製下圖框起來的程式碼。

③ 將複製的程式碼貼到 HTML 文件,然後儲存網頁,這是一個浮動框架,裡面有一長串的網址和屬性,簡略看過即可。

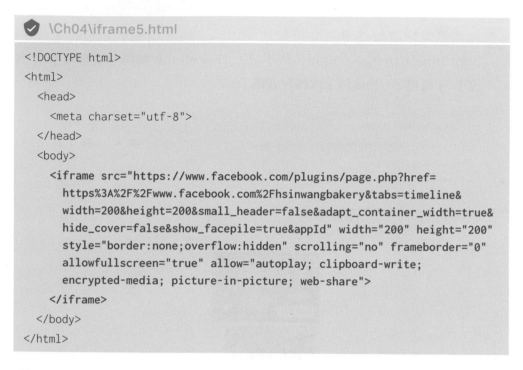

✅ \Ch04\iframe5.html

```html
<!DOCTYPE html>
<html>
  <head>
    <meta charset="utf-8">
  </head>
  <body>
    <iframe src="https://www.facebook.com/plugins/page.php?href=
      https%3A%2F%2Fwww.facebook.com%2Fhsinwangbakery&tabs=timeline&
      width=200&height=200&small_header=false&adapt_container_width=true&
      hide_cover=false&show_facepile=true&appId" width="200" height="200"
      style="border:none;overflow:hidden" scrolling="no" frameborder="0"
      allowfullscreen="true" allow="autoplay; clipboard-write;
      encrypted-media; picture-in-picture; web-share">
    </iframe>
  </body>
</html>
```

④ 瀏覽結果如下圖。

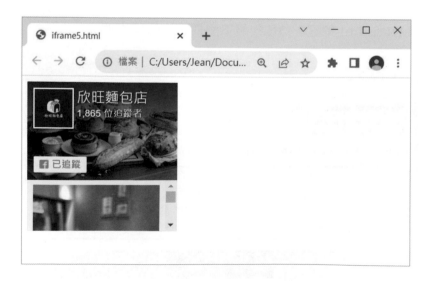

4-8 嵌入 Script － <script>、<noscript> 元素

我們可以使用 **<script>** 元素在 HTML 文件中嵌入瀏覽器端 Script，而這通常是 JavaScript。本節將示範如何嵌入已經寫好的 JavaScript 程式，至於如何撰寫 JavaScript 程式，第 14 ~ 18 章有進一步的說明。

<script> 元素常見的屬性如下：

- **src**="*url*"：設定 Script 的網址。

- **type**="*content-type*"：設定 Script 的內容類型。

- 第 2-1 節所介紹的全域屬性。

另外還有一個 **<noscript>** 元素用來針對封鎖或不支援 Script 的瀏覽器設定顯示內容，例如下面的敘述是設定當瀏覽器封鎖或不支援 Script 時，就顯示 <noscript> 元素裡面的內容：

```
<noscript>
   <p> 很抱歉！瀏覽器不支援 Script ！</p>
</noscript>
```

下面是一個例子，當指標移到標題 1 時，就變成紅底白字；當指標離開標題 1 時，就恢復成預設樣式。

❶ 指標移到時會變成紅底白字

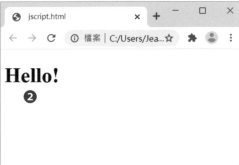

❷ 指標離開時會恢復成預設樣式

✅ **\Ch04\jscript.html**

```
01: <!DOCTYPE html>
02: <html>
03:   <head>
04:     <meta charset="utf-8">
05:   </head>
06:   <body>
07:     <h1 id="msg" onmouseover="change()" onmouseout="restore()">Hello!</h1>
08:     <script src="jscript.js"></script>
09:   </body>
10: </html>
```

✅ **\Ch04\jscript.js**

```
11: // 當指標移到標題 1 時，就變成紅底白字
12: function change() {
13:   var msg = document.getElementById('msg');
14:   // 將前景色彩設定為白色
15:   msg.style.color = 'white';
16:   // 將背景色彩設定為紅色
17:   msg.style.backgroundColor = 'red';
18: }
19:
20: // 當指標離開標題 1 時，就恢復成預設樣式
21: function restore() {
22:   var msg = document.getElementById('msg');
23:   // 清除前景色彩（即恢復成預設樣式）
24:   msg.style.color = '';
25:   // 清除背景色彩（即恢復成預設樣式）
26:   msg.style.backgroundColor = '';
27: }
```

- 07：在 <h1> 元素裡面設定兩個事件處理程式，onmouseover="change()" 表示當指標移到時，就執行 change() 函式，而 onmouseout="restore()" 表示當指標離開時，就執行 restore() 函式。

- 08：使用 <script> 元素嵌入 jscript.js，這是一個 JavaScript 程式檔，裡面定義了 change() 和 restore() 兩個函式。

05

表　格

5-1 建立表格－ \<table>、\<tr>、\<th>、\<td> 元素

當我們要陳列資料時，表格是很普遍的形式。在本節中，我們會說明如何使用
\<table>、\<tr>、\<th>、\<td> 等元素建立表格，並示範一些常見的技巧。

\<table> 元素

\<table> 元素用來標示表格，其屬性如下：

- **border**="*n*"：設定表格的框線大小 (*n* 為像素數)。為了方便做示範，本
  章的例子會使用 border 屬性設定表格的框線，但在實務上，建議使用
  CSS 的 border 屬性來取代，我們會在第 9-4 節介紹這個屬性。

- 第 2-1 節所介紹的全域屬性。

\<tr> 元素

\<tr> 元素用來在表格中標示一列 (row)，其屬性如下：

- 第 2-1 節所介紹的全域屬性。

\<th> 元素

\<th> 元素用來在一列中標示一個標題儲存格，其屬性如下：

- **colspan**="*n*"：設定標題儲存格是由幾行合併而成 (*n* 為行數)。

- **rowspan**="*n*"：設定標題儲存格是由幾列合併而成 (*n* 為列數)。

- **headers**="…"：設定標題儲存格的標題。

- **abbr**="…"：根據儲存格的內容設定簡短描述。

- **scope**="{row,col,rowgroup,colgroup,auto}"：設定標題儲存格是一列、
  一行、一組列或一組行的標題，省略不寫的話，表示預設值 auto (自動)。

- 第 2-1 節所介紹的全域屬性。

<td> 元素

<td> 元素用來在一列中標示一個儲存格，其屬性如下：

- **colspan**="*n*"：設定儲存格是由幾行合併而成 (*n* 為行數)。

- **rowspan**="*n*"：設定儲存格是由幾列合併而成 (*n* 為列數)。

- **headers**="…"：設定與儲存格關聯的標題儲存格。

- 第 2-1 節所介紹的全域屬性。

下面是一個例子，它會製作如下圖的 4×3 表格 (4 列 3 行)，操作步驟如下：

1 首先要標示表格，請在 <body> 元素裡面加入 <table> 元素，同時將表格的框線設定為 1 像素，若沒有設定，就不會顯示框線。

```
<body>
  <table border="1">
  </table>
</body>
```

② 接著要標示表格的列數，請在 <table> 元素裡面加入 4 個 <tr> 元素。

```
<table border="1">
  <tr></tr>
  <tr></tr>
  <tr></tr>
  <tr></tr>
</table>
```

③ 繼續要在表格的每一列中標示各個儲存格，由於表格有 3 行，而且第一列
為標題列，所以在第一個 <tr> 元素裡面加入 3 個 <th> 元素，其餘各列
則分別加入 3 個 <td> 元素，表示每一列有 3 行。

```
<table border="1">
  <tr>
    <th></th>
    <th></th>
    <th></th>
  </tr>
  <tr>
    <td></td>
    <td></td>
    <td></td>
  </tr>
  <tr>
    <td></td>
    <td></td>
    <td></td>
  </tr>
  <tr>
    <td></td>
    <td></td>
    <td></td>
  </tr>
</table>
```

④ 最後在每個 <th> 和 <td> 元素裡面輸入各個儲存格的內容，就大功告成
了。您可以在儲存格內嵌入圖片或輸入文字，同時可以設定圖片或文字的
格式，有需要的話，還可以設定超連結。

\Ch05\piece.html

```html
<!DOCTYPE html>
<html>
  <head>
    <meta charset="utf-8">
    <title>航海王</title>
  </head>
  <body>
    <table border="1">
      <tr>
        <th>人物素描</th>
        <th>角色</th>
        <th>介紹</th>
      </tr>
      <tr>
        <td><img src="piece1.jpg" width="100"></td>
        <td>喬巴</td>
        <td>身份船醫，夢想成為能治百病的神醫。</td>
      </tr>
      <tr>
        <td><img src="piece2.jpg" width="100"></td>
        <td>索隆</td>
        <td>主角魯夫的夥伴，夢想成為世界第一的劍士。</td>
      </tr>
      <tr>
        <td><img src="piece3.jpg" width="100"></td>
        <td>佛朗基</td>
        <td>傳說中的船匠－湯姆的弟子，打造了千陽號。</td>
      </tr>
    </table>
  </body>
</html>
```

5-1-1 跨列合併儲存格

有時我們需要將某幾列的儲存格合併成一個儲存格,達到跨列的效果,此時可以使用 <td> 或 <th> 元素的 **rowspan**="n" 屬性,其中 n 為要合併的列數。

下面是一個例子,它在第二列的第一個儲存格加上 rowspan="2" 屬性,表示該儲存格是由兩個儲存格跨列合併而成,於是得到如下圖的瀏覽結果。

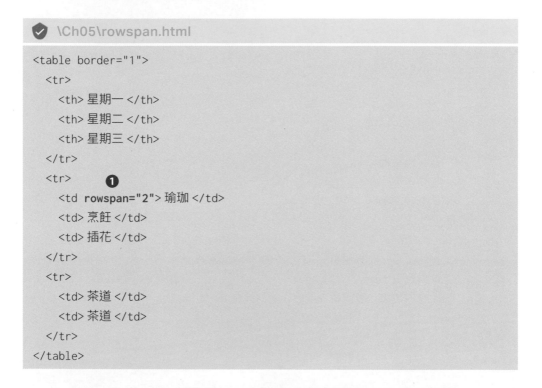

```
<table border="1">
  <tr>
    <th> 星期一 </th>
    <th> 星期二 </th>
    <th> 星期三 </th>
  </tr>
  <tr>              ❶
    <td rowspan="2"> 瑜珈 </td>
    <td> 烹飪 </td>
    <td> 插花 </td>
  </tr>
  <tr>
    <td> 茶道 </td>
    <td> 茶道 </td>
  </tr>
</table>
```

\Ch05\rowspan.html

❶ 在此儲存格加上 rowspan="2" 屬性　　❷ 跨列合併儲存格的結果

5-1-2 跨行合併儲存格

有時我們需要將某幾行的儲存格合併成一個儲存格，達到跨行的效果，此時可以使用 <td> 或 <th> 元素的 **colpan**="*n*" 屬性，其中 *n* 為要合併的行數。

下面是一個例子，它在第三列的第二個儲存格加上 colspan="2" 屬性，表示該儲存格是由兩個儲存格跨行合併而成，於是得到如下圖的瀏覽結果。

```
<table border="1">
  <tr>
    <th> 星期一 </th>
    <th> 星期二 </th>
    <th> 星期三 </th>
  </tr>
  <tr>
    <td> 瑜珈 </td>
    <td> 烹飪 </td>
    <td> 插花 </td>
  </tr>
  <tr>
    <td> 瑜珈 </td>
    <td colspan="2"> 茶道 </td>
  </tr>                ❶
</table>
```

\Ch05\colspan.html

❶ 在此儲存格加上 colspan="2" 屬性　　❷ 跨行合併儲存格的結果

5-2 表格標題－ <caption> 元素

我們可以使用 <caption> 元素設定表格標題，而且該標題可以是文字或圖片，其屬性有第 2-1 節所介紹的全域屬性，下面是一個例子。

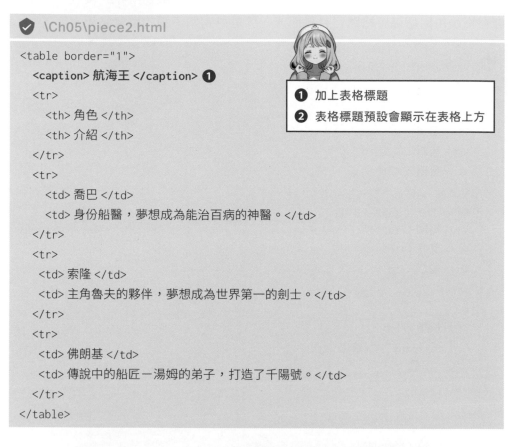

```
\Ch05\piece2.html
<table border="1">
  <caption> 航海王 </caption> ❶
  <tr>
    <th> 角色 </th>
    <th> 介紹 </th>
  </tr>
  <tr>
    <td> 喬巴 </td>
    <td> 身份船醫，夢想成為能治百病的神醫。</td>
  </tr>
  <tr>
    <td> 索隆 </td>
    <td> 主角魯夫的夥伴，夢想成為世界第一的劍士。</td>
  </tr>
  <tr>
    <td> 佛朗基 </td>
    <td> 傳說中的船匠－湯姆的弟子，打造了千陽號。</td>
  </tr>
</table>
```

❶ 加上表格標題
❷ 表格標題預設會顯示在表格上方

角色	介紹
喬巴	身份船醫，夢想成為能治百病的神醫。
索隆	主角魯夫的夥伴，夢想成為世界第一的劍士。
佛朗基	傳說中的船匠 - 湯姆的弟子，打造了千陽號。

5-3 表格的表頭、主體與表尾－<thead>、<tbody>、<tfoot> 元素

有些表格的第一列、主內容與最後一列會提供不同的資訊，此時可以使用下列三個元素將它們區隔出來，其屬性有第 2-1 節所介紹的全域屬性：

- ✅ **<thead>**：標示表格的表頭，也就是第一列的標題列。

- ✅ **<tbody>**：標示表格的主體，也就是表格的主內容。

- ✅ **<tfoot>**：標示表格的表尾，也就是最後一列的註腳。

下面是一個例子，為了清楚呈現出表格的表頭、主體與表尾，我們使用 CSS 設定表格的框線、背景色彩、留白等樣式，您可以先簡略看過，第 7 ~ 12 章有進一步的說明。

❶ 表格表頭　❷ 表格主體　❸ 表格表尾

這個例子的程式碼乍看之下有點長，但並不難懂，主要的重點如下：

- 06：設定整個表格的樣式 (框線為 1 像素、灰色、實線，框線重疊)。

- 07：設定表格表頭與表格表尾的樣式 (背景色彩為淺粉紅色)。

- 08：設定表格主體的樣式 (背景色彩為雪白色)。

- 09：設定標題儲存格與儲存格的樣式 (框線為 1 像素、灰色、實線，留白為 5 像素)。

- 14 ~ 20：使用 <thead> 元素標示表格的表頭。

- 21 ~ 48：使用 <tbody> 元素標示表格的主體。

- 49 ~ 53：使用 <tfoot> 元素標示表格的表尾。

| \Ch05\country.html | (下頁續 1/2) |

```
01: <!DOCTYPE html>
02: <html>
03:   <head>
04:     <meta charset="utf-8">
05:     <style>
06:       table {border: 1px gray solid; border-collapse: collapse;}
07:       thead, tfoot {background-color: lightpink;}
08:       tbody {background-color: snow;}
09:       th, td {border: 1px gray solid; padding: 5px;}
10:     </style>
11:   </head>
12:   <body>
13:     <table>
14:       <thead>
15:         <tr>
16:           <th> 國家 </th>
17:           <th> 首都 </th>
18:           <th> 國花 </th>
19:         </tr>
20:       </thead>
```

\Ch05\country.html　　　　　　　　　　（接上頁 2/2）

```
21:  ┌─<tboby>
22:  │    <tr>
23:  │      <td> 芬蘭 </td>
24:  │      <td> 赫爾辛基 </td>
25:  │      <td> 鈴蘭 </td>
26:  │    </tr>
27:  │    <tr>
28:  │      <td> 德國 </td>
29:  │      <td> 柏林 </td>
30:  │      <td> 矢車菊 </td>
31:  │    </tr>
32:  │    <tr>
33:  │      <td> 荷蘭 </td>
34: ❷    <td> 阿姆斯特丹 </td>
35:  │      <td> 鬱金香 </td>
36:  │    </tr>
37:  │    ...
38:  │    <tr>
39:  │      <td> 法國 </td>
40:  │      <td> 巴黎 </td>
41:  │      <td> 香根鳶尾 </td>
42:  │    </tr>
43:  │    <tr>
44:  │      <td> 英國 </td>
45:  │      <td> 倫敦 </td>
46:  │      <td> 玫瑰 </td>
47:  │    </tr>
48:  └─</tbody>
49:  ┌─<tfoot>
50:  │    <tr>
51: ❸    <td colspan="3"> 資料來源：快樂工作室 </td>
52:  │    </tr>
53:  └─</tfoot>
54:    </table>
55:  </body>
56: </html>
```

❶ 表格表頭
❷ 表格主體
❸ 表格表尾

5-4 直行式表格－ <colgroup>、<col> 元素

前幾節的討論都是針對表格的「列」，若要改成針對表格的「行」來做設定，該怎麼辦呢？此時可以使用下列兩個元素：

- <colgroup>：標示表格中的一組直行。

- <col>：標示表格中的一個直行，該元素沒有結束標籤，必須與 <colgroup> 元素合併使用。

這兩個元素的屬性有第 2-1 節所介紹的全域屬性，以及 **span="n"** 屬性，表示將連續的 n 行視為一組直行或一個直行，預設值為 1。

下面是一個例子，它在 <colgroup> 元素裡面放了兩個 <col> 元素，分別代表第一行和第二、三行，然後將其 class 屬性設定為 style1 和 style2，以便使用 CSS 針對第一行和第二、三行設定不同的背景色彩。

❶ 第一行的背景色彩為淺粉紅色　　❷ 第二、三行的背景色彩為雪白色

這個例子的程式碼乍看之下有點長，但並不難懂，主要的重點如下：

- 06：設定整個表格的樣式 (框線為 1 像素、灰色、實線，框線重疊)。

- 07：設定標題儲存格與儲存格的樣式 (框線為 1 像素、灰色、實線，留白為 5 像素)。

- 08：設定第一行的樣式 (背景色彩為淺粉紅色)。

- 09：設定第二、三行的樣式 (背景色彩為雪白色)。

- 14 ~ 17：使用 <colgroup> 元素標示一組直行。

- 15：使用 <col> 元素標示第一個直行，也就是表格的第一行。

- 16：使用 <col> 元素標示第二個直行，該直行涵蓋連續兩行，也就是表格的第二、三行。

Ch05\country2.html （下頁續 1/2）

```
01: <!DOCTYPE html>
02: <html>
03:   <head>
04:     <meta charset="utf-8">
05:     <style>
06:       table {border: 1px gray solid; border-collapse: collapse;}
07:       th, td {border: 1px gray solid; padding: 5px;}
08:       .style1 {background-color: lightpink;}
09:       .style2 {background-color: snow;}
10:     </style>
11:   </head>
12:   <body>
13:     <table>
14:       <colgroup>
15:         <col class="style1">
16:         <col span="2" class="style2">
17:       </colgroup>
18:       <tr>
19:         <th> 國家 </th>
20:         <th> 首都 </th>
```

```
21:        <th> 國花 </th>
22:      </tr>
23:      <tr>
24:        <td> 芬蘭 </td>
25:        <td> 赫爾辛基 </td>
26:        <td> 鈴蘭 </td>
27:      </tr>
28:      <tr>
29:        <td> 德國 </td>
30:        <td> 柏林 </td>
31:        <td> 矢車菊 </td>
32:      </tr>
33:      <tr>
34:        <td> 荷蘭 </td>
35:        <td> 阿姆斯特丹 </td>
36:        <td> 鬱金香 </td>
37:      </tr>
38:      <tr>
39:        <td> 波蘭 </td>
40:        <td> 華沙 </td>
41:        <td> 三色菫 </td>
42:      </tr>
43:      ...
44:      <tr>
45:        <td> 法國 </td>
46:        <td> 巴黎 </td>
47:        <td> 香根鳶尾 </td>
48:      </tr>
49:      <tr>
50:        <td> 英國 </td>
51:        <td> 倫敦 </td>
52:        <td> 玫瑰 </td>
53:      </tr>
54:    </table>
55:  </body>
56: </html>
```

06

表　單

6-1 建立表單－ <form>、<input> 元素

表單 (form) 可以提供輸入介面讓使用者輸入資料，然後將資料傳回 Web 伺服器以做進一步的處理，常見的應用有 Web 搜尋、線上投票、網路民調、會員登錄、網路購物等。

舉例來說，高鐵訂票網站就是透過表單提供一套訂票系統，使用者只要依照畫面指示輸入起程站、到達站、車廂種類、時間、票數、驗證碼等資料，然後按 [開始查詢]，便能將資料傳回 Web 伺服器以進行訂票作業。

表單的建立包含下列兩個部分：

① 使用 <form>、<input>、<textarea>、<select>、<option> 等元素設計表單的介面，例如文字方塊、選擇鈕、核取方塊、下拉式清單等。

② 撰寫表單的處理程式，也就是表單的後端處理，例如將表單資料傳送到電子郵件地址、寫入檔案、寫入資料庫或進行查詢等。

在本章中，我們將示範如何撰寫表單的介面，至於表單的處理程式因為需要使用到 PHP、ASP/ASP.NET、JSP、CGI 等伺服器端 Script，所以不做進一步的討論，有興趣的讀者可以參閱《PHP8&MariaDB/MySQL 網站開發》一書 (碁峰資訊出版，書號：AEL025000)，或《ASP.NET 4.6 網頁程式設計》一書 (碁峰資訊出版，書號：AEL018200)。

<form> 元素

<form> 元素用來在 HTML 文件中插入表單，常見的屬性如下：

- **accept-charset**="..." : 設定表單資料的字元編碼方式 (超過一個的話，中間以逗號隔開)，Web 伺服器會據此處理表單資料，例如 accept-charset="ISO-8859-1" 表示設定為西歐語系。

- **name**="..." : 設定表單的名稱 (限英文且唯一)，此名稱不會顯示出來，但可以做為後端處理之用，供 Script 或表單處理程式使用。

✓ **enctype**="..."：設定將表單資料傳回 Web 伺服器所使用的編碼方式，
預設值為 "application/x-www-form-urlencoded"。若允許上傳檔案給
Web 伺服器，則 enctype 屬性的值要設定為 "multipart/form-data"；若
要將表單資料傳送到電子郵件地址，則 enctype 屬性的值要設定為 "text/
plain"。

✓ **method**="{get,post}"：設定將表單資料傳送給表單處理程式的方法，預
設值為 get。

　　當 method="get" 時，表單資料會附加在網址後面進行傳送，適合用來傳
送少量、不要求安全的資料，例如搜尋關鍵字；當 method="post" 時，
表單資料會透過 HTTP 標頭進行傳送，適合用來傳送大量或要求安全的
資料，例如上傳檔案、密碼等。

✓ **action**="*url*"：設定表單處理程式的網址，若要將表單資料傳送到電子郵
件地址，可以設定電子郵件地址的 *url*；若沒有設定 action 屬性的值，
表示使用預設的表單處理程式，例如：

```
<form method="post" action="handler.php">...</form>
<form method="post" action="mailto:jean@mail.lucky.com.tw">...</form>
```

✓ **target**="{_self,_blank,_parent,_top}"：設定要在哪裡顯示表單處理程
式的結果，這些設定值分別表示目前視窗、新索引標籤或新視窗、父視
窗、最上層視窗，預設值為 _self。

✓ **autocomplete**="{on,off,default}"：設定是否啟用自動完成功能，on 表示啟
用，off 表示關閉，default 表示繼承所屬之 <form> 元素的 autocomplete
屬性，而 <form> 元素的 autocomplete 屬性預設為 on。

✓ **novalidate**：設定在提交表單時不要進行驗證。

✓ 第 2-1 節所介紹的全域屬性，其中比較重要的有 **onsubmit**="..." 用來設
定當使用者傳送表單時所要執行的 Script，以及 **onreset**="..." 用來設定
當使用者重設表單時所要執行的 Script。

<input> 元素

<input> 元素用來在表單中插入輸入欄位或按鈕，常見的屬性如下，該元素沒有結束標籤：

- **type**="*state*"：設定表單欄位的輸入類型。

HTML4.01 提供的 type 屬性值	輸入類型	HTML4.01 提供的 type 屬性值	輸入類型
type="text"	單行文字方塊	type="reset"	重設按鈕
type="password"	密碼欄位	type="file"	上傳檔案
type="radio"	選擇鈕	type="image"	圖片提交按鈕
type="checkbox"	核取方塊	type="hidden"	隱藏欄位
type="submit"	提交按鈕	type="button"	一般按鈕

HTML5 新增的 type 屬性值	輸入類型	HTML5 新增的 type 屬性值	輸入類型
type="email"	電子郵件地址	type="color"	色彩
type="url"	網址	type="date"	日期
type="search"	搜尋欄位	type="time"	時間
type="tel"	電話號碼	type="month"	月份
type="number"	數字	type="week"	一年的第幾週
type="range"	指定範圍的數字	type="datetime-local"	本地日期時間

- **accept**="..."：設定提交檔案時的內容類型，例如 <input type="file" accept="image/gif,image/jpeg">。

- **alt**="..."：設定圖片的替代顯示文字。

- **autocomplete**="{on,off,default}"：設定是否啟用自動完成功能。

- **checked**：將選擇鈕或核取方塊等表單欄位預設為已選取或已核取。

✓ **disabled**：取消表單欄位，使該欄位的資料無法被接受或提交。

✓ **form**="*formid*"：設定表單欄位隸屬於 ID 為 *formid* 的表單。

✓ **maxlength**="*n*"：設定單行文字方塊、密碼欄位等表單欄位的最多字元數。

✓ **minlength**="*n*"：設定單行文字方塊、密碼欄位等表單欄位的最少字元數。

✓ **min**="*n*"、**max**="*n*"、**step**="*n*"：設定數字輸入類型或日期輸入類型的最小值、最大值和間隔值。

✓ **multiple**：允許使用者輸入多個值。

✓ **name**="..."：設定表單欄位的名稱 (限英文且唯一)。

✓ **pattern**="..."：設定表單欄位的輸入格式，例如 <input type="tel" pattern="[0-9]{4}(\-[0-9]{6})"> 是設定輸入值必須符合 xxxx-xxxxxx 的格式，而 x 為 0 到 9 的數字。

✓ **placeholder**="..."：設定表單欄位的提示文字。

✓ **readonly**：不允許使用者變更表單欄位的資料。

✓ **required**：設定使用者必須在表單欄位輸入資料，否則瀏覽器會出現提示文字要求輸入。

✓ **size**="*n*"：設定單行文字方塊、密碼欄位等表單欄位的寬度 (*n* 為字元數)，這指的是使用者在畫面上可以看到的字元數。

✓ **src**="*url*"、**width**="*n*"、**height**="*n*"：設定圖片提交按鈕的網址、寬度與高度 (當 type="image" 時，*url* 為網址、*n* 為像素數)。

✓ **value**="..."：設定表單欄位的初始值。

✓ 第 2-1 節所介紹的全域屬性，其中比較重要的有 **onfocus**="..." 用來設定當使用者將焦點移到表單欄位時所要執行的 Script，**onblur**="..." 用來設定當使用者將焦點從表單欄位移開時所要執行的 Script，**onchange**="..." 用來設定當使用者變更表單欄位時所要執行的 Script，**onselect**="..." 用來設定當使用者在表單欄位選取內容時所要執行的 Script。

6-2　HTML4.01 提供的輸入類型

在本節中,我們將透過如下圖的行動電話使用意見調查表,示範如何使用 <input> 元素在表單中插入 HTML4.01 提供的輸入類型,同時會示範如何使用 <textarea> 和 <select> 元素在表單中插入多行文字方塊與下拉式清單,至於 HTML5 新增的輸入類型則留待下一節再做介紹。

6-2-1　submit、reset (提交與重設按鈕)

建立表單的首要步驟是使用 <form> 元素插入表單,然後是使用 <input> 元素插入按鈕。表單中通常會有 [提交] (submit) 與 [重設] (reset) 兩個按鈕,當使用者點取 [提交] 按鈕時,瀏覽器預設的動作會將使用者輸入的資料傳回 Web 伺服器;而當使用者點取 [重設] 按鈕時,瀏覽器預設的動作會清除使用者輸入的資料,令表單恢復至起始狀態。

我們來為這個調查表插入按鈕：

① 首先，在 <body> 元素裡面使用 <h1> 元素插入一個標題，然後使用 <form> 元素插入一個表單。

```
<!DOCTYPE html>
<html>
  <head>
    <meta charset="utf-8">
    <title> 使用意見調查表 </title>
  </head>
  <body>
    <h1> 行動電話使用意見調查表 </h1>
    <form>
    </form>
  </body>
</html>
```

② 在 <form> 元素裡面使用 <input> 元素插入 [提交] 和 [重設] 兩個按鈕，type 屬性為 "submit" 和 "reset"，而 value 屬性用來設定按鈕的文字。

```
<form>
  <input type="submit" value=" 提交 ">
  <input type="reset" value=" 重設 ">
</form>
```

6-2-2 text (單行文字方塊)

「單行文字方塊」允許使用者輸入單行的文字敘述，例如姓名、電話、地址、E-mail 等，我們來為這個調查表插入單行文字方塊：

1 插入第一個單行文字方塊，這次一樣是使用 <input> 元素，不同的是 type 屬性為 "text"，名稱為 "userName" (限英文且唯一)，寬度為 40 個字元。

```
<p> 姓     名：<input type="text" name="userName" size="40"><p>
```

2 插入第二個單行文字方塊，名稱為 "userMail" (限英文且唯一)，寬度為 40 個字元，初始值為 "username@mailserver"。

```
<form>
  <p> 姓     名：<input type="text" name="userName" size="40"></p>
  <p>E-Mail：<input type="text" name="userMail" size="40" value="username@mailserver"></p>
  <input type="submit" value=" 提交 ">
  <input type="reset" value=" 重設 ">
</form>
```

6-2-3 radio (選擇鈕)

「選擇鈕」就像單選題，我們通常會使用選擇鈕列出數個選項，詢問使用者的年齡層、最高學歷等只有一個答案的問題。我們來為這個調查表插入一組包含 " 未滿 20 歲 "、"20~29"、"30~39"、"40 歲以上 " 等四個選項的選擇鈕，名稱為 "userAge" (限英文且唯一)，其中第二個選項預設為已選取，每個選項的值為 "age1"、"age2"、"age3"、"age4" (中英文皆可)，同一組選擇鈕的每個選項必須擁有唯一的值，這樣在使用者點取 [提交] 按鈕，將表單資料傳回 Web 伺服器後，表單處理程式才能根據傳回的名稱與值判斷哪組選擇鈕的哪個選項被選取。

```html
<form>
  <p> 姓     名：<input type="text" name="userName" size="40"></p>
  <p>E-Mail：<input type="text" name="userMail" size="40" value="username@mailserver"></p>
  <p> 年     齡：
  <input type="radio" name="userAge" value="age1"> 未滿 20 歲
  <input type="radio" name="userAge" value="age2" checked>20~29
  <input type="radio" name="userAge" value="age3">30~39
  <input type="radio" name="userAge" value="age4">40 歲以上 </p>
  <input type="submit" value=" 提交 ">
  <input type="reset" value=" 重設 ">
</form>
```

6-2-4 checkbox（核取方塊）

「核取方塊」就像複選題，我們通常會使用核取方塊列出數個選項，詢問使用者喜歡從事哪幾類的活動、使用過哪些廠牌的手機等可以複選的問題。

我們來為這個調查表插入一組包含 "hTC"、"Apple"、"ASUS" 等三個選項的核取方塊，名稱為 "userPhone[]"（限英文且唯一），其中第一個選項預設為已核取，要注意的是我們將核取方塊的名稱設定為陣列，目的是為了方便表單處理程式判斷哪些選項被核取。

```html
<form>
  <p> 姓     名：<input type="text" name="userName" size="40"></p>
  <p>E-Mail：<input type="text" name="userMail" size="40" value="username@mailserver"></p>
  ...
  <p> 您使用過哪些廠牌的手機？
  <input type="checkbox" name="userPhone[]" value="hTC" checked>hTC
  <input type="checkbox" name="userPhone[]" value="Apple">Apple
  <input type="checkbox" name="userPhone[]" value="ASUS">ASUS</p>
  <input type="submit" value=" 提交 ">
  <input type="reset" value=" 重設 ">
</form>
```

6-2-5 <textarea> (多行文字方塊)

「多行文字方塊」允許使用者輸入多行的文字敘述，例如意見、評論、自我介紹、問題描述等。我們可以使用 <textarea> 元素在表單中插入多行文字方塊，常見的屬性如下，多行文字方塊預設是呈現空白不顯示任何資料，若要在多行文字方塊顯示預設的資料，可以將資料放在 <textarea> 元素裡面：

- ✓ **cols**="*n*"：設定多行文字方塊的寬度 (*n* 為字元數)。

- ✓ **rows**="*n*"：設定多行文字方塊的高度 (*n* 為列數)。

- ✓ **name**="..."：設定多行文字方塊的名稱 (限英文且唯一)，此名稱不會顯示出來，但可以做為後端處理之用。

- ✓ **disabled**：取消多行文字方塊，使之無法存取。

- ✓ **readonly**：不允許使用者變更多行文字方塊的資料。

- ✓ **maxlength**="*n*"：設定多行文字方塊的最多字元數 (*n* 為字元數)。

- ✓ **minlength**="*n*"：設定多行文字方塊的最少字元數 (*n* 為字元數)。

- ✓ **autocomplete**="{on,off,default}"：設定是否啟用自動完成功能。

- ✓ **form**="*formid*"：設定多行文字方塊隸屬於 ID 為 *formid* 的表單。

- ✓ **required**：設定使用者必須在多行文字方塊輸入資料。

- ✓ **placeholder**="..."：設定多行文字方塊的提示文字。

- ✓ **wrap**="{hard,soft}"：設定是否自動換行，預設值為 soft，表示不自動換行，而 hard 表示自動換行，使每行內容不會超過多行文字方塊的寬度。

- ✓ 第 2-1 節所介紹的全域屬性，其中比較重要的有 **onfocus**="..." 用來設定當使用者將焦點移到表單欄位時所要執行的 Script，**onblur**="..." 用來設定當使用者將焦點從表單欄位移開時所要執行的 Script，**onchange**="..." 用來設定當使用者變更表單欄位時所要執行的 Script，**onselect**="..." 用來設定當使用者在表單欄位選取內容時所要執行的 Script。

我們來為這個調查表插入一個多行文字方塊，詢問使用手機時最常碰到哪些問題，其名稱為 userTrouble、寬度為 45 個字元、高度為 4 列、初始值為「手機電池待機時間不夠久」。

```
<form>
  <p> 姓     名：<input type="text" name="userName" size="40"></p>
  <p>E-Mail：<input type="text" name="userMail" size="40" value="username@mailserver"></p>
  ...
  <p> 您使用過哪些廠牌的手機？
  <input type="checkbox" name="userPhone[]" value="hTC" checked>hTC
  <input type="checkbox" name="userPhone[]" value="Apple">Apple
  <input type="checkbox" name="userPhone[]" value="ASUS">ASUS</p>
  <p> 您使用手機時最常碰到哪些問題？ <br>
  <textarea name="userTrouble" cols="45" rows="4"> 手機電池待機時間不夠久
  </textarea></p>
  <input type="submit" value=" 提交 ">
  <input type="reset" value=" 重設 ">
</form>
```

6-2-6 ＜select＞、＜option＞（下拉式清單）

「下拉式清單」允許使用者從下拉式清單中選取項目，例如興趣、最高學歷、國籍、行政地區等。

我們可以使用 ＜**select**＞ 元素搭配 ＜option＞ 元素在表單中插入下拉式清單，常見的屬性如下：

- **autocomplete**="{on,off,default}"：設定是否啟用自動完成功能。

- **disabled**：取消下拉式清單，使之無法存取。

- **form**="*formid*"：設定下拉式清單隸屬於 ID 為 *formid* 的表單。

- **multiple**：設定使用者可以在下拉式清單中選取多個項目。

- **name**="..."：設定下拉式清單的名稱 (限英文且唯一)，此名稱不會顯示出來，但可以做為後端處理之用。

- **size**="*n*"：設定下拉式清單的高度 (*n* 為列數)。

- **required**：設定使用者必須在下拉式清單中選取項目。

- 第 2-1 節所介紹的全域屬性，其中比較重要的有 **onfocus**="..."、**onblur**="..."、**onchange**="..."、**onselect**="..."。

＜**option**＞ 元素是放在 ＜select＞ 元素裡面，用來設定下拉式清單中的項目，常見的屬性如下：

- **disabled**：取消項目，使之無法存取。

- **selected**：將項目預設為已選取。

- **value**="..."：設定項目的值。

- **label**="..."：設定項目的標籤。

- 第 2-1 節所介紹的全域屬性。

我們來為這個調查表插入一個下拉式清單 (名稱為 userNumber[]、高度為 4 列、允許複選)，裡面有四個項目，其中第二個項目預設為已選取，要注意的是我們將下拉式清單的名稱設定為陣列，目的是為了方便表單處理程式判斷哪些項目被選取，最後將網頁存檔為 \Ch06\phone.html。

```
<form>
  ...
  <p> 您使用過哪家業者的門號？（可複選）
  <select name="userNumber[]" size="4" multiple>
    <option value=" 中華電信 "> 中華電信 </option>
    <option value=" 台灣大哥大 " selected> 台灣大哥大 </option>
    <option value=" 遠傳 "> 遠傳 </option>
    <option value=" 台灣之星 "> 台灣之星 </option>
  </select></p>
  <input type="submit" value=" 提交 ">
  <input type="reset" value=" 重設 ">
</form>
```

由於這個網頁沒有自訂表單處理程式，因此，當我們填妥表單資料並按 [提交] 時，如下圖，表單資料會被傳回 Web 伺服器。

至於表單資料是以何種形式傳回 Web 伺服器呢？當我們按 [提交] 時，網址列會出現類似如下訊息，從 phone.html? 後面開始的就是表單資料，第一個欄位的名稱為 userName，雖然我們輸入「小丸子」，但由於將表單資料傳回 Web 伺服器所使用的編碼方式預設為 "application/x-www-form-urlencoded"，故「小丸子」會變成 %E5%B0%8F%E4%B8%B8%E5%AD%90；接下來是 & 符號，這表示下一個欄位的開始；同理，下一個 & 符號的後面又是另一個欄位的開始。

```
file:///C:/Users/Jean/Documents/Samples/Ch06/phone.html?userName=%E5%B0%8F
%E4%B8%B8%E5%AD%90&userMail=jean%40mail.lucky.com.tw&userAge=age2&userPhon
e%5B%5D=hTC&userPhone%5B%5D=ASUS&userTrouble=%E6%89%8B%E6%A9%9F%E9%9B%BB%E
6%B1%A0%E5%BE%85%E6%A9%9F%E6%99%82%E9%96%93%E4%B8%8D%E5%A4%A0%E4%B9%85%0D
%0A%09++&userNumber%5B%5D=%E4%B8%AD%E8%8F%AF%E9%9B%BB%E4%BF%A1&userNumber%5
B%5D=%E5%8F%B0%E7%81%A3%E5%A4%A7%E5%93%A5%E5%A4%A7
```

6-2-7 password (密碼欄位)

「密碼欄位」和單行文字方塊類似，只是使用者輸入的資料不會顯示出來，而是顯示成星號或圓點，以做為保密之用，下面是一個例子。

```
\Ch06\pwd.html

<form>
  輸入密碼：<input type="password" name="userPWD" size="10"> ❶
  <input type="submit" value=" 提交 ">
  <input type="reset" value=" 重設 ">
</form>
```

❶ 插入密碼欄位　　❷ 輸入的資料均顯示成圓點

6-2-8 hidden (隱藏欄位)

「隱藏欄位」是在表單中看不見，但值 (value) 仍會傳回 Web 伺服器的表單欄位，它可以用來傳送不需要使用者輸入但卻需要傳回 Web 伺服器的資料。舉例來說，假設我們想在傳回調查表的同時，一併傳回調查表的作者名稱，但不希望將作者名稱顯示在表單中，那麼可以在 \Ch06\phone.html 的 <form> 元素裡面加入如下敘述，這麼一來，在使用者點取 [提交] 按鈕後，隱藏欄位的值 (value) 就會隨著表單資料一併傳回 Web 伺服器：

```
<input type="hidden" name="author" value="Jean">
```

6-3 HTML5 新增的輸入類型

6-3-1 email (電子郵件地址)

若要讓使用者輸入電子郵件地址，可以將 <input> 元素的 type 屬性設定為 **"email"**。下面是一個例子，它會要求使用者輸入 hotmail 電子郵件地址，若格式不符合，就會要求重新輸入。

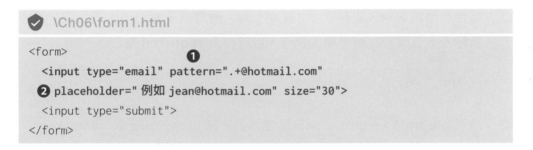

```
<form>
  <input type="email" pattern=".+@hotmail.com"        ❶
❷  placeholder=" 例如 jean@hotmail.com" size="30">
  <input type="submit">
</form>
```

\Ch06\form1.html

❶ 使用 pattern 屬性設定輸入格式　　　❸ 一開始會顯示欄位提示文字

❷ 使用 placeholder 屬性設定欄位提示文字　❹ 若格式不符合，就會要求重新輸入

幾個注意事項提醒您：

- email 輸入類型只能驗證使用者輸入的資料是否符合電子郵件地址格式，但無法檢查該地址是否存在。

- 若要允許使用者輸入以逗號隔開的多個電子郵件地址，例如 jean@hotmail.com, jerry@hotmail.com，可以加入 **multiple** 屬性，例如：

```
<input type="email" multiple>
```

- 當使用者沒有輸入資料就按 [提交] 時，瀏覽器不會出現提示文字要求重新輸入，若要規定務必輸入資料，可以加入 **required** 屬性，例如：

```
<input type="email" required>
```

- 除了 multiple、required 兩個屬性之外，諸如 maxlength、minlength、pattern、placeholder、readonly、size 等屬性亦適用於 email 輸入類型。

- 不同的瀏覽器對於 HTML5 新增的輸入類型可能有不同的顯示方式，回報錯誤的方式也不盡相同。

6-3-2 url (網址)

若要讓使用者輸入網址，可以將 <input> 元素的 type 屬性設定為 **"url"**。同樣 的， 諸 如 maxlength、minlength、pattern、placeholder、readonly、size 等屬性亦適用於 url 輸入類型。

下面是一個例子，它會要求使用者輸入網址，若格式不符合，就會要求重新輸入。

 \Ch06\form2.html

```
<form>
  <input type="url">
  <input type="submit">
</form>
```

6-3-3 search (搜尋欄位)

若要讓使用者輸入搜尋字串，可以將 <input> 元素的 type 屬性設定為 **"search"**。同樣的，諸如 maxlength、minlength、pattern、placeholder、readonly、size 等屬性亦適用於 search 輸入類型。

事實上，search 輸入類型的用途和 text 輸入類型差不多，差別在於欄位外觀可能不同，視瀏覽器的實作而定。下面是一個例子，從瀏覽結果可以看到，Chrome 對於 search 輸入類型和 text 輸入類型的欄位外觀是相同的。

```
<form>
  <input type="text">
  <input type="search">
</form>
```

❶ text 輸入類型　　❷ search 輸入類型

6-3-4 number (數字)

若要讓使用者輸入數字，可以將 \<input> 元素的 type 屬性設定為 **"number"**。
下面是一個例子，除了使用 number 輸入類型，還搭配下列三個屬性，限制
使用者輸入 0 ~ 10 之間的數字，而且每按一下向上鈕或向下鈕，所遞增或遞
減的間隔值為 2：

- **min**="*n*"：設定欄位的最小值 (須為有效的浮點數，負數或小數亦可)。

- **max**="*n*"：設定欄位的最大值 (須為有效的浮點數)。

- **step**="*n*"：設定每按一下欄位的向上鈕或向下鈕，所遞增或遞減的間隔值
  (須為有效的浮點數)，預設值為 1。

✅ \Ch06\form4.html

```
<form>
  <input type="number" min="0" max="10" step="2">
  <input type="submit">
</form>
```

6-3-5　range（指定範圍的數字）

若要讓使用者透過類似滑桿的介面輸入指定範圍的數字，可以將 <input> 元素的 type 屬性設定為 **"range"**。

下面是一個例子，除了使用 range 輸入類型，還搭配 **min**、**max**、**step** 等三個屬性，將最小值、最大值及間隔值設定為 0、12、2，若沒有設定，那麼最小值預設為 0，最大值預設為 100，間隔值預設為 1。

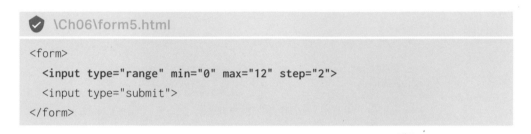

```
<form>
  <input type="range" min="0" max="12" step="2">
  <input type="submit">
</form>
```

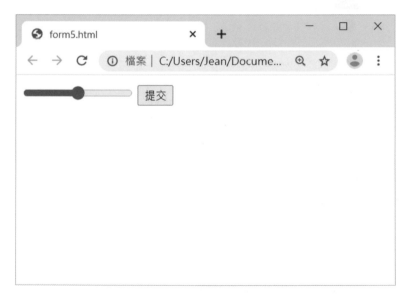

此外，在預設的情況下，滑桿指針指向的值是中間值，如上圖，若要設定指針的初始值，可以使用 **value** 屬性，例如 value="2" 是將初始值設定為 2。

6-3-6 color (色彩)

若要讓使用者透過類似調色盤的介面輸入色彩，可以將 <input> 元素的 type 屬性設定為 **"color"**，下面是一個例子。

\Ch06\form6.html

```
<form>
  <input type="color">
  <input type="submit">
</form>
```

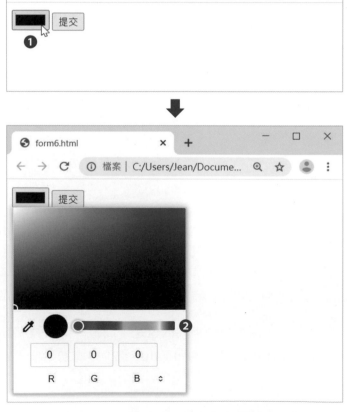

❶ 點取色彩欄位　　❷ 出現色彩對話方塊讓使用者選擇色彩

6-3-7 tel (電話號碼)

理論上，若要讓使用者輸入電話號碼，可以將 <input> 元素的 type 屬性設定為 **"tel"**。然而事實上，tel 輸入類型卻很難驗證使用者輸入的電話號碼是否有效，因為不同國家或不同地區的電話號碼格式不盡相同。

下面是一個例子，除了使用 tel 輸入類型，還搭配 **pattern** 和 **placeholder** 兩個屬性設定電話號碼格式及欄位提示文字。

✅ \Ch06\form7.html

```
<form>
  <input type="tel" pattern="[0-9]{4}-[0-9]{6}" placeholder=" 例如 0935-123456">
  <input type="submit">
</form>
```

❶ 一開始會顯示欄位提示文字　　❷ 若格式不符合，就會要求重新輸入

6-3-8 date、time、month、week、datetime-local (日期時間)

若要讓使用者輸入日期時間，可以將 <input> 元素的 type 屬性設定成如下：

- **date**：透過 <input type="date"> 的敘述，就能提供類似如下的介面讓使用者輸入日期，而不必擔心日期格式是否正確。

- **time**：透過 <input type="time"> 的敘述，就能提供類似如下的介面讓使用者輸入時間，而不必擔心時間格式是否正確。

```
下午 12:20 🕐 提交
```

- **month**：透過 <input type="month"> 的敘述，就能提供類似如下的介面讓使用者輸入月份。

◎ **week**：透過 <input type="week"> 的敘述，就能提供類似如下的介面讓使用者輸入第幾週。

◎ **datetime-local**：透過 <input type="datetime-local"> 的敘述，就能提供類似如下的介面讓使用者輸入本地日期時間。

在使用本節所介紹的日期時間輸入類型時，也可以搭配下列幾個屬性：

● **min**：設定最早的日期時間，格式為 yyyy-MM-ddThh:mm，例如 2024-12-25T08:00 表示 2024 年 12 月 25 日早上八點。

● **max**：設定最晚的日期時間。

● **step**：設定每按一下欄位的向上鈕或向下鈕，所遞增或遞減的間隔值。

6-4 按鈕－ <button> 元素

除了將 <input> 元素的 type 屬性設定為 "submit" 或 "reset" 之外，我們也可以使用 <button> 元素在表單中插入按鈕，常見的屬性如下：

- **name**="..."：設定按鈕的名稱 (限英文且唯一)。

- **type**="{submit,reset,button}"：設定按鈕的類型 (提交、重設、一般按鈕)。

- **value**="..."：設定按鈕的值。

- **disabled**：取消按鈕，使之無法存取。

- **form**="*formid*"：設定按鈕隸屬於 ID 為 *formid* 的表單。

- 第 2-1 節所介紹的全域屬性。

下面是一個例子，它會使用 <button> 元素在表單中插入「提交」與「重設」兩個按鈕。

```
\Ch06\button.html

<form>
  <button type="submit"> 提交 </button>
  <button type="reset"> 重設 </button>
</form>
```

6-5 標籤－ <label> 元素

<label> 元素用來設定使用者介面中的標籤 (或標題)，令該標籤 (或標題) 與 <input>、<textarea>、<select> 等表單欄位相關聯，其屬性如下：

- **for**="*fieldid*"：針對 id 屬性為 *fieldid* 的表單欄位設定標籤。

- 第 2-1 節所介紹的全域屬性。

下面是一個例子，由於選擇鈕通常比較小，不容易點按，尤其是在以手機瀏覽網頁的時候，因此，我們使用 <label> 元素來設定與選擇鈕相關聯的標籤。

一開始先替每個選擇鈕設定唯一的 **id** 屬性 (第 02、04 行)，然後在 <lable> 標籤中透過 **for** 屬性去參照相關聯之選擇鈕的 id 屬性 (第 03、05 行)，如此一來，當點按「男」或「女」的標籤時，就會連帶點按選擇鈕。同樣的技巧也可以應用到核取方塊、文字方塊、密碼或下拉式清單等表單欄位。

\Ch06\label.html

```
01: <form>
02:    <input type="radio" name="gender" id="male" value=" 男 ">
03:    <label for="male">男 </label>
04:    <input type="radio" name="gender" id="female" value=" 女 ">
05:    <label for="female"> 女 </label>
06: </form>
```

6-6 選項群組－ <optgroup> 元素

<optgroup> 元素用來將數個 <option> 元素群組起來，其屬性如下：

- ☑ **label="..."**：設定選項群組的標籤。

- ☑ **disabled**：取消選項群組，使之無法存取。

- ☑ 第 2-1 節所介紹的全域屬性。

下面是一個例子。

✅ \Ch06\optgroup.html

```html
<form>
  <label for="TVlist"> 選擇要觀賞的節目：</label>
  <select id="TVlist">
    <optgroup label=" 國內新聞頻道 ">
      <option>TVBS-N</option>
      <option> 年代新聞 </option>
    </optgroup>
    <optgroup label=" 國外新聞頻道 ">
      <option>CNN</option>
      <option>NHK</option>
    </optgroup>
  </select>
</form>
```

6-7 將表單欄位群組起來 — <fieldset>、<legend> 元素

<fieldset> 元素用來將數個表單欄位群組起來,其屬性如下:

- ◉ **disabled**:取消 <fieldset> 元素所群組的表單欄位,使之無法存取。
- ◉ **name**="...":設定 <fieldset> 元素的名稱 (限英文且唯一)。
- ◉ **form**="*formid*":設定 <fieldset> 元素隸屬於 ID 為 *formid* 的表單。
- ◉ 第 2-1 節所介紹的全域屬性。

<legend> 元素是 <fieldset> 元素的子元素,用來設定 <fieldset> 元素所群組之表單欄位的標題,其屬性有第 2-1 節所介紹的全域屬性,下面是一個例子。

❶ 將這三個表單欄位群組起來並設定標題　　❷ 將這三個表單欄位群組起來並設定標題

✅ \Ch06\fieldset.html

```
<form>
  <fieldset>
    <legend> 個人資料 </legend> ❶
    <p> 姓     名：<input type="text" name="userName" size="40"></p>
    <p>E-Mail：<input type="text" name="userMail" size="40"
      value="username@mailserver"></p>
    <p> 年     齡：
    <input type="radio" name="userAge" value="age1"> 未滿 20 歲
    <input type="radio" name="userAge" value="age2" checked>20~29
    <input type="radio" name="userAge" value="age3">30~39
    <input type="radio" name="userAge" value="age4">40 歲以上 </p>
  </fieldset><br>
  <fieldset>
    <legend> 手機方面的問題 </legend> ❷
    <p> 您使用過哪些廠牌的手機？
    <input type="checkbox" name="userPhone[]" value="hTC" checked>hTC
    <input type="checkbox" name="userPhone[]" value="Apple">Apple
    <input type="checkbox" name="userPhone[]" value="ASUS">ASUS</p>
    <p> 您使用手機時最常碰到哪些問題？ <br>
    <textarea name="userTrouble" cols="45" rows="4"> 手機電池待機時間不夠久
    </textarea></p>
    <p> 您使用過哪家業者的門號？（可複選）
    <select name="userNumber[]" size="4" multiple>
      <option value=" 中華電信 "> 中華電信
      <option value=" 台灣大哥大 " selected> 台灣大哥大
      <option value=" 遠傳 "> 遠傳
      <option value=" 台灣之星 "> 台灣之星
    </select></p>
  </fieldset><br>
  <input type="submit" value=" 提交 ">
  <input type="reset" value=" 重設 ">
</form>
```

❶ 在此設定第一組表單欄位的標題
❷ 在此設定第二組表單欄位的標題

原則上，在您想好要將哪幾個表單欄位群組起來後，只要將這幾個表單欄位放在 <fieldset> 元素裡面即可，瀏覽結果會把它們框起來。另外要注意的是 <legend> 元素必須放在 <fieldset> 元素裡面，而且 <legend> 元素的文字會顯示在方框的左上角做為標題。

CSS 基本語法

7-1 CSS 的發展

CSS (Cascading Style Sheets，串接樣式表、階層樣式表) 主要的用途是定義網頁的外觀，也就是網頁的編排、顯示、格式化及特殊效果，有部分功能與 HTML 重疊。

或許您會問，「既然 HTML 提供的標籤與屬性就能將網頁格式化，那為何還要使用 CSS？」，沒錯，HTML 確實提供一些格式化的標籤與屬性，但其變化有限，而且為了進行格式化，往往會使得 HTML 原始碼變得非常複雜，內容與外觀的依賴性過高而不易修改。

為此，W3C 遂鼓勵網頁設計人員使用 HTML 定義網頁的內容，然後使用 CSS 定義網頁的外觀，便能透過 CSS 從外部控制網頁的外觀，同時 HTML 原始碼也會變得精簡。

事實上，W3C 已經將不少涉及網頁外觀的 HTML 標籤與屬性列為 Deprecated (建議勿用)，並鼓勵改用 CSS 來取代，例如 <font>、<basefont>、<strike>、<big>、<blink> 等標籤，或 background、bgcolor、align、link、vlink、color、face、size 等屬性。

我們簡單將 CSS 的發展摘要如下：

- **CSS1** (CSS Level 1)：W3C 於 1996 年公布 CSS1 推薦標準，約 50 個屬性，包括字型、文字、色彩、背景、清單、表格、定位方式、框線、邊界等，詳細的規格可以參考 CSS1 官方文件 (https://www.w3.org/TR/CSS1/)。

- **CSS2** (CSS Level 2)：W3C 於 1998 年公布 CSS2 推薦標準，約 120 個屬性，新增一些字型屬性，並加入相對定位、絕對定位、固定定位、媒體類型等概念。

- **CSS2.1** (CSS Level 2 Revision 1)：W3C 於 2011 年公布 CSS2.1 推薦標準，除了維持與 CSS2 的向下相容性，還修正 CSS2 的錯誤、移除一些 CSS2 尚未實作的功能並新增數個屬性，詳細的規格可以參考 CSS2.1 官方文件 (https://www.w3.org/TR/CSS2/)。

✅ **CSS3** (CSS Level 3)：相較於 CSS2.1 是將所有屬性整合在一份規格書中，CSS3 則是根據屬性的分類劃分成不同的模組 (module) 來進行規格化，例如 CSS Color Level 3、Selectors Level 3、Media Queries、CSS Style Attributes、CSS Fonts Level 3、CSS Basic User Interface Level 3 等模組已經成為推薦標準 (REC，Recommendation)，而 CSS Backgrounds and Borders Level 3、CSS Multi-column Layout Level 1、CSS Values and Units Level 3、CSS Text Level 3、CSS Flexible Box Layout Level 1、CSS Text Decoration Level 3 等模組是候選推薦 (CR，Candidate Recommendation) 或建議推薦 (PR，Proposed Recommendation)，有關各個模組的規格化進度可以參考網址 https://www.w3.org/Style/CSS/current-work.en.html。

由於 CSS 的模組仍在持續修訂中，因此，本書的重點會放在一些普遍使用的屬性，例如色彩、字型、文字、清單、背景、漸層、濾鏡、定位方式、彈性盒子版面、格線版面、變形、轉場、動畫、媒體查詢等。至於一些特別的屬性或尚在修訂中的屬性，有興趣的讀者可以參考官方文件。

這個網站會列出 CSS 各個模組的規格化進度及規格書超連結

7-2 在 HTML 文件中套用 CSS

在 HTML 文件中套用 CSS 的方式如下，以下各小節有進一步的說明：

- **行內樣式**：使用 style 屬性設定 CSS。
- **內部樣式表**：使用 <style> 元素嵌入 CSS。
- **外部樣式表**：連結或匯入外部的 CSS 檔案。

7-2-1 行內樣式

第一種方式是使用 HTML 元素的 **style** 屬性設定 CSS，稱為**行內樣式** (inline style)。下面是一個例子，它會使用 <body> 元素的 style 屬性將網頁主體的前景色彩設定為白色，背景色彩設定為深天空藍色。

> ✅ \Ch07\usecss1.html

```
<!DOCTYPE html>
<html>
  <head>
    <meta charset="utf-8">
  </head>
  <body style="color: white; background: deepskyblue;">
    <h1>Hello, CSS!</h1>
  </body>
</html>
```

行內樣式的優點是簡明直覺，串接順序較高，適合用來覆蓋 CSS 或變更局部設計；缺點則是 CSS 程式碼和 HTML 程式碼混在一起，不僅違背了將網頁的內容與外觀分隔開來的精神，也不利於日後的維護與修改，因此，在開發網站時，請盡量不要採取行內樣式。

7-2-2　內部樣式表

第二種方式是在 <head> 元素裡面使用 **<style>** 元素嵌入 CSS，稱為**內部樣式表** (internal stylesheet)。舉例來說，前一節的 \Ch07\usecss1.html 可以改寫成如下，瀏覽結果是相同的。

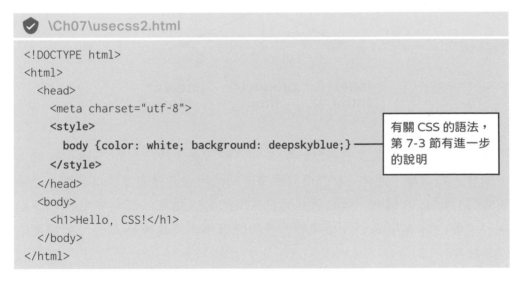

\Ch07\usecss2.html

```
<!DOCTYPE html>
<html>
  <head>
    <meta charset="utf-8">
    <style>
      body {color: white; background: deepskyblue;}
    </style>
  </head>
  <body>
    <h1>Hello, CSS!</h1>
  </body>
</html>
```

有關 CSS 的語法，第 7-3 節有進一步的說明

內部樣式表的優點是 CSS 程式碼和 HTML 程式碼不會混在一起；缺點則是 CSS 只能套用在目前網頁，無法與其它網頁共用，適合用來變更某個網頁的設計，但不適合用來開發網站。事實上，行內樣式和內部樣式表都是將 CSS 撰寫在各自的網頁，一旦網頁的數目變多，可能會重複定義，令程式碼變得複雜，很難統一管理。

7-2-3 外部樣式表

第三種方式是將 CSS 撰寫成外部檔案，然後在 <head> 元素裡面使用 **<link>** 元素連結 CSS 檔案，或在 <style> 元素裡面使用 **@import url("檔名.css");** 指令匯入 CSS 檔案，稱為**外部樣式表** (external stylesheet)。

這是開發網站時最常採取的方式，當網站包含多個網頁時，可以將網頁的樣式表統一放在一個 CSS 檔案，然後在網頁中連結或匯入該 CSS 檔案，如此一來，日後若要變更網頁的外觀，只要修改該 CSS 檔案即可，不必修改每個網頁。

不過，大型網站的樣式表通常比較多、比較複雜，統一放在一個 CSS 檔案可能會不好管理，此時，我們可以根據不同的用途將樣式表加以分類，然後放在各自的 CSS 檔案，例如所有網頁共用的 CSS 檔案、頁首專用的 CSS 檔案、主要內容專用的 CSS 檔案等，各個網頁再去連結或匯入自己所需要的 CSS 檔案。

下面是一個例子，它將 \Ch07\usecss2.html 所定義的 CSS 儲存在純文字檔 body.css，注意副檔名為 .css。檔案的開頭多了一行敘述 **@charset "UTF-8";**，這是為了避免在 CSS 檔案中使用中文時出現亂碼。

 \Ch07\body.css

```
@charset "UTF-8";
body {color: white; background: deepskyblue;}
```

有了這個 CSS 檔案,前一節的 \Ch07\usecss2.html 可以改寫成如下兩種形式,瀏覽結果都是相同的,其中以 <link> 元素較為常用。

\Ch07\usecss3.html

```html
<!DOCTYPE html>
<html>
  <head>
    <meta charset="utf-8">
    <link rel="stylesheet" href="body.css" type="text/css">
  </head>
  <body>
    <h1>Hello, CSS!</h1>
  </body>
</html>
```

使用 <link> 元素連結 CSS 檔案,若要連結多個 CSS 檔案,只要多寫幾個 <link> 元素即可

\Ch07\usecss4.html

```html
<!DOCTYPE html>
<html>
  <head>
    <meta charset="utf-8">
    <style>
      @import url("body.css");
    </style>
  </head>
  <body>
    <h1>Hello, CSS!</h1>
  </body>
</html>
```

使用 @import 指令匯入 CSS 檔案,若要匯入多個 CSS 檔案,只要多寫幾個 @import 指令即可

第 8~12 章的範例程式大多是採取行內樣式或內部樣式表的方式來介紹 CSS 屬性,而這純粹是為了方便做講解和版面編排,在您實際開發網站時,請還是以外部樣式表為主。

7-3 CSS 的語法

CSS 是由一條一條的**規則** (rule) 所組成，而規則包含**選擇器** (selector) 與**宣告** (declaration) 兩個部分，例如：

```
h1 {
    font-family: "Arial Black";
}
```

- **選擇器** (selector)：選擇器用來設定要套用規則的對象，以上面的兩個規則為例，選擇器 body 表示要套用規則的對象是 <body> 元素，即網頁主體；選擇器 h1 表示要套用規則的對象是 <h1> 元素，即標題 1。

- **宣告** (declaration)：宣告用來設定選擇器的樣式，以大括號括起來，裡面包含**屬性** (property) 與**值** (value)，中間以冒號 (:) 連接。規則的宣告個數可以不只一個，中間以分號 (;) 隔開。

  以上面的兩個規則為例，color: white 宣告是將 color 屬性的值設定為 white，即前景色彩為白色；background: red 宣告是將 background 屬性的值設定為 red，即背景色彩為紅色；font-family: "Arial Black" 宣告是將 font-family 屬性的值設定為 "Arial Black"，即字型為 "Arial Black"。

注意事項

當您使用 CSS 時,請注意下列事項:

- 若屬性的值包含英文字母、阿拉伯數字 (0 ~ 9)、減號 (-) 或小數點 (.) 以外的字元 (例如空白、換行),那麼屬性的值前後必須加上雙引號或單引號 (例如 font-family: "Times New Roman"),否則雙引號 (") 或單引號 (') 可以省略不寫。

- **CSS 會區分英文字母的大小寫**,這點和 HTML 不同。為了避免混淆,在您替 HTML 元素的 class 屬性或 id 屬性命名時,請維持一致的命名規則,一般建議是採取字中大寫,例如 userName、studentAge 等。

- **CSS 的註解符號為 /* */**,如下,這點亦和 HTML 不同,HTML 的註解為 <!-- -->。

```
/* 將標題 1 的前景色彩設定為藍色 */
h1 {color: blue;}
/* 將段落的文字大小設定為 10 像素 */
p {font-size: 10px;}
```

- 規則的宣告個數可以不只一個,中間以分號 (;) 隔開。以下面的規則為例,裡面包含三個宣告,用來將段落設定成首行縮排為 50 像素、行高為 1.5 行、左邊界為 20 像素:

```
p {text-indent: 50px; line-height: 150%; margin-left: 20px;}
```

- 若規則包含多個宣告,為了方便閱讀,可以將宣告分開放在不同行,排列整齊即可,例如:

```
p {
  text-indent: 50px;
  line-height: 150%;
  margin-left: 20px;
}
```

⊘ 若遇到具有相同宣告的規則，可以將之合併，使程式碼較為精簡。以下面的程式碼為例，這四條規則是將標題 1、標題 2、標題 3、段落的文字色彩設定為藍色，宣告均為 color: blue：

```
h1 {color: blue;}
h2 {color: blue;}
h3 {color: blue;}
p  {color: blue;}
```

既然宣告均相同，我們可以將這四條規則合併成一條，如下：

```
h1, h2, h3, p {color: blue;}
```

⊘ 若遇到針對相同選擇器所設計的規則，可以將之合併，使程式碼較為精簡。以下面的程式碼為例，這四條規則是將標題 1 設定成前景色彩為白色、背景色彩為黑色、文字對齊方式為置中、字型為 "Arial Black"，選擇器均為 h1：

```
h1 {color: white;}
h1 {background: black;}
h1 {text-align: center;}
h1 {font-family: "Arial Black";}
```

既然是針對相同選擇器，我們可以將這四條規則合併成一條，如下：

```
h1 {color: white; background: black; text-align: center;
    font-family: "Arial Black";}
```

下面的寫法亦可：

```
h1 {
  color: white;
  background: black;
  text-align: center;
  font-family: "Arial Black";
}
```

7-4 選擇器的類型

選擇器 (selector) 用來設定要套用規則的對象，以下就為您介紹一些常見的類型。

7-4-1 萬用選擇器

萬用選擇器 (universal selector) 是以 HTML 文件中的所有元素做為要套用規則的對象，其命名格式為星號 (*)。以下面的規則為例，裡面有一個萬用選擇器，它可以替所有元素去除瀏覽器預設的留白與邊界：

```
* {padding: 0; margin: 0;}
```

7-4-2 類型選擇器

類型選擇器 (type selector) 是以某個 HTML 元素做為要套用規則的對象，名稱必須和指定的 HTML 元素符合。以下面的規則為例，裡面有一個類型選擇器 h1，表示要套用規則的對象是 <h1> 元素：

```
h1 {color: blue;}
```

7-4-3 子選擇器

子選擇器 (child selector) 是以某個 HTML 元素的子元素做為要套用規則的對象，以下面的規則為例，裡面有一個子選擇器 ul > li（中間以大於符號連接），表示要套用規則的對象是 <ul> 元素的子元素 <li>：

```
ul > li {color: blue;}
```

7-4-4 子孫選擇器

子孫選擇器 (descendant selector) 是以某個 HTML 元素的子孫元素（不僅是子元素）做為要套用規則的對象。

以下面的規則為例,裡面有一個子孫選擇器 p a(中間以空白字元隔開),表示要套用規則的對象是 <p> 元素的子孫元素 <a>:

```
p a {color: blue;}
```

7-4-5 相鄰兄弟選擇器

相鄰兄弟選擇器 (adjacent sibling selector) 是以某個 HTML 元素後面的第一個兄弟元素做為要套用規則的對象,以下面的規則為例,裡面有一個相鄰兄弟選擇器 img + p(中間以加號連接),表示要套用規則的對象是 <img> 元素後面的第一個兄弟元素 <p>:

```
img + p {color: blue;}
```

7-4-6 全體兄弟選擇器

全體兄弟選擇器 (general sibling selector) 是以某個 HTML 元素後面的所有兄弟元素做為要套用規則的對象,以下面的規則為例,裡面有一個全體兄弟選擇器 img ~ p(中間以 ~ 符號連接),表示要套用規則的對象是 <img> 元素後面的所有兄弟元素 <p>:

```
img ~ p {color: blue;}
```

7-4-7 類別選擇器

類別選擇器 (class selector) 是以隸屬於指定類別的 HTML 元素做為要套用規則的對象,其命名格式為「*.XXX」或「.XXX」,星號 (*) 可以省略不寫。

以下面的規則為例,裡面有兩個類別選擇器 .odd 和 .even,表示要套用規則的是 class 屬性分別為 "odd" 和 "even" 的 HTML 元素:

```
.odd {background: linen;}
.even {background: lightblue;}
```

下面是一個例子，它將奇數列與偶數列的 class 屬性設定為 "odd" 和 "even"，然後定義 .odd 和 .even 兩個類別選擇器，以便將奇數列與偶數列的背景色彩設定為亞麻色和淺藍色。

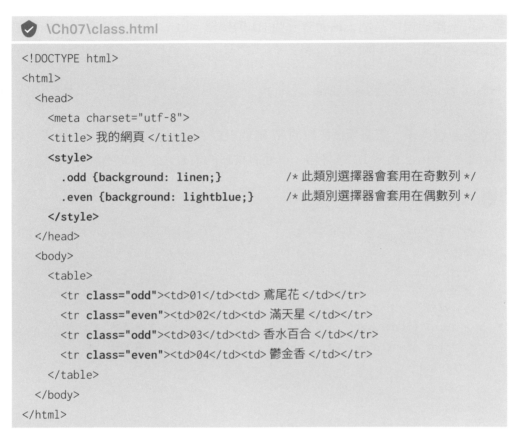

```html
<!DOCTYPE html>
<html>
  <head>
    <meta charset="utf-8">
    <title> 我的網頁 </title>
    <style>
      .odd {background: linen;}          /* 此類別選擇器會套用在奇數列 */
      .even {background: lightblue;}      /* 此類別選擇器會套用在偶數列 */
    </style>
  </head>
  <body>
    <table>
      <tr class="odd"><td>01</td><td> 鳶尾花 </td></tr>
      <tr class="even"><td>02</td><td> 滿天星 </td></tr>
      <tr class="odd"><td>03</td><td> 香水百合 </td></tr>
      <tr class="even"><td>04</td><td> 鬱金香 </td></tr>
    </table>
  </body>
</html>
```

\Ch07\class.html

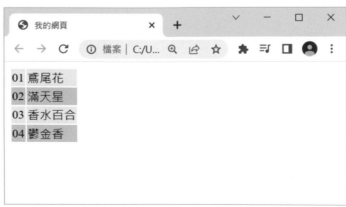

7-4-8 ID 選擇器

ID 選擇器 (ID selector) 是以符合指定 id（識別字）的 HTML 元素做為要套用規則的對象，其命名格式為「*#XXX」或「#XXX」，星號 (*) 可以省略不寫。以下面的規則為例，裡面有一個 ID 選擇器 #btn1，表示要套用規則的是 id 屬性為 "btn1" 的 HTML 元素：

```
#btn1 {font-size: 20px; color: red;}
```

下面是一個例子，它將兩個按鈕的 id 屬性設定為 "btn1" 和 "btn2"，然後定義 #btn1 和 #btn2 兩個 ID 選擇器，以便將按鈕的前景色彩設定為紅色和綠色。

✅ \Ch07\id.html

```
<!DOCTYPE html>
<html>
  <head>
    <meta charset="utf-8">
    <style>
      #btn1 {font-size: 20px; color: red;}      /*ID 選擇器 */
      #btn2 {font-size: 20px; color: green;}     /*ID 選擇器 */
    </style>
  </head>
  <body>
    <button id="btn1">按鈕 1</button>
    <button id="btn2">按鈕 2</button>
  </body>
</html>
```

7-4-9 屬性選擇器

屬性選擇器 (attribute selector) 可以將規則套用在有設定某個屬性的元素，下面是一個例子，它會將規則套用在有設定 class 屬性的元素。

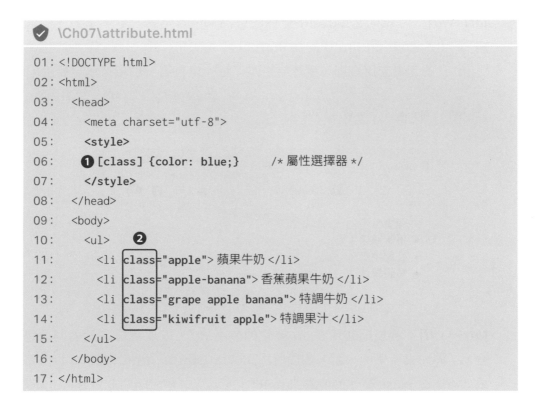

```
\Ch07\attribute.html
01: <!DOCTYPE html>
02: <html>
03:   <head>
04:     <meta charset="utf-8">
05:     <style>
06:     ❶[class] {color: blue;}      /* 屬性選擇器 */
07:     </style>
08:   </head>
09:   <body>
10:     <ul>           ❷
11:       <li class="apple"> 蘋果牛奶 </li>
12:       <li class="apple-banana"> 香蕉蘋果牛奶 </li>
13:       <li class="grape apple banana"> 特調牛奶 </li>
14:       <li class="kiwifruit apple"> 特調果汁 </li>
15:     </ul>
16:   </body>
17: </html>
```

❶ 針對 class 屬性定義規則
❷ 凡有 class 屬性的元素均會套用規則
❸ 這些 <li> 元素都有 class 屬性，會套用規則呈現藍色

常見的屬性選擇器如下：

✅ **[att]**：將規則套用在有設定 *att* 屬性的元素，我們在 \Ch07\attribute. html 有做過示範。

✅ **[att=val]**：將規則套用在 *att* 屬性的值為 *val* 的元素。舉例來說，假設將 \Ch07\attribute.html 的第 06 行改寫成如下，令 class 屬性的值為 "apple" 的元素套用規則，瀏覽結果如下圖，只有第一個項目呈現藍色。

```
[class="apple"] {color: blue;}
```

✅ **[att~=val]**：將規則套用在 *att* 屬性的值為 *val*，或以空白字元隔開並包含 *val* 的元素。舉例來說，假設將 \Ch07\attribute.html 的第 06 行改寫成如下，令 class 屬性的值為 "apple"，或以空白字元隔開並包含 "apple" 的元素套用規則，瀏覽結果如下圖，第一、三、四個項目呈現藍色。

```
[class~="apple"] {color: blue;}
```

- **[att|=val]**：將規則套用在 *att* 屬性的值為 *val*，或以 - 字元連接並包含 *val* 的元素。舉例來說，假設將 \Ch07\attribute.html 的第 06 行改寫成如下，令 class 屬性的值為 "apple"，或以 - 字元連接並包含 "apple" 的元素套用規則，瀏覽結果如下圖，第一、二個項目呈現藍色。

```
[class|="apple"] {color: blue;}
```

- **[att^=val]**：將規則套用在 *att* 屬性的值以 *val* 開頭的元素。舉例來說，假設將 \Ch07\attribute.html 的第 06 行改寫成如下，令 class 屬性的值以 "apple" 開頭的元素套用規則，瀏覽結果如下圖，第一、二個項目呈現藍色。

```
[class^="apple"] {color: blue;}
```

- **[att$=val]**：將規則套用在 *att* 屬性的值以 *val* 結尾的元素。舉例來說，假設將 \Ch07\attribute.html 的第 06 行改寫成如下，令 class 屬性的值以 "apple" 結尾的元素套用規則，瀏覽結果如下圖，第一、四個項目呈現藍色。

```
[class$="apple"] {color: blue;}
```

- **[att*=val]**：將規則套用在 *att* 屬性的值包含 *val* 的元素。舉例來說，假設將 \Ch07\attribute.html 的第 06 行改寫成如下，令 class 屬性的值包含 "apple" 的元素套用規則，瀏覽結果如下圖，四個項目均呈現藍色。

```
[class*="apple"] {color: blue;}
```

7-4-10　虛擬元素

虛擬元素 (pseudo-element) 可以將規則套用在指定元素的某個部分，常見的如下：

- ⊘　**::first-letter**：元素的第一個字。
- ⊘　**::first-line**：元素的第一行。
- ⊘　**::before**：在元素的前面加上內容。
- ⊘　**::after**：在元素的後面加上內容。
- ⊘　**::selection**：元素被選取的部分。

下面是一個例子，它先使用虛擬元素 **::first-line** 將 <p> 元素的第一行設定為紅色，然後使用虛擬元素 **::after** 在 <p> 元素的後面加上內容為 "(王維《相思》)"、色彩為藍色的文字。

🛡 **\Ch07\pseudo1.html**

```
<!DOCTYPE html>
<html>
  <head>
    <meta charset="utf-8">
    <title> 我的網頁 </title>
    <style>
      p::first-line {color: red;}                        /* 虛擬元素 */
      p::after {content: "( 王維《相思》)"; color: blue;}    /* 虛擬元素 */
    </style>
  </head>
  <body>
    <p> 紅豆生南國，<br>
        春來發幾枝。<br>
        願君多採擷，<br>
        此物最相思。</p>
  </body>
</html>
```

> 紅豆生南國，
> **春來發幾枝。**
> **願君多採擷，**
> **此物最相思。(王維《相思》)**

7-4-11 虛擬類別

虛擬類別 (pseudo-class) 可以將規則套用在符合指定條件的資訊，或其它簡單的選擇器所無法表達的資訊，常見的如下，完整的說明可以到 https://www.w3.org/TR/selectors-3/、https://www.w3.org/TR/selectors-4/ 查看。

選擇器	說明
:link	尚未瀏覽的超連結 (限用於 <a> 元素)。
:visited	已經瀏覽的超連結 (限用於 <a> 元素)。
:hover	指標移到但尚未點選的元素。
:active	點選的元素。
:focus	取得焦點的元素。
:enabled	表單中啟用的欄位。
:disabled	表單中取消的欄位。
:checked	表單中選取的選擇鈕或核取方塊。
:indeterminate	表單中狀態不確定的欄位，例如一組尚未選取任何選項的選擇鈕。
:root	HTML 文件的根元素，也就是 <html> 元素。
:first-child	第一個子元素。
:last-child	最後一個子元素。
:nth-child(*n*)	第 *n* 個子元素。
:nth-last-child(*n*)	倒數第 *n* 個子元素。
:first-of-type	第一個元素。
:last-of-type	最後一個元素。
:nth-of-type(*n*)	第 *n* 個元素。
:nth-last-of-type(*n*)	倒數第 *n* 個元素。
:only-child	唯一的子元素。
:only-of-type	唯一的元素。
:empty	沒有子元素的元素。
:not(*s*)	不包含 *s* 選擇器的元素。
:lang(*lang-code*)	有指定 *lang-code* 編碼的元素。
:target	id 屬性符合網址片段的目標元素。

下面是一個例子，它使用 **:link** 和 **:visited** 兩個虛擬類別將尚未瀏覽及已經瀏覽的超連結色彩設定為黑色和紅色。

✅ \Ch07\pseudo2.html

```html
<!DOCTYPE html>
<html>
  <head>
    <meta charset="utf-8">
    <style>
      a:link {color: black;}        /* 虛擬類別 */
      a:visited {color: red;}       /* 虛擬類別 */
    </style>
  </head>
  <body>
    <ul>
      <li><a href="novel1.html"> 射雕英雄傳 </a></li>
      <li><a href="novel2.html"> 倚天屠龍記 </a></li>
      <li><a href="novel3.html"> 天龍八部 </a></li>
      <li><a href="novel4.html"> 笑傲江湖 </a></li>
    </ul>
  </body>
</html>
```

❶ 尚未瀏覽的超連結為黑色　　❷ 已經瀏覽的超連結為紅色

下面是另一個例子,它使用 **:hover** 虛擬類別設定當指標移到 \<h1\> 元素時,
就將 \<h1\> 元素的背景色彩從亞麻色變更為淺藍色。

✓ \Ch07\pseudo3.html

```html
<!DOCTYPE html>
<html>
  <head>
    <meta charset="utf-8">
    <style>
      h1 {background: linen;}              /* 類型選擇器 */
      h1:hover {background: lightblue;}    /* 虛擬類別 */
    </style>
  </head>
  <body>
    <h1> 蝶戀花 </h1>
    <h1> 卜算子 </h1>
    <h1> 臨江仙 </h1>
  </body>
</html>
```

❶ 標題 1 的背景色彩為亞麻色
❷ 當指標移到標題 1 時,背景色彩會變成淺藍色

7-5 樣式表的串接順序

樣式表的來源有下列幾種:

- **作者** (author):HTML 文件的作者可以將樣式表嵌入 HTML 文件,也可以連結或匯入外部的樣式表檔案。

- **使用者** (user):使用者可以自訂樣式表,然後令瀏覽器根據此樣式表顯示 HTML 文件。

- **使用者代理程式** (user agent):諸如瀏覽器等使用者代理程式也會有預設的樣式表。

原則上,不同來源的樣式表會串接在一起,然而這些樣式表卻有可能是針對相同的 HTML 元素,甚至還彼此衝突。舉例來說,作者將標題 1 設定為紅色,而使用者或瀏覽器卻將標題 1 設定為其它色彩,此時就需要一個原則來決定優先順序。

在沒有特別指定的情況下,這三種樣式表來源的**串接順序** (cascading order)如下 (由高至低):

1. 作者設定的樣式表

2. 使用者自訂的樣式表

3. 瀏覽器預設的樣式表

請注意,上面的串接順序是在沒有特別指定的情況下才成立,事實上,HTML 文件的作者或使用者可以在宣告的後面加上 **!important** 關鍵字,提高樣式表的串接順序,例如:

```
body {
  color: red !important;
}
```

一旦加上 !important 關鍵字，樣式表的串接順序將變成如下（由高至低）：

1. 瀏覽器預設且加上 !important 關鍵字的樣式表

2. 使用者自訂且加上 !important 關鍵字的樣式表

3. 作者設定且加上 !important 關鍵字的樣式表

4. 作者設定的樣式表

5. 使用者自訂的樣式表

6. 瀏覽器預設的樣式表

我們在第 7-2 節介紹過在 HTML 文件中套用 CSS 的方式有行內樣式、內部樣式表、外部樣式表等三種，那麼這些方式的串接順序又是如何呢？

答案是行內樣式的串接順序最高，而其它方式的串接順序取決於定義的早晚，愈晚定義的樣式表，其串接順序就愈高，也就是後來定義的樣式表會覆蓋先前定義的樣式表。

若有多條規則要套用到相同的元素，那麼串接順序又是如何呢？此時可以遵循下列原則：

● **後到者優先**：當有多條規則的選擇器相同時，後面的規則比前面的優先。

● **範圍明確者優先**：選擇器範圍明確的規則優先，例如 p b 或 p.hotnews 均比 p 明確，所以比較優先。

● **標示重要者優先**：在宣告的後面加上 !important 關鍵字的規則優先，而且凌駕於前述兩者之上，例如 p {color: red !important;} 比 p {color: blue;} 優先。

色彩、字型、文字
與清單

8-1 色彩屬性

8-1-1 color (前景色彩)

前景色彩 (foreground color) 指的是系統目前預設的套用色彩,例如網頁的文字是使用前景色彩;相反的,**背景色彩** (background color) 指的是基底影像下預設的底圖色彩,例如網頁的背景是使用背景色彩。

我們可以使用 **color** 屬性設定 HTML 元素的前景色彩,其語法如下,預設值取決於瀏覽器的設定:

```
color: 色彩
```

色彩的設定值有下列幾種形式:

- **色彩名稱**:這是以諸如 aqua、black、blue、fuchsia、gray、green、purple、red、silver、teal、white、yellow 等名稱來設定色彩,例如下面的規則是將標題 1 的前景色彩設定為紅色:

```
h1 {color: red;}
```

- **rgb(*rr, gg, bb*)**:這是以紅 (red)、綠 (green)、藍 (blue) 三原色的混合比例來設定色彩,例如下面的規則是將標題 1 的前景色彩設定為紅 100%、綠 0%、藍 0%,也就是紅色:

```
h1 {color: rgb(100%, 0%, 0%);}
```

除了混合比例之外,我們也可以將紅 (red)、綠 (green)、藍 (blue) 三原色各自劃分為 0 ~ 255 共 256 個級數,改以級數來設定色彩,例如上面的規則可以改寫成如下,由於紅、綠、藍分別為 100%、0%、0%,所以在轉換成級數後會對應到 255、0、0,中間以逗號隔開:

```
h1 {color: rgb(255, 0, 0);}
```

✅ **#rrggbb**：這是前一種設定值的十六進位表示法，以 # 符號開頭，後面跟著三組十六進位數字，分別代表色彩的紅、綠、藍級數，例如上面的規則可以改寫成如下，由於紅、綠、藍分別為 255、0、0，所以在轉換成十六進位後會對應到 ff、00、00：

```
h1 {color: #ff0000;}
```

下圖是一些常見的色彩名稱及其十六進位、十進位表示法 (取自 CSS3 官方文件 https://www.w3.org/TR/css3-color/)，更多的色彩名稱與數值對照可以參考 https://www.w3.org/wiki/CSS/Properties/color/keywords。

Named	Numeric	Color name	Hex rgb	Decimal
		black	#000000	0,0,0
		silver	#C0C0C0	192,192,192
		gray	#808080	128,128,128
		white	#FFFFFF	255,255,255
		maroon	#800000	128,0,0
		red	#FF0000	255,0,0
		purple	#800080	128,0,128
		fuchsia	#FF00FF	255,0,255
		green	#008000	0,128,0
		lime	#00FF00	0,255,0
		olive	#808000	128,128,0
		yellow	#FFFF00	255,255,0
		navy	#000080	0,0,128
		blue	#0000FF	0,0,255
		teal	#008080	0,128,128
		aqua	#00FFFF	0,255,255

✅ **rgba(*rr, gg, bb, alpha*)**：這是以紅、綠、藍三原色的混合比例來設定色彩，同時加上一個參數 *alpha* 用來設定透明度，值為 0.0 ~ 1.0 的數字，表示完全透明 ~ 完全不透明，例如下面的規則是將標題 1 的前景色彩設定為紅色、透明度為 0.5：

```
h1 {color: rgba(255, 0, 0, 0.5);}
```

- **hsl(*hue, saturation, lightness*)**：這是以色相、飽和度與明度來設定色彩，**色相** (hue) 是色彩的基本屬性，也就是平常所說的紅色、綠色、藍色等色彩名稱，以下圖的色輪來呈現；**飽和度** (saturation) 是色彩的純度，值為 0% ~ 100%，值愈高，色彩就愈飽和；**亮度** (lightness) 是色彩的明暗度，值為 0% ~ 100%，值愈高，色彩就愈明亮，50% 為正常，0% 為黑色，100% 為白色，例如下面的規則是將標題 1 的前景色彩設定為紅色：

```
h1 {color: hsl(0, 100%, 50%);}
```

（圖片來源：CSS3 官方文件）

- **hsla(*hue, saturation, lightness, alpha*)**：這是以色相、飽和度、亮度來設定色彩，同時加上一個參數 *alpha* 用來表示透明度，值為 0.0 ~ 1.0 的數字，表示完全透明 ~ 完全不透明，例如下面的規則是將標題 1 的前景色彩設定為紅色、透明度為 0.5：

```
h1 {color: hsla(0, 100%, 50%, 0.5);}
```

下面是一個例子，它針對五個標題 1 設定前景色彩（即文字色彩），請仔細比較第 03、04 行的瀏覽結果，這兩行都是將前景色彩設定為紅色，但是第 04 行加上透明度參數 0.5，若是在該區塊加上背景圖片或背景色彩，就更能凸顯出半透明的效果，至於第 05、06 行則是改以 HSL 色彩模式來設定色彩。

\Ch08\color1.html

```
01 : <body>
02 :    <h1 style="color: #00ff00;"> 卜算子 </h1>
03 :    <h1 style="color: rgb(255, 0, 0);"> 蝶戀花 </h1>
04 :    <h1 style="color: rgba(255, 0, 0, 0.5);"> 蝶戀花 </h1>
05 :    <h1 style="color: hsl(240, 100%, 50%);"> 臨江仙 </h1>
06 :    <h1 style="color: hsla(240, 100%, 50%, 0.3);"> 臨江仙 </h1>
07 : </body>
```

❶ 綠色　　❸ 紅色加上透明度參數 0.5　　❺ 藍色加上透明度參數 0.3

❷ 紅色　　❹ 藍色

8-1-2　background-color (背景色彩)

網頁的視覺效果要好，除了前景色彩設定得當，背景色彩更具有畫龍點睛之效，它可以將前景色彩襯托得更出色。

我們可以使用 **background-color** 屬性設定 HTML 元素的背景色彩，其語法如下，預設值為 transparent (透明)，也就是沒有背景色彩，至於色彩的設定值則有前一節所介紹的幾種形式：

```
background-color: 色彩
```

下面是一個例子，它將網頁主體與標題 1 的背景色彩設定為粉紅色和白色，而且標題 1 的背景色彩還加上透明度參數 0.5，所以會在白色裡面半透出粉紅色。

✅ \Ch08\color2.html

```
<body style="background-color: pink;">
  <h1 style="background-color: rgba(255, 255, 255, 0.5);"> 卜算子 </h1>
</body>
```

❶ 網頁主體的背景色彩為粉紅色
❷ 標題 1 的背景色彩為白色加上透明度參數 0.5

8-1-3 opacity（透明度）

我們可以使用 **opacity** 屬性設定 HTML 元素的透明度，其語法如下，值為
0.0 ~ 1.0 的數字，表示完全透明 ~ 完全不透明，預設值為 1：

```
opacity: 透明度
```

下面是一個例子，它示範了圖片和文字都可以設定透明度。

🛡️ \Ch08\color3.html

```html
<body>
  <img src="rose.jpg" width="200">
  <img src="rose.jpg" width="200" style="opacity: 0.3;">
  <h1 style="color: green;">紅玫瑰 </h1>
  <h1 style="color: green; opacity: 0.5;">紅玫瑰 </h1>
</body>
```

❶ 原始圖片　　　　　　　❸ 綠色的標題 1
❷ 圖片加上透明度參數 0.3　❹ 綠色的標題 1 加上透明度參數 0.5

8-2 字型屬性

8-2-1 font-family (文字字型)

我們可以使用 **font-family** 屬性設定 HTML 元素的文字字型，其語法如下：

```
font-family: [ 字型名稱 | 通用字型 ]
```

- **字型名稱**：這是電腦所安裝的字型名稱，例如 "Arial Black"、"Times New Roman"、Calibri、標楷體、微軟正黑體、新細明體等。若字型名稱中包含空白，就要在名稱前後加上雙引號或單引號。

- **通用字型**：這是 CSS 的通用字型關鍵字，包括 **serif** (襯線體)、**sans-serif** (無襯線體)、**cursive** (手寫體)、**fantasy** (幻想體)、**monospace** (等寬體)。建議在設定字型名稱後，可以加上通用字型做為替代選項。

我們可以設定多個字型名稱和通用字型，中間以逗號 (,) 隔開，瀏覽器會優先套用前面的字型，若用戶端沒有安裝指定的字型，就會以通用字型或系統預設的字型來顯示，下面是一個例子。

✅ \Ch08\font1.html　　　　　　　　　　　　　　　　（下頁續 1/2）

```
01: <!DOCTYPE html>
02: <html>
03:   <head>
04:     <meta charset="utf-8">
05:     <style>
06:       #one   {font-family: serif;}
07:       #two   {font-family: sans-serif;}
08:       #three {font-family: cursive;}
09:       #four  {font-family: fantasy;}
10:       #five  {font-family: monospace;}
11:       #six   {font-family: "Arial Black", monospace;}
12:       #seven {font-family: 標楷體 , monospace;}
13:       #eight {font-family: 娃娃體 , 流葉體 , monospace;}
14:     </style>
15:   </head>
```

```
16:  <body>
17:    <h1 id="one">Merry Christmas 聖誕快樂 </h1>
18:    <h1 id="two">Merry Christmas 聖誕快樂 </h1>
19:    <h1 id="three">Merry Christmas 聖誕快樂 </h1>
20:    <h1 id="four">Merry Christmas 聖誕快樂 </h1>
21:    <h1 id="five">Merry Christmas 聖誕快樂 </h1>
22:    <h1 id="six">Merry Christmas 聖誕快樂 </h1>
23:    <h1 id="seven">Merry Christmas 聖誕快樂 </h1>
24:    <h1 id="eight">Merry Christmas 聖誕快樂 </h1>
25:  </body>
26: </html>
```

請注意，由於第 13 行將第 24 行的字型設定為「娃娃體 , 流葉體 , monospace」，所以瀏覽器會優先套用第一順位的「娃娃體」，但用戶端沒有此字型，只好換第二順位的「流葉體」，但用戶端仍沒有此字型，於是套用第三順位的「monospace」，這是通用字型，也就不用擔心用戶端有沒有此字型了。

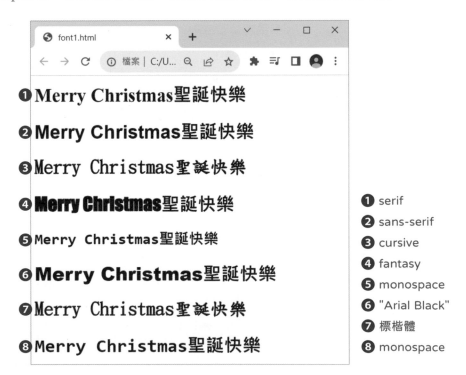

❶ serif
❷ sans-serif
❸ cursive
❹ fantasy
❺ monospace
❻ "Arial Black"
❼ 標楷體
❽ monospace

8-2-2 font-size (文字大小)

我們可以使用 **font-size** 屬性設定 HTML 元素的文字大小，其語法如下：

```
font-size: 長度 | 絕對大小 | 相對大小 | 百分比
```

●● 長度 (length)

以長度設定文字大小是相當直覺的，但要注意其度量單位，例如下面的規則是
將段落的文字大小設定為 10 像素 (pixel)：

```
p {font-size: 10px;}
```

常見的度量單位如下：

度量單位	說明
px	像素 (pixel)，1px 相當於 1/96 英吋。對一般螢幕來說，一個 CSS 像素通常是一個裝置像素，而對手機或平板等高解析度螢幕來說，一個 CSS 像素可能是多個裝置像素，視其 DPR (Device Pixel Ratio) 而定。
pt	點 (point)，1pt 相當於 1/72 英吋。
pc	pica，1pica 相當於 1/6 英吋。
mm	毫米 (公厘)。
cm	厘米 (公分)。
in	英吋 (inch)。
em	父元素的倍數，舉例來說，假設父元素的文字大小為 20px，那麼 1.2em 表示 20px×1.2=24px。
rem	根元素的倍數，HTML 文件的根元素就是 <html> 元素，舉例來說，假設根元素的文字大小為 16px，那麼 1.5rem 表示 16px×1.5=24px。
vw	可視區域的寬度百分比，舉例來說，假設可視區域的寬度為 800px，那麼 10vw 表示 800px×10%=80px。
vh	可視區域的高度百分比，舉例來說，假設可視區域的高度為 400px，那麼 50vh 表示 400px×50%=200px。

註：可視區域 (viewport) 指的是以瀏覽器觀看網頁時的顯示區域，vw 和 vh 會隨著可
　　視區域的寬度與高度自動調整，適合用來設計響應式網頁。

絕對大小 (absolute size)

CSS 提供的絕對大小有 **xx-small**、**x-small**、**small**、**medium**、**large**、**x-large**、**xx-large** 等 7 級大小，預設值為 medium(中)，這些絕對大小與 HTML 字型大小的對照如下。

CSS 絕對大小	xx-small	x-small	small	medium	large	x-large	xx-large	--
HTML 字型大小	1	--	2	3	4	5	6	7
HTML 標題元素	\<h6>	--	\<h5>	\<h4>	\<h3>	\<h2>	\<h1>	--

原則上，這些絕對大小是以 medium 做為基準，每跳一級就縮小或放大 1.2 倍，而 medium 可能是瀏覽器預設的文字大小或目前的文字大小，例如下面的規則是將標題 1 的文字大小設定為 xx-large：

```
h1 {font-size: xx-large;}
```

相對大小 (relative size)

CSS 提供的相對大小有 **smaller** 和 **larger** 兩個設定值，分別表示比父元素的文字大小縮小一級或放大一級。舉例來說，假設父元素的文字大小為 medium，那麼 font-size: larger 是將目前元素的文字大小設定為比 medium 放大一級，也就是 large；相反的，font-size: smaller 是將目前元素的文字大小設定為比 medium 縮小一級，也就是 small。

百分比 (percentage)

我們也可以使用百分比來設定文字大小，這是以父元素的文字大小做為基準。舉例來說，假設父元素的文字大小為 20px，那麼 font-size: 75% 是將目前元素的文字大小設定為 20px×75% ＝ 15px。

下面是一個例子，它示範了不同的文字大小。

✅ \Ch08\font2.html

```
<body>
  <p style="font-size: 20px;">生日快樂 Happy Birthday</p>
  <p style="font-size: 20pt;">生日快樂 Happy Birthday</p>
  <p style="font-size: xx-small;">生日快樂 Happy Birthday</p>
  <p style="font-size: x-small;">生日快樂 Happy Birthday</p>
  <p style="font-size: small;">生日快樂 Happy Birthday</p>
  <p style="font-size: medium;">生日快樂 Happy Birthday</p>
  <p style="font-size: large;">生日快樂 Happy Birthday</p>
  <p style="font-size: x-large;">生日快樂 Happy Birthday</p>
  <p style="font-size: xx-large;">生日快樂 Happy Birthday</p>
</body>
```

❶ 20px ❸ xx-small ❺ small ❼ large ❾ xx-large
❷ 20pt ❹ x-small ❻ medium ❽ x-large

8-2-3 font-style (文字樣式)

我們可以使用 **font-style** 屬性設定 HTML 元素的文字樣式，其語法如下：

```
font-style: normal | italic | oblique
```

- ✅ **normal**：正常 (預設值)。

- ✅ **italic**：斜體 (正常字型的手寫版本)。

- ✅ **oblique**：傾斜體 (透過數學演算的方式將正常字型傾斜一個角度)。

下面是一個例子，它將段落的文字樣式設定為斜體。

🛡️ \Ch08\font3.html

```
<!DOCTYPE html>
<html>
  <head>
    <meta charset="utf-8">
    <style>
      p {font-style: italic;} ❶
    </style>
  </head>
  <body>
    <p> 雲母屏風燭影深，長河漸落曉星沉。<br>
        嫦娥應悔偷靈藥，碧海青天夜夜心。</p>
  </body>
</html>
```

❶ 設定段落的文字樣式 (斜體)　　❷ 瀏覽結果

8-2-4 font-weight (文字粗細)

我們可以使用 **font-weight** 屬性設定 HTML 元素的文字粗細,其語法如下:

```
font-weight: normal | bold | bolder | lighter | 100 | 200 | 300 | 400 |
             500 | 600 | 700 | 800 | 900
```

這些設定值可以歸納為下列兩種類型:

- **絕對粗細**:normal 表示正常 (預設值),bold 表示加粗,另外還有 100、200、300、400 (相當於 normal)、500、600、700 (相當於 bold)、800、900 等 9 個等級,數字愈大,文字就愈粗。

- **相對粗細**:bolder 和 lighter 所呈現的文字粗細是相對於目前的文字粗細而言,bolder 表示更粗,lighter 表示更細。

下面是一個例子,它示範了不同的文字粗細。

\Ch08\font4.html

```html
<body>
  <h1 style="font-weight: bold;">Hello, world!</h1>
  <h1 style="font-weight: normal;">Hello, world!</h1>
  <h1 style="font-weight: bolder;">Hello, world!</h1>
</body>
```

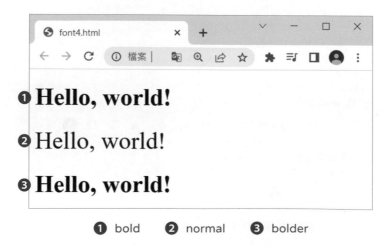

❶ bold　　❷ normal　　❸ bolder

8-2-5 font-variant (文字變化)

我們可以使用 **font-variant** 屬性設定 HTML 元素的文字變化，其語法如下：

```
font-variant: normal | small-caps
```

- **normal**：正常 (預設值)。
- **small-caps**：小型大寫字 (字體較小但全部大寫)。

事實上，CSS3 提供了更多設定值，例如 all-small-caps、petite-caps、all-petite-caps、unicase、titling-caps、ordinal、slashed-zero、sub、super、text、emoji、unicode 等，不過，各大瀏覽器的支援程度及實作方式不一，您可以自己試試看。

下面是一個例子，它示範了 normal 和 small-caps 兩個設定值的瀏覽結果。

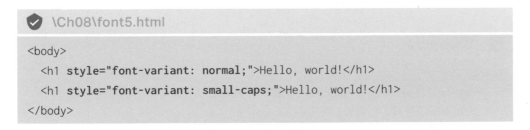

\Ch08\font5.html

```html
<body>
  <h1 style="font-variant: normal;">Hello, world!</h1>
  <h1 style="font-variant: small-caps;">Hello, world!</h1>
</body>
```

❶ normal　　❷ small-caps

8-2-6 line-height (行高)

我們可以使用 **line-height** 屬性設定 HTML 元素的行高，其語法如下：

```
line-height: normal | 數字 | 長度 | 百分比
```

- **normal**：例如 line-height: normal 表示正常行高 (預設值)。

- **數字**：使用數字設定幾倍行高，例如 line-height: 2 表示行高為元素的文字大小乘以 2，也就是 2 倍行高。

- **長度**：使用 px、pt、pc、mm、cm、in、em、rem、vw、vh 等度量單位設定行高，例如 line-height: 20px 表示行高為 20 像素。

- **百分比**：使用百分比設定幾倍行高，例如 line-height: 150% 表示行高為元素的文字大小乘以 150%，也就是 1.5 倍行高。

下面是一個例子，它示範了正常行高和 2 倍行高的瀏覽結果。

```html
<body>
  <p style="line-height: normal;">雲母屏風燭影深，長河漸落曉星沉。<br>
    嫦娥應悔偷靈藥，碧海青天夜夜心。</p>
  <p style="line-height: 2;">冰簟銀床夢不成，碧天如水夜云輕。<br>
    雁聲遠過瀟湘去，十二樓中月自明。</p>
</body>
```

❶ 正常行高　　❷ 2 倍行高

8-2-7 font（字型速記）

font 屬性是綜合了 font-style、font-variant、font-weight、font-size、line-height、font-family 等屬性的速記，其語法如下：

```
font: [[<font-style> || <font-variant> || <font-weight>] <font-size>
      [/<line-height>] <font-family>] | caption | icon | menu |
      message-box | small-caption | status-bar
```

這些屬性值的中間以空白字元隔開，省略不寫的屬性值會視屬性的類型使用預設值，而 font-variant 屬性只能使用 normal 和 small-caps 兩個設定值。至於 caption、icon、menu、message-box、small-caption、status-bar 等設定值則是參照系統字型，分別代表按鈕等控制項、圖示標籤、功能表、對話方塊、小控制項、狀態列的字型。

下面是一個例子，它將段落設定成文字樣式為斜體、文字大小為 20 像素、行高為 25 像素、文字字型為標楷體。

```
<body>
  <p style="font: italic 20px/25px 標楷體 ;">
    雲母屏風燭影深，長河漸落曉星沉。<br>
    嫦娥應悔偷靈藥，碧海青天夜夜心。</p>
</body>
```

❶ 設定段落的文字樣式、大小、行高與字型　　❷ 瀏覽結果

8-2-8 使用網路字型與圖示字型

當用戶端沒有安裝網頁上所設定的字型時,瀏覽器會以預設的字型來顯示,而這有時可能無法達到我們想要的效果。常見的解決方式有兩種,其一是將文字換成圖片,其二是使用**網路字型** (Web font)。

以下就為您示範如何使用 **Google Fonts**,這是 Google 所提供的免費網路字型服務,由於字型檔案是安裝在 Google 的伺服器,只要做好設定,即使用戶端沒有該字型,亦能正確顯示。

① 開啟瀏覽器連線到 https://fonts.google.com/,然後依照下圖操作。

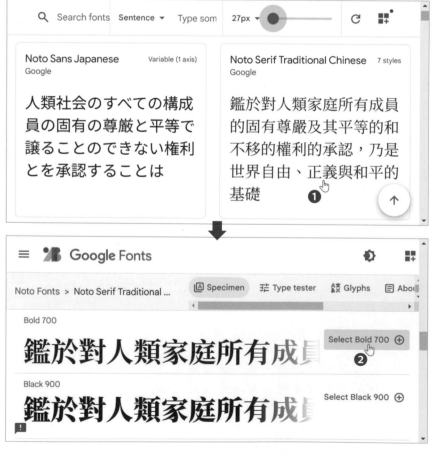

❶ 點選要用的字型　　❷ 點選字型樣式,例如 [Select Bold 700]

2 將視窗右側的程式碼複製到網頁，如下。

\Ch08\webfont.html

```
<!DOCTYPE html>
<html>
  <head>
    <meta charset="utf-8">
    <link rel="preconnect" href="https://fonts.googleapis.com">
    <link rel="preconnect" href="https://fonts.gstatic.com" crossorigin>
    <link href="https://fonts.googleapis.com/css2?family=Noto+Serif+TC:wght@
      700&display=swap" rel="stylesheet">
  </head>
  <body>
    <h1 style="font-family: 'Noto Serif TC', serif;">蝶戀花 </h1>
  </body>
</html>
```

❶ 將字型連結資訊複製到 <head> 區塊
❷ 將 CSS 規則複製到要設定字型的地方
❸ 成功設定網路字型

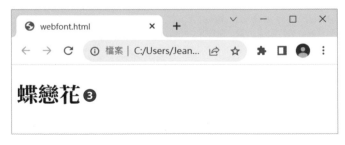

Google Fonts 還提供了 **Material Symbols and Icons**，可以將圖示當成字型使用，如此一來，就可以隨意變更圖示的大小或色彩。若您習慣使用圖檔，也可以將圖示另外儲存成 SVG 或 PNG 格式。

1 開啟瀏覽器連線到 https://fonts.google.com/，然後依照下圖操作。

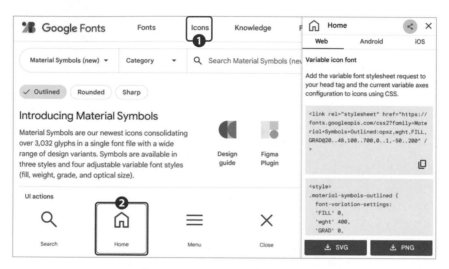

1 點按 [icons]　　**2** 點選圖示

2 將視窗右側的程式碼複製到網頁，如下。

✅ \Ch08\iconfont.html

```
<!DOCTYPE html>
<html>
  <head>
    <meta charset="utf-8">
❶  <link rel="stylesheet" href="https://fonts.googleapis.com/
     css2?family=Material+Symbols+Outlined:opsz,wght,FILL,GRAD@20..48,
     100..700,0..1,-50..200" />
   <style>
     .material-symbols-outlined {
       font-variation-settings: 'FILL' 0, 'wght' 400, 'GRAD' 0, 'opsz' 48;
❷      font-size: 50px;
       color: red;              ❹
     }
   </style>
  </head>
  <body>
❸  <span class="material-symbols-outlined">home</span>
  </body>
</html>
```

❶ 將圖示連結資訊複製到 <head> 區塊　　❹ 自行設定圖示的大小與色彩

❷ 將樣式表複製到 <head> 區塊　　　　　❺ 成功插入圖示

❸ 將插入圖示的程式碼複製到網頁

除了本例所示範的首頁圖示之外，Google Fonts 還有其它許多適用於 Web、Android 或 iOS 的圖示，例如 🔍 (Search)、☰ (Menu)、✕ (Close)、⚙️ (Settings)、✓ (Done)、🗑 (Delete)、♡ (Favorite) 等，請您自行瀏覽。

8-3 文字屬性

8-3-1 text-indent (首行縮排)

我們可以使用 **text-indent** 屬性設定 HTML 元素的首行縮排，其語法如下：

```
text-indent: 長度 | 百分比
```

- **長度**：使用 px、pt、pc、mm、cm、in、em、rem、vw、vh 等度量單位設定首行縮排的長度，屬於固定長度，例如 p {text-indent: 20px;} 是將段落的首行縮排設定為 20 像素。

- **百分比**：使用百分比設定首行縮排佔容器寬度的比例，例如 p {text-indent: 10%;} 是將段落的首行縮排設定為容器寬度的 10%。

下面是一個例子，它將段落的首行縮排設定為 1 公分。

```
<body>
  <p style="text-indent: 1cm;"> 庭院深深深幾許？楊柳堆煙，簾幕無重數。
    玉勒雕鞍遊冶處，樓高不見章台路。雨橫風狂三月暮，門掩黃昏，
    無計留春住。淚眼問花花不語，亂紅飛過鞦韆去。</p>
</body>
```

❶ 設定段落的首行縮排 (1 公分)　　❷ 瀏覽結果

8-3-2　text-align (文字對齊方式)

我們可以使用 **text-align** 屬性設定 HTML 元素的文字對齊方式，其語法如下：

```
text-align: start | end | left | right | center | justify | match-parent
```

除了 CSS2.1 提供的 left (靠左)、right (靠右)、center (置中)、justify (左右對齊) 等設定值，CSS3 還新增 match-parent (繼承父元素的對齊方式)、start (對齊開頭)、end (對齊結尾) 等設定值，預設值為 start。

下面是一個例子，它示範了不同的文字對齊方式。

⬡ \Ch08\text2.html

```html
<body>
  <p style="text-align: start;">A sad thing in life is ...</p>
  <p style="text-align: end;">A sad thing in life is ...</p>
  <p style="text-align: center;">A sad thing in life is ...</p>
  <p style="text-align: justify;">A sad thing in life is ...</p>
</body>
```

❶ 對齊開頭　　❷ 對齊結尾　　❸ 置中　　❹ 左右對齊

8-3-3　letter-spacing（字母間距）

我們可以使用 **letter-spacing** 屬性設定 HTML 元素的字母間距，其語法如下：

```
letter-spacing: normal | 長度
```

- **normal**：例如 p {letter-spacing: normal;} 是將段落的字母間距設定為正常（預設值）。

- **長度**：使用 px、pt、pc、mm、cm、in、em、rem、vw、vh 等度量單位設定字母間距的長度，例如 p {letter-spacing: 3px;} 是將段落的字母間距設定為 3 像素；h1 {letter-spacing: 1cm;} 是將標題 1 的字母間距設定為 1 公分。

下面是一個例子，它示範了不同的字母間距。

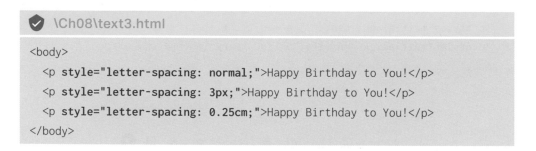

✅ \Ch08\text3.html

```
<body>
  <p style="letter-spacing: normal;">Happy Birthday to You!</p>
  <p style="letter-spacing: 3px;">Happy Birthday to You!</p>
  <p style="letter-spacing: 0.25cm;">Happy Birthday to You!</p>
</body>
```

❶ 正常的字母間距　　❷ 字母間距為 3 像素　　❸ 字母間距為 0.25 公分

8-3-4　word-spacing（文字間距）

我們可以使用 **word-spacing** 屬性設定 HTML 元素的文字間距，其語法如下，「文字間距」指的是單字與單字之間的距離，而「字母間距」指的是字母與字母之間的距離，以 I am Mary 為例，I、am、Mary 為單字，而 I、a、m、M、a、r、y 為字母：

```
word-spacing: normal | 長度
```

- ✅ **normal**：例如 p {word-spacing: normal;} 是將段落的文字間距設定為正常（預設值）。

- ✅ **長度**：使用 px、pt、pc、mm、cm、in、em、rem、vw、vh 等度量單位設定文字間距的長度，例如 p {word-spacing: 8px;} 是將段落的文字間距設定為 8 像素。

下面是一個例子，它示範了不同的文字間距。

> ✅ \Ch08\text4.html

```html
<body>
  <p style="word-spacing: normal;">Happy Birthday to You!</p>
  <p style="word-spacing: 8px;">Happy Birthday to You!</p>
  <p style="word-spacing: 1cm;">Happy Birthday to You!</p>
</body>
```

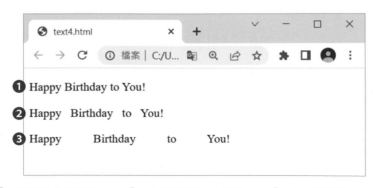

❶ 正常的文字間距　　❷ 文字間距為 8 像素　　❸ 文字間距為 1 公分

8-3-5 text-transform（大小寫轉換方式）

我們可以使用 **text-transform** 屬性設定 HTML 元素的大小寫轉換方式，其語法如下：

```
text-transform: none | capitalize | uppercase | lowercase | full-width
```

- ✅ **none**：無（預設值）。
- ✅ **capitalize**：單字的第一個字母大寫。
- ✅ **uppercase**：全部大寫。
- ✅ **lowercase**：全部小寫。
- ✅ **full-width**：全形。

下面是一個例子，它示範了不同的大小寫轉換方式。

🛡 **\Ch08\text5.html**

```html
<body>
  <p style="text-transform: none;">Happy Birthday to You!</p>
  <p style="text-transform: capitalize;">Happy Birthday to You!</p>
  <p style="text-transform: uppercase;">Happy Birthday to You!</p>
  <p style="text-transform: lowercase;">Happy Birthday to You!</p>
</body>
```

❶ 預設值 none　　❷ 首字大寫　　❸ 全部大寫　　❹ 全部小寫

8-3-6 white-space (空白)

我們可以使用 **white-space** 屬性設定 HTML 元素的換行、定位點 / 空白、自動換行的顯示方式，其語法如下，Yes 表示會顯示在網頁上，No 表示不會：

```
white-space: normal | pre | nowrap | pre-wrap | pre-line
```

	換行	定位點 / 空白	自動換行
normal	No	No	Yes
pre	Yes	Yes	No
nowrap	No	No	No
pre-wrap	Yes	Yes	Yes
pre-line	Yes	No	Yes

下面是一個例子，它會顯示段落裡面的換行與定位點 / 空白。

✅ \Ch08\text6.html

```
<p style="white-space: pre;"> ❶
void main()
{
    printf("Hello, world!\n");
}
</p>
```

```
text6.html              ×    +        ∨  —  □  ×
←  →  C    ① 檔案 | C:/U...   🔍  ⬆  ☆    🚩  ▢  👤  ⋮

    void main()
    {
        printf("Hello, world!\n"); ❷
    }
```

❶ 使用 pre 設定值　　❷ 換行與定位點 / 空白都會顯示在網頁上

8-3-7 text-shadow (文字陰影)

我們可以使用 **text-shadow** 屬性設定 HTML 元素的文字陰影，其語法如下，預設值為 none (無)，若要設定多重陰影，以逗號隔開設定值即可：

```
text-shadow: none | [[ 長度 1 長度 2 [ 長度 3] [ 色彩 ]] [,...]]
```

- **長度 1**：陰影的水平位移，正值表示在右側，負值表示在左側。
- **長度 2**：陰影的垂直位移，正值表示在下方，負值表示在上方。
- **長度 3**：陰影的模糊半徑，值愈大就愈模糊，預設值為 0，不能為負值。
- **色彩**：陰影的色彩，預設值為前景色彩。

下面是一個例子，它示範了三種不同的文字陰影。

\Ch08\text7.html

```html
<body>
  <h1 style="text-shadow: 12px 8px 5px orange;">Hello, world!</h1>
  <h1 style="text-shadow: -12px -8px 5px orange;">Hello, world!</h1>
  <h1 style="text-shadow: 10px 10px 2px cyan, 20px 20px 2px silver;">Hello, world!</h1>
</body>
```

❶ 陰影的水平位移、垂直位移、模糊　　❷ 陰影的水平位移和垂直位移為負值
半徑、色彩為 12px、8px、5px、　　❸ 兩層陰影
橘色

下面是另一個例子，它示範了如何製造光暈、立體、浮雕和描邊等效果。

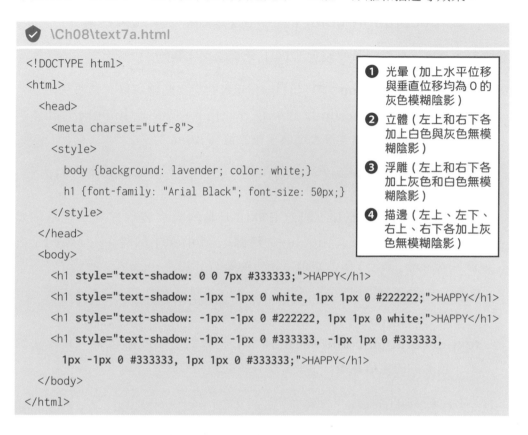

✅ \Ch08\text7a.html

```
<!DOCTYPE html>
<html>
  <head>
    <meta charset="utf-8">
    <style>
      body {background: lavender; color: white;}
      h1 {font-family: "Arial Black"; font-size: 50px;}
    </style>
  </head>
  <body>
    <h1 style="text-shadow: 0 0 7px #333333;">HAPPY</h1>
    <h1 style="text-shadow: -1px -1px 0 white, 1px 1px 0 #222222;">HAPPY</h1>
    <h1 style="text-shadow: -1px -1px 0 #222222, 1px 1px 0 white;">HAPPY</h1>
    <h1 style="text-shadow: -1px -1px 0 #333333, -1px 1px 0 #333333,
      1px -1px 0 #333333, 1px 1px 0 #333333;">HAPPY</h1>
  </body>
</html>
```

❶ 光暈（加上水平位移
與垂直位移均為 0 的
灰色模糊陰影）

❷ 立體（左上和右下各
加上白色與灰色無模
糊陰影）

❸ 浮雕（左上和右下各
加上灰色和白色無模
糊陰影）

❹ 描邊（左上、左下、
右上、右下各加上灰
色無模糊陰影）

8-3-8 text-decoration-line、text-decoration-style、text-decoration-color (文字裝飾線條、樣式與色彩)

我們可以使用下列幾個屬性設定 HTML 元素的文字裝飾：

✅ **text-decoration-line**：設定 HTML 元素的文字裝飾線條，其語法如下，有 none (無)、underline (底線)、overline (頂線)、line-through (刪除線)、blink (閃爍) 等設定值，預設值為 none：

```
text-decoration-line: none | [underline || overline || line-through || blink]
```

✅ **text-decoration-style**：設定 HTML 元素的文字裝飾樣式，其語法如下，有 solid (實線)、double (雙線)、dotted (點線)、dashed (虛線)、wavy (波浪) 等設定值，預設值為 solid：

```
text-decoration-style: solid | double | dotted | dashed | wavy
```

✅ **text-decoration-color**：設定 HTML 元素的文字裝飾色彩，其語法如下，色彩的設定值有第 8-1-1 節所介紹的幾種形式：

```
text-decoration-color: 色彩
```

下面是一個例子，它示範了三種不同的文字裝飾。

✅ \Ch08\text8.html

```
<body>
  <h1 style="text-decoration-line: overline;
❶   text-decoration-style: dotted;
    text-decoration-color: red;"> 臨江仙 </h1>
  <h1 style="text-decoration-line: underline;
❷   text-decoration-style: wavy;
    text-decoration-color: cyan;"> 蝶戀花 </h1>
  <h1 style="text-decoration-line: line-through;
❸   text-decoration-style: solid;
    text-decoration-color: blue;"> 卜算子 </h1>
</body>
```

❶ 頂線、點線、紅色
❷ 底線、波浪、青色
❸ 刪除線、實線、藍色

8-3-9 text-decoration (文字裝飾速記)

text-decoration 屬性是綜合了 text-decoration-line、text-decoration-style、textdecoration-color 等屬性的速記，其語法如下：

```
text-decoration: <text-decoration-line> || <text-decoration-style> ||
                 <text-decoration-color>
```

下面是一個例子，它改寫自前一節的 \Ch08\text8.html。

🛡 \Ch08\text9.html

```
<body>
 <h1 style="text-decoration: overline dotted red;"> 臨江仙 </h1>
 <h1 style="text-decoration: underline wavy cyan;"> 蝶戀花 </h1>
 <h1 style="text-decoration: line-through solid blue;"> 卜算子 </h1>
</body>
```

8-4 清單屬性

8-4-1 list-style-type (項目符號與編號類型)

我們可以使用 **list-style-type** 屬性設定清單的項目符號與編號類型，其語法如下，預設值為 disc，表示實心圓點：

```
list-style-type: disc | circle | square | none | 編號
```

⬤ **項目符號**：這是使用無順序的圖案做為項目符號，設定值如下。

設定值	說明	設定值	說明
disc (預設值)	實心圓點 ●	square	實心方塊 ▪
circle	空心圓點 ○	none	不顯示項目符號

⬤ **編號**：這是使用有順序的編號，設定值如下。

設定值	說明
decimal (預設值)	從 1 開始的阿拉伯數字，例如 1、2、3、…。
decimal-leading-zero	前面冠上 0 的阿拉伯數字，例如 01、02、03、…。
lower-roman	小寫羅馬數字，例如 i、ii、iii、iv、v…。
upper-roman	大寫羅馬數字，例如 I、II、III、IV、V…。
georgian	喬治亞數字。
armenian	亞美尼亞數字。
lower-alpha、lower-latin	小寫英文字母，例如 a、b、c、…、z。
upper-alpha、upper-latin	大寫英文字母，例如 A、B、C、…、Z。
lower-greek	小寫希臘字母，例如 α、β、γ…。

註：另外還有一些特殊的設定值，例如 bengali (孟加拉數字)、cambodian (柬埔寨數字)、malayalam (馬來亞拉姆數字)、oriya (奧里亞數字) 等。

下面是一個例子，其中第 10 ~ 16 行定義一組包含 5 個項目的清單，至於項目符號則是由第 06 行的規則設定為 square，即實心方塊，而且該實心方塊會隨著項目文字的放大或縮小而改變大小。

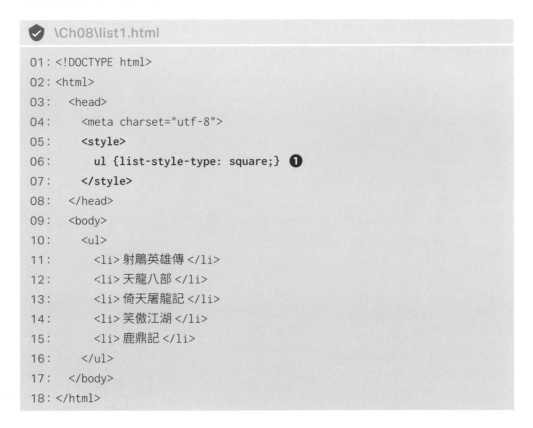

```
\Ch08\list1.html
01: <!DOCTYPE html>
02: <html>
03:   <head>
04:     <meta charset="utf-8">
05:     <style>
06:       ul {list-style-type: square;}    ❶
07:     </style>
08:   </head>
09:   <body>
10:     <ul>
11:       <li>射鵰英雄傳</li>
12:       <li>天龍八部</li>
13:       <li>倚天屠龍記</li>
14:       <li>笑傲江湖</li>
15:       <li>鹿鼎記</li>
16:     </ul>
17:   </body>
18: </html>
```

❶ 設定項目符號　　❷ 瀏覽結果

下面是另一個例子，其中第 10 ～ 16 行定義一組包含 5 個項目的清單，至於編號則是由第 06 行的規則設定為 upper-alpha，即大寫英文字母。

雖然 CSS3 支援 georgian、armenian、bengali、cambodian 等特殊的編號方式，但各大瀏覽器的支援程度及實作方式不一，因此，建議您選擇多數瀏覽器有支援的編號方式，而且要以瀏覽器進行實際測試。

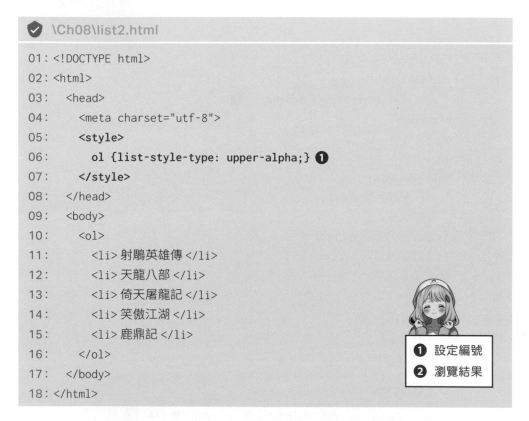

```
\Ch08\list2.html
01: <!DOCTYPE html>
02: <html>
03:   <head>
04:     <meta charset="utf-8">
05:     <style>
06:       ol {list-style-type: upper-alpha;} ❶
07:     </style>
08:   </head>
09:   <body>
10:     <ol>
11:       <li>射鵰英雄傳</li>
12:       <li>天龍八部</li>
13:       <li>倚天屠龍記</li>
14:       <li>笑傲江湖</li>
15:       <li>鹿鼎記</li>
16:     </ol>
17:   </body>
18: </html>
```

❶ 設定編號
❷ 瀏覽結果

A. 射鵰英雄傳
B. 天龍八部
C. 倚天屠龍記 ❷
D. 笑傲江湖
E. 鹿鼎記

8-4-2　list-style-image (圖片項目符號)

除了使用前一節所介紹的項目符號與編號，我們也可以使用 **list-style-image** 屬性設定圖片項目符號的圖檔名稱，其語法如下，預設值為 none (無)：

```
list-style-image: none | url( 圖檔名稱 )
```

下面是一個例子，其中第 10 ~ 14 行定義一組包含 3 個項目的清單，至於項目符號則是由第 06 行的規則設定為 blockgrn.gif 圖檔，即 ◣。

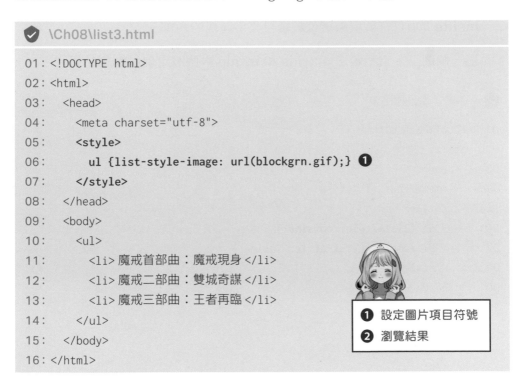

```
01: <!DOCTYPE html>
02: <html>
03:   <head>
04:     <meta charset="utf-8">
05:     <style>
06:       ul {list-style-image: url(blockgrn.gif);} ❶
07:     </style>
08:   </head>
09:   <body>
10:     <ul>
11:       <li> 魔戒首部曲：魔戒現身 </li>
12:       <li> 魔戒二部曲：雙城奇謀 </li>
13:       <li> 魔戒三部曲：王者再臨 </li>
14:     </ul>
15:   </body>
16: </html>
```

\Ch08\list3.html

❶ 設定圖片項目符號
❷ 瀏覽結果

8-4-3 list-style-position（項目符號與編號位置）

在預設的情況下，項目符號與編號均位於項目文字區塊的外部，但有時我們可能會希望將項目符號與編號納入項目文字區塊，此時可以使用 **list-style-position** 屬性設定項目符號與編號位置，其語法如下：

```
list-style-position: outside | inside
```

- **outside**：項目符號與編號位於項目文字區塊的外部（預設值）。

- **inside**：項目符號與編號位於項目文字區塊的內部。

下面是一個例子，它示範了 outside 和 inside 兩個設定值的瀏覽結果。

\Ch08\list4.html

```
01: <!DOCTYPE html>
02: <html>
03:   <head>
04:     <meta charset="utf-8">
05:     <style>
06:       ul {list-style: outside;}
07:       ul.compact {list-style: inside;}
08:     </style>
09:   </head>
10:   <body>
11:     <ul>
12:       <li> 台灣野鳥 </li>
13:     </ul>
14:     <ul class="compact">
15:       <li> 黑面琵鷺最早的棲息地是韓國及中國的北方沿海，但近年來它們覓著
16:             了一個新的棲息地，就是台灣的曾文溪口沼澤地。</li>
17:       <li> 八色鳥在每年的夏天會從東南亞地區飛到台灣繁殖下一代，由於羽色
18:             艷麗（八種顏色），可以說是山林中的漂亮寶貝。</li>
19:     </ul>
20:   </body>
21: </html>
```

✅ 06：針對 <ul> 元素定義一個規則，將項目符號放在項目文字區塊的外部。

✅ 07：針對 class 屬性為 "compact" 的 <ul> 元素定義一個規則，將項目符號放在項目文字區塊的內部。

✅ 11 ~ 13：這個項目清單將套用第 06 行所定義的規則。

✅ 14 ~ 19：這個項目清單將套用第 07 行所定義的規則，因為其 <ul> 元素的 class 屬性為 "compact"。

瀏覽結果如下圖，請您仔細比較 list-style-position 屬性為 outside 和 inside 的差別。

❶ 項目符號位於項目文字區塊的外部

❷ 項目符號位於項目文字區塊的內部

8-4-4　list-style（清單速記）

list-style 屬性是綜合了 list-style-type、list-style-image、list-style-position 等清單屬性的速記，其語法如下，若屬性值不只一個，中間以空白字元隔開即可，省略不寫的屬性值會使用預設值：

```
list-style: 屬性值 1 [ 屬性值 2 [...]]
```

下面是一個例子，由於找不到指定的圖檔 star.gif，所以會使用大寫羅馬數字。

✅ \Ch08\list5.html

```html
<!DOCTYPE html>
<html>
  <head>
    <meta charset="utf-8">
    <style>
      ul {list-style: url(star.gif) upper-roman;}
    </style>
  </head>
  <body>
    <ul>
      <li>魔戒首部曲：魔戒現身 </li>
      <li>魔戒二部曲：雙城奇謀 </li>
      <li>魔戒三部曲：王者再臨 </li>
    </ul>
  </body>
</html>
```

Box Model
與定位方式

The Complete Guide to Web Design

9-1 Box Model

Box Model（盒子模式）與**定位方式**（positioning scheme）是學習 CSS 不能錯過的主題，涵蓋了邊界、留白、框線、正常順序、相對定位、絕對定位、固定定位、文繞圖等重要的概念，而這些概念主導了網頁的編排與顯示方式。若您過去習慣使用表格控制網頁的編排，那麼請您多花點時間瞭解這些概念，您會發現，原來使用 CSS 控制網頁的編排與顯示方式會讓人更加得心應手。

Box Model 指的是 CSS 將每個 HTML 元素看成一個矩形盒子，稱為 **Box**，由**內容**（content）、**留白**（padding）、**框線**（border）與**邊界**（margin）所組成，如下圖，Box 決定了 HTML 元素的顯示方式，也決定了 HTML 元素彼此之間的互動方式。

（參考來源：CSS 官方文件 https://www.w3.org/TR/CSS2/box.html）

內容（content）就是網頁上的資料，而**留白**（padding）是環繞在內容四周的部分，當我們設定 HTML 元素的背景時，背景色彩或背景圖片會顯示在內容與留白；至於**框線**（border）則是加在留白外緣的線條，而且線條可以設定不同的寬度或樣式（例如實線、雙線、虛線等）；還有在框線之外的是**邊界**（margin），這個透明的區域通常用來控制 HTML 元素彼此之間的距離。

在上圖中可以看到，留白、框線與邊界有**上**（top）、**下**（bottom）、**左**（left）、**右**（right）之分，因此，我們使用 TM、BM、LM、RM 等縮寫來表示 Top Margin（上邊界）、Bottm Margin（下邊界）、Left Margin（左邊界）、Right Margin（右邊界），其它 TB、BB、LB、RB、TP、BP、LP、RP 請依此類推。

留白、框線與邊界的預設值為 0，但可以使用 CSS 設定留白、框線與邊界在上、下、左、右各個方向的大小。此外，**CSS 預設的寬度與高度指的是內容的寬度與高度，加上留白、框線與邊界後就是 Box 的寬度與高度**。以下圖為例，內容的寬度為 60 像素，留白的寬度為 8 像素，框線的寬度為 4 像素，邊界的寬度為 8 像素，則 Box 的寬度為 $60 + (8 + 4 + 8) \times 2 = 100$ 像素。

最後要說明何謂「邊界重疊」，這指的是當有兩個垂直邊界接觸在一起時，只會留下較大的那個邊界做為兩者的間距，如下圖。舉例來說，假設有連續多個段落，那麼第一段上方的間距就是第一段的上邊界，而第一段與第二段的間距因為第一段的下邊界與第二段的上邊界重疊，只會留下較大的那個邊界做為兩者的間距，其它依此類推，如此一來，不同段落的間距就能維持一致。

9-2 邊界屬性

我們可以使用下列屬性設定 HTML 元素的邊界：

- **margin-top**：設定 HTML 元素的上邊界，其語法如下，有「長度」、「百分比」、auto（自動）等設定值，預設值為 0：

```
margin-top: 長度 | 百分比 | auto
```

例如下面的第一個規則是將段落的上邊界設定為容器高度的 10%，而第二個規則是將段落的上邊界設定為 50 像素：

```
p {margin-top: 10%;}
p {margin-top: 50px;}
```

- **margin-bottom**：設定 HTML 元素的下邊界，其語法如下，預設值為 0：

```
margin-bottom: 長度 | 百分比 | auto
```

- **margin-left**：設定 HTML 元素的左邊界，其語法如下，預設值為 0：

```
margin-left: 長度 | 百分比 | auto
```

- **margin-right**：設定 HTML 元素的右邊界，其語法如下，預設值為 0：

```
margin-right: 長度 | 百分比 | auto
```

- **margin**：這是綜合了前面四個邊界屬性的速記，其語法如下，設定值可以有一到四個，中間以空白字元隔開，當有一個值時，該值會套用到上下左右邊界；當有兩個值時，第一個值會套用到上下邊界，而第二個值會套用到左右邊界；當有三個值時，第一個值會套用到上邊界，第二個值會套用到左右邊界，而第三個值會套用到下邊界；當有四個值時，會分別套用到上右下左邊界：

```
margin: 設定值 1 [ 設定值 2 [ 設定值 3 [ 設定值 4]]]
```

下面是一個例子，它將第一段的上下邊界與左右邊界分別設定為 1cm 和 0.5cm，而第二段是採取預設的邊界為 0。為了清楚呈現出邊界，我們刻意將段落的背景色彩設定為淺黃色。

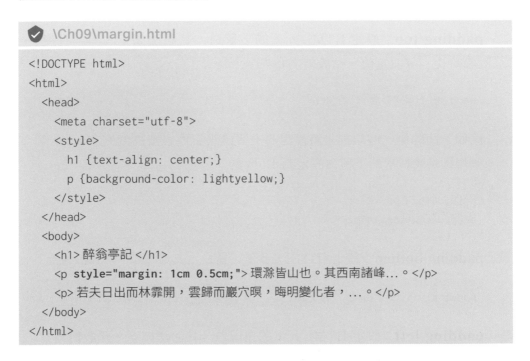

🛡 \Ch09\margin.html

```
<!DOCTYPE html>
<html>
  <head>
    <meta charset="utf-8">
    <style>
      h1 {text-align: center;}
      p {background-color: lightyellow;}
    </style>
  </head>
  <body>
    <h1>醉翁亭記 </h1>
    <p style="margin: 1cm 0.5cm;">環滁皆山也。其西南諸峰...。</p>
    <p> 若夫日出而林霏開，雲歸而巖穴暝，晦明變化者，...。</p>
  </body>
</html>
```

❶ 上下邊界與左右邊界分別為 1cm 和 0.5cm　　❷ 預設的邊界為 0

9-3 留白屬性

我們可以使用下列屬性設定 HTML 元素的留白：

- **padding-top**：設定 HTML 元素的上留白，其語法如下，有「長度」、「百分比」等設定值，預設值為 0：

```
padding-top: 長度 | 百分比
```

例如下面的第一個規則是將段落的上留白設定為容器高度的 2%，而第二個規則是將段落的上留白設定為 10 像素：

```
p {padding-top: 2%;}
p {padding-top: 10px;}
```

- **padding-bottom**：設定 HTML 元素的下留白，其語法如下，預設值為 0：

```
padding-bottom: 長度 | 百分比
```

- **padding-left**：設定 HTML 元素的左留白，其語法如下，預設值為 0：

```
padding-left: 長度 | 百分比
```

- **padding-right**：設定 HTML 元素的右留白，其語法如下，預設值為 0：

```
padding-right: 長度 | 百分比
```

- **padding**：這是綜合了前面四個留白屬性的速記，其語法如下，設定值可以有一到四個，中間以空白字元隔開，當有一個值時，該值會套用到上下左右留白；當有兩個值時，第一個值會套用到上下留白，而第二個值會套用到左右留白；當有三個值時，第一個值會套用到上留白，第二個值會套用到左右留白，而第三個值會套用到下留白；當有四個值時，會分別套用到上右下左留白：

```
padding : 設定值 1 [ 設定值 2 [ 設定值 3 [ 設定值 4]]]
```

下面是一個例子，它將第一段的上下留白與左右留白分別設定為 0.5cm 和 1cm，而第二段是採取預設的留白為 0。為了清楚呈現出留白，我們刻意將段落的背景色彩設定為淺黃色。

✅ \Ch09\padding.html

```html
<!DOCTYPE html>
<html>
  <head>
    <meta charset="utf-8">
    <style>
      h1 {text-align: center;}
      p {background-color: lightyellow;}
    </style>
  </head>
  <body>
    <h1> 醉翁亭記 </h1>
    <p style="padding: 0.5cm 1cm;"> 環滁皆山也。其西南諸峰…。</p>
    <p> 若夫日出而林霏開，雲歸而巖穴暝，晦明變化者，…。</p>
  </body>
</html>
```

❶ 上下留白與左右留白分別為 0.5cm 和 1cm　　❷ 預設的留白為 0

9-4 框線屬性

9-4-1 border-style（框線樣式）

我們可以使用下列屬性設定 HTML 元素的框線樣式：

- **border-top-style**：設定 HTML 元素的上框線樣式，其語法如下，有 none（無）、hidden（隱藏）、dotted（點線）、dashed（虛線）、solid（實線）、double（雙線）、groove (3D 立體內凹)、ridge (3D 立體外凸)、inset（內凹）、outset（外凸）等設定值，預設值為 none，而 hidden 的效果和 none 一樣是不顯示框線，但可避免和表格元素的框線設定衝突：

```
border-top-style: 設定值
```

- **border-bottom-style**：設定 HTML 元素的下框線樣式，其語法如下：

```
border-bottom-style: 設定值
```

- **border-left-style**：設定 HTML 元素的左框線樣式，其語法如下：

```
border-left-style: 設定值
```

- **border-right-style**：設定 HTML 元素的右框線樣式，其語法如下：

```
border-right-style: 設定值
```

- **border-style**：這是綜合了前面四個框線樣式屬性的速記，其語法如下，設定值可以有一到四個，中間以空白字元隔開，當有一個值時，該值會套用到上下左右框線；當有兩個值時，第一個值會套用到上下框線，而第二個值會套用到左右框線；當有三個值時，第一個值會套用到上框線，第二個值會套用到左右框線，而第三個值會套用到下框線；當有四個值時，會分別套用到上右下左框線：

```
border-style: 設定值 1 [ 設定值 2 [ 設定值 3 [ 設定值 4]]]
```

框線樣式設定值的效果如下圖 (參考來源：CSS 官方文件 https://www.w3.org/ TR/css-backgrounds-3/#border-style)。

下面是一個例子，它在兩張圖片分別加上點狀框線和雙線框線。

```
<body>
  <img src="rose.jpg" style="border: dotted;">
  <img src="rose.jpg" style="border: double;">
</body>
```

❶ 點狀框線　　❷ 雙線框線

9-4-2 border-color (框線色彩)

我們可以使用下列屬性設定 HTML 元素的框線色彩：

- **border-top-color**：設定 HTML 元素的上框線色彩，其語法如下，色彩的設定值有第 8-1-1 節所介紹的幾種形式，預設值為 color 屬性的值 (即前景色彩)：

```
border-top-color: 色彩
```

例如下面幾個規則都是將段落的上框線色彩設定為紅色：

```
p {border-top-color: red;}
p {border-top-color: rgb(255, 0, 0);}
p {border-top-color: #ff0000;}
```

- **border-bottom-color**：設定 HTML 元素的下框線色彩，其語法如下：

```
border-bottom-color: 色彩
```

- **border-left-color**：設定 HTML 元素的左框線色彩，其語法如下：

```
border-left-color: 色彩
```

- **border-right-color**：設定 HTML 元素的右框線色彩，其語法如下：

```
border-right-color: 色彩
```

- **border-color**：這是綜合了前面四個框線色彩屬性的速記，其語法如下，色彩的設定值可以有一到四個，中間以空白字元隔開，當有一個值時，該值會套用到上下左右框線；當有兩個值時，第一個值會套用到上下框線，而第二個值會套用到左右框線；當有三個值時，第一個值會套用到上框線，第二個值會套用到左右框線，而第三個值會套用到下框線；當有四個值時，會分別套用到上右下左框線：

```
border-color: 設定值 1 [ 設定值 2 [ 設定值 3 [ 設定值 4]]]
```

下面是一個例子，它在標題 1 與圖片分別加上綠色雙線框線和橘色實線框線。

請注意，在設定框線色彩的同時必須設定框線樣式，否則會看不到框線，因為框線樣式的預設值為 none（無），也就是不顯示框線。

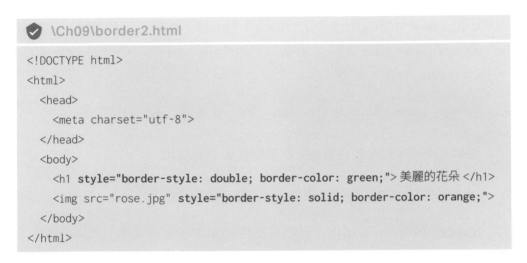

```
<!DOCTYPE html>
<html>
  <head>
    <meta charset="utf-8">
  </head>
  <body>
    <h1 style="border-style: double; border-color: green;"> 美麗的花朵 </h1>
    <img src="rose.jpg" style="border-style: solid; border-color: orange;">
  </body>
</html>
```

\Ch09\border2.html

❶ 在標題 1 四周加上綠色雙線框線

❷ 在圖片四周加上橘色實線框線

9-4-3 border-width (框線寬度)

我們可以使用下列屬性設定 HTML 元素的框線寬度:

- **border-top-width**:設定 HTML 元素的上框線寬度,其語法如下,有 thin (細)、medium (中)、thick (粗) 和「長度」等設定值,預設值 為 medium,而長度的度量單位可以是 px、pt、pc、mm、cm、in、 em、rem、vw、vh 等:

```
border-top-width: thin | medium | thick | 長度
```

例如下面的規則是將段落的上框線寬度設定為粗:

```
p {border-top-width: thick;}
```

- **border-bottom-width**:設定 HTML 元素的下框線寬度,其語法如下:

```
border-bottom-width: thin | medium | thick | 長度
```

- **border-left-width**:設定 HTML 元素的左框線寬度,其語法如下:

```
border-left-width: thin | medium | thick | 長度
```

- **border-right-width**:設定 HTML 元素的右框線寬度,其語法如下:

```
border-right-width: thin | medium | thick | 長度
```

- **border-width**:這是綜合了前面四個框線寬度屬性的速記,其語法如 下,設定值可以有一到四個,中間以空白字元隔開,當有一個值時,該值 會套用到上下左右框線;當有兩個值時,第一個值會套用到上下框線,而 第二個值會套用到左右框線;當有三個值時,第一個值會套用到上框線, 第二個值會套用到左右框線,而第三個值會套用到下框線;當有四個值 時,會分別套用到上右下左框線:

```
border-width: 設定值 1 [ 設定值 2 [ 設定值 3 [ 設定值 4]]]
```

下面是一個例子，它示範了不同的框線寬度。請注意，在設定框線寬度的同時必須設定框線樣式，否則會看不到框線，因為框線樣式的預設值為 none（無），也就是不顯示框線。此外，在沒有設定框線色彩的情況下，預設值為前景色彩。

\Ch09\border3.html

```
<body>
  <img src="rose.jpg" style="border-style: solid; border-width: thin;">
  <img src="rose.jpg" style="border-style: solid; border-width: medium;">
  <img src="rose.jpg" style="border-style: solid; border-width: thick;">
  <img src="rose.jpg" style="border-style: solid; border-width: 10px;">
</body>
```

❶ 框線寬度為 thin（細）　❸ 框線寬度為 thick（粗）

❷ 框線寬度為 medium（中）　❹ 框線寬度為 10 像素

9-4-4　border (框線屬性速記)

除了前面介紹的框線屬性，CSS 還提供下列框線屬性速記：

- **border-top**：設定 HTML 元素的上框線樣式、色彩與寬度，其語法如下，屬性值沒有順序之分，若屬性值不只一個，中間以空白字元隔開即可，省略不寫的屬性值會使用預設值：

```
border-top: <border-top-style> || <border-top-color> || <border-top-width>
```

例如下面的規則是將段落的上框線設定為藍色細虛線：

```
p {border-top: dashed blue thin;}
```

- **border-bottom**：設定 HTML 元素的下框線樣式、色彩與寬度，其語法如下：

```
border-bottom: <border-bottom-style> || <border-bottom-color> || <border-bottom-width>
```

- **border-left**：設定 HTML 元素的左框線樣式、色彩與寬度，其語法如下：

```
border-left: <border-left-style> || <border-left-color> || <border-left-width>
```

- **border-right**：設定 HTML 元素的右框線樣式、色彩與寬度，其語法如下：

```
border-right: <border-right-style> || <border-right-color> || <border-right-width>
```

- **border**：設定 HTML 元素的四周框線樣式、色彩與寬度，其語法如下：

```
border: <border-style> || <border-color> || <border-width>
```

下面是一個例子，它將標題 1 的四周框線設定為亮粉色 10 像素實線。

 \Ch09\border4.html

```
<body>
  <h1 style="border: solid 10px hotpink;"> 蝶戀花 </h1>
</body>
```

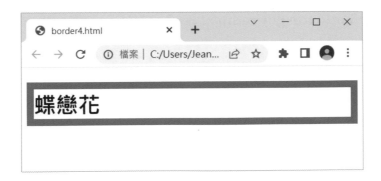

9-4-5 border-radius（框線圓角）

我們可以使用下列屬性設定 HTML 元素的框線圓角：

✅ **border-top-left-radius**：設定 HTML 元素的框線左上角顯示成圓角，其語法如下，有「長度」、「百分比」等設定值：

```
border-top-left-radius: 長度 1 | 百分比 1 [ 長度 2 | 百分比 2]
```

當設定一個長度時，表示為圓角的半徑；當設定兩個長度時，表示為橢圓角水平方向的半徑及垂直方向的半徑，下面是 CSS 官方文件針對 border-top-left-radius: 55pt 25pt 所提供的示意圖。

✅ **border-top-right-radius**：設定 HTML 元素的框線右上角顯示成圓角，其語法如下：

```
border-top-right-radius: 長度 1 | 百分比 1 [ 長度 2 | 百分比 2]
```

- **border-bottom-right-radius**：設定 HTML 元素的框線右下角顯示成圓角，其語法如下：

```
border-bottom-right-radius: 長度 1 | 百分比 1 [ 長度 2 | 百分比 2]
```

- **border-bottom-left-radius**：設定 HTML 元素的框線左下角顯示成圓角，其語法如下：

```
border-bottom-left-radius: 長度 1 | 百分比 1 [ 長度 2 | 百分比 2]
```

- **border-radius**：這是綜合了前面四個框線圓角屬性的速記，其語法如下，設定值可以有一到四個，中間以空白字元隔開，當有一個值時，該值會套用到框線四個角；當有兩個值時，第一個值會套用到框線左上角和右下角，而第二個值會套用到框線右上角和左下角；當有三個值時，第一個值會套用到框線左上角，第二個值會套用到框線右上角和左下角，而第三個值會套用到框線右下角；當有四個值時，會分別套用到框線左上角、右上角、右下角、左下角：

```
border-radius: 設定值 1 [ 設定值 2 [ 設定值 3 [ 設定值 4]]]
```

下面是一個例子，它將標題 1 的四周框線設定為半徑 10 像素的圓角。

> ✅ \Ch09\border5.html

```
<body>
  <h1 style="border: solid 10px hotpink; border-radius: 10px;"> 蝶戀花 </h1>
</body>
```

9-5 寬度與高度屬性

9-5-1 box-sizing (Box 大小)

我們在介紹 Box Model 的時候有提過，CSS 預設的寬度與高度指的是內容的寬度與高度，若要加以變更，可以使用 **box-sizing** 屬性，其語法如下：

```
box-sizing: content-box | border-box
```

- ✓ **content-box**：CSS 的 width 和 height 屬性指的是內容的寬度與高度，不包括留白、框線和邊界，此為預設值。

- ✓ **border-box**：CSS 的 width 和 height 屬性指的是內容加上留白和框線的寬度與高度，不包括邊界。

下面是一個例子，它將 box 的內容、左留白、左框線的寬度設定為 100px、20px、10px，我們會在下一節介紹 width 屬性。

```
.box {
  box-sizing: content-box;
  width: 100px;
  padding-left: 20px;
  border-left: 10px solid;
}
```

下面是另一個例子，它將 box 的內容加上留白和框線的寬度設定為 100px，其中左留白、左框線的寬度為 20px、10px，所以內容的寬度為 70px (100px – 20px – 10px)。

```
.box {
  box-sizing: border-box;
  width: 100px;
  padding-left: 20px;
  border-left: 10px solid;
}
```

9-5-2 width、height (寬度與高度)

我們可以使用 **width** 和 **height** 屬性設定 HTML 元素的寬度與高度,其語法如下,在預設的情況下,這指的是內容的寬度與高度,但若 box-sizing 屬性設定為 border-box,那麼這指的是內容加上留白和框線的寬度與高度:

```
width:  長度 | 百分比 | auto
height: 長度 | 百分比 | auto
```

- ✅ **長度**:使用 px、pt、pc、mm、cm、in、em、rem、vw、vh 等度量單位設定元素的寬度與高度,例如 width: 400px 表示寬度為 400 像素。

- ✅ **百分比**:使用百分比設定元素的寬度與高度,例如 width: 50% 表示寬度為容器寬度的 50%,height: 75% 表示高度為容器高度的 75%。

- ✅ **auto**:由瀏覽器決定元素的寬度與高度 (預設值)。

下面是一個例子,它將段落的寬度與高度設定為 450 像素和 150 像素。

🛡️ **\Ch09\width.html**

```html
<body>
  <p style="background-color: lightyellow; width: 450px; height: 150px;">
    環滁皆山也。其西南諸峰,林壑尤美。望之蔚然而深秀者,...。</p>
</body>
```

9-5-3 min-width、max-width (最小與最大寬度)

我們可以使用 **min-width** 和 **max-width** 屬性設定 HTML 元素的最小與最大寬度，其語法如下：

```
min-width: 長度 | 百分比 | auto
max-width: 長度 | 百分比 | auto
```

- **長度**：使用 px、pt、pc、mm、cm、in、em、rem、vw、vh 等度量單位設定元素的最小與最大寬度，例如 min-width: 400px 表示最小寬度為 400 像素。

- **百分比**：使用百分比設定元素的最小與最大寬度，例如 max-width: 50% 表示最大寬度為容器寬度的 50%。

- **auto**：由瀏覽器決定元素的最小與最大寬度 (預設值)。

下面是一個例子，它將標題 1 的最大寬度設定為 450 像素，如此一來，當可視區域放大時，標題 1 的寬度仍不會超過 450 像素。

\Ch09\maxwidth.html

```
<body>
  <h1 style="background-color: lightgreen; max-width: 450px;">
    醉翁亭記 </h1>
</body>
```

9-5-4　min-height、max-height (最小與最大高度)

我們可以使用 **min-height** 和 **max-height** 屬性設定 HTML 元素的最小與最大高度，其語法如下：

```
min-height: 長度 | 百分比 | auto
max-height: 長度 | 百分比 | auto
```

- **長度**：使用 px、pt、pc、mm、cm、in、em、rem、vw、vh 等度量單位設定元素的最小與最大高度，例如 min-height: 200px 表示最小高度為 200 像素。

- **百分比**：使用百分比設定元素的最小與最大高度，例如 max-height: 75% 表示最大高度為容器高度的 75%。

- **auto**：由瀏覽器決定元素的最小與最大高度 (預設值)。

下面是一個例子，它將段落的最大高度設定為 100 像素，導致文章溢出段落的範圍，至於要如何解決這個問題，可以使用下一節所要介紹的 overflow 屬性。

✅ \Ch09\maxheight.html

```
<body>
  <p style="background-color: lightyellow; width: 450px; max-height: 100px;">
     環滁皆山也。其西南諸峰，林壑尤美。望之蔚然而深秀者，...。</p>
</body>
```

9-5-5 overflow（顯示或隱藏溢出的內容）

若元素的內容溢出父元素的 Box，我們可以使用 **overflow** 屬性設定要顯示或隱藏溢出的內容，其語法如下，當有一個值時，該值會套用到水平及垂直方向；當有兩個值時，第一個值會套用到水平方向，而第二個值會套用到垂直方向：

```
overflow: 設定值 1 [ 設定值 2]
```

- **visible**：顯示溢出的內容（預設值）。
- **hidden**：隱藏溢出的內容，但允許透過程式來捲動內容。
- **clip**：隱藏溢出的內容，且不允許透過程式來捲動內容。
- **scroll**：無論內容有無溢出父元素的 Box，都會顯示捲軸。
- **auto**：若內容溢出父元素的 Box，就會自動顯示捲軸。

下面是一個例子，它將段落的 overflow 屬性設定為 auto，因此，當文章超過段落的最大高度時，就會自動顯示捲軸，而不會顯示溢出的內容。

\Ch09\overflow.html

```
<body>
  <p style="background-color: lightyellow; width: 450px; max-height: 100px;
    overflow: auto;">環滁皆山也。其西南諸峰，林壑尤美。...。</p>
</body>
```

9-21

9-6 定位方式

在介紹**定位方式** (positioning scheme) 之前，我們先來複習一下何謂「區塊層級」與「行內層級」。**區塊層級** (block level) 指的是元素的內容在瀏覽器中會另起一行，例如 <div>、<p>、<h1> ~ <h6>、<ol>、<ul>、<li>、<table>、<form> 等均是區塊層級元素，而 CSS 針對這類元素所產生的矩形盒子稱為 **Block Box**，由內容、留白、框線與邊界所組成。

相反的，**行內層級** (inline level) 指的是元素的內容在瀏覽器中不會另起一行，例如 <span>、<i>、<b>、<img>、<a>、<sub>、<sup> 等均是行內層級元素，而 CSS 針對這類元素所產生的矩形盒子稱為 **Inline Box**，一樣是由內容、留白、框線與邊界所組成。

在正常順序中，Block Box 的位置取決於它在 HTML 原始碼出現的順序，並根據垂直順序一一顯示，而 Block Box 彼此之間的距離是以其上下邊界來計算；至於 Inline Box 的位置則是在水平方向排成一行，而 Inline Box 彼此之間的距離是以其左右留白、左右框線和左右邊界來計算。

9-6-1 display (HTML 元素的顯示類型)

雖然 HTML 元素已經有預設的顯示類型，但有時我們可能需要加以變更，此時可以使用 CSS 提供的 **display** 屬性，其語法如下：

```
display: 設定值
```

常見的設定值如下：

- ◉ **block**：將元素設定為區塊層級，可以設定寬度、高度、留白與邊界。
- ◉ **inline**：將元素設定為行內層級，無法設定寬度、高度、留白與邊界 (預設值)。
- ◉ **inline-block**：令元素像行內層級元素一樣不換行，但像區塊層級元素一樣可以設定寬度、高度、留白與邊界。

- **none**：不顯示元素，亦不佔用網頁的位置。

- **flex**：令元素依照 Flexbox Model 編排內容，第 11 章有進一步的說明。

- **grid**：令元素依照 Grid Model 編排內容，第 11 章有進一步的說明。

下面是一個例子，它示範了如何將圖片置中，其中 width: 40% 是將圖片的寬度設定為容器寬度的 40%，而此例的容器就是網頁主體；display: block 是將圖片由預設的行內層級變更為區塊層級；margin: 10px auto 是將上下邊界與左右邊界設定為 10 像素和自動，令圖片置中。

✅ \Ch09\display1.html

```html
<!DOCTYPE html>
<html>
  <head>
    <meta charset="utf-8">
    <style>
      img {width: 40%; display: block; margin: 10px auto;}
    </style>
  </head>
  <body>
    <img src="rose.jpg">
  </body>
</html>
```

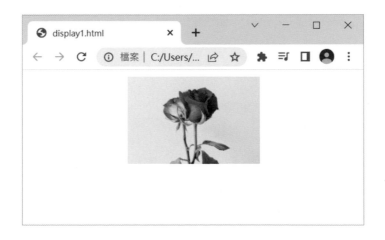

下面是另一個例子,它示範了如何將項目清單中的項目水平排列。

\Ch09\display2.html

```html
<!DOCTYPE html>
<html>
  <head>
    <meta charset="utf-8">
    <style>
      li {
        display: inline-block;        /* 設定項目的顯示類型 */
        list-style-type: none;        /* 設定不要顯示項目符號 */
        width: 100px;                 /* 設定項目的寬度 */
        background-color: cyan;       /* 設定項目的背景色彩 */
        text-align: center;           /* 設定文字置中 */
      }
      li a {
        text-decoration-line: none;   /* 設定不要顯示超連結的底線 */
        color: black;                 /* 設定超連結的色彩 */
      }
    </style>
  </head>
  <body>
    <ul>
      <li><a href="products.html">產品型錄 </a></li>
      <li><a href="stores.html">銷售門市 </a></li>
      <li><a href="about.html">關於我們 </a></li>
    </ul>
  </body>
</html>
```

將 <li> 元素由預設的區塊層級變更為 inline-block

9-6-2 top、right、bottom、left (上右下左位移量)

我們可以使用 **top**、**right**、**bottom**、**left** 等屬性設定 Block Box 的上右下左位移量，其語法如下，預設值為 auto (自動)：

```
top:     長度 | 百分比 | auto
right:   長度 | 百分比 | auto
bottom:  長度 | 百分比 | auto
left:    長度 | 百分比 | auto
```

下面是一個例子，它先使用 position: absolute 屬性將區塊設定為絕對定位，然後使用 top: 15%、right: 20%、bottom: 30% 和 left: 40% 四個屬性將區塊的上右下左位移量設定為網頁主體的 15%、20%、30% 和 40%。

🛡 \Ch09\top.html

```html
<!DOCTYPE html>
<html>
  <head>
    <meta charset="utf-8">
    <style>
      div {background-color: cyan; position: absolute;
        top: 15%; right: 20%; bottom: 30%; left: 40%;}
    </style>
  </head>
  <body>
    <div></div>
  </body>
</html>
```

> 我們會在下一節介紹如何使用 position 屬性設定 Box 的定位方式

9-6-3　position (Box 的定位方式)

我們可以使用 **position** 屬性設定 Box 的定位方式，Box 是 CSS 針對 HTML 元素所產生的矩形盒子，其語法如下：

```
position: static | relative | absolute | fixed | sticky
```

- **static**：正常順序 (預設值)。
- **relative**：相對定位，這是相對於正常順序來做定位。
- **absolute**：絕對定位。
- **fixed**：固定定位，這是另一種形式的絕對定位方式，它和絕對定位的差別在於 Box 會顯示在固定的位置，不會隨著內容捲動。
- **sticky**：黏性定位，這是相對定位與固定定位的混合體，採取黏性定位的元素一開始會被視為相對定位，而當該元素被捲動到超越某個閾值 (臨界值) 時，就會被視為固定定位。

正常順序與相對定位

誠如我們在本節一開始所提到的，在**正常順序** (normal flow) 中，Block Box 的位置取決於它在 HTML 原始碼出現的順序，並根據垂直順序一一顯示，而 Block Box 彼此之間的距離是以其上下邊界來計算；至於 Inline Box 的位置則是在水平方向排成一行，而 Inline Box 彼此之間的距離是以其左右留白、左右框線和左右邊界來計算。

截至目前，我們所示範的例子都是採取正常順序，也就是沒有設定 Box 的定位方式，接著，我們要介紹另一種定位方式，叫做**相對定位** (relative positioning)，這是相對於正常順序來做定位，也就是使用 top、right、bottom、left 等屬性設定 Box 的上右下左位移量。

舉例來說，假設 HTML 文件有三個 Inline Box，id 屬性的值分別為 myBox1、myBox2、myBox3，在正常順序中，其排列方式如下圖，也就是在水平方向排成一行，而且不會互相重疊。

此時，若將 myBox2 的定位方式設定為相對定位，並使用 top 屬性設定
myBox2 的上緣比在正常順序中的位置下移 30 像素，以及使用 left 屬性設定
myBox2 的左緣比在正常順序中的位置右移 30 像素，如下：

```
#myBox2 {
  position: relative;
  top: 30px;
  left: 30px;
}
```

排列方式將變成如下圖，改成相對定位之後的 Box 有可能會重疊到其它 Box。

下面是一個例子，由於沒有設定三個註釋的定位方式，預設為正常順序，所以會緊跟著詞句在水平方向排成一行。

✔ \Ch09\position1.html

```
01: <!DOCTYPE html>
02: <html>
03:   <head>
04:     <meta charset="utf-8">
05:     <style>
06:     ❶ p {display: block; line-height: 2;}
07:     ❷ span {display: inline;}
08:     ❸ .note {font-size: 12px; color: blue;}
09:     </style>
10:   </head>
11:   <body>
12:     <p> 庭院深深深幾許？ 楊柳堆煙，簾幕無重數。
13:     ❹ <span class="note"> 註釋 1：堆煙意指楊柳濃密 </span></p>
14:     <p> 玉勒雕鞍遊冶處，樓高不見章臺路。
15:       <span class="note"> 註釋 2：章台路意指歌妓聚居之所 </span></p>
16:     <p> 雨橫風狂三月暮，門掩黃昏，無計留春住。</p>
17:     <p> 淚眼問花花不語，亂紅飛過秋千去。
18:       <span class="note"> 註釋 3：亂紅意指落花 </span></p>
19:   </body>
20: </html>
```

❶ 將 <p> 元素設定為區塊層級、兩倍行高

❷ 將 <span> 元素設定為行內層級

❸ 定義 .note 規則，將文字設定為12像素、藍色

❹ 令 <span> 元素套用 .note 規則

若要提升視覺效果，讓三個註釋相對於詞句本身再下移 10 像素，可以將第 08 行改寫成如下，先使用 position 屬性設定相對定位，接著使用 top 屬性設定三個註釋的上緣比在正常順序中的位置下移 10 像素，然後另存新檔為 \Ch09\position2.html。

```
05:      <style>
06:        p {display: block; line-height: 2;}
07:        span {display: inline;}
08:        .note {position: relative; top: 10px; font-size: 12px; color: blue;}
09:      </style>
```

瀏覽結果如下圖，仔細觀察就會發現三個註釋的位置改變了，它們均相對於詞句本身再下移 10 像素。

若要讓三個註釋相對於詞句本身再上移 10 像素，可以將 top: 10px 改為 top: -10px，換句話說，在使用 top、right、bottom、left 等屬性設定相對位移量時，不僅可以設定正值，也可以設定負值，只是負值的位移方向和正值相反。

絕對定位與固定定位

前面所介紹的相對定位仍屬於正常順序的一種，因為 HTML 元素的 Box 總是會在相對於正常順序的位置，而**絕對定位** (absolute positioning) 就不同了，它會將 HTML 元素的 Box 從正常順序中抽離出來，顯示在指定的位置，而正常順序中的其它元素均會當它不存在。

絕對定位元素的位置是相對於包含該元素之區塊來做定位，我們一樣可以使用 top、right、bottom、left 等屬性設定其上右下左位移量，例如下圖的 myBox2 採取絕對定位，其上緣比包含 myBox1 的區塊下移 30 像素，而其左緣比包含 myBox1 的區塊右移 30 像素。

由於絕對定位元素是從正常順序中抽離出來，因此，它有可能會跟正常順序中的其它元素重疊，必須加以調整。至於哪個元素在上哪個元素在下，則取決於**其堆疊層級** (stack level)，我們會在第 9-6-5 節說明如何設定重疊順序。

此外，還有另一種形式的絕對定位方式，叫做**固定定位** (fixed positioning)，它和絕對定位的差別在於 HTML 元素的 Box 會顯示在固定的位置，不會隨著內容捲動。

下面是一個例子，其中兒歌的歌詞採取正常順序，圖片採取絕對定位，其上緣比網頁主體下移 20 像素，而其左緣比網頁主體右移 300 像素，同時會隨著內容捲動 (圖片來源：Photo by Evie Shaffer from Pexels)。

✔ \Ch09\position3.html

```
01: <!DOCTYPE html>
02: <html>
03:   <head>
04:     <meta charset="utf-8">
05:     <style>
06:     ❶ img {display: inline; position: absolute; top: 20px; left: 300px;}
07:     ❷ p {display: block; width: 300px; white-space: pre-line;}
08:     </style>
09:   </head>
10:   <body>
11:     <img src="flowers.jpg">
12:     <h1> 妹妹背著洋娃娃 </h1>
13:     <p> 妹妹背著洋娃娃
14:         走到花園來看花
15:         娃娃哭了叫媽媽
16:         樹上小鳥笑哈哈 </p>
17:     <h1> 泥娃娃 </h1>
18:     <p> 泥娃娃
19:         泥娃娃
20:         一個泥娃娃
21:         也有那眉毛
22:         也有那眼睛
23:         眼睛不會眨
24:         泥娃娃
25:         泥娃娃
26:         一個泥娃娃
27:         也有那鼻子
28:         也有那嘴巴
29:         嘴巴不說話
30:         她是個假娃娃
31:         …
32:         永遠愛著她 </p>
33:   </body>
34: </html>
```

❶ 將 <img> 元素設定為行內層級，採取絕對定位，上位移為 20 像素、左位移為 300 像素

❷ 將 <p> 元素設定為區塊層級，寬度為 300 像素、顯示換行

❶ 移動捲軸將內容向下捲動　　　　　**❷ 圖片會隨著捲動**

若要讓圖片顯示在固定的位置，不會隨著內容捲動，可以將第 06 行的 position 屬性設定為 fixed，改採取固定定位，然後另存新檔為 \Ch09\position4.html。

```
05:     <style>
06:       img {display: inline; position: fixed; top: 20px; left: 300px;}
07:       p {display: block; width: 300px; white-space: pre-line;}
08:     </style>
```

❶ 移動捲軸將內容向下捲動　　　　　**❷ 圖片不會隨著捲動**

9-6-4 float、clear (文繞圖、解除文繞圖)

我們可以使用 **float** 屬性將一個正常順序中的元素放在容器的左側或右側，而容器裡面的其它元素會環繞在該元素周圍，其語法如下，這個效果就像排版軟體中的「文繞圖」。不過，CSS 所說的圖並不侷限於圖片，它可以是包含任何文字或圖片的 Block Box 或 Inline Box：

```
float: none | left | right
```

- ✓ **none**：不做文繞圖 (預設值)。
- ✓ **left**：將元素放在容器的左側做文繞圖。
- ✓ **right**：將元素放在容器的右側做文繞圖。

下面是一個例子，為了讓您容易瞭解，我們直接使用圖片來做示範，您也可以換用其它區塊試試看。

🛡 **\Ch09\float1.html**

```
01: <!DOCTYPE html>
02: <html>
03:   <head>
04:     <meta charset="utf-8">
05:     <title> 文繞圖 </title>
06:     <style>
07:       img {float: none;}
08:     </style>
09:   </head>
10:   <body>
11:     <img src="jp2.jpg" width="300">
12:     <h1> 豪斯登堡 </h1>
13:     <p> 豪斯登堡位於日本九州，一處重現中古世紀歐洲街景的渡假勝地，
14:         命名由來是荷蘭女王陛下所居住的宮殿豪斯登堡宮殿。</p>
15:     <p> 園內風景怡人俯拾皆畫，還有『ONE PIECE 航海王』
16:         的世界，乘客可以搭上千陽號來一趟冒險之旅。</p>
17:   </body>
18: </html>
```

將圖片的文繞圖設定為 none (無)，此為預設值，省略不寫亦可

瀏覽結果如下圖，由於第 07 行設定圖片不做文繞圖，因此，圖片會在正常順序中佔有一個空間，而圖片後面的資料會根據垂直順序一一顯示。

若將第 07 行改寫成如下，令圖片靠左文繞圖，那麼圖片會放在容器的左側 (此例的容器就是網頁主體)，而圖片後面的資料會從圖片的右邊開始顯示：

```
07:        img {float: left;}
```

相反的，若將第 07 行改寫成如下，令圖片靠右文繞圖，那麼圖片會放在容器的右側（此例的容器就是網頁主體），而圖片後面的資料會從圖片的左邊開始顯示：

```
07:        img {float: right;}
```

在我們將 Box 設定為文繞圖後，緊鄰著該 Box 的 Inline Box 預設會嵌入其旁邊的位置做繞圖的動作，但有時基於實際的版面需求，我們可能不希望 Inline Box 做繞圖的動作，此時可以使用 **clear** 屬性設定 Inline Box 的哪一邊不要緊鄰著文繞圖 Box，也就是解除該邊繞圖的動作，其語法如下：

```
clear: none | left | right | both
```

- **none**：不解除文繞圖（預設值）。
- **left**：解除左邊繞圖的動作。
- **right**：解除右邊繞圖的動作。
- **both**：解除兩邊繞圖的動作。

一旦我們清除 Inline Box 某一邊繞圖的動作，該 Inline Box 上方的邊界會變大，進而將 Inline Box 向下推擠，以閃過被設定為文繞圖的 Box。

下面是一個例子，其中第 07 行將圖片設定為靠左文繞圖，而第 15 行解除第二段左邊繞圖的動作，使得第二段被向下推擠以閃過圖片。您可以仔細比較這個例子的瀏覽結果和 \Ch09\float1.html 的瀏覽結果，兩者主要的差別在於第二段是否有解除左邊繞圖的動作。

```
\Ch09\float2.html
01: <!DOCTYPE html>
02: <html>
03:   <head>
04:     <meta charset="utf-8">
05:     <title> 文繞圖 </title>
06:     <style>
07:       img {float: left;} ❶
08:     </style>
09:   </head>
10:   <body>
11:     <img src="jp2.jpg" width="300">
12:     <h1> 豪斯登堡 </h1>
13:     <p> 豪斯登堡位於日本九州，一處重現中古世紀歐洲街景的渡假勝地，
14:         命名由來是荷蘭女王陛下所居住的宮殿豪斯登堡宮殿。</p>
15:     <p style="clear: left;"> 園內風景怡人俯拾皆畫，還有『ONE PIECE 航海王』
16:         的世界，乘客可以搭上千陽號來一趟冒險之旅。</p>
17:   </body>
18: </html>
```

❶ 將圖片設定為靠左文繞圖
❷ 解除第二段左邊繞圖的動作
❸ 第二段被向下推擠以閃過圖片

9-6-5 z-index (重疊順序)

由於絕對定位元素是從正常順序中抽離出來，因此，它有可能會跟正常順序中的其它元素重疊，此時，我們可以使用 **z-index** 屬性設定 HTML 元素的重疊順序，其語法如下，預設值為 auto，而「整數」的數字愈大，重疊順序就愈上面：

```
z-index: auto | 整數
```

下面是一個例子，由於圖片和標題 1 的 z-index 屬性分別為 1、2，所以數字較大的標題 1 會重疊在圖片上面。

🛡 **\Ch09\zindex.html**

```
<!DOCTYPE html>
<html>
  <head>
    <meta charset="utf-8">
  </head>
  <body>
    <img src="jp2.jpg" style="position: absolute; top: 10px; left: 10px; z-index: 1;">
    <h1 style="background-color: rgba(255, 255, 0, 0.3); width: 472px;
      position: absolute; top: 25px; left: 10px; z-index: 2;"> 豪斯登堡 </h1>
  </body>
</html>
```

9-6-6 visibility (顯示或隱藏 Box)

我們可以使用 **visibility** 屬性設定要顯示或隱藏 Box，其語法如下，預設值為 visible，表示顯示，hidden 表示隱藏，而 collapse 表示隱藏表格的行列：

```
visibility: visible | hidden | collapse
```

下面是一個例子，它會顯示兩個不同背景色彩的標題 1。

```
<h1 style="background: lightpink;"> 臨江仙 </h1>
<h1 style="background: lightblue;"> 卜算子 </h1>
```

臨江仙

卜算子

若在第一行加上 visibility: hidden，如下，則會隱藏第一個標題 1：

```
<h1 style="background: lightpink; visibility: hidden;"> 臨江仙 </h1>
```

卜算子

雖然第一個標題 1 被隱藏起來，但畫面上還是保留有空位，若要連空位都隱藏起來，可以再加上 display: none，如下：

```
<h1 style="background: lightpink; visibility: hidden; display: none;"> 臨江仙 </h1>
```

卜算子

9-6-7 box-shadow (Box 陰影)

我們可以使用 **box-shadow** 屬性設定 Box 陰影，其語法如下，預設值為 **none** (無)，表示沒有陰影，若要設定多重陰影，以逗號隔開設定值即可：

```
box-shadow: none | [[ 長度1 長度2 [ 長度3] [ 長度4] [ 色彩 ] [inset]] [,...]]
```

- 🗸 **長度 1**：陰影的**水平位移**，正值表示在 Box 右側，負值表示在 Box 左側。

- 🗸 **長度 2**：陰影的**垂直位移**，正值表示在 Box 下方，負值表示在 Box 上方。

- 🗸 **長度 3**：陰影的**模糊半徑**，值愈大就愈模糊，預設值為 0，不能為負值。

- 🗸 **長度 4**：陰影的**擴散距離**，正值表示外擴，負值表示內縮，預設值為 0。

- 🗸 **色彩**：陰影的色彩，預設值為前景色彩。

- 🗸 **inset**：將陰影顯示在 Box 內部，沒有指定的話，會顯示在 Box 外部。

下面是一個例子，它示範了三種不同的 Box 陰影。

```
<h1 style="width: 400px; background-color: lightpink;
   box-shadow: 15px 10px 5px lightgray;"> 臨江仙 </h1>
<h1 style="width: 400px; background-color: lightgreen;
   box-shadow: 15px 10px lightgray inset;"> 蝶戀花 </h1>
<h1 style="width: 400px; background-color: lightblue;
   box-shadow: 15px 10px 5px lightgray, 30px 20px 5px lightyellow;"> 卜算子 </h1>
```

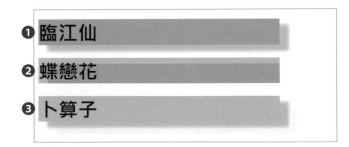

❶ 一層陰影 (淺灰色)　　　❸ 兩層陰影 (淺灰色和淺黃色)
❷ 一層陰影顯示在內部 (淺灰色)

9-6-8 vertical-align (垂直對齊方式)

我們可以使用 **vertical-align** 屬性設定 Box 的垂直對齊方式，其語法如下，此屬性僅能套用在顯示類型為 inline、inline-block 或 table-cell 的 Box：

```
vertical-align: baseline | sub | super | text-top | text-bottom | middle |
                top | bottom | 長度 | 百分比
```

- **baseline**：將元素的基準線對齊父元素的基準線 (預設值)。
- **sub**：將元素的基準線對齊父元素的下標基準線。
- **super**：將元素的基準線對齊父元素的上標基準線。
- **text-top**：將元素的頂端對齊父元素字型的頂端。
- **text-bottom**：將元素的底部對齊父元素字型的底部。
- **middle**：將元素的中間對齊父元素的中間。
- **top**：將元素的頂端對齊整行元素的頂端。
- **bottom**：將元素的底部對齊整行元素的底部。
- **長度**：將元素往上移指定的長度，若為負值，表示往下移。
- **百分比**：將元素往上移指定的百分比，若為負值，表示往下移。

下面是一個例子，它示範了幾種不同的垂直對齊方式。

\Ch09\vertical1.html （下頁續 1/2）

```
<!DOCTYPE html>
<html>
  <head>
    <meta charset="utf-8">
    <style>
      #img1 {vertical-align: top;}
      #img2 {vertical-align: bottom;}
      #img3 {vertical-align: middle;}
      #img4 {vertical-align: 30px;}
    </style>
```

（接上頁 2/2）

```
    </head>
    <body>
      <p>航海王 <img id="img1" src="piece1.jpg" width="100px">喬巴 </p>
      <p>航海王 <img id="img2" src="piece1.jpg" width="100px">喬巴 </p>
      <p>航海王 <img id="img3" src="piece1.jpg" width="100px">喬巴 </p>
      <p>航海王 <img id="img4" src="piece1.jpg" width="100px">喬巴 </p>
    </body>
</html>
```

❶ 圖片的頂端對齊整行元素的頂端

❷ 圖片的底部對齊整行元素的底部

❸ 圖片的中間對齊父元素的中間

❹ 圖片往上移 30 像素

下面是另一個例子，它示範了如何設定下標及上標。提醒您，vertical-align 屬性不會改變元素的文字大小，若有需要，可以搭配 font-size 屬性設定文字大小。

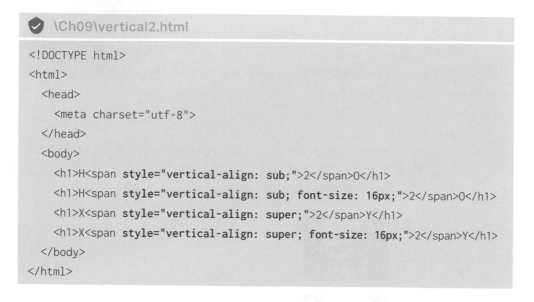

```
<!DOCTYPE html>
<html>
  <head>
    <meta charset="utf-8">
  </head>
  <body>
    <h1>H<span style="vertical-align: sub;">2</span>O</h1>
    <h1>H<span style="vertical-align: sub; font-size: 16px;">2</span>O</h1>
    <h1>X<span style="vertical-align: super;">2</span>Y</h1>
    <h1>X<span style="vertical-align: super; font-size: 16px;">2</span>Y</h1>
  </body>
</html>
```

瀏覽結果如下圖，其中第二、四個的下標及上標有另外使用 font-size 屬性將文字縮小，以提升視覺效果。

背景、漸層、濾鏡與表格

10-1 背景屬性

10-1-1 background-image(背景圖片)

我們可以使用 **background-image** 屬性設定 HTML 元素的背景圖片,其語法如下,預設值為 **none**(無),若要設定多張背景圖片,以逗號隔開設定值即可,而且第一個指定的圖檔位於最上層:

```
background-image: none | url( 圖檔名稱 )
```

下面是一個例子,它將網頁的背景圖片設定為 flowers.jpg,由於圖檔比較小無法填滿網頁,所以會自動在水平及垂直方向重複排列以填滿網頁(圖片來源:Photo by Evie Shaffer from Pexels)。

✅ \Ch10\bg1.html

```html
<!DOCTYPE html>
<html>
  <head>
    <meta charset="utf-8">
  </head>
  <body style="background-image: url(flowers.jpg);">
  </body>
</html>
```

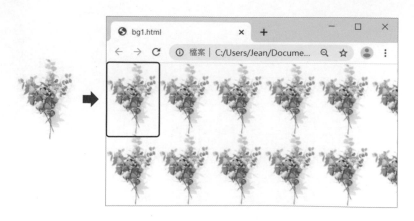

我們也可以結合背景色彩與背景圖片，下面是一個例子，它結合了原木色的背景色彩與條紋的背景圖片 line.png (24bit 透明 PNG 格式)。

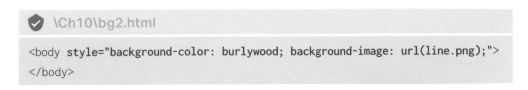

```
<body style="background-color: burlywood; background-image: url(line.png);">
</body>
```

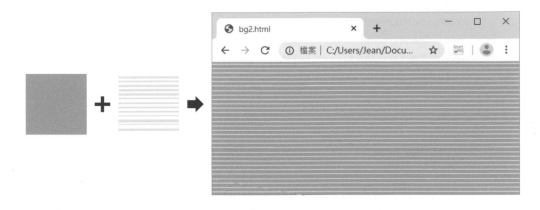

我們還可以設定多張背景圖片，下面是一個例子，它結合了 line.png 和 bg02.gif 兩張背景圖片，仔細觀察就可以看到 bg02.gif 上面有著細細的白色條紋。

```
<body style="background-image: url(line.png), url(bg02.gif);">
</body>
```

下面是另一個例子,它示範了如何設定表格的背景圖片。

✅ \Ch10\bg4.html

```html
<!DOCTYPE html>
<html>
  <head>
    <meta charset="utf-8">
    <style>
      .head {background-image: url(bg01.gif);}     /* 設定標題列的背景圖片 */
      .odd  {background-image: url(bg02.gif);}     /* 設定奇數列的背景圖片 */
      .even {background-image: url(bg03.gif);}     /* 設定偶數列的背景圖片 */
    </style>
  </head>
  <body>
    <table>
      <tr class="head">
        <th> 歌曲名稱 </th>
        <th> 演唱者 </th>
      </tr>
      <tr class="odd">
        <td> 三天三夜 </td>
        <td> 張惠妹 </td>
      </tr>
      <tr class="even">
        <td> 大藝術家 </td>
        <td> 蔡依林 </td>
      </tr>
      <tr class="odd">
        <td> 我願意 </td>
        <td> 王菲 </td>
      </tr>
      <tr class="even">
        <td> 小情歌 </td>
        <td> 蘇打綠 </td>
      </tr>
    </table>
  </body>
</html>
```

10-1-2 background-repeat (背景圖片重複排列方式)

當我們使用 background-image 屬性設定 HTML 元素的背景圖片時，預設會自動在水平及垂直方向重複排列以填滿指定的元素，但有時我們可能會希望自行設定重複排列方式，例如不要重複排列或只在水平或垂直方向重複排列，此時可以使用 **background-repeat** 屬性，其語法如下，預設值為 **repeat**：

```
background-repeat: repeat | no-repeat | repeat-x | repeat-y | space | round
```

此外，CSS3 允許我們使用多張背景圖片，若要設定多張背景圖片的重複排列方式，以逗號隔開設定值即可。

- **repeat**：在水平及垂直方向重複排列背景圖片以填滿指定的元素，下面是一個例子，它將區塊的背景圖片設定為 f.gif，這是一個粉紅色的花朵圖案，瀏覽結果如下圖，仔細觀察會發現，雖然花朵圖案會在水平及垂直方向重複排列以填滿區塊，不過，這樣並無法保證右邊界和下邊界的花朵圖案能夠完整顯示出來。

🛡️ \Ch10\bgrepeat.html

```
<div style="border: solid 1px pink; background-image: url(f.gif);
  background-repeat: repeat;">
  <h1> 臨江仙 </h1>
  <h1> 蝶戀花 </h1>
</div>
```

✅ **no-repeat**：不要重複排列背景圖片，下面是一個例子。

```
<div style="border: solid 1px pink; background-image: url(f.gif);
   background-repeat: no-repeat;">
   <h1> 臨江仙 </h1>
   <h1> 蝶戀花 </h1>
</div>
```

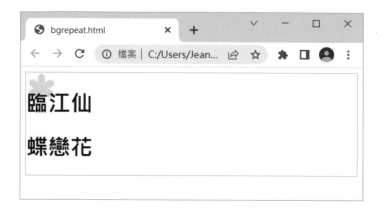

✅ **repeat-x**：在水平方向重複排列背景圖片，下面是一個例子。

```
<div style="border: solid 1px pink; background-image: url(f.gif);
   background-repeat: repeat-x;">
   <h1> 臨江仙 </h1>
   <h1> 蝶戀花 </h1>
</div>
```

✅ **repeat-y**：在垂直方向重複排列背景圖片，下面是一個例子。

```
<div style="border: solid 1px pink; background-image: url(f.gif);
  background-repeat: repeat-y;">
  <h1> 臨江仙 </h1>
  <h1> 蝶戀花 </h1>
</div>
```

✅ **space**：在水平及垂直方向重複排列背景圖片，同時調整背景圖片的間距，以填滿指定的元素並將背景圖片完整顯示出來，下面是一個例子。

```
<div style="border: solid 1px pink; background-image: url(f.gif);
  background-repeat: space;">
  <h1> 臨江仙 </h1>
  <h1> 蝶戀花 </h1>
</div>
```

⊘ **round**：在水平及垂直方向重複排列背景圖片，同時調整背景圖片的大小，以填滿指定的元素並將背景圖片完整顯示出來，下面是一個例子，您可以拿 round 跟 repeat 和 space 兩個設定值的瀏覽結果做比較，這樣就能看出其中的差別。

```
<div style="border: solid 1px pink; background-image: url(f.gif);
    background-repeat: round;">
    <h1> 臨江仙 </h1>
    <h1> 蝶戀花 </h1>
</div>
```

10-1-3 background-position (背景圖片起始位置)

有時為了增添變化，我們可能會希望自行設定背景圖片從 HTML 元素的哪個位置開始顯示，而不是千篇一律地從左上方開始顯示，此時可以使用 **background-position** 屬性，其語法如下，預設值為 **0% 0%**，也就是從 HTML 元素的左上方開始顯示背景圖片：

```
background-position: [ 長度 | 百分比 | left | center | right]
                     [ 長度 | 百分比 | top | center | bottom]
```

此外，CSS3 允許我們使用多張背景圖片，若要設定多張背景圖片的起始位置，以逗號隔開設定值即可。

background-position 屬性有下列幾種設定值：

☑ **長度**：使用 px、pt、pc、mm、cm、in、em、rem、vw、vh 等度量單位設定背景圖片從 HTML 元素的哪個位置開始顯示，下面是一個例子。

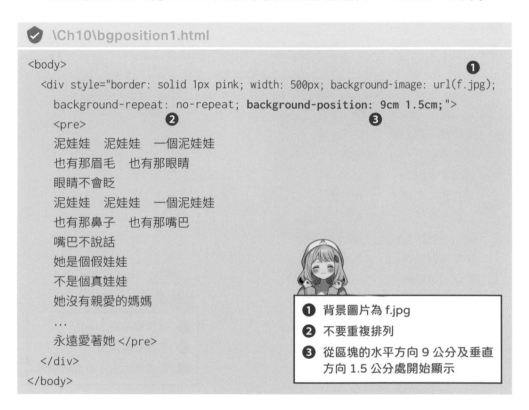

✅ \Ch10\bgposition1.html

```
<body>
  <div style="border: solid 1px pink; width: 500px; background-image: url(f.jpg);    ❶
    background-repeat: no-repeat; background-position: 9cm 1.5cm;">
    <pre>                    ❷                              ❸
    泥娃娃　泥娃娃　一個泥娃娃
    也有那眉毛　也有那眼睛
    眼睛不會眨
    泥娃娃　泥娃娃　一個泥娃娃
    也有那鼻子　也有那嘴巴
    嘴巴不說話
    她是個假娃娃
    不是個真娃娃
    她沒有親愛的媽媽
    …
    永遠愛著她 </pre>
  </div>
</body>
```

❶ 背景圖片為 f.jpg
❷ 不要重複排列
❸ 從區塊的水平方向 9 公分及垂直方向 1.5 公分處開始顯示

百分比：使用區塊寬度與高度的百分比設定背景圖片從 HTML 元素的
哪個位置開始顯示，例如 0% 0% 表示左上方、50% 50% 表示正中央、
100% 100% 表示右下方，下面是一個例子。

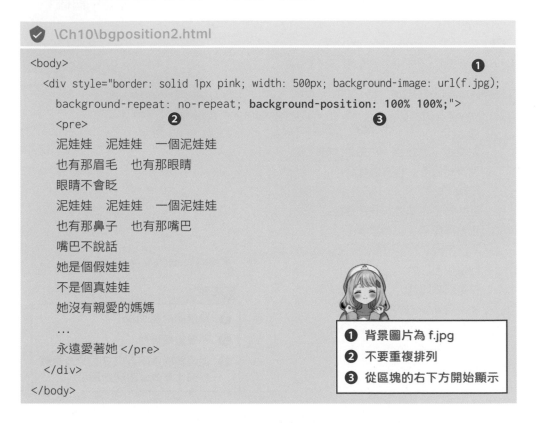

```
<body>                                                                    ❶
  <div style="border: solid 1px pink; width: 500px; background-image: url(f.jpg);
  background-repeat: no-repeat; background-position: 100% 100%;">
  <pre>                    ❷                                    ❸
  泥娃娃　泥娃娃　一個泥娃娃
  也有那眉毛　也有那眼睛
  眼睛不會眨
  泥娃娃　泥娃娃　一個泥娃娃
  也有那鼻子　也有那嘴巴
  嘴巴不說話
  她是個假娃娃
  不是個真娃娃
  她沒有親愛的媽媽
  …
  永遠愛著她 </pre>
  </div>
</body>
```

❶ 背景圖片為 f.jpg
❷ 不要重複排列
❸ 從區塊的右下方開始顯示

✅ **left | center | right | top | center | bottom**：使用 left、center、right 三個水平方向起始點及 top、center、bottom 三個垂直方向起始點,設定背景圖片從 HTML 元素的哪個位置開始顯示,其組合如下圖,若在設定起始點時省略第二個值,則預設為 center,下面是一個例子。

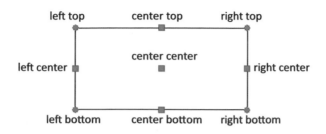

註:center 會以圖片中心對齊基準點,其它值則是以圖片邊緣對齊基準點。

✅ **\Ch10\bgposition3.html**

```
<body>
  <div style="border: solid 1px pink; width: 500px; background-image: url(f.jpg);   ❶
    background-repeat: no-repeat; background-position: right top;">
    <pre>              ❷                              ❸
    泥娃娃　泥娃娃　一個泥娃娃
    ...
    永遠愛著她 </pre>
  </div>
</body>
```

❶ 背景圖片為 f.jpg
❷ 不要重複排列
❸ 從區塊的右上方開始顯示

10-1-4 background-attachment （背景圖片是否隨著內容捲動）

我們可以使用 **background-attachment** 屬性設定背景圖片是否隨著內容捲動，其語法如下，預設值為 scroll：

```
background-attachment: scroll | fixed | local
```

- **scroll**：背景圖片不會隨著元素的內容捲動，但會隨著容器的內容捲動。
- **fixed**：背景圖片不會隨著元素的內容或容器的內容捲動。
- **local**：背景圖片會隨著元素的內容或容器的內容捲動。

下面是一個例子，請您分別捲動區塊的內容和網頁主體的內容，就可以體驗這三個設定值的差別 (圖片來源：Photo by Jess Bailey from Pexels)。

✅ **\Ch10\bgattachment.html**

```html
<!DOCTYPE html>
<html>
  <head>
    <meta charset="utf-8">
    <style>
      div {
        width: 300px;                          /* 設定區塊的寬度 */
        height: 150px;                         /* 設定區塊的高度 */
        border: green solid 1px;               /* 設定區塊的框線 */
        overflow: scroll;                      /* 設定溢出內容顯示捲軸 */
        background-image: url(pic.jpg);        /* 設定區塊的背景圖片 */
      }
      #one {background-attachment: scroll;}
      #two {background-attachment: fixed;}
      #three {background-attachment: local;}
      p {white-space: pre-line;}
    </style>
  </head>
  <body>
    <h1>scroll</h1>
    <div id="one">
      <h1> 妹妹背著洋娃娃 </h1>
      <p> 妹妹背著洋娃娃 ... 樹上小鳥笑哈哈 </p>
    </div>
    <h1>fixed</h1>
    <div id="two">
      <h1> 妹妹背著洋娃娃 </h1>
      <p> 妹妹背著洋娃娃 ... 樹上小鳥笑哈哈 </p>
    </div>
    <h1>local</h1>
    <div id="three">
      <h1> 妹妹背著洋娃娃 </h1>
      <p> 妹妹背著洋娃娃 ... 樹上小鳥笑哈哈 </p>
    </div>
  </body>
</html>
```

10-1-5 background-clip (背景顯示區域)

我們可以使用 **background-clip** 屬性設定背景色彩或背景圖片的顯示區域，其語法如下，若要設定多張背景圖片的顯示區域，以逗號隔開設定值即可：

```
background-clip: border-box | padding-box | content-box
```

- **border-box**：背景會描繪到框線的部分 (預設值)。
- **padding-box**：背景會描繪到留白的部分。
- **content-box**：背景會描繪到內容的部分。

下面是一個例子，為了展現 background-clip 屬性的效果，我們刻意在標題 1 使用 border 屬性設定寬度為 30 像素、半透明的框線，以及使用 padding 屬性設定寬度為 20 像素的留白，然後將 background-clip 屬性設定為 **content-box**，令背景圖片描繪到內容的部分，得到如下圖的瀏覽結果。

✔ \Ch10\bgclip.html

```
01: <body>
02:   <h1 style="border: solid 30px rgba(255,153,255,0.5); padding:20px;
03:     background-image: url(f.gif); background-clip: content-box;"> 臨江仙 </h1>
04: </body>
```

若將 background-clip 屬性設定為 **padding-box**，令背景圖片描繪到留白的部分，則會得到如下圖的瀏覽結果。

```
02:    <h1 style="border: solid 30px rgba(255,153,255,0.5); padding:20px;
03:      background-image: url(f.gif); background-clip: padding-box;">臨江仙</h1>
```

若將 background-clip 屬性設定為 **border-box**，令背景圖片描繪到框線的部分，則會得到如下圖的瀏覽結果。

```
02:    <h1 style="border: solid 30px rgba(255,153,255,0.5); padding:20px;
03:      background-image: url(f.gif); background-clip: border-box;">臨江仙</h1>
```

10-1-6 background-origin (背景顯示位置基準點)

我們可以使用 **background-origin** 屬性設定背景色彩或背景圖片的顯示位置基準點,其語法如下,若要設定多張背景圖片的顯示位置基準點,以逗號隔開設定值即可:

```
background-origin: border-box | padding-box | content-box
```

- ✅ **border-box**:背景從框線的部分開始描繪。
- ✅ **padding-box**:背景從留白的部分開始描繪 (預設值)。
- ✅ **content-box**:背景從內容的部分開始描繪。

下面是一個例子,為了展現 background-origin 屬性的效果,我們刻意在標題 1 使用 border 屬性設定寬度為 30 像素、半透明的框線,以及使用 padding 屬性設定寬度為 20 像素的留白,然後將 background-origin 屬性設定為 **content-box**,令背景圖片從內容的部分開始描繪,得到如下圖的瀏覽結果。

✅ \Ch10\bgorigin.html

```
01: <body>
02:   <h1 style="border: solid 30px rgba(255,153,255,0.5); padding: 20px;
03:     background-image: url(f.gif); background-repeat: no-repeat;
04:     background-origin: content-box;"> 臨江仙 </h1>
05: </body>
```

若將 background-origin 屬性設定為 **padding-box**，令背景圖片從留白的部分開始描繪，則會得到如下圖的瀏覽結果。

```
02:   <h1 style="border: solid 30px rgba(255,153,255,0.5); padding: 20px;
03:     background-image: url(f.gif); background-repeat: no-repeat;
04:     background-origin: padding-box;"> 臨江仙 </h1>
```

若將 background-origin 屬性設定為 **border-box**，令背景圖片從框線的部分開始描繪，則會得到如下圖的瀏覽結果。

```
02:   <h1 style="border: solid 30px rgba(255,153,255,0.5); padding: 20px;
03:     background-image: url(f.gif); background-repeat: no-repeat;
04:     background-origin: border-box;">臨江仙 </h1>
```

10-1-7　background-size (背景圖片大小)

我們可以使用 **background-size** 屬性設定背景圖片的大小，其語法如下，預設值為 auto (自動)，若要設定多張背景圖片的大小，以逗號隔開設定值即可：

```
background-size: [ 長度 | 百分比 | auto] | contain | cover
```

- **[長度 | 百分比 | auto]**：使用 px、pt、pc、mm、cm、in、em、rem、vw、vh 等度量單位或百分比設定背景圖片的寬度與高度，例如 background-size: 100px 50px 表示寬度與高度為 100 像素和 50 像素。

- **contain**：背景圖片的大小剛好符合 HTML 元素的區塊範圍。

- **cover**：背景圖片的大小覆蓋整個 HTML 元素的區塊範圍。

下面是一個例子，為了展現出區塊範圍，我們先使用 border 屬性設定 1 像素的藍色框線，然後使用 background-size 屬性將區塊的背景圖片大小設定為 **auto**，瀏覽結果如下圖，此時的背景圖片為原始大小。

✅ \Ch10\bgsize.html

```
<body>
  <div style=" border: solid 1px blue; background-image: url(f2.gif);
    background-repeat: no-repeat; background-size: auto;">
    <h1> 臨江仙 </h1>
    <h1> 蝶戀花 </h1>
  </div>
</body>
```

臨江仙

蝶戀花

若將 background-size 屬性設定為 **100px auto**，令背景圖片的寬度為 100像素，高度為 auto（自動），也就是高度按原圖比例自動縮放，則會得到如下圖的瀏覽結果。

若將 background-size 屬性設定為 **contain**，令背景圖片按原圖比例縮放至其寬度與高度均能完整顯示在區塊的最大尺寸（區塊裡面可能會有空白），則會得到如下圖的瀏覽結果。

若將 background-size 屬性設定為 **cover**，令背景圖片按原圖比例縮放至其寬度與高度均能覆蓋整個區塊的最小尺寸（超過區塊的部分會被裁切掉），則會得到如下圖的瀏覽結果。

10-1-8　background（背景屬性速記）

background 屬性是綜合了 background-color、background-image、background-repeat、background-attachment、background-position、background-clip、background-origin、background-size 等背景屬性的速記，其語法如下，若要設定多張背景圖片的背景屬性，以逗號隔開設定值即可：

```
background: 屬性值 1 [ 屬性值 2 [ 屬性值 3 [ ... ]]]
```

這些屬性值的中間以空白字元隔開，沒有順序之分，只有背景圖片大小是以 / 隔開，接續在背景圖片起始位置的後面，預設值則視個別的屬性而定，下面是一些例子：

```
01: body {background: rgba(255, 0, 0, 0.3);}
02: body {background: url("flowers.jpg") no-repeat fixed;}
03: body {background: url("flowers.jpg") no-repeat 50% 50%;}
04: body {background: url("flowers.jpg") no-repeat right bottom;}
05: div  {background: url("bg03.gif") no-repeat padding-box;}
06: div  {background: url("bg03.gif") no-repeat left top / 100px 200px;}
```

- 01：將網頁主體的背景色彩設定為紅色並加上透明度參數 0.3。

- 02：將網頁主體的背景圖片設定為 flowers.jpg、不要重複排列、不會隨著內容捲動。

- 03：將網頁主體的背景圖片設定為 flowers.jpg、不要重複排列、從正中央開始顯示。

- 04：將網頁主體的背景圖片設定為 flowers.jpg、不要重複排列、從右下方開始顯示。

- 05：將 <div> 區塊的背景圖片設定為 bg03.gif、不重複排列、背景圖片從留白的部分開始描繪。

- 06：將 <div> 區塊的背景圖片設定為 bg03.gif、不重複排列、從左上方開始顯示、背景圖片的寬度與高度為 100 像素和 200 像素。

10-2 漸層函式

10-2-1 linear-gradient()（線性漸層）

我們可以使用 **linear-gradient()** 函式設定線性漸層，其語法如下：

```
linear-gradient( 角度 | 方向 , 色彩停止點 1 , 色彩停止點 2, ...)
```

- **角度 | 方向**：使用度數設定線性漸層的角度，例如 0deg、180deg、270deg、90deg 分別表示向上、向下、向左、向右；或者，也可以使用 to [left | right] || [top | bottom] 設定線性漸層的方向，例如 to left 表示向左，to top 表示向上、to right top 表示向右上。

- **色彩停止點**：包括色彩的值與位置，中間以空白字元隔開，例如 yellow 0% 表示起點為黃色，orange 100% 表示終點為橘色。

下面是一個例子，它示範了三種不同的線性漸層。

> ✅ \Ch10\gradient1.html
> ```
> <h1 style="background: linear-gradient(0deg, yellow, orange);"> 春曉 </h1>
> <h1 style="background: linear-gradient(to top right, red, white, blue);"> 送別 </h1>
> <h1 style="background: linear-gradient(90deg, yellow 0%, orange 100%);"> 紅豆 </h1>
> ```

❶ 黃色由下往上漸層到橘色　　❸ 黃色起點由左往右漸層到橘色終點

❷ 紅白藍三色由左下往右上漸層

10-2-2　radial-gradient()（放射漸層）

我們可以使用 **radial-gradient()** 函式設定放射漸層，其語法如下：

```
radial-gradient( 形狀 大小 位置 , 色彩停止點 1 , 色彩停止點 2, ...)
```

- ⊘ **形狀**：漸層的形狀可以是 circle（圓形）或 ellipse（橢圓形）。

- ⊘ **大小**：使用下列設定值設定漸層的大小。

設定值	說明
長度	以度量單位設定圓形或橢圓形的半徑。
closest-side	從圓形或橢圓形的中心點到區塊最近邊的距離當作半徑。
farthest-side	從圓形或橢圓形的中心點到區塊最遠邊的距離當作半徑。
closest-corner	從圓形或橢圓形的中心點到區塊最近角的距離當作半徑。
farthest-corner	從圓形或橢圓形的中心點到區塊最遠角的距離當作半徑。

- ⊘ **位置**：在 at 後面加上 left、right、bottom、center 設定漸層的位置。

- ⊘ **色彩停止點**：包括色彩的值與位置，中間以空白字元隔開，例如 yellow 0% 表示起點為黃色，orange 100% 表示終點為橘色。

下面是一個例子，它示範了兩種不同的放射漸層。

🛡 \Ch10\gradient2.html

```html
<h1 style="background: radial-gradient(circle, yellow, orange);"> 春曉 </h1>
<h1 style="background: radial-gradient(at right, white, lightgreen);"> 送別 </h1>
```

10-2-3 repeating-linear-gradient()、 repeating-radial-gradient()(重複漸層)

我們可以使用 **repeating-linear-gradient()** 函式設定重複線性漸層，其語法和 linear-gradient() 相同。

此外，我們也可以使用 **repeating-radial-gradient()** 函式設定重複放射漸層，其語法和 radial-gradient() 相同。

下面是一個例子，它示範了幾種不同的重複漸層，您可以試著自己變換不同的色彩停止點，看看瀏覽結果有何不同。

\Ch10\gradient3.html

```
<h1 style="background: repeating-linear-gradient(to right, yellow 0%,
   orange 20%);"> 春曉 </h1>
<h1 style="background: repeating-linear-gradient(to top right, red 0%,
   white 25%, blue 50%);"> 送別 </h1>
<h1 style="background:repeating-radial-gradient(orange, yellow 20px,
   orange 40px);"> 紅豆 </h1>
<h1 style="background:repeating-radial-gradient(circle, red, yellow,
   lightgreen 100%, yellow 150%, red 200%);"> 雜詩 </h1>
```

10-3 濾鏡屬性

我們可以使用 **filter** 屬性設定 HTML 元素的濾鏡效果，例如調整圖片的亮度、對比、飽和度等，其語法如下，預設值為 **none**（無）：

```
filter: none | 濾鏡函式
```

濾鏡函式	說明
高斯模糊 blur(x)	對圖片套用高斯模糊，參數 x 的值愈大，模糊程度就愈高，參數必須為長度單位，例如 5px，不可以使用百分比。預設值為 0px，不可以為負值。
亮度 brightness(x)	調整圖片的亮度，參數 x 的值愈大，亮度就愈高，例如 0% 為全黑，100% 為原圖，大於 100% 則亮度提高。預設值為 1，不可以為負值。
對比 contrast(x)	調整圖片的對比，參數 x 的值愈大，對比就愈高，例如 0% 為全灰，100% 為原圖，大於 100% 則對比提高。預設值為 1，不可以為負值。
灰階 grayscale(x)	將圖片轉換成灰階，參數 x 的值愈大，轉換程度就愈高，例如 0% 為原圖，100% 為完全灰階。預設值為 1，不可以為負值。
色相旋轉 hue-rotate(x)	以旋轉色相環的方式調整圖片的色相，參數 x 的值愈大，旋轉角度就愈大，0deg 為原圖，360deg 為旋轉一圈，預設值為 0deg（0 度）。
負片 invert(x)	將圖片的明暗與色彩反轉，參數 x 的值愈大，反轉程度就愈大，0% 為原圖，100% 為完全反轉。預設值為 1，不可以為負值。
透明度 opacity(x)	調整圖片的透明度，參數 x 的值為 0% ~ 100%，表示完全透明 ~ 不透明，預設值為 1，不可以為負值。
飽和度 saturate(x)	調整圖片的飽和度，參數 x 的值愈大，飽和度就愈大愈鮮艷，100% 為原圖，小於 100% 則飽和度降低，大於 100 則飽和度提高。預設值為 1，不可以為負值。
懷舊 sepia(x)	將圖片轉換成棕褐色，參數 x 的值愈大，轉換程度就愈高，例如 0% 為原圖，100% 為完全棕褐色。預設值為 1，不可以為負值。
投影 drop-shadow （長度 1 長度 2 [長度 3][色彩]）	對圖片套用投影效果，長度 1 是陰影的水平位移，長度 2 是陰影的垂直位移，長度 3 是標準差（不是模糊半徑），省略的話為 0，色彩是陰影的色彩，省略的話為前景色彩，例如 filter: drop-shadow(10px 10px 5px silver); 會在圖片右下方顯示銀色的模糊陰影。

註：我們可以同時設定多個濾鏡函式，例如 filter: contrast(150%) brightness(110%); 會先套用 150% 的對比，再套用 110% 的亮度。

下面是一個例子，它示範了在圖片套用濾鏡的結果。

✅ \Ch10\filter.html

```
<body>
  <img src="fly.png">
  <img src="fly.png" style="filter: blur(2px);">
  <img src="fly.png" style="filter: brightness(150%);">
  <img src="fly.png" style="filter: contrast(50%);">
  <img src="fly.png" style="filter: grayscale(100%);">
  <img src="fly.png" style="filter: hue-rotate(90deg);">
  <img src="fly.png" style="filter: invert(100%);">
  <img src="fly.png" style="filter: opacity(50%);">
  <img src="fly.png" style="filter: saturate(200%);">
  <img src="fly.png" style="filter: sepia(100%);">
  <img src="fly.png" style="filter: drop-shadow(10px 10px 5px silver);">
</body>
```

❶ 原圖　　　　❹ 對比 50%　　　❼ 負片 100%　　　❿ 懷舊 100%

❷ 高斯模糊 2px　❺ 灰階 100%　　　❽ 透明度 50%　　⓫ 投影

❸ 亮度 150%　　❻ 色相旋轉 90deg　❾ 飽和度 200%

10-4 表格屬性

10-4-1 caption-side (表格標題位置)

我們可以使用 **caption-side** 屬性設定表格標題元素的位置，其語法如下，預設值為 **top**，表示位於表格上方，而 **bottom** 表示位於表格下方：

```
caption-side: top | bottom
```

下面是一個例子，它將表格標題設定在表格下方。

✔️ \Ch10\table1.html

```
<!DOCTYPE html>
<html>
  <head>
    <meta charset="utf-8">
    <style>
      caption {caption-side: bottom;}
      th {background-color: #99ccff; padding: 5px;}
      td {background-color: #ddeeff; padding: 5px; text-align: center;}
    </style>
  </head>
  <body>
    <table>
      <caption> 熱門點播 </caption>
      <tr>
        <th> 歌曲名稱 </th><th> 演唱者 </th>
      </tr>
      <tr>
        <td> 偏執面 </td><td> 張惠妹 </td>
      </tr>
      <tr>
        <td> 大藝術家 </td><td> 蔡依林 </td>
      </tr>
    </table>
  </body>
</html>
```

歌曲名稱	演唱者
偏執面	張惠妹
大藝術家	蔡依林
熱門點播	

10-4-2 border-collapse（表格框線模式）

我們可以使用 **border-collapse** 屬性設定表格元素的框線模式，其語法如下：

```
border-collapse: separate | collapse
```

- **separate**：「框線分開」模式（預設值）。
- **collapse**：「框線重疊」模式。

下面是一個例子，它將表格設定為「框線分開」模式，所以表格與儲存格之間的框線會分隔開來，而顯示紅色和藍色的框線。

> ✓ \Ch10\table2.html

```
01: <!DOCTYPE html>
02: <html>
03:   <head>
04:     <meta charset="utf-8">
05:     <style>
06:       table {border: 2px solid red; border-collapse: separate;}
07:       th, td {border: 2px solid blue;}
08:     </style>
09:   </head>
10:   <body>
11:     <table>
12:       <caption> 熱門點播 </caption>
13:       <tr>
14:         <th> 歌曲名稱 </th><th> 演唱者 </th>
15:       </tr>
16:       <tr>
17:         <td> 偏執面 </td><td> 張惠妹 </td>
18:       </tr>
19:       <tr>
20:         <td> 大藝術家 </td><td> 蔡依林 </td>
21:       </tr>
22:     </table>
23:   </body>
24: </html>
```

若將第 06 行改寫成如下，令表格採取「框線重疊」模式：

```
06:        table {border: 2px solid red; border-collapse: collapse;}
```

瀏覽結果如下圖，表格與儲存格之間的框線會重疊在一起，而顯示藍色的框線。

熱門點播	
歌曲名稱	**演唱者**
偏執面	張惠妹
大藝術家	蔡依林

10-4-3　table-layout (表格版面編排方式)

我們可以使用 **table-layout** 屬性設定表格元素的版面編排方式，其語法如下，預設值為 **auto**（自動），表示儲存格的寬度取決於其內容的長度，而 **fixed**（固定）表示儲存格的寬度取決於表格的寬度、欄的寬度及框線：

```
table-layout: auto | fixed
```

舉例來說，在 \Ch10\table2.html 中，儲存格的寬度是取決於其內容的長度，若將第 06 行改寫成如下，令表格的寬度為 140 像素、版面編排方式為 fixed（固定），然後另存新檔為 \Ch10\table3.html：

```
06:        table {border: 2px solid red; width: 140px; table-layout: fixed;}
```

瀏覽結果如下圖，儲存格的寬度是取決於表格的寬度、欄的寬度及框線。

10-4-4 empty-cells（顯示或隱藏空白儲存格）

我們可以使用 **empty-cells** 屬性設定在「框線分開」模式下，是否顯示空白儲存格的框線與背景，其語法如下，預設值為 **show**，表示顯示，而 **hide** 表示隱藏：

```
empty-cells: show | hide
```

下面是一個例子，其中第 21 ～ 23 行是定義一列空白儲存格，由於第 07 行有加上 empty-cells: show，所以瀏覽結果會顯示空白儲存格的框線與背景，如圖 ❶，若改為 empty-cells: hide，則瀏覽結果會隱藏空白儲存格的框線與背景，如圖 ❷。

✅ **\Ch10\table4.html**

```
01: <!DOCTYPE html>
02: <html>
03:   <head>
04:     <meta charset="ulf-8">
05:     <style>
06:       table {border: 2px solid red;}
07:       th, td {border: 2px solid blue; empty-cells: show;}
08:     </style>
09:   </head>
10:   <body>
11:     <table>
12:       <tr>
13:         <th>歌曲名稱</th><th>演唱者</th>
14:       </tr>
15:       <tr>
16:         <td>偏執面</td><td>張惠妹</td>
17:       </tr>
18:       <tr>
19:         <td>大藝術家</td><td>蔡依林</td>
20:       </tr>
21:       <tr>
22:         <td></td><td></td>
23:       </tr>
24:     </table>
25:   </body>
26: </html>
```

10-4-5　border-spacing (表格框線間距)

我們可以使用 **border-spacing** 屬性設定在「框線分開」模式下的表格框線間距，其語法如下：

```
border-spacing: 長度
```

下面是一個例子，它將表格框線間距設定為 10 像素。

✓ \Ch10\table5.html

```html
<!DOCTYPE html>
<html>
  <head>
    <meta charset="utf-8">
    <style>
      table {border: 2px solid red; border-spacing: 10px;}
      th, td {border: 2px solid blue;}
    </style>
  </head>
  <body>
    <table>
      <caption> 熱門點播 </caption>
      <tr>
        <th> 歌曲名稱 </th>
        <th> 演唱者 </th>
      </tr>
      <tr>
        <td> 偏執面 </td>
        <td> 張惠妹 </td>
      </tr>
      <tr>
        <td> 大藝術家 </td>
        <td> 蔡依林 </td>
      </tr>
    </table>
  </body>
</html>
```

在本章的最後,我們來示範如何利用表格將表單排列整齊,然後利用 CSS 來加以美化,瀏覽結果如下圖。

✅ \Ch10\register.html

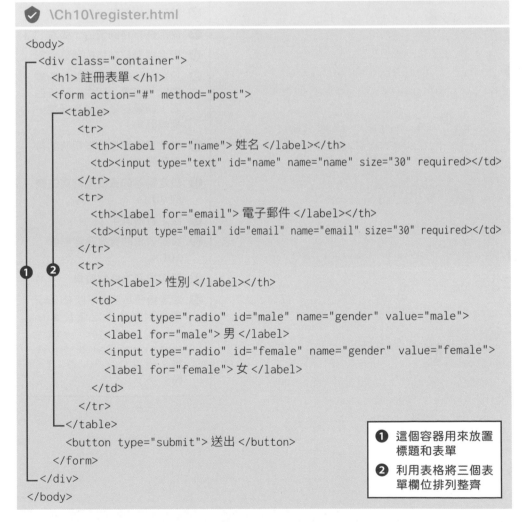

```html
<body>
  <div class="container">
    <h1>註冊表單</h1>
    <form action="#" method="post">
      <table>
        <tr>
          <th><label for="name">姓名</label></th>
          <td><input type="text" id="name" name="name" size="30" required></td>
        </tr>
        <tr>
          <th><label for="email">電子郵件</label></th>
          <td><input type="email" id="email" name="email" size="30" required></td>
        </tr>
        <tr>
          <th><label>性別</label></th>
          <td>
            <input type="radio" id="male" name="gender" value="male">
            <label for="male">男</label>
            <input type="radio" id="female" name="gender" value="female">
            <label for="female">女</label>
          </td>
        </tr>
      </table>
      <button type="submit">送出</button>
    </form>
  </div>
</body>
```

❶ 這個容器用來放置標題和表單

❷ 利用表格將三個表單欄位排列整齊

✓ \Ch10\register.css

```
@charset "UTF-8";
* {
    margin: 0; padding: 0;
}
body {
    background: #f4f4f4;
}
.container {
    width: 70%; background: #ffffff;
    margin: 0 auto; padding: 20px;
    border-radius: 10px;
    box-shadow: 0px 0px 20px rgba(0, 0, 0, 0.5);
}
h1 {
    margin: 20px; text-align: center;
}
table {
    width: 100%; margin-bottom: 20px;
    border-collapse: collapse;
}
table, th, td {
    border: 1px solid #cccccc;
}
th, td {
    padding: 10px; text-align: left;
}
th {
    background: #ecf5ff;
}
button[type="submit"]{
    display: block; cursor: pointer;
    margin: 0 auto; padding: 10px 20px;
    background: #007bff; color: #ffffff;
    border: none; border-radius: 5px;
}
button[type="submit"]:hover {
    background: #0056b3;
}
```

① 去除所有元素的邊界與留白

② 設定網頁主體的背景色彩

③ 設定容器的寬度、背景色彩、邊界、留白、框線圓角、Box 陰影

④ 設定標題 1 的邊界、置中

⑤ 設定表格的寬度、下邊界、框線重疊

⑥ 設定表格和儲存格的框線

⑦ 設定儲存格的留白、靠左

⑧ 設定標題儲存格的背景色彩

⑨ 設定按鈕的顯示類型、指標形狀、邊界、留白、背景色彩、前景色彩、沒有框線、框線圓角

⑩ 設定當指標移到按鈕時的背景色彩

⑪ 設定容器的寬度為網頁主體的 70%

⑫ 設定容器置中

⑬ 設定表格的寬度為容器的 100%

⑭ 設定按鈕為區塊層級

⑮ 設定指標為手指形狀 (cursor 屬性常見的設定值有 auto (none)、pointer、wait、text、not-allowed、move 等，代表 ⌕、🖑、◯、I、⊘、✛)

11-1 使用 float 屬性進行版面設計

CSS 除了用來設定 HTML 元素的樣式，還可以用來設計版面。在過去，網頁設計人員經常會使用 **position 屬性** 或 **float 屬性搭配 clear 屬性** 來設計版面，近年隨著響應式網頁設計成為趨勢，有愈來愈多人改用**彈性盒子版面** (Flexible Box Layout) 或**格線版面** (Grid Layout) 的技巧來設計版面。

在本節中，我們會示範如何使用 float 屬性搭配 clear 屬性設計兩欄式和三欄式版面，至於彈性盒子版面與格線版面則留待第 11-2、11-3 節再做介紹。

11-1-1 兩欄式版面

我們直接以下面的例子示範兩欄式版面，為了方便識別，所以在各個區塊填滿不同的背景色彩。當可視區域縮小時，網頁版面會按比例縮小，但不會小於設定的最小寬度 600px。

① 網頁主體的寬度為視窗的 100%，最小寬度為 600px，最大寬度為 960px

② 頁首的寬度為網頁主體的 100%

③ 主要內容的寬度為網頁主體的 70%

④ 側邊欄的寬度為網頁主體的 28% (剩下的 2% 為主要內容與側邊欄的間距)

⑤ 頁尾的寬度為網頁主體的 100%

當可視區域放大時，網頁版面會按比例放大，但不會超過設定的最大寬度 960px。原則上，區塊的高度取決於內容的多寡，每個區塊的高度不一定相同，此例為了美觀起見，所以將主要內容與側邊欄的高度設定為 300px。

HTML 文件的內容如下，使用 <header>、<main>、<aside>、<footer> 等元素標示頁首、主要內容、側邊欄和頁尾。

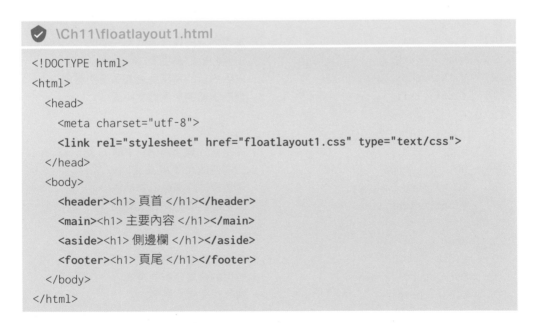

```html
<!DOCTYPE html>
<html>
  <head>
    <meta charset="utf-8">
    <link rel="stylesheet" href="floatlayout1.css" type="text/css">
  </head>
  <body>
    <header><h1> 頁首 </h1></header>
    <main><h1> 主要內容 </h1></main>
    <aside><h1> 側邊欄 </h1></aside>
    <footer><h1> 頁尾 </h1></footer>
  </body>
</html>
```

\Ch11\floatlayout1.html

CSS 檔案的內容如下，關鍵在於第 21 行使用 **float: left** 屬性將主要內容放在容器的左側做文繞圖，第 27 行使用 **float: right** 屬性將側邊欄放在容器的右側做文繞圖，以及第 32 行使用 **clear: both** 屬性解除頁尾的文繞圖。

```
\Ch11\floatlayout1.css

01: @charset "UTF-8";
02: * {
03:   margin: 0;                       /* 所有元素的邊界重設為 0 */
04:   padding: 0;                      /* 所有元素的留白重設為 0 */
05: }
06: body {
07:   width: 100%;                     /* 網頁主體的寬度為視窗的 100% */
08:   min-width: 600px;                /* 網頁主體的最小寬度為 600px */
09:   max-width: 960px;                /* 網頁主體的最大寬度為 960px */
10:   background: beige;               /* 網頁主體的背景色彩為米色 */
11:   margin: 0 auto;                  /* 網頁主體置中 */
12: }
13: header {
14:   width: 100%;                     /* 頁首的寬度為網頁主體的 100% */
15:   background: #eaeaea;             /* 頁首的背景色彩為淺灰色 */
16: }
17: main {
18:   width: 70%;                      /* 主要內容的寬度為網頁主體的 70% */
19:   height: 300px;                   /* 主要內容的高度為 300px */
20:   background: deepskyblue;         /* 主要內容的背景色彩為深天空藍色 */
21:   float: left;                     /* 放在容器的左側做文繞圖 */
22: }
23: aside {
24:   width: 28%;                      /* 側邊欄的寬度為網頁主體的 28% */
25:   height: 300px;                   /* 側邊欄的高度為 300px */
26:   background: orange;              /* 側邊欄的背景色彩為橘色 */
27:   float: right;                    /* 放在容器的右側做文繞圖 */
28: }
29: footer {
30:   width: 100%;                     /* 頁尾的寬度為網頁主體的 100% */
31:   background: #eaeaea;             /* 頁尾的背景色彩為淺灰色 */
32:   clear: both;                     /* 解除頁尾的文繞圖 */
33: }
```

11-1-2 三欄式版面

我們直接以下面的例子示範三欄式版面,當可視區域縮小時,網頁版面會按比例縮小,但不會小於設定的最小寬度 600px;相反的,當可視區域放大時,網頁版面會按比例放大,但不會超過設定的最大寬度 960px。

① 網頁主體的寬度為視窗的 100%,最小寬度為 600px,最大寬度為 960px

② 頁首的寬度為網頁主體的 100%

③ 區塊 1 的寬度為網頁主體的 32%,右邊界為網頁主體的 2%

④ 區塊 2 的寬度為網頁主體的 32%,右邊界為網頁主體的 2%

⑤ 區塊 3 的寬度為網頁主體的 32%

⑥ 頁尾的寬度為網頁主體的 100%

HTML 文件的內容如下,使用 \<header\> 和 \<footer\> 元素標示頁首與頁尾,以及使用三個 \<div\> 元素標示區塊 1、區塊 2 和區塊 3。

📑 \Ch11\floatlayout2.html

```html
<!DOCTYPE html>
<html>
  <head>
    <meta charset="utf-8">
    <link rel="stylesheet" href="floatlayout2.css" type="text/css">
  </head>
  <body>
    <header><h1> 頁首 </h1></header>
    <div id="one"><h1> 區塊 1<h1></div>
    <div id="two"><h1> 區塊 2<h1></div>
    <div id="three"><h1> 區塊 3<h1></div>
    <footer><h1> 頁尾 </h1></footer>
  </body>
</html>
```

CSS 檔案的內容如下。

📑 \Ch11\floatlayout2.css　　　　　　　　　　　　　　　　（下頁續 1/2）

```css
01: @charset "UTF-8";
02: * {
03:   margin: 0;
04:   padding: 0;
05: }
06: body {
07:   width: 100%;
08:   min-width: 600px;
09:   max-width: 960px;
10:   background: beige;
11:   margin: 0 auto;
12: }
13: header {
14:   width: 100%;
15:   background: #eaeaea;
16: }
```

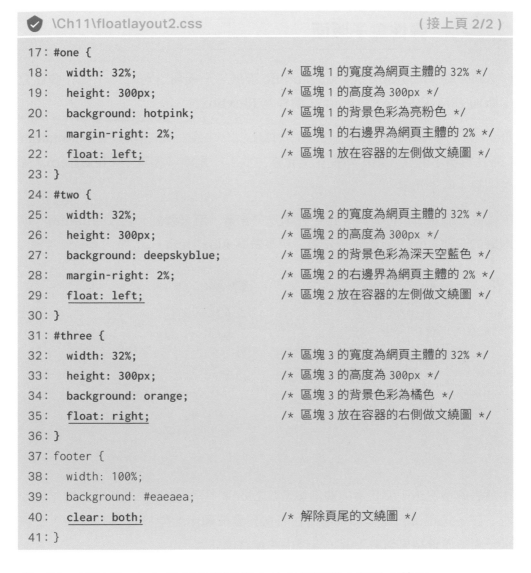

```
     ✅   \Ch11\floatlayout2.css                              （接上頁 2/2）

17:  #one {
18:    width: 32%;                      /* 區塊 1 的寬度為網頁主體的 32% */
19:    height: 300px;                   /* 區塊 1 的高度為 300px */
20:    background: hotpink;             /* 區塊 1 的背景色彩為亮粉色 */
21:    margin-right: 2%;                /* 區塊 1 的右邊界為網頁主體的 2% */
22:    float: left;                     /* 區塊 1 放在容器的左側做文繞圖 */
23:  }
24:  #two {
25:    width: 32%;                      /* 區塊 2 的寬度為網頁主體的 32% */
26:    height: 300px;                   /* 區塊 2 的高度為 300px */
27:    background: deepskyblue;         /* 區塊 2 的背景色彩為深天空藍色 */
28:    margin-right: 2%;                /* 區塊 2 的右邊界為網頁主體的 2% */
29:    float: left;                     /* 區塊 2 放在容器的左側做文繞圖 */
30:  }
31:  #three {
32:    width: 32%;                      /* 區塊 3 的寬度為網頁主體的 32% */
33:    height: 300px;                   /* 區塊 3 的高度為 300px */
34:    background: orange;              /* 區塊 3 的背景色彩為橘色 */
35:    float: right;                    /* 區塊 3 放在容器的右側做文繞圖 */
36:  }
37:  footer {
38:    width: 100%;
39:    background: #eaeaea;
40:    clear: both;                     /* 解除頁尾的文繞圖 */
41:  }
```

◉ 22：使用 **float: left** 屬性將區塊 1 放在容器的左側做文繞圖。

◉ 29：使用 **float: left** 屬性將區塊 2 放在容器的左側做文繞圖，此時，區塊 2 會靠向區塊 1，兩者之間有 2% 的間距。

◉ 35：使用 **float: right** 屬性將區塊 3 放在容器的右側做文繞圖，此時，區塊 2 和區塊 3 之間有 2% 的間距。

◉ 40：使用 **clear: both** 屬性解除頁尾的文繞圖。

11-2 彈性盒子版面

CSS3 的 Flexible Box Layout Module 提供了一組屬性可以用來製作**彈性盒子版面** (Flexible Box Layout)，簡稱為 **Flexbox**。

Flexbox 的排版原則很簡單，就是在 HTML 文件中建立一個稱為 **Flex Container** （彈性容器）的父元素，然後在父元素中放入一個或多個稱為 **Flex Item** （彈性項目）的子元素。

下面是一個例子，外層的 <div> 元素是父元素，用來做為 Flex Container，而內層的三個 <div> 元素是子元素，用來做為 Flex Item。

✅ \Ch11\flex1.html	✅ \Ch11\flex1.css

```html
<div class="container">
  <div class="item">項目 1</div>
  <div class="item">項目 2</div>
  <div class="item">項目 3</div>
</div>
```

```css
.container {
  display: flex;
}
.item {
  background: cyan;
  padding: 10px;
  margin: 10px;
}
```

在預設的情況下，父元素的顯示類型為 block，所以三個子元素的瀏覽結果如左下圖，呈現由上往下排列，而在將父元素的顯示類型設定為 flex 後，三個子元素的瀏覽結果如右下圖，呈現由左往右排列。

❶ block 顯示類型會由上往下排列 　　　**❷** flex 顯示類型會由左往右排列

11-2-1 flex-direction (Flex Item 的排列方向)

我們可以使用 **flex-direction** 屬性設定 Flex Item 的排列方向，預設值為 **row**（由左往右），其它設定值還有 **row-reverse**（由右往左）、**column**（由上往下）和 **column-reverse**（由下往上）。

下面是一個例子，它示範了不同排列方向的瀏覽結果。

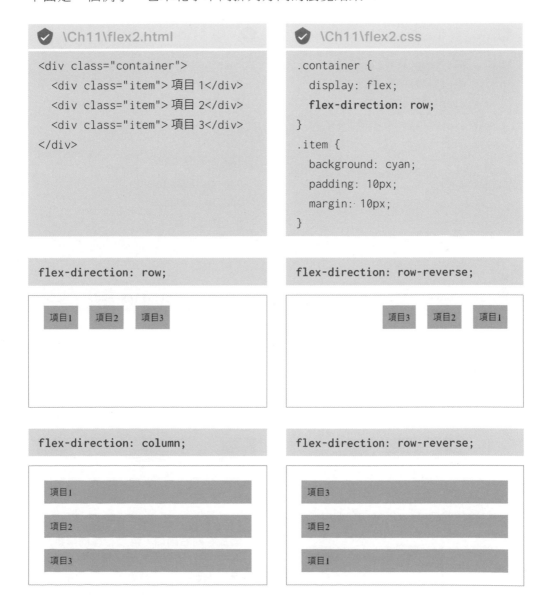

| ✅ \Ch11\flex2.html | ✅ \Ch11\flex2.css |

```html
<div class="container">
  <div class="item">項目 1</div>
  <div class="item">項目 2</div>
  <div class="item">項目 3</div>
</div>
```

```css
.container {
  display: flex;
  flex-direction: row;
}
.item {
  background: cyan;
  padding: 10px;
  margin: 10px;
}
```

flex-direction: row;

項目1 項目2 項目3

flex-direction: row-reverse;

項目3 項目2 項目1

flex-direction: column;

項目1
項目2
項目3

flex-direction: row-reverse;

項目3
項目2
項目1

11-2-2 justify-content (Flex Item 的水平對齊方式)

我們可以使用 **justify-content** 屬性設定 Flex Item 的水平對齊方式，預設值為 **flex-start**（對齊開頭），其它設定值還有 **flex-end**（對齊結尾）、**center**（置中）、**space-between**（左右對齊）和 **space-around**（分散對齊）。

下面是一個例子，它示範了不同水平對齊方式的瀏覽結果。

\Ch11\flex3.html	\Ch11\flex3.css
| ```html
<div class="container">
  <div class="item">項目 1</div>
  <div class="item">項目 2</div>
  <div class="item">項目 3</div>
</div>
``` | ```css
.container {
  display: flex;
  justify-content: flex-start;
  background: beige;
}
.item {
  background: cyan;
  padding: 10px;
  margin: 10px;
}
``` |

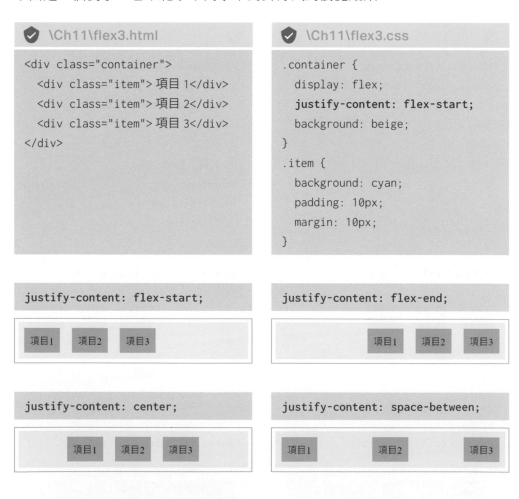

註：「左右對齊」是將第一個和最後一個子元素放在左右兩端，再以相等間隔排列子元素；「分散對齊」是以相等間隔排列所有子元素。

11-2-3　align-items（Flex Item 的垂直對齊方式）

我們可以使用 **align-items** 屬性設定 Flex Item 的垂直對齊方式，預設值為 **stretch**（延伸），其它設定值還有 **flex-start**（對齊上端）、**flex-end**（對齊下端）、**center**（置中）和 **baseline**（對齊基準線）。

下面是一個例子，它示範了不同垂直對齊方式的瀏覽結果。

✓ \Ch11\flex4.html

```
<div class="container">
  <div class="item">
    項目 1<br> 項目 1</div>
  <div class="item"> 項目 2</div>
  <div class="item"> 項目 3</div>
</div>
```

✓ \Ch11\flex4.css

```
.container {
  display: flex;
  align-items: stretch;
  background: beige;
}
.item {
  background: cyan;
  padding: 10px;
  margin: 10px;
}
```

align-items: stretch;

align-items: flex-start;

align-items: flex-end;

align-items: center;

align-items: baseline;

註：stretch（延伸）會根據父元素的高度或子元素的最大高度，將所有子元素的高度切齊。

11-2-4 flex-wrap (Flex Item 的換行方式)

我們可以使用 **flex-wrap** 屬性設定 Flex Item 的換行方式，預設值為 **nowrap**（不換行），其它設定值還有 **wrap**（自動換行，由上往下排列）和 **wrap-reverse**（自動換行，由下往上排列）。

下面是一個例子，它示範了不同換行方式的瀏覽結果。

✔ \Ch11\flex5.html	✔ \Ch11\flex5.css

``html
<div class="container">
  <div class="item">項目 1</div>
  <div class="item">項目 2</div>
  <div class="item">項目 3</div>
  <div class="item">項目 4</div>
  <div class="item">項目 5</div>
  <div class="item">項目 6</div>
  <div class="item">項目 7</div>
</div>
``
	``css
	.container {
	  display: flex;
	  flex-wrap: nowrap;
	}
	.item {
	  background: cyan;
	  padding: 10px;
	  margin: 10px;
	}
	``

11-2-5 align-content (Flex Item 的多行對齊方式)

我們可以使用 **align-content** 屬性設定 Flex Item 的多行對齊方式，預設值為 **stretch**（延伸），其它設定值還有 **flex-start**（對齊上端）、**flex-end**（對齊下端）、**center**（置中）、**space-between**（上下對齊）和 **space-around**（分散對齊）。

下面是一個例子，它示範了不同多行對齊方式的瀏覽結果。

✅ \Ch11\flex6.html

```html
<div class="container">
  <div class="item"> 項目 1</div>
  <div class="item"> 項目 2</div>
  <div class="item"> 項目 3</div>
  <div class="item"> 項目 4</div>
  <div class="item"> 項目 5</div>
  <div class="item"> 項目 6</div>
  <div class="item"> 項目 7</div>
  <div class="item"> 項目 8</div>
  <div class="item"> 項目 9</div>
  <div class="item"> 項目 10</div>
</div>
```

✅ \Ch11\flex6.css

```css
.container {
  display: flex;
  flex-wrap: wrap;
  align-content: stretch;
  background: beige;
  height: 300px;
}
.item {
  background: cyan;
  padding: 10px;
  margin: 10px;
}
```

`align-content: stretch;`

`align-content: flex-start;`

NOTE

- 「上下對齊」是將第一個和最後一個子元素放在上下兩端,再以相等間隔排列子元素;「分散對齊」是以相等間隔排列所有子元素。

- 若要使用 align-content 屬性,Flex Container 必須設定為自動換行,也就是要加上 flex-wrap: wrap 或 flex-wrap: wrap-reverse 屬性。

- 為了方便呈現 align-content 屬性的效果,容器必須要有足夠的高度,所以此例透過 height: 300px 屬性將容器的高度設定為 300px。

11-2-6 order (個別 Flex Item 的顯示順序)

我們可以使用 **order** 屬性設定個別 Flex Item 的顯示順序，預設值為 0，其它設定值可以是正整數，數字愈大，顯示順序就愈後面。

下面是一個例子，它將項目 1 和項目 2 的 order 屬性設定為 2、1，項目 3 和項目 4 則維持預設值 0，所以顯示順序是項目 3、項目 4、項目 2、項目 1。

✅ \Ch11\order.html	✅ \Ch11\order.css

```html
<div class="container">
  <div class="item">項目 1</div>
  <div class="item">項目 2</div>
  <div class="item">項目 3</div>
  <div class="item">項目 4</div>
</div>
```

```css
.container {
  display: flex;
}
.item {
  background: cyan;
  padding: 10px;
  margin: 10px;
}
/* 將第一個子元素的順序設定為 2 */
div div:nth-child(1){
  order: 2;
}
/* 將第二個子元素的順序設定為 1 */
div div:nth-child(2){
  order: 1;
}
```

11-2-7 align-self (個別 Flex Item 的垂直對齊方式)

我們可以使用 **align-self** 屬性設定個別 Flex Item 的垂直對齊方式，預設值為 **stretch** (延伸)，其它設定值還有 **flex-start** (對齊上端)、**flex-end** (對齊下端)、**center** (置中) 和 **baseline** (對齊基準線)。

下面是一個例子，它示範了個別 Flex Item 的垂直對齊方式。為了方便呈現 align-self 屬性的效果，所以此例將容器的高度設定為 150px。

🛡 \Ch11\alignself.html	🛡 \Ch11\alignself.css

```html
<div class="container">
  <div class="item"> 項目 1</div>
  <div class="item"> 項目 2</div>
  <div class="item"> 項目 3</div>
  <div class="item"> 項目 4</div>
  <div class="item"> 項目 5</div>
</div>
```

```css
.container {
  display: flex;
  background: beige;
  height: 150px;
}
.item {
  background: cyan;
  padding: 10px;
  margin: 10px;
}
div div:nth-child(1){
  align-self: stretch;
}
div div:nth-child(2){
  align-self: flex-start;
}
div div:nth-child(3){
  align-self: flex-end;
}
div div:nth-child(4){
  align-self: center;
}
div div:nth-child(5){
  align-self: baseline;
}
```

❶ 延伸　❷ 對齊上端　❸ 對齊下端　❹ 置中　❺ 對齊基準線

11-2-8　flex-basis (個別 Flex Item 的大小)

我們可以使用 **flex-basis** 屬性設定個別 Flex Item 的大小，設定值是「長度」、「百分比」或 auto (預設值)。當 flex-direction 屬性是 row 或 row-reverse 時，這指的是 Flex Item 的寬度；當 flex-direction 屬性是 column 或 column-reverse 時，這指的是 Flex Item 的高度。下面是一個例子，它將第二個 Flex Item 的寬度設定為 100px。

🛡 \Ch11\flexbasis.html

```html
<div class="container">
  <div class="item">項目 1</div>
  <div class="item">項目 2</div>
  <div class="item">項目 3</div>
  <div class="item">項目 4</div>
</div>
```

🛡 \Ch11\flexbasis.css

```css
.container {
  display: flex;
}
.item {
  background: cyan;
  padding: 10px;
  margin: 10px;
}
div div:nth-child(2){
  flex-basis: 100px;
}
```

在本節的最後，我們要使用彈性盒子版面的技巧製作如下的三欄式版面，當可視區域縮小時，網頁版面會按比例縮小，但不會小於設定的最小寬度 600px；相反的，當可視區域放大時，網頁版面會按比例放大，但不會超過設定的最大寬度 960px。

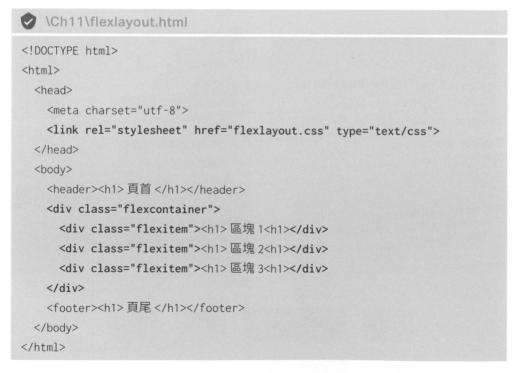

\Ch11\flexlayout.html

```html
<!DOCTYPE html>
<html>
  <head>
    <meta charset="utf-8">
    <link rel="stylesheet" href="flexlayout.css" type="text/css">
  </head>
  <body>
    <header><h1> 頁首 </h1></header>
    <div class="flexcontainer">
      <div class="flexitem"><h1> 區塊 1<h1></div>
      <div class="flexitem"><h1> 區塊 2<h1></div>
      <div class="flexitem"><h1> 區塊 3<h1></div>
    </div>
    <footer><h1> 頁尾 </h1></footer>
  </body>
</html>
```

🛡 \Ch11\flexlayout.css

```
01: @charset "UTF-8";
02: * {
03:   margin: 0;
04:   padding: 0;
05: }
06: body {
07:   width: 100%;
08:   min-width: 600px;
09:   max-width: 960px;
10:   background: beige;
11:   margin: 0 auto;
12: }
13: header {
14:   width: 100%;
15:   background: #eaeaea;
16: }
17: footer {
18:   width: 100%;
19:   background: #eaeaea;
20: }
21: .flexcontainer {
22:   display: flex;                     /* 設定 Flex Container */
23:   justify-content: space-between;    /* Flex Item 左右對齊 */
24: }
25: .flexitem {
26:   width: 32%;              /* Flex Item 的寬度為容器的 32% */
27:   height: 300px;          /* Flex Item 的高度為 300px */
28:   background: lightgreen;  /* Flex Item 的背景色彩為淺綠色 */
29: }
```

✅ 21 ~ 24：設定 Flex Container，同時將 Flex Item 的水平對齊方式設定為左右對齊。

✅ 25 ~ 29：設定 Flex Item 的寬度、高度與背景色彩。原則上，Flex Item 的高度取決於內容的多寡，每個 Flex Item 會切齊最大高度，此例為了美觀起見，所以將高度設定為 300px。

11-19

11-3 格線版面

CSS3 的 Grid Layout Module 提供了一組屬性可以用來製作**格線版面** (Grid Layout)，這是一種平面設計方式，利用固定的格子分割版面來設計布局，將文字、圖片等內容排列整齊。

格線版面的排版原則很簡單，就是在 HTML 文件中建立一個稱為 **Grid Container** (格線容器) 的父元素，然後在父元素中放入一個或多個稱為 **Grid Item** (格線項目) 的子元素，而 Grid Item 彼此之間的空隙稱為 **Grid Gap** (格線間距)。

下面是一個例子，外層的 <div> 元素是父元素，我們將其顯示類型設定為 grid，用來做為 Grid Container，而內層的六個 <div> 元素是子元素，用來做為 Grid Item，瀏覽結果如下圖，呈現由上往下排列，預設的格線間距為 0。

✅ \Ch11\grid1.html	✅ \Ch11\grid1.css

```html
<div class="container">
  <div class="item">項目 1</div>
  <div class="item">項目 2</div>
  <div class="item">項目 3</div>
  <div class="item">項目 4</div>
  <div class="item">項目 5</div>
  <div class="item">項目 6</div>
</div>
```

```css
.container {
  background: beige;
  display: grid;
}
.item {
  background: cyan;
  padding: 10px;
}
```

項目1

項目2

項目3

項目4

項目5

項目6

11-3-1 grid-template-columns (Grid Item 的寬度)

我們可以使用 **grid-template-columns** 屬性設定 Grid Item 的寬度,其語法
如下:

```
grid-template-columns: none | 長度 | 百分比 | flex
```

- ✅ **none**:沒有明確的格線 (預設值)。

- ✅ **長度**:使用度量單位設定 Grid Item 的寬度,例如 grid-template-columns: 100px 200px 300px 表示一列有三個 Grid Item,寬度為 100px、200px、300px。

- ✅ **百分比**:使用百分比設定 Grid Item 的寬度,例如 grid-template-columns: 30% 70% 表示一列有兩個 Grid Item,寬度為 Grid Container 的 30%、70%。

- ✅ **flex**:使用名稱為 **fr** 的單位設定 Grid Item 的寬度,fr 指的是比例,例如 grid-template-columns: 1fr 2fr 3fr 表示一列有三個 Grid Item,寬度比例為 1:2:3。

下面是一個例子,一列有兩個 Grid Item,寬度均為 100px,所以六個 Grid Item 會排成三列。為了區隔每個 Grid Item,我們加上 gap: 10px 屬性,將 Grid Item 的間距設定為 10px,下一節會介紹 gap 屬性。

✅ \Ch11\grid2.html

```html
<div class="container">
  <div class="item">項目 1</div>
  <div class="item">項目 2</div>
  <div class="item">項目 3</div>
  <div class="item">項目 4</div>
  <div class="item">項目 5</div>
  <div class="item">項目 6</div>
</div>
```

✅ \Ch11\grid2.css

```css
.container {
  background: beige;
  display: grid;
  grid-template-columns: 100px 100px;
  gap: 10px;
}
.item {
  background: cyan;
  padding: 10px;
}
```

11-21

❶ Grid Item 的寬度為 100px　　**❷** 格線間距為 10px

若將 grid-template-columns: 100px 100px; 改寫成 **grid-template-columns: 1fr 1fr;**，則瀏覽結果如下圖，此時，一列有兩個 Grid Item，寬度比例為 1:1。

❶ Grid Item 的寬度比例為 1:1　　**❷** 格線間距為 10px

11-3-2　gap (Grid Item 的間距)

我們可以使用下列屬性設定 Grid Item 的間距：

- **row-gap**：設定列與列的格線間距，其語法如下，有「長度」、「百分比」、normal (正常) 等設定值，預設值為 normal：

```
row-gap: 長度 | 百分比 | normal
```

- **column-gap**：設定行與行的格線間距，其語法如下，有「長度」、「百分比」、normal (正常) 等設定值，預設值為 normal：

```
column-gap: 長度 | 百分比 | normal
```

gap：這是綜合了 row-gap 和 column-gap 兩個屬性的速記，其語法如下，設定值可以有一個或兩個，中間以空白字元隔開，當有一個值時，該值會套用到所有格線間距；當有兩個值時，第一個值會套用到列與列的格線間距，而第二個值會套用到行與行的格線間距：

```
gap: 設定值 1 [ 設定值 2 ]
```

下面是一個例子，列與列的格線間距為 20px，而行與行的格線間距為 40px。請仔細觀察瀏覽結果，只有 Grid Item 彼此之間有空隙，至於所有 Grid Item 的上下左右四邊仍會貼齊 Grid Container 的邊緣。

\Ch11\grid3.html

```html
<div class="container">
  <div class="item">項目 1</div>
  <div class="item">項目 2</div>
  <div class="item">項目 3</div>
  <div class="item">項目 4</div>
  <div class="item">項目 5</div>
  <div class="item">項目 6</div>
  <div class="item">項目 7</div>
  <div class="item">項目 8</div>
  <div class="item">項目 9</div>
</div>
```

\Ch11\grid3.css

```css
.container {
  background: beige;
  display: grid;
  grid-template-columns: 1fr 1fr 1fr;
  gap: 20px 40px;
}
.item {
  background: cyan;
  padding: 10px;
}
```

11-3-3 grid-template-rows (Grid Item 的高度)

我們可以使用 **grid-template-rows** 屬性設定 Grid Item 的高度,其語法如下:

```
grid-template-rows: none | 長度 | 百分比 | flex
```

預設值為 **none**,表示沒有明確的格線,而 *flex* 是使用名稱為 **fr** 的單位設定 Grid Item 的高度,例如 grid-template-rows: 100px 200px 表示一行有兩個 Grid Item,高度為 100px、200px,而 grid-template-rows: 1fr 2fr 3fr 表示一行有三個 Grid Item,高度比例為 1:2:3。

下面是一個例子,一列有三個 Grid Item,寬度比例為 1:1:1,而一行有兩個 Grid Item,高度比例為 1:2。

✅ \Ch11\grid4.html

```html
<div class="container">
  <div class="item"> 項目 1</div>
  <div class="item"> 項目 2</div>
  <div class="item"> 項目 3</div>
  <div class="item"> 項目 4</div>
  <div class="item"> 項目 5</div>
  <div class="item"> 項目 6</div>
</div>
```

✅ \Ch11\grid4.css

```css
.container {
  background: beige;
  display: grid;
  grid-template-columns: 1fr 1fr 1fr;
  grid-template-rows: 1fr 2fr;
  gap: 10px;
}
.item {
  background: cyan;
  padding: 10px;
}
```

項目1	項目2	項目3
項目4	項目5	項目6

在本節的最後，我們要使用格線版面的技巧製作如下的三欄式版面，當可視區域縮小時，網頁版面會按比例縮小，但不會小於設定的最小寬度 600px；相反的，當可視區域放大時，網頁版面會按比例放大，但不會超過設定的最大寬度 960px。

✅ \Ch11\gridlayout.html

```html
<body>
  <header><h1> 頁首 </h1></header>
  <div class="gridcontainer">
    <div class="griditem"><h1> 區塊 1<h1></div>
    <div class="griditem"><h1> 區塊 2<h1></div>
    <div class="griditem"><h1> 區塊 3<h1></div>
    <div class="griditem"><h1> 區塊 4<h1></div>
    <div class="griditem"><h1> 區塊 5<h1></div>
    <div class="griditem"><h1> 區塊 6<h1></div>
    <div class="griditem"><h1> 區塊 7<h1></div>
    <div class="griditem"><h1> 區塊 8<h1></div>
    <div class="griditem"><h1> 區塊 9<h1></div>
  </div>
  <footer><h1> 頁尾 </h1></footer>
</body>
```

✓ \Ch11\gridlayout.css

```css
01: @charset "UTF-8";
02: * {
03:   margin: 0;
04:   padding: 0;
05: }
06: body {
07:   width: 100%;
08:   min-width: 600px;
09:   max-width: 960px;
10:   background: beige;
11:   margin: 0 auto;
12: }
13: header {
14:   width: 100%;
15:   background: #eaeaea;
16: }
17: footer {
18:   width: 100%;
19:   background: #eaeaea;
20: }
21: .gridcontainer {
22:   display: grid;                          /* 設定 Grid Container */
23:   grid-template-columns: 1fr 1fr 1fr;     /* Grid Item 的寬度比例為 1:1:1 */
24:   grid-template-rows: 150px 150px 150px;  /* Grid Item 的高度均為 150px */
25:   gap: 20px;                              /* Grid Item 的間距為 20px */
26: }
27: .griditem {
28:   background: lightgreen;                 /* Grid Item 的背景色彩為淺綠色 */
29: }
```

原則上，float 屬性適合應用在文繞圖，彈性盒子版面適合應用在排成一列的多欄式版面，而格線版面適合應用在排成多列的多欄式版面，您可以視實際情況靈活運用這些技巧進行版面設計。

變形、轉場、動畫
與媒體查詢

12-1 變形屬性

CSS 針對變形提供了數個屬性，例如 transform、transform-origin、transform-box、transform-style、perspective、perspective-origin、backface-visibility 等，這些屬性分別屬於 CSS Transforms Level 1 和 Level 2 模組。本節將介紹 transform 和 transform-origin 屬性，至於其它屬性，有興趣的讀者可以參考 CSS 官方文件 https://www.w3.org/TR/css-transforms-1/ 和 https://www.w3.org/TR/css-transforms-2/。

12-1-1 transform (2D、3D 變形)

我們可以使用 **transform** 屬性進行位移、縮放、旋轉、傾斜等變形，其語法如下，預設值為 none (無)，而變形函數又有 2D 和 3D 之分：

```
transform: none | 變形函式
```

2D 變形函式	說明
translate(x[, y]) translateX(x) translateY(y)	根據參數 x 所指定的水平距離和參數 y 所指定的垂直距離進行位移，若沒有參數 y，就採取 0；translateX(x) 相當於 translate(x, 0)；translateY(y) 相當於 translate(0, y)。
scale(x[, y]) scaleX(x) scaleY(y)	根據參數 x 所指定的水平倍率和參數 y 所指定的垂直倍率進行縮放，若沒有參數 y，就採取和參數 x 相同的值；scaleX(x) 相當於 scale(x, 1)；scaleY(y) 相當於 scale(1, y)。
rotate(angle)	以 transform-origin 屬性的值 (預設值為正中央) 為原點往順時針方向旋轉參數 angle 所指定的角度，例如 rotate(90deg) 是以正中央為原點往順時針方向旋轉 90 度。
skew(angleX[, angleY]) skewX(angleX) skewY(angleY)	在 X 軸及 Y 軸方向傾斜參數 angleX 和參數 angleY 所指定的角度，若沒有參數 angleY，就採取 0；skewX(angleX) 相當於 skew(angleX, 0)；skewY(angleY) 相當於 skew(0, angleY)。
matrix(a, b, c, d, e, f)	根據參數所指定的矩陣進行變形，該矩陣為 $\begin{bmatrix} a & c & 0 & e \\ b & d & 0 & f \\ 0 & 0 & 1 & 0 \\ 0 & 0 & 0 & 1 \end{bmatrix}$。

3D 變形函式	說明
translate3d(*x, y, z*)、translateZ(*z*)	3D 位移
scale3d(*x, y, z, angle*)、scaleZ(*z*)	3D 縮放
rotate3d(*x, y, z, angle*)、rotateX(*angle*)、rotateY(*angle*)、rotateZ(*angle*)	3D 旋轉
perspective()	3D 透視投影
matrix3d()	3D 變形

下面是一個例子，其中區塊只有設定寬度、高度、前景色彩和背景色彩，尚未設定任何變形，瀏覽結果如下圖。

✅ \Ch12\transform.html

```
01: <!DOCTYPE html>
02: <html>
03:   <head>
04:     <meta charset="utf-8">
05:     <title>變形</title>
06:     <style>
07:       div {
08:         width: 200px; height: 50px;
09:         color: white; background-color: darkturquoise;
10:       }
11:     </style>
12:   </head>
13:   <body>
14:     <div></div>
15:   </body>
16: </html>
```

若在第 06 ~ 11 行加入 **translate()** 變形函式，將區塊水平位移 100 像素和垂直位移 50 像素，瀏覽結果如下圖，紅色虛線表示區塊在位移之前的位置。

```
<style>
  div {
    width: 200px; height: 50px;
    color: white; background-color: darkturquoise;
    transform: translate(100px, 50px);    /* 位移也可以是負值，表示相反方向 */
  }
</style>
```

若在第 06 ~ 11 行加入 **scale()** 變形函式，將區塊水平縮放 0.5 倍和垂直縮放 0.5 倍，瀏覽結果如下圖，紅色虛線表示區塊在縮放之前的位置。

```
<style>
  div {
    width: 200px; height: 50px;
    color: white; background-color: darkturquoise;
    transform: scale(0.5, 0.5);
  }
</style>
```

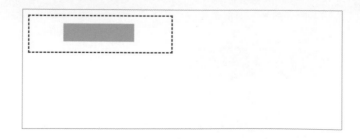

若在第 06 ~ 11 行加入 **skew()** 變形函式,將區塊在 X 軸方向傾斜 20 度,瀏覽結果如下圖,紅色虛線表示區塊在傾斜之前的位置。

```
<style>
  div {
    width: 200px; height: 50px;
    color: white; background-color: darkturquoise;
    transform: skew(20deg, 0);        /* 角度也可以是負值,表示相反方向 */
  }
</style>
```

若在第 06 ~ 11 行加入 **rotate()** 變形函式,將區塊以正中央為原點往順時針方向旋轉 5 度,瀏覽結果如下圖,紅色虛線表示區塊在旋轉之前的位置。

```
<style>
  div {
    width: 200px; height: 50px;
    color: white; background-color: darkturquoise;
    transform: rotate(5deg);        /* 角度也可以是負值,表示相反方向 */
  }
</style>
```

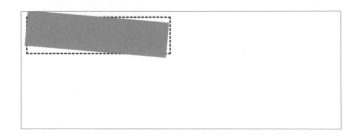

12-1-2 transform-origin (變形原點)

我們可以使用 **transform-origin** 屬性設定變形原點，其語法如下，第一個值為水平位置，第二個值為垂直位置，預設值為 50% 50%，表示正中央：

```
transform-origin: [ 長度 | 百分比 | left | center | right]
                  [ 長度 | 百分比 | top | center | bottom]
```

下面是一個例子，它先將區塊的變形原點設定為左下角，然後往順時針方向旋轉 30 度，瀏覽結果如下圖，紅色虛線表示區塊在旋轉之前的位置。

> \Ch12\transformorigin.html

```
<!DOCTYPE html>
<html>
  <head>
    <meta charset="utf-8">
    <title> 變形 </title>
    <style>
      div {
        width: 200px; height: 50px;
        color: white; background-color: darkturquoise;
        transform-origin: left bottom;    /* 將變形原點設定為左下角 */
        transform: rotate(30deg);         /* 往順時針方向旋轉 30 度 */
      }
    </style>
  </head>
  <body>
    <div></div>
  </body>
</html>
```

12-2 轉場屬性

CSS 轉場 (CSS transition) 指的是以動畫的方式改變屬性值，讓元素從一種樣式轉換成另一種樣式，例如當指標移到按鈕時，按鈕的背景色彩從紅色逐漸轉換成綠色；或當指標移到圖片時，圖片從小逐漸變大。CSS 針對轉場提供了數個屬性，以下有進一步的說明。

12-2-1 transition-property（要進行轉場的屬性）

transition-property 屬性用來設定要進行轉場的屬性，其語法如下：

```
transition-property: none | all | 屬性
```

- **none**（無）：沒有屬性要進行轉場。
- **all**（全部）：所有屬性都要進行轉場（預設值）。
- **屬性**：只有指定的屬性要進行轉場，例如 transition-property: color, font-size 表示要進行轉場的是 color 和 font-size 兩個屬性。

12-2-2 transition-timing-function（轉場的變化速度）

transition-timing-function 屬性用來設定轉場的變化速度，其語法如下：

```
transition-timing-function: ease | ease-in | ease-out | ease-in-out | linear
```

- **ease**：開始到結束是採取逐漸加速到中間再逐漸減速（預設值）。
- **ease-in**：開始到結束是採取由慢到快的速度。
- **ease-out**：開始到結束是採取由快到慢的速度。
- **ease-in-out**：開始到結束是採取由慢到快再到慢的速度。
- **linear**：開始到結束是採取相同的速度，例如 transition-timing-function: linear 表示以等速進行轉場。

12-2-3　transition-duration (轉場的持續時間)

transition-duration 屬性用來設定要在多少時間內完成轉場,其語法如下:

```
transition-duration: 時間
```

時間以 s (秒) 或 ms (毫秒) 為單位,預設值為 0s (0 秒),例如 transition-duration: 5s 表示要在 5 秒內完成轉場。

12-2-4　transition-delay (轉場的延遲時間)

transition-delay 屬性用來設定要等多少時間才開始轉場,其語法如下:

```
transition-delay: 時間
```

時間以 s (秒) 或 ms (毫秒) 為單位,預設值為 0s (0 秒),例如 transition-delay: 200ms 表示要等 200 毫秒才開始轉場。

12-2-5　transition (轉場屬性速記)

transition 屬性是前述幾個轉場屬性的速記,其語法如下:

```
transition:<transition-property> || <transition-timing-function> ||
           <transition-duration> || <transition-delay>
```

屬性值的中間以空白字元隔開,省略不寫的屬性值會使用預設值,若有兩個時間,則前者為持續時間,後者為延遲時間。若要設定多個屬性的轉場,中間以逗號隔開。

下面是一個例子,我們先將超連結的外觀設定為黃底黑字,然後設定當指標移到超連結時,會以動畫的方式逐漸轉換成綠底白字。請注意,**transition: background-color 3s 0s, color 2s 1s;** 表示要進行轉場的是 background-color 和 color 兩個屬性,其中 background-color 3s 0s 表示要在 3 秒內轉換背景色彩,沒有延遲時間,而 color 2s 1s 表示要等 1 秒才開始轉場,而且要在 2 秒內轉換前景色彩。

\Ch12\transition.html

```html
<!DOCTYPE html>
<html>
  <head>
    <meta charset="utf-8">
    <title> 轉場 </title>
    <style>
      /* 將超連結的外觀設定為黃底黑字 */
      a {
        width: 75px; padding: 10px;
        text-decoration: none;
        background-color: yellow; color: black;
        border-radius: 10px;
      }

      /* 當指標移到超連結時，會以動畫的方式逐漸轉換成綠底白字 */
      a:hover {
        background-color: green; color: white;
        transition: background-color 3s 0s, color 2s 1s;
      }
    </style>
  </head>
  <body>
    <a href="login.html">登入系統 </a>
  </body>
</html>
```

❶ 一開始為黃底黑字　　❷ 當指標移到時會逐漸轉換成綠底白字

12-3 動畫屬性

CSS 動畫 (CSS animation) 和 CSS 轉場一樣是以動畫的方式改變屬性值,讓元素從一種樣式轉換成另一種樣式,例如元素在網頁上移動、元素逐漸淡入或淡出等。兩者主要的差別如下:

- CSS 轉場只能呈現元素的某些屬性值從開始樣式轉換成結束樣式的動態效果,而 CSS 動畫可以在**關鍵影格** (keyframe) 裡面指明元素在不同時間點的樣式,以營造更複雜的動態效果。

- CSS 轉場只能顯示一次,而 CSS 動畫可以設定播放次數或反向播放。

- CSS 轉場通常是透過使用者的行為來啟動,例如將指標移到按鈕,而 CSS 動畫可以在網頁載入時自動播放。

CSS 針對動畫提供了數個屬性,以下有進一步的說明。

12-3-1 animation-name (動畫的名稱)

animation-name 屬性用來設定動畫的名稱,其語法如下,預設值為 none:

```
animation-name: none | 名稱
```

第一個字元可以是英文字母、底線 (_) 或減號 (-),其它字元可以是英文字母、底線 (_)、減號 (-) 或數字,例如 fade-in、move1、move2...。請注意,英文字母要區分大小寫,而且不可以是 none、unset、initial、inherit 等識別字。

12-3-2 animation-duration (動畫的持續時間)

animation-duration 屬性用來設定要在多少時間內播放一次動畫,其語法如下:

```
animation-duration: 時間
```

時間以 s (秒) 或 ms (毫秒) 為單位,預設值為 0s (0 秒),例如 animation-duration: 5s 表示要在 5 秒內播放一次動畫。

12-3-3　animation-delay（動畫的延遲時間）

animation-delay 屬性用來設定要等多少時間才開始播放動畫，其語法如下：

```
animation-delay: 時間
```

時間以 s（秒）或 ms（毫秒）為單位，預設值為 0s（0 秒），例如 animation-delay: 200ms 表示要等 200 毫秒才開始播放動畫。

12-3-4　animation-timing-function（動畫的變化速度）

animation-timing-function 屬性用來設定動畫的變化速度，其語法如下：

```
animation-timing-function: ease | ease-in | ease-out | ease-in-out | linear
```

預設值為 ease，這些設定值的意義和 transition-timing-function 屬性相同。

12-3-5　animation-iteration-count（動畫的播放次數）

animation-iteration-count 屬性用來設定動畫的播放次數，其語法如下：

```
animation-iteration-count: 播放次數
```

播放次數為 0 到無限次 (infinite)，預設值為 1，例如 animation-iteration-count: infinite 表示要播放無限次。請注意，0 是有效的設定值，其作用就類似 animation-duration: 0s，動畫會立刻播放，沒有延遲時間。

12-3-6　animation-play-state（動畫的播放狀態）

animation-play-state 屬性用來設定動畫的播放狀態，其語法如下：

```
animation-play-state: running | paused
```

- ✅ **running**：正在執行（預設值）。
- ✅ **paused**：暫停。

12-3-7　animation-fill-mode（動畫的播放前後狀態）

animation-fill-mode 屬性用來設定動畫的播放前後狀態，其語法如下：

```
animation-fill-mode: none | forwards | backwards | both
```

- **none**：動畫尚未播放前的狀態（預設值）。
- **forwards**：停留在動畫結束時的狀態。
- **backwards**：停留在動畫開始時的狀態。
- **both**：forwards 和 backwards 兩者均適用。

12-3-8　animation-direction（動畫的播放方向）

animation-direction 屬性用來設定動畫的播放方向，其語法如下：

```
animation-direction: normal | reverse | alternate | alternate-reverse
```

- **normal**（正向）：依照指定方向播放（預設值）。
- **reverse**（反向）：依照相反方向播放。
- **alternate**（交替）：奇數次是依照指定方向播放，而偶數次是依照相反方向播放。
- **alternate-reverse**（反交替）：奇數次是依照相反方向播放，而偶數次是依照指定方向播放。

12-3-9　animation（動畫屬性速記）

animation 屬性是前述幾個動畫屬性的速記，屬性值的中間以空白字元隔開，省略不寫的屬性值會使用預設值，若有兩個時間，則前者為持續時間，後者為延遲時間，例如 **animation: move 3s 1s linear 10;** 是將動畫的名稱、持續時間、延遲時間、變化速度、播放次數設定為 move、3 秒、1 秒、等速、10 次。

範例 1

這個例子會利用 CSS 動畫，令標題 1 在 2 秒內從視窗右側 (即左邊界為 100%) 移入到視窗左側 (即左邊界為 0%)，程式重點如下：

- 13 ~ 16：使用 @keyframes 指令定義**關鍵影格** (keyframe)，裡面指明了元素在起點 **from** 和終點 **to** 兩個時間點的寬度與左邊界。

- 07 ~ 11：在元素設定動畫，包括動畫的名稱、持續時間、變化速度。

✓ \Ch12\animation1.html

```
01: <!DOCTYPE html>
02: <html>
03:   <head>
04:     <meta charset="utf-8">
05:     <title>動畫 </title>
06:     <style>
07:       h1 {
08:         animation-name: slide;
09:         animation-duration: 2s;
10:         animation-timing-function: linear;
11:       }
12:
13:       @keyframes slide {
14:         from {width: 100%; margin-left: 100%;}
15:         to   {width: 100%; margin-left: 0%;}
16:       }
17:     </style>
18:   </head>
19:   <body>
20:     <h1>Hello, world!</h1>
21:   </body>
22: </html>
```

❶ 使用 @keyframes 指令定義關鍵影格

❷ 定義名稱為 slide 的動畫

❸ 設定起點的屬性值，from 亦可寫成 0%

❹ 設定終點的屬性值，to 亦可寫成 100%

❺ 在元素設定動畫

❻ 動畫的名稱為 slide

❼ 動畫的持續時間為 2 秒

❽ 動畫的變化速度為等速

範例 2

這個例子在關鍵影格裡面指明了元素在起點 0% 和終點 100% 兩個時間點的透明度,然後在元素設定動畫,令標題 1 在 100 毫秒內從透明變成不透明,無限次交替播放,以營造出閃爍的效果。

\Ch12\animation2.html

```
01: <!DOCTYPE html>
02: <html>
03:   <head>
04:     <meta charset="utf-8">
05:     <title> 動畫 </title>
06:     <style>
07:       h1 {
08:    ❻  animation-name: blink;
09:    ❼  animation-duration: 100ms;
10: ❺ ❽  animation-timing-function: linear;
11:    ❾  animation-iteration-count: infinite;
12:    ❿  animation-direction: alternate;
13:       }
14:
15:  ❶    @keyframes blink {           ❷
16:    ❸  0%   {opacity: 0;}
17:    ❹  100% {opacity: 1;}
18:       }
19:     </style>
20:   </head>
21:   <body>
22:     <h1>Hello, world!</h1>
23:   </body>
24: </html>
```

❶ 使用 @keyframes 指令定義關鍵影格

❷ 定義名稱為 blink 的動畫

❸ 設定起點的屬性值(透明)

❹ 設定終點的屬性值(不透明)

❺ 在元素設定動畫

❻ 動畫的名稱為 blink

❼ 動畫的持續時間為 100 毫秒

❽ 動畫的變化速度為等速

❾ 動畫的播放次數為無限次

❿ 動畫的播放方向為交替

範例 3

這個例子在關鍵影格裡面指明了元素在起點 0%、終點 100% 和中間點 50% 三個時間點的水平位移,然後在元素設定動畫,令藍色圓形在 3 秒內從左移到右再移到左,無限次播放,以營造出左右來回移動的效果。

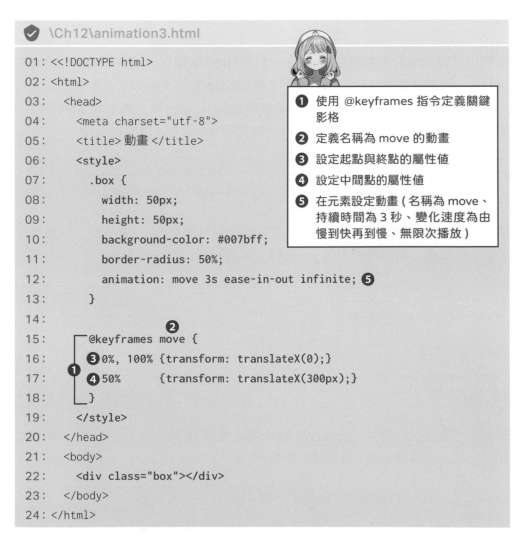

```
01: <<!DOCTYPE html>
02: <html>
03:   <head>
04:     <meta charset="utf-8">
05:     <title> 動畫 </title>
06:     <style>
07:       .box {
08:         width: 50px;
09:         height: 50px;
10:         background-color: #007bff;
11:         border-radius: 50%;
12:         animation: move 3s ease-in-out infinite; ❺
13:       }
14:
15:       @keyframes move { ❷
16:       ❸0%, 100% {transform: translateX(0);}
17:       ❹50%      {transform: translateX(300px);}
18:       }
19:     </style>
20:   </head>
21:   <body>
22:     <div class="box"></div>
23:   </body>
24: </html>
```

\Ch12\animation3.html

❶ 使用 @keyframes 指令定義關鍵影格

❷ 定義名稱為 move 的動畫

❸ 設定起點與終點的屬性值

❹ 設定中間點的屬性值

❺ 在元素設定動畫 (名稱為 move、持續時間為 3 秒、變化速度為由慢到快再到慢、無限次播放)

12-15

12-4 媒體查詢

HTML 和 CSS 允許網頁設計人員針對不同的媒體類型量身訂做不同的樣式，常見的媒體類型如下，預設值為 **all**。

媒體類型	說明
all	全部裝置 (預設值)。
screen	螢幕 (例如瀏覽器)。
print	列印裝置 (包含使用預覽列印所產生的文件，例如 PDF 檔)。

我們可以將媒體查詢撰寫在 <link> 元素的 **media** 屬性，或將媒體查詢撰寫在 <style> 元素裡面的 **@import** 指令或 **@media** 指令，例如下面的敘述是使用 <link> 元素的 media 屬性設定當媒體類型為 screen 時，就套用 screen.css 檔的樣式表；當媒體類型為 print 時，就套用 print.css 檔的樣式表：

```
<link rel="stylesheet" type="text/css" media="screen" href="screen.css">
<link rel="stylesheet" type="text/css" media="print" href="print.css">
```

例如下面的敘述是使用 @media 指令設定當媒體類型為 screen 時，就將標題 1 顯示成綠色；當媒體類型為 print 時，就將標題 1 列印成紅色：

```
@media screen {
  h1 {color: green;}
}
@media print {
  h1 {color: red;}
}
```

例如下面的敘述是使用 @import 指令設定當媒體類型為 screen 時，就套用 screen.css 檔的樣式表；當媒體類型為 print 時，就套用 print.css 檔的樣式表：

```
@import url("screen.css") screen;
@import url("print.css") print;
```

隨著愈來愈多使用者透過行動裝置上網，網頁設計人員經常需要根據 PC 或行動裝置的特徵來設計不同的樣式。CSS Media Queries 模組中常見的媒體特徵如下，詳細規格可以參考 CSS 官方文件 https://www.w3.org/TR/mediaqueries-3/。

特徵與設定值	說明	min/max prefixes
width: 長度	可視區域的寬度 (包含捲軸)。	Yes
height: 長度	可視區域的高度 (包含捲軸)。	Yes
device-width: 長度	輸出裝置 (例如螢幕) 的寬度。	Yes
device-height: 長度	輸出裝置 (例如螢幕) 的高度。	Yes
orientation: portrait | landscape	可視區域的方向，portrait 表示直向，也就是 height 的值大於等於 width 的值，反之則為 landscape 表示橫向。	No
aspect-ratio: 比例	可視區域的寬高比 (例如 16/9 表示 16:9)。	Yes
device-aspect-ratio: 比例	輸出裝置的寬高比 (例如 480/768 表示水平及垂直方向為 480 和 768 像素)。	Yes
color: 正整數或 0	輸出裝置的色彩位元數目，0 表示非彩色裝置。	Yes
color-index: 正整數或 0	輸出裝置的色彩索引位元數目，0 表示非彩色裝置。	Yes
resolution: 解析度	輸出裝置的解析度，以 dpi (dots per inch) 或 dpcm (dots per centimeter) 為單位。	Yes
pointer: none | coarse | fine any-pointer: none | coarse | fine	使用者是否有指向裝置，none 表示無；coarse 表示精確度較差，例如觸控螢幕；fine 表示精確度較佳，例如滑鼠。	No
hover: none | hover any-hover: none | hover	是否能將指標停留在元素，none 表示不能，hover 表示能。	No

註：在 min/max prefixes 欄位中，Yes 表示可以加上前置詞 min- 或 max- 取得特徵的最小值或最大值，例如 min-width 表示可視區域的最小寬度，而 max-width 表示可視區域的最大寬度。

下面是一個例子，我們撰寫三個媒體查詢：

- 06 ~ 08：當可視區域的寬度小於等於 500 像素時（例如手機），就將網頁背景設定為亮粉色。

- 10 ~ 12：當可視區域的寬度介於 501 ~ 768 像素時（例如平板電腦），就將網頁背景設定為橘色。

- 14 ~ 16：當可視區域的寬度大於等於 769 像素時（例如桌機或筆電），就將網頁背景設定為深天空藍色。

這些媒體查詢使用 **and** 運算子連接多個媒體特徵，表示在它們均成立的情況下才套用指定的樣式。

✅ \Ch12\media1.html

```
01: <!DOCTYPE html>
02: <html>
03:   <head>
04:     <meta charset="utf-8">
05:     <style>
06:       @media screen and (max-width: 500px){
07:         body {background: hotpink;}
08:       }
09:
10:       @media screen and (min-width: 501px) and (max-width: 768px){
11:         body {background: orange;}
12:       }
13:
14:       @media screen and (min-width: 769px) {
15:         body {background: deepskyblue;}
16:       }
17:     </style>
18:   </head>
19:   <body>
20:   </body>
21: </html>
```

瀏覽結果如下圖,當可視區域的寬度小於等於 500 像素時,網頁背景為亮粉色,隨著可視區域的寬度超過 500 和 768 像素,就會變成橘色和深天空藍色。

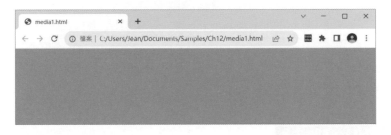

此外,我們也可以根據不同的裝置套用不同的樣式表,以下面的敘述為例,第 01 行是設定當可視區域的寬度小於等於 500 像素時(例如手機),就套用 S.css 樣式表,第 02 ~ 03 行是設定當可視區域的寬度介於 501 ~ 768 像素時(例如平板電腦),就套用 M.css 樣式表,而第 04 ~ 05 行是當可視區域的寬度大於等於 769 像素時(例如桌機或筆電),就套用 L.css 樣式表。

```
01: <link rel="stylesheet" type="text/css" href="S.css" media="screen">
02: <link rel="stylesheet" type="text/css" href="M.css" media="screen and
03:   (min-width: 501px) and (max-width:768px)">
04: <link rel="stylesheet" type="text/css" href="L.css" media="screen and
05:   (min-width: 769px)">
```

下面是另一個例子，當可視區域的方向為 portrait（直向）時，網頁背景為橘色；當可視區域的方向為 landscape（橫向）時，網頁背景為深天空藍色。

```html
<!DOCTYPE html>
<html>
  <head>
    <meta charset="utf-8">
    <style>
      /* 直向顯示 */
      @media screen and (orientation: portrait){
        body {background: orange;}
      }
      /* 橫向顯示 */
      @media screen and (orientation: landscape) {
        body {background: deepskyblue;}
      }
    </style>
  </head>
  <body>
  </body>
</html>
```

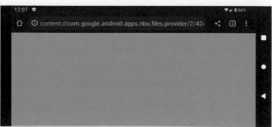

CHAPTER

13

響應式網頁設計實例
—圖庫網站

13-1 開發適用於不同裝置的網頁

隨著無線網路與行動通訊的蓬勃發展,行動上網的比例已經大幅超越 PC 上網,這意味著傳統以 PC 為主要考量的網頁設計思維必須要改變,因為行動瀏覽器雖然能夠顯示大部分的 PC 網頁,卻經常會遇到下面幾種情況:

- 行動裝置的螢幕較小,使用者往往得透過頻繁的拉近、拉遠、捲動,才能閱讀網頁的資訊。

- 行動裝置的執行速度較慢、上網頻寬較小,若網頁包含太大的圖片、影片或 JavaScript 程式碼,可能耗時過久無法順利顯示。

- 行動裝置的操作方式是以觸控為主,不再是傳統的滑鼠或鍵盤,因此,PC 網頁到了行動裝置可能會變得不好操作,例如網頁尺寸較大、超連結層次較多、無法輸入大量文字、按鈕太小不易觸控或沒有觸控回饋效果,以致於使用者重複點按。

為此,愈來愈多人希望開發適用於不同裝置的網頁,常見的做法有兩種,分別是「自適應網頁設計」(AWD) 和「響應式網頁設計」(RWD)。

13-1-1 自適應網頁設計 (AWD)

自適應網頁設計 (AWD,Adaptive Web Design) 指的是一種網頁設計方式,目的是針對不同的上網裝置或螢幕尺寸設計不同的網頁內容,以進行優化,提供更好的使用者體驗,例如針對 PC 開發一種版本的網站,稱為「PC 網站」,同時亦針對行動裝置開發另一種版本的網站,稱為「行動網站」,兩者的網址不同,網頁內容也不盡相同,當使用者連線到網站時,會根據上網裝置自動轉址到 PC 網站或行動網站。

舉例來說,圖❶是 momo 的 PC 網站 (https://www.momoshop.com.tw/),而圖❷是 momo 的行動網站 (https://m.momoshop.com.tw/),對於這種購物網類型的網站來說,其行動網站除了著重執行效能,商品的分類與動線的設計更是重要,才能帶給行動裝置的使用者直覺流暢的操作體驗。

❶ momo 購物網的 PC 網站　　❷ momo 購物網的行動網站

AWD 的優點是針對不同裝置量身訂做適合的網站，不必因為要適用於不同裝置而有所妥協，例如 PC 網站可以保留一些特殊的動畫或功能，行動網站可以發揮行動裝置的特點（觸控、照相、定位、錄音、錄影、電話...），而且程式碼比較簡潔。

雖然有著前述優點，同時也不乏大型的商業網站採取 AWD（例如 momo 購物網、Yahoo! 奇摩、博客來...），不過，這會面臨下列問題：

✅ 開發與維護成本隨著網站規模遞增

當網站規模愈來愈大時，光是針對 PC、平板電腦、智慧型手機等不同裝置開發專屬的網站就是日益沉重的工作，一旦資料需要更新，還得一一更新個別的網站，不僅耗費時間與人力，也容易導致資料不同步。

✅ 不同裝置的網站有各自的網址

以前面舉的 momo 購物網為例，其 PC 網站的網址為 https://www.momoshop.com.tw/，而其行動網站的網址為 https://m.momoshop.com.tw/，多個網址可能不利於搜尋引擎為網站建立索引，影響自然排序名次；或者，當自動轉址程式無法正確判斷使用者的上網裝置時，可能會開啟不適合該裝置的網站。

13-1-2 響應式網頁設計 (RWD)

響應式網頁設計 (RWD，Responsive Web Design) 指的是一種網頁設計方式，目的是根據使用者的瀏覽器環境 (例如寬度或方向等)，自動調整網頁的版面配置，以提供最佳的顯示結果，換句話說，只要設計單一版本的網頁，就能完整顯示在 PC、平板電腦、智慧型手機等裝置。

以 LV 網站 (https://tw.louisvuitton.com/) 為例，它會隨著可視區域的寬度自動調整版面配置，當寬度夠大時，會顯示如圖❶，隨著寬度縮小，會按比例縮小，如圖❷，最後變成單欄版面，如圖❸。這就是響應式網頁設計的基本精神，不僅網頁的內容只有一種，網頁的網址也只有一個，達到所謂的 One Web One URL (單一網站單一網址)。

響應式網頁設計的優點

✓ 網頁內容只有一種

由於響應式網頁是同一份 HTML 文件透過 CSS 的技巧，以根據可視區域的寬度自動調整版面配置，因此，無須針對不同裝置開發專屬的網站，一旦資料需要更新，只要更新同一份 HTML 文件即可，這樣就不用擔心費時費力和資料不同步的問題。

✓ 網址只有一個

響應式網頁的網址只有一個，所以不會影響網站被搜尋引擎找到的自然排名，也不會發生自動轉址程式誤判上網裝置的情況。

✓ 技術門檻較低

響應式網頁只要透過 HTML 和 CSS 就能夠達成，不像自動轉址程式必須使用 JavaScript 或 PHP 來撰寫。

響應式網頁設計的缺點

✓ 瀏覽器相容性問題

響應式網頁需要使用 HTML5 的部分功能與 CSS3 的媒體查詢功能，舊版瀏覽器可能不支援。不過，隨著瀏覽器逐漸更新或淘汰，相容性問題也就比較少見了。

✓ 複雜的測試與維護

響應式網頁要同時兼顧不同裝置，所以程式碼比較複雜，而且需要花費較多時間在不同裝置進行模擬操作、測試與維護。

✓ 無法充分發揮裝置的特點

為了要適用於不同裝置，響應式網頁的功能必須有所妥協，例如一些在 PC 廣泛使用的動畫或功能可能無法在行動裝置執行，而必須放棄不用；無法針對行動裝置的觸控、螢幕可旋轉、電話、照相、定位等特點開發專屬的操作介面。

響應式網頁設計的主要技術

響應式網頁設計主要會使用到下面三種技術：

✅ 媒體查詢

透過 CSS 的**媒體查詢** (media query) 功能，以針對媒體類型量身訂做樣式表，例如根據可視區域的寬度自動調整版面配置。

✅ 流動圖片

流動圖片 (fluid image) 指的是在設定圖片或物件等元素的大小時，根據其容器的大小比例做縮放，而不要設定絕對大小，如此一來，當螢幕的大小改變時，元素的大小也會自動按比例縮放，以同時適用於 PC 和行動裝置。

✅ 流動格線

流動格線 (fluid grid) 包含**格線設計** (grid design) 與**液態版面** (liquid layout)，前者指的是利用固定的格子分割版面來設計布局，將內容排列整齊，而後者指的是根據可視區域的寬度自由縮放網頁上的元素。

隨著響應式網頁設計成為主流，許多網站導入「多欄式版面」，行動網頁通常採取如圖❶的單欄式，而 PC 網頁因為寬度較大，可以採取如圖❷的兩欄式或如圖❸的三欄式。

❶	❷	❸
頁首	頁首	頁首
導覽列	導覽列	導覽列
主要內容	主要內容　次要內容	導覽列　主要內容　次要內容
次要內容		
頁尾	頁尾	頁尾

行動優先 (mobile first) 指的是在設計網站時應以優化行動裝置體驗為主要考量,其它裝置次之,但這並不是說要從行動網站開始設計,而是在設計網站的過程中優先考量網頁在行動裝置上的操作性與可讀性,不能將傳統的 PC 網頁直接移植到行動裝置,畢竟 PC 和行動裝置的特點不同。

事實上,在開發響應式網頁時,優先考量如何設計行動網頁是比較有效率的做法,畢竟手機的限制比較多,先想好要在行動網頁放置哪些必要的內容,再來想 PC 網頁可以加上哪些選擇性的內容並逐步加強功能。

目前已經有許多網站導入行動優先的概念,以下圖的微軟網站 (https://www.microsoft.com/zh-tw) 為例,無論是 PC、平板電腦或手機的使用者都可以透過單一網址瀏覽網站,網頁會根據可視區域的寬度自動調整欄位的數目與順序。

13-2 響應式網頁設計原則

雖然響應式網頁和傳統的 PC 網頁所使用的技術差不多，不外乎是 HTML、CSS、JavaScript 或 PHP、ASP.NET 等伺服器端 Script。不過，誠如我們在前面所提到的，行動裝置具有螢幕較小、執行速度較慢、上網頻寬較小、以觸控操作為主等特點，因此，在設計響應式網頁時請注意下面幾個事項：

☑ 確認網站的主題、品牌或產品的形象，使用者介面以簡明扼要為原則，簡單明確的內容比強大齊全的功能更重要。以下圖的蘋果電腦網站 (https://www.apple.com/tw/) 為例，它維持了蘋果電腦一貫的極簡風格，只使用文字與圖片來構成畫面，沒有多餘的裝飾，凸顯出產品的設計美學與獨特性，而且網頁上只放置基本內容與功能，讓使用者一眼就能看出主題。

☑ 網站的架構不要太多層，舉例來說，傳統的 PC 網頁通常會包含首頁、分類首頁、各個分類的內容網頁等三層式架構，而響應式網頁則建議改成首頁、各個內容網頁等兩層式架構，以免使用者迷路了。

☑ 盡量減少使用太大的動畫、影片、圖片或 JavaScript 程式碼，以免下載時間太久，或超過執行時間限制而被強制關閉，建議使用 CSS 來設定背景、透明度、動畫、轉場、陰影、漸層等效果。

✅ 按鈕要醒目容易觸碰，最好還有視覺回饋，在一觸碰按鈕時就產生色彩變化，讓使用者知道已經成功點擊按鈕，而且在載入網頁時可以加上說明或圖案，讓使用者知道正在載入，以免重複觸碰按鈕。

✅ 提供設計良好的導覽列或「導覽按鈕」(又稱為「漢堡選單」)，方便使用者查看進一步的內容，亦可導入「多欄排版」的概念。以下圖的 BBC 網站 (https://www.bbc.com/news) 為例，它會根據可視區域的寬度自動調整版面配置，當寬度夠大時，會顯示三欄版面，隨著寬度縮小，會變成兩欄版面，最後變成單欄版面。

13-3 手刻響應式網頁 (圖庫網站)

在本節中,我們將透過下面的例子示範響應式網頁設計。由於手機、平板電腦與 PC 常見的可視區域寬度是 320 ~ 480px、768px 以上、1024px 以上,因此,我們採取 500px 和 768px 兩個斷點,並將網頁的最大寬度設定為 960px。

圖❶ 為小尺寸裝置的瀏覽結果,當可視區域的寬度 ≦ 500px 時 (手機版),主要內容會顯示單欄;圖❷ 為中尺寸裝置的瀏覽結果,當可視區域的寬度介於 501px ~ 768px 時 (平板電腦版),主要內容會顯示兩欄。

圖 ❸ 為大尺寸裝置的瀏覽結果，當可視區域的寬度 ≧ 769px 時 (PC 版)，主要內容會顯示三欄；圖 ❹ 亦為大尺寸裝置的瀏覽結果，當可視區域的寬度大於 960px 時，網頁內容會維持 960px，兩側顯示空白。

13-3-1 撰寫 HTML 文件

我們將這個例子的 HTML 程式碼列出來,包含「頁首」、「導覽列」、「主要內容」與「頁尾」等部分,相關的講解如下:

- 05:設定**可視區域** (viewport),做為瀏覽器顯示畫面時的縮放基準。**width=device-width** 表示將可視區域的寬度設定為裝置螢幕的**邏輯解析度**,也就是**實際解析度除以裝置像素比 (DPR)**,而 **initial-scale=1** 表示將網頁讀取完畢時的初始縮放比設定為 1:1,如此一來,當使用者透過手機瀏覽網頁時,就能正確顯示畫面。

- 06:設定 HTML 文件的關鍵字。

- 07:設定 HTML 文件的描述。

- 09:設定**網站圖示** (favicon),該圖示會顯示在瀏覽器的標題列或搜尋結果中,此例是使用一個 64px×64px 的圖檔 favicon.png Ⓜ。

- 10:使用 <link> 元素連結樣式表檔案 myphotos.css。

- 14 ~ 16:此為「頁首」,裡面有網站名稱,您可以視實際需要進行調整,例如加上 E-mail 輸入欄位、登入按鈕、搜尋欄位等。

- 19 ~ 25:此為「導覽列」,包含「相片」、「影片」和「使用者」等項目,會連結到 photos.html、videos.html 和 users.html 等網頁。

- 28 ~ 68:此為「主要內容」,裡面有一個標題和六張相片,包含相片圖檔、攝影師與詳細資料,其中「詳細資料」超連結會連結到 photo1.html ~ photo6.html 等網頁。

- 71 ~ 77:此為「頁尾」,包含「MyPhotos」、「服務條款」、「隱私權政策」和「Back to top」等超連結,前三者會連結到 about.html、service.html 和 privacy.html 等網頁,而後者用來返回網頁上方。

此外,請您稍微記一下 HTML 元素的 id 屬性或 class 屬性,因為在設定樣式的時候會用到。

\Ch13\myphotos.html (下頁續 1/2)

```
01: <!DOCTYPE html>
02: <html>
03:   <head>
04:     <meta charset="utf-8">
05:     <meta name="viewport" content="width=device-width, initial-scale=1">
06:     <meta name="keywords" content=" 圖庫 , 相片 , 影片 ">
07:     <meta name="description" content=" 高品質圖庫 , 相片 , 影片 , 免費使用與改作 ">
08:     <title>MyPhotos</title>
09:     <link rel="icon" type="image/png" sizes="64x64" href="favicon.png">
10:     <link rel="stylesheet" type="text/css" href="myphotos.css">
11:   </head>
12:   <body>
13:     <!-- 頁首 -->
14:     <header>
15:       <h1 id="title1">MyPhotos</h1>
16:     <header>
17:
18:     <!-- 導覽列 -->
19:     <nav>
20:       <ul>
21:         <li><a href="photos.html"> 相片 </a></li>
22:         <li><a href="videos.html"> 影片 </a></li>
23:         <li><a href="users.html"> 使用者 </a></li>
24:       </ul>
25:     </nav>
26:
27:     <!-- 主要內容 -->
28:     <main>
29:       <h2 id="title2"> 年度相片精選 </h2>
30:       <div class="gridcontainer">
31:         <!-- 第一張相片 -->
32:         <div class="griditem">
33:           <img src="photo1.jpg" class="img-photo">
34:           <h3> 攝影師：Nubia Navarro</h3>
35:           <p><a class="a-detail" href="photo1.html"> 詳細資料 &raquo;</a></p>
36:         </div>
37:         <!-- 第二張相片 -->
38:         <div class="griditem">
39:           <img src="photo2.jpg" class="img-photo">
```

```
40:         <h3> 攝影師：Og Mpango</h3>
41:         <p><a class="a-detail" href="photo2.html"> 詳細資料 &raquo;</a></p>
42:       </div>
43:       <!-- 第三張相片 -->
44:       <div class="griditem">
45:         <img src="photo3.jpg" class="img-photo">
46:         <h3> 攝影師：Ylanite Koppens</h3>
47:         <p><a class="a-detail" href="photo3.html"> 詳細資料 &raquo;</a></p>
48:       </div>
49:       <!-- 第四張相片 -->
50:       <div class="griditem">
51:         <img src="photo4.jpg" class="img-photo">
52:         <h3> 攝影師：Somben Chea</h3>
53:         <p><a class="a-detail" href="photo4.html"> 詳細資料 &raquo;</a></p>
54:       </div>
55:       <!-- 第五張相片 -->
56:       <div class="griditem">
57:         <img src="photo5.jpg" class="img-photo">
58:         <h3> 攝影師：Kristina</h3>
59:         <p><a class="a-detail" href="photo5.html"> 詳細資料 &raquo;</a></p>
60:       </div>
61:       <!-- 第六張相片 -->
62:       <div class="griditem">
63:         <img src="photo6.jpg" class="img-photo">
64:         <h3> 攝影師：Tom Swinnen</h3>
65:         <p><a class="a-detail" href="photo6.html"> 詳細資料 &raquo;</a></p>
66:       </div>
67:     </div>
68:   </main>
69:
70:   <!-- 頁尾 -->
71:   <footer>
72:     <hr>
73:     <a class="a-about" href="about.html">MyPhotos</a>．
74:     <a class="a-about" href="service.html"> 服務條款 </a>．
75:     <a class="a-about" href="privacy.html"> 隱私權政策 </a>
76:     <a class="a-back"  href="#">Back to top</a>
77:   </footer>
78:  </body>
79: </html>
```

13-3-2 撰寫 CSS 樣式

在使用 HTML 將網頁的內容定義完畢後,接下來要使用 CSS 設計網頁的外觀,我們會先撰寫手機版與共用樣式,等測試無誤後,再來撰寫平板電腦版樣式和 PC 版樣式。

在設定好手機版與共用樣式後,網頁會以單欄的形式顯示主要內容的六張相片 (包含相片圖檔、攝影師與詳細資料),瀏覽結果如下圖。

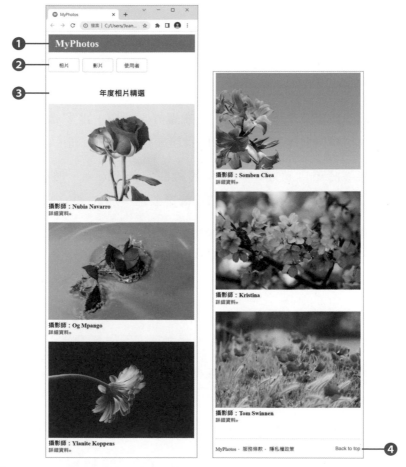

❶ 頁首　　❷ 導覽列　　❸ 主要內容 (一個標題和六張相片)　　❹ 頁尾

我們將手機版與共用樣式列出來，這份程式碼雖然有點長，但是很容易理解，相關的講解已經標示在程式碼裡面，比較重要的如下：

◎ 003 ～ 006：替所有元素去除瀏覽器預設的邊界與留白。

◎ 008 ～ 012：第 009 行是將網頁主體的寬度設定為可視區域的 100%；第 010 行是將網頁主體的最大寬度設定為 960px，一旦可視區域的寬度超過 960px，網頁內容會維持 960px，兩側顯示空白；第 011 行是透過 margin: 0 auto 將網頁主體置中，後面還會使用相同技巧將區塊置中。

◎ 014 ～ 018：將頁首、導覽列、主要內容、頁尾的顯示類型設定為 block，寬度設定為容器寬度（即網頁主體）的 96%，剩下的 4% 會平均分配給左右邊界，讓這些區塊置中。

◎ 025 ～ 028：將項目清單的顯示類型設定為 flex（彈性版面），令三個項目由左往右排成一列。

◎ 030 ～ 037：設定三個項目的寬度、右邊界、留白、清單樣式（不顯示項目符號）、框線與框線圓角，讓它們看起來就像三個按鈕。

◎ 039 ～ 044：將項目超連結的顯示層級設定為 block，然後設定文字置中、黑色、沒有底線，因為超連結預設為藍色、加底線。

◎ 061 ～ 065：設定放置六張相片的格線容器，第 062 行是將顯示類型設定為 grid（格線版面）；第 063 行是將格線間距設定為 20px；第 064 行是設定一列有一個格線項目。

◎ 067 ～ 070：將圖片設定為響應式圖片，其中 max-width: 100% 表示圖片的寬度會隨著容器寬度做縮放，但最大寬度不得超過圖片的原始大小。

◎ 084 ～ 089：將「Back to top」超連結設定為靠右文繞圖，然後設定超連結的前景色彩、字型及沒有底線。

◎ 092 ～ 094：此為平板電腦版樣式 (501px ～ 768px)，稍後會介紹。

◎ 097 ～ 099：此為 PC 版樣式 (≧ 769px)，稍後會介紹。

✓ \Ch13\myphotos.css （下頁續 1/3）

```
001: @charset "UTF-8";
002: /* 手機版與共用樣式 */
003: * {
004:     margin: 0;
005:     padding: 0;
006: }
007:
008: body {
009:     width: 100%;
010:     max-width: 960px;
011:     margin: 0 auto;
012: }
013:
014: header, nav, main, footer {
015:     display: block;
016:     width: 96%;
017:     margin: 0 auto;
018: }
019:
020: header {
021:     color: white;
022:     background: seagreen;
023: }
024:
025: nav > ul {
026:     display: flex;
027:     margin-top: 20px;
028: }
029:
030: nav > ul > li {
031:     width: 75px;
032:     margin-right: 10px;
033:     padding: 10px;
034:     list-style: none;
035:     border: 1px solid silver;
036:     border-radius: 5px;
037: }
038:
```

去除所有元素的邊界與留白

設定網頁主體的寬度、最大寬度與邊界

設定頁首、導覽列、主要內容、頁尾的顯示類型（區塊）、寬度與邊界

設定頁首的前景色彩與背景色彩

設定項目清單的顯示類型（彈性版面）與上邊界

設定項目的寬度、右邊界、留白、清單樣式（不顯示項目符號）、框線與框線圓角

\Ch13\myphotos.css　　　　　　　　　　　　　（下頁續 2/3）

```
039: nav > ul > li > a {
040:    display: block;
041:    text-align: center;
042:    text-decoration: none;
043:    color: black;
044: }
045:
046: hr {
047:    border-top: 1px solid rgba(0,0,0,0.2);
048:    margin: 50px 0 20px;
049: }
050:
051: #title1 {
052:    margin: 10px;
053:    padding: 10px;
054: }
055:
056: #title2 {
057:    text-align: center;
058:    margin: 50px 0 20px;
059: }
060:
061: .gridcontainer {
062:    display: grid;
063:    gap: 20px;
064:    grid-template-columns: 1fr;
065: }
066:
067: .img-photo {
068:    max-width: 100%;
069:    height: auto;
070: }
071:
072: .a-detail {
073:    text-decoration: none;
074:    color: #0066ff;
075:    font-weight: bold;
076: }
```

設定項目超連結的顯示類型（區塊）、文字對齊、文字裝飾（無）與前景色彩

設定水平線的上框線與邊界

設定網站名稱的邊界與留白

設定標題的文字對齊與邊界

設定放置六張相片的格線容器，顯示類型為 grid，格線間距為 20px，一列有一個格線項目

設定相片的最大寬度（原圖的 100%）與高度（按比例縮放）

設定「詳細資料」超連結的文字裝飾（無）、前景色彩與粗體

✅ \Ch13\myphotos.css （接上頁 3/3）

```
077:
078: .a-about {
079:     text-decoration: none;
080:     color: #000000;
081:     padding: 20px 0;
082: }
083:
084: .a-back {
085:     float: right;
086:     text-decoration: none;
087:     color: #0066ff;
088:     font-family: "Arial";
089: }
090:
091: /* 平板電腦版樣式（501px ~ 768px）*/
092: @media screen and (min-width: 501px) {
093:     /* 在此撰寫平板電腦版樣式（稍後會介紹）*/
094: }
095:
096: /* PC 版樣式（≧ 769px）*/
097: @media screen and (min-width: 769px) {
098:     /* 在此撰寫 PC 版樣式（稍後會介紹）*/
099: }
```

設定頁尾中前三個超連結的文字裝飾（無）、前景色彩與留白

設定「Back to top」超連結靠右文繞圖、文字裝飾（無）、前景色彩與字型

平板電腦版樣式

PC 版樣式

N🌀TE

本例所使用的六張相片取材自「免費圖庫相片 Pexels」網站 (https://www.pexels.com/zh-tw/)，感謝攝影師 Nubia Navarro、Og Mpango、Ylanite Koppens、Somben Chea、Kristina Paukshtite 和 Tom Swinnen。

Pexels 提供許多免費相片和影片，同時加入搜尋、分類及標籤等功能，讓使用者能夠更快速精準地找到想要的素材，無須註冊就能下載，而且採取 CC0 (Creative Commons Zero) 授權，允許使用者加以複製、編輯與修改。

平板電腦版樣式

在設定好手機版與共用樣式後，接下來要來設定平板電腦版樣式，網頁會以兩欄的形式顯示主要內容的六張相片，瀏覽結果如下圖。

1 頁首　　**2** 導覽列　　**3** 主要內容（一個標題和六張相片）　　**4** 頁尾

我們將平板電腦版樣式列出來，相關的講解如下：

◉ 092：使用媒體查詢功能設定當可視區域的寬度≧ 501px 時，就套用此處的樣式。

◉ 093 ~ 095：在格線容器類別裡面加上 grid-template-columns: 1fr 1fr，表示一列有兩個格線項目，寬度比例為 1:1，如此一來，六張相片會排成三列，每列各有兩張相片。

🛡 \Ch13\myphotos.css

```
089: ...（前面省略）
090:
091: /* 平板電腦版樣式 (501px ~ 768px) */
092: @media screen and (min-width: 501px) {
093:   .gridcontainer {
094:     grid-template-columns: 1fr 1fr;
095:   }
096: }
097:
098: /* PC 版樣式（≧ 769px）*/
099: @media screen and (min-width: 769px) {
100:   /* 在此撰寫 PC 版樣式（稍後會介紹）*/
101: }
```

如何設計斷點？

斷點（breakpoint）是讓網頁根據可視區域的寬度切換版面配置的基準點，數目取決於網頁有幾種版本，若有 PC 版和行動版兩種版本，那麼一個斷點就夠；若有 PC 版、平板電腦版和行動版三種版本，那麼需要兩個斷點。

我們通常會根據手機、平板電腦和 PC 的螢幕大小來設計斷點，例如 iPhone 13 / 13 Pro 是 390×844、iPhone 13 Pro Max 是 428×926；iPad 是 768×1024、iPad Pro（9.7 吋）是 768×1024、iPad Pro（10.5 吋）是 834×1112；PC 是 1024、1280 或以上，因此，最小的斷點大約是 480 ~ 767，中間的斷點大約是 768 ~ 1023，而最大的斷點大約是 1024 或以上，視網頁的實際版面而定。

PC 版樣式

在設定好平板電腦版樣式後,接下來要來設定 PC 版樣式,網頁會以三欄的形式顯示主要內容的六張相片,瀏覽結果如下圖。

① 頁首　　**②** 導覽列　　**③** 主要內容(一個標題和六張相片)　　**④** 頁尾

我們將 PC 版樣式列出來,相關的講解如下:

- 099:使用媒體查詢功能設定當可視區域的寬度 ≧ 769px 時,就套用此處的樣式。

- 100 ~ 102:在格線容器類別裡面加上 grid-template-columns: 1fr 1fr 1fr,表示一列有三個格線項目,寬度比例為 1:1:1,如此一來,六張相片會排成兩列,每列各有三張相片。

✅ \Ch13\myphotos.css

```
096: ...（前面省略）
097:
098: /* PC 版樣式（≧ 769px）*/
099: @media screen and (min-width: 769px) {
100:   .gridcontainer {
101:     grid-template-columns: 1fr 1fr 1fr;
102:   }
103: }
```

使用開發人員工具檢視網頁的瀏覽結果

在開發網頁的時候，我們可以使用瀏覽器提供的開發人員工具，檢視網頁在不同裝置上的瀏覽結果。以 Chrome 為例，請先開啟網頁，接著按 [F12] 鍵，進入開發人員工具，然後在下圖的清單中選擇裝置，就會顯示瀏覽結果。

❶ 在清單中選擇裝置，例如 [iPhone 12 Pro]　　❷ 顯示在該裝置上的瀏覽結果

❸ 若要自行設定可視區域的大小，可以選取 [Responsive]，然後輸入寬度與高度

13-4 手刻導覽按鈕 (漢堡選單)

成功做出第一個響應式網頁真是太好了！可是好像少了什麼重要的東西，沒錯，就是**導覽按鈕** (navigation button)，又稱為**漢堡選單** (hamburger menu) 或**漢堡圖示** (hamburger icon)，通常長成三條線的樣子，就像漢堡的外觀。

現在，我們就透過下面的例子示範如何手刻導覽按鈕，第 21 章會示範如何利用 Bootstrap 製作導覽按鈕，網路上也有其它樣式，您可以輸入類似「css hamburger menu」的關鍵字進行搜尋，也可以請 ChatGPT 幫忙撰寫。

這個例子有一個斷點是 768px，當可視區域的寬度大於 768px 時，導覽列的右側會顯示三個項目，如圖❶；當可視區域的寬度小於等於 768px 時，導覽列的右側會顯示漢堡圖示 ☰，如圖❷，點按一下會變成 ☒ 並拉下清單，如圖❸，再點按一下又會變回 ☰ 並收起清單，如圖❷。

首先，我們來撰寫 HTML 文件，在尚未套用 CSS 樣式時，瀏覽結果如下圖，裡面有網站名稱、一個核取方塊和一組項目清單。

```
\Ch13\hamburger.html

01: <!DOCTYPE html>
02: <html>
03:   <head>
04:     <meta charset="utf-8">
05:     <meta name="viewport" content="width=device-width, initial-scale=1">
06:     <title>Hamburger Menu</title>
07:     <link rel="stylesheet" href="hamburger.css">
08:   </head>
09:   <body>
10:     <nav>
11:       <div>MyPhotos</div>
12:   ❶ <input id="hamburger" type="checkbox">
13:     ┌<label class='hamburger-icon' for="hamburger">
14:   ❷   <div class='bar'></div>
15:     └</label>
16:       <ul class="menu">
17:         <li> 相片 </li>
18:         <li> 影片 </li>
19:         <li> 使用者 </li>
20:       </ul>
21:     </nav>
22:   </body>
23: </html>
```

MyPhotos
☐

- 相片
- 影片
- 使用者

❶ 核取方塊用來指示漢堡圖示的外觀，若未被核取，表示為 ☰；若被核取，表示為 ☒

❷ 標籤裡面有一個 <div> 區塊，用來放置漢堡圖示的三條線

接著，我們來撰寫 CSS 樣式，主要的重點如下：

- 001 ~ 076：這是共用的樣式，第 029 ~ 037 行是設定漢堡圖示的樣式；第 039 ~ 057 行是設定三條線的樣式；第 059 ~ 061 行是設定不顯示核取方塊；第 063 ~ 075 行是設定當核取方塊被核取時，☰ 會變成 ☒。

- 077 ~ 114：這是當可視區域的寬度小於等於 768px 時所要套用的樣式，第 079 ~ 081 行是設定要顯示漢堡圖示；第 083 ~ 100 行是設定項目清單的樣式，第 102 ~ 107 行是設定當核取方塊未被核取時，就收起清單，第 109 ~ 114 行是設定當核取方塊被核取時，就拉下清單。

\Ch13\hamburger.css (1/3 下頁續)

```
001: @charset "UTF-8";
002: * {
003:   margin: 0;
004:   padding: 0;
005: }
006:
007: nav {
008:   height: 40px;
009:   padding: 10px;
010:   background: royalblue;
011:   color: white;
012:   display: flex;
013:   flex-direction: row;
014:   justify-content: space-between;
015:   align-items: center;
016: }
017:
018: .menu {
019:   display: flex;
020:   flex-direction: row;
021:   list-style-type: none;
022: }
023:
024: .menu > li {
025:   margin-left: 10px;
026:   overflow: hidden;
027: }
028:
029: .hamburger-icon {
030:   width: 30px;
031:   height: 100%;
032:   cursor: pointer;
033:   display: none;
034:   flex-direction: column;
035:   justify-content: center;
036:   align-items: center;
037: }
038:
```

去除所有元素的邊界與留白

設定導覽列的高度、留白、背景色彩、前景色彩、顯示類型 (flex)、由左往右排列、左右對齊、垂直置中

設定項目清單的顯示類型 (flex)、由左往右排列、不顯示項目符號

設定項目的左邊界、隱藏溢出的內容

設定漢堡圖示的寬度、高度、指標 (手指形狀)、顯示類型 (不顯示)、由上往下排列、水平置中、垂直置中

✅ \Ch13\hamburger.css   (2/3 下頁續)

```
039: .bar, .bar::before, .bar::after {
040:   width: 30px;
041:   height: 4px;
042:   background: #ffffff;
043:   border-radius: 2px;
044:   display: block;
045:   position: absolute;
046:   transition: transform 300ms;
047: }
048:
049: .bar::before {
050:   content: '';
051:   margin-top: -8px;
052: }
053:
054: .bar::after {
055:   content: '';
056:   margin-top: 8px;
057: }
058:
059: #hamburger {
060:   display: none;
061: }
062:
063: #hamburger:checked + .hamburger-icon .bar::before {
064:   margin-top: 0;
065:   transform: rotate(45deg);
066: }
067:
068: #hamburger:checked + .hamburger-icon .bar {
069:   background-color: rgba(255, 255, 255, 0);
070: }
071:
072: #hamburger:checked + .hamburger-icon .bar::after {
073:   margin-top: 0;
074:   transform: rotate(-45deg);
075: }
076:
```

設定漢堡圖示的三條線的寬度、高度、背景色彩、圓角框線、顯示類型 (block)、絕對定位、轉場

設定漢堡圖示的第一條線往上移 8px

設定漢堡圖示的第三條線往下移 8px

設定核取方塊的顯示類型 (不顯示)

設定當核取方塊被核取時，漢堡圖示的第一條線的上邊界為 0、順時針旋轉 45 度

設定當核取方塊被核取時，漢堡圖示的第二條線為透明

設定當核取方塊被核取時，漢堡圖示的第三條線的上邊界為 0、逆時針旋轉 45 度

\Ch13\hamburger.css (3/3 接上頁)

```
077: /* 可視區域的寬度小於等於 768px 的樣式 */
078: @media (max-width: 768px) {
079:    .hamburger-icon {
080:      display: flex;
081:    }
082:
083:    .menu {
084:      width: 100%;
085:      margin-top: 60px;
086:      position: absolute;
087:      top: 0;
088:      left: 0;
089:      flex-direction: column;
090:      justify-content: center;
091:      align-items: center;
092:    }
093:
094:    .menu > li {
095:      width: 100%;
096:      margin: 0;
097:      background: black;
098:      color: white;
099:      text-align: center;
100:    }
101:
102:    #hamburger ~ .menu li {
103:      height: 0;
104:      padding: 0;
105:      border-bottom: 0;
106:      transition: 300ms;
107:    }
108:
109:    #hamburger:checked ~ .menu li {
110:      height: 20px;
111:      padding: 15px 0;
112:      border-bottom: 1px solid #777777;
113:      transition: 300ms;
114:    }
115: }
```

設定漢堡圖示的顯示類型 (flex)

設定項目清單的寬度、上邊界、絕對定位、上位移、左位移、由上往下排列、水平置中、垂直置中

設定項目的寬度、邊界、背景色彩、前景色彩、文字置中

設定當核取方塊未被核取時，項目的高度、留白、下框線、轉場

設定當核取方塊被核取時，項目的高度、留白、下框線、轉場

13-5 重置 CSS

由於不同的瀏覽器對於 HTML 元素的預設樣式可能有所不同，例如邊界、留白、字型…，導致瀏覽結果不盡相同。為了讓網頁在不同的瀏覽器中保持一致的外觀，我們可以透過重置 CSS 的方式來去除預設樣式。至於要如何重置 CSS，除了自行撰寫程式碼，也可以使用現成的 CSS 重置檔，例如 Github 發布的 ress.css，下載網址為 https://github.com/filipelinhares/ress。

下面是一個例子，它先使用 ress.css 重置 CSS（第 06 行），去除瀏覽器的預設樣式，然後使用 custom.css 自訂 CSS（第 07 行）。

🛡 \Ch13\custom.html

```
01: <!DOCTYPE html>
02: <html>
03:   <head>
04:     <meta charset="utf-8">
05:     <meta name="viewport" content="width=device-width, initial-scale=1">
06:     <link rel="stylesheet" href="ress.css">
07:     <link rel="stylesheet" href="custom.css">
08:     <title> 自訂表單 </title>
09:   </head>
10:   <body>
11:     <div class="container">
12:       <h1> 聯絡我們 </h1>
13:       <form class="custom-form">
14:         <label for="name"> 姓名 </label>
15:         <input type="text" id="name" name="name" required>
16:         <label for="email">Email</label>
17:         <input type="email" id="email" name="email" required>
18:         <label for="msg"> 訊息 </label>
19:         <textarea id="msg" name="msg" rows="4" required></textarea>
20:         <button type="submit"> 送出 </button>
21:       </form>
22:     </div>
23:   </body>
24: </html>
```

亦可改用 CDN 寫成 <link rel="stylesheet" href="https://cdn.rawgit.com/filipelinhares/ress/master/ dist/ress.min.css">

✓ \Ch13\custom.css

❶ `.container {`
　　`max-width: 600px;`
　　`margin: 0 auto; padding: 20px;`
　　`text-align: center;`
`}`

❷ `h1 {`
　　`margin-bottom: 20px;`
`}`

❸ `.custom-form {`
　　`display: flex;`
　　`flex-direction: column;`
`}`

❹ `label {`
　　`margin-bottom: 8px;`
　　`font-weight: bold;`
`}`

❺ `input[type="text"],input[type="email"],textarea {`
　　`padding: 10px;`
　　`margin-bottom: 15px;`
　　`border: 1px solid #cccccc;`
　　`border-radius: 5px;`
`}`

❻ `button[type="submit"] {`
　　`padding: 10px;`
　　`background-color: black;`
　　`color: white;`
　　`border: none; border-radius: 5px;`
　　`cursor: pointer; font-weight: bold;`
　　`transition: background-color 300ms ease;`
`}`

❼ `button[type="submit"]:hover {`
　　`background-color: #0000CC;`
`}`

❶ 設定容器的最大寬度、邊界、留白、文字置中

❷ 設定標題 1 的下邊界

❸ 設定表單的顯示類型、由上往下排列

❹ 設定標籤的下邊界、粗體

❺ 設定單行文字方塊和多行文字方塊的留白、下邊界、框線、框線圓角

❻ 設定按鈕的留白、背景色彩、前景色彩、框線（無）、框線圓角、指標（手指形狀）、粗體、轉場

❼ 設定當指標移到按鈕時的背景色彩

若以預設樣式來顯示，瀏覽結果如圖❶；若以 ress.css 去除預設樣式，瀏覽結果如圖❷，預設的留白、邊界、欄位框線、按鈕框線等樣式都被去除了；若以自訂樣式來顯示，瀏覽結果如圖❸，當指標移到「送出」按鈕時，還會以轉場效果改變背景色彩。

JavaScript 基本語法

14-1 撰寫第一個 JavaScript 程式

JavaScript 是一種應用廣泛的瀏覽器端 Script，瀏覽器大多內建 JavaScript 直譯器。JavaScript 和 HTML、CSS 都是網頁設計的核心技術，其中 JavaScript 用來定義網頁的行為，例如即時更新地圖、輪播圖片等。

我們可以將 JavaScript 程式寫進 HTML 文件，也可以放在外部檔案，若 JavaScript 程式比較短，可以採取前者；相反的，若 JavaScript 程式比較長，或有多人共同開發網站，可以採取後者，以維持各個檔案的獨立性並提高程式的可讀性。

14-1-1 將 JavaScript 程式寫進 HTML 文件

我們可以使用 **<script>** 元素將 JavaScript 程式寫進 HTML 文件，<script> 元素可以放在 <body>...</body> 區塊或 <head>...</head> 區塊，如圖（一）、（二）、（三），**一般建議是放在 </body> 結束標籤的前面**，如圖（一），尤其是當有大的 JavaScript 程式時，先讓渲染引擎將網頁顯示出來再載入 JavaScript 程式，比較不會有畫面延遲的情況。

```
<!DOCTYPE html>
<html>
  <head>
    <meta charset="utf-8">
    <title> 我的網頁 </title>
  </head>
  <body>
    ...HTML 原始碼...
    <script>
    ...JavaScript 程式...
    </script>
  </body>
</html>
```

圖（一）

```
<!DOCTYPE html>
<html>
  <head>
    <meta charset="utf-8">
    <title> 我的網頁 </title>
  </head>
  <body>
    ...HTML 原始碼...
    <script>
    ...JavaScript 程式...
    </script>
    ...HTML 原始碼...
  </body>
</html>
```

圖（二）

```
<!DOCTYPE html>
<html>
  <head>
    <meta charset="utf-8">
    <title> 我的網頁 </title>
    <script>
    ...JavaScript 程式...
    </script>
  </head>
  <body>
    ...HTML 原始碼...
  </body>
</html>
```

圖（三）

下面是一個例子，它將 <script> 元素放在 </body> 結束標籤的前面，瀏覽結果會先顯示「歡迎光臨！」，再顯示「Hello, world!」。

由於考慮到瀏覽器可能封鎖或不支援 JavaScript 的情況，因此，我們在第 12 行使用 **<noscript>** 元素指定無法使用 JavaScript 時的替代內容。

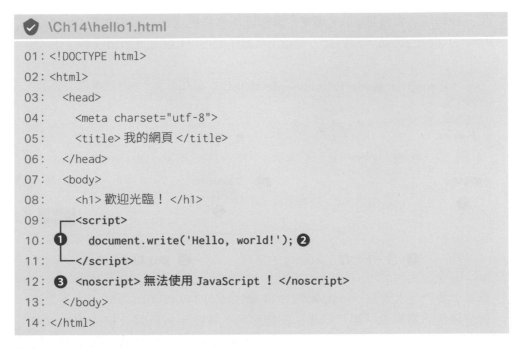

✓ \Ch14\hello1.html

```
01: <!DOCTYPE html>
02: <html>
03:   <head>
04:     <meta charset="utf-8">
05:     <title> 我的網頁 </title>
06:   </head>
07:   <body>
08:     <h1> 歡迎光臨！ </h1>
09:   ┌─<script>
10: ❶    document.write('Hello, world!'); ❷
11:   └─</script>
12: ❸ <noscript> 無法使用 JavaScript ！ </noscript>
13:   </body>
14: </html>
```

❶ 將 JavaScript 程式放在 <script> 元素裡面
❷ 呼叫 Document 物件的 write() 方法，顯示參數指定的「Hello, world!」，其中小數點 (.) 用來存取物件的屬性與方法
❸ 使用 <noscript> 元素指定無法使用 JavaScript 時的替代內容
❹ 瀏覽結果會先顯示「歡迎光臨！」，再顯示「Hello, world!」

網頁設計完全攻略

透過事件屬性或 \<a> 元素設定 JavaScript 程式

除了使用 \<script> 元素之外，我們也可以透過 HTML 元素的事件屬性設定以 JavaScript 撰寫的事件處理程式。以下面的敘述為例，當按一下「顯示訊息」按鈕時，會觸發 click 事件，進而呼叫事件處理程式，也就是 Window 物件的 alert() 方法，以對話方塊顯示參數指定的「Hello, world!」：

```
<button onclick="javascript:window.alert('Hello, world!');">顯示訊息 </button>
```

❶ 按一下此鈕　　　　　　　　❷ 顯示對話方塊

或者，我們可以透過 \<a> 元素的 href 屬性設定 JavaScript 程式。以下面的敘述為例，當點取「顯示訊息」超連結時，會呼叫 Window 物件的 alert() 方法，以對話方塊顯示參數指定的「Hello, world!」，由於 Window 物件是預設的物件，因此，window 關鍵字可以省略不寫：

```
<a href="javascript:window.alert('Hello, world!');">顯示訊息 </a>
```

❶ 點取超連結　　　　　　　　❷ 顯示對話方塊

14-1-2 將 JavaScript 程式放在外部檔案

我們也可以將 JavaScript 程式放在外部檔案，然後在 HTML 文件中使用 <script> 元素嵌入 JavaScript 程式。舉例來說，我們可以先撰寫如下的 JavaScript 程式，將它儲存在一個純文字檔，注意副檔名為 .js：

✅ \Ch14\hello2.js

```
document.write('Hello, world!');
```

接著撰寫如下的 HTML 文件，其中第 09 行是使用 <script> 元素的 src 屬性設定外部的 JavaScript 檔案路徑。

✅ \Ch14\hello2.html

```
01: <!DOCTYPE html>
02: <html>
03:   <head>
04:     <meta charset="utf-8">
05:     <title> 我的網頁 </title>
06:   </head>
07:   <body>
08:     <h1> 歡迎光臨！ </h1>
09:     <script src="hello2.js"></script> ❶
10:     <noscript> 無法使用 JavaScript ！ </noscript>
11:   </body>
12: </html>
```

❶ 使用 <script> 元素的 src 屬性設定外部的 JavaScript 檔案路徑

❷ 瀏覽結果會先顯示「歡迎光臨！」，再顯示「Hello, world!」

14-2 JavaScript 程式碼撰寫慣例

在介紹 JavaScript 程式碼撰寫慣例之前，我們先來說明什麼叫做「程式」，所謂**程式** (program) 是由一行一行的**敘述**或**陳述式** (statement) 所組成，而敘述或陳述式又是由「關鍵字」、「特殊字元」或「識別字」所組成。

- **關鍵字** (keyword)：又稱為**保留字** (reserved word)，它是由 JavaScript 所定義，包含特定的意義與用途，程式設計人員必須遵守 JavaScript 的規定來使用關鍵字，否則會發生錯誤，例如 var 是 JavaScript 用來宣告變數的關鍵字，不能用來宣告函式或類別。

- **特殊字元** (special character)：JavaScript 有不少特殊字元，例如標示敘述結尾的分號 (;)、標示字串的單引號 (') 或雙引號 (")、標示註解的雙斜線 (//) 或 /* */、函式呼叫的小括號等。

- **識別字** (identifier)：除了關鍵字和特殊字元，程式設計人員可以自行定義新字，做為變數、函式或類別的名稱，例如 studentName、userID，這些新字就叫做識別字。識別字不一定要合乎英文文法，但要合乎 JavaScript 命名規則，而且英文字母有大小寫之分。

原則上，敘述是程式中最小的可執行單元，而多個敘述可以構成函式、流程控制、類別等較大的可執行單元，稱為**程式區塊** (code block)。JavaScript 程式碼撰寫慣例涵蓋了空白、縮排、註解、命名規則等的建議寫法，遵循這些慣例可以提高程式的可讀性，讓程式更容易偵錯、維護與修改。

英文字母有大小寫之分

JavaScript 和 CSS 一樣會區分英文字母的大小寫，這點和 HTML 不同，例如 studentName 和 StudentName 是兩個不同的變數，因為小寫的 s 和大寫的 S 不同。

此外，諸如分號 (;)、單引號 (')、雙引號 (")、小括號、中括號、大括號、//、/* */、空白等特殊字元都是半形符號，注意不要混合到全形符號。

敘述結尾加上分號、一行一個敘述

JavaScript 並沒有硬性規定要在敘述結尾加上分號,以及一行一個敘述,但是請您遵守這個不成文規定,養成良好的程式撰寫習慣,例如將下面三個敘述寫成三行就比全部寫在同一行來得容易閱讀。

```
var x = 1;
var y = 2;
var z = 3;
```

```
var x = 1; var y = 2; var z = 3;
```

空白

☑ JavaScript 會忽略多餘的空白,例如 x = 1; 和 x　=　1; 的意義相同。

☑ 建議在運算子的前後加上一個空白,例如 c = (a + b) * (a - b); 就比 c=(a+b)* (a-b); 來得容易閱讀。

☑ 建議在逗號的後面加上一個空白,例如 write(x, y)。

縮排

程式區塊每增加一個縮排層級就加上 2 個空白字元,不建議使用 [Tab] 鍵。

註解

JavaScript 提供了兩種註解符號,其中 // 為單行註解,/* */ 為多行註解,當直譯器遇到 // 符號時,會忽略從該 // 符號到該行結尾之間的敘述,不會加以執行;當直譯器遇到 /* */ 符號時,會忽略從 /* 符號到 */ 符號之間的敘述,不會加以執行,例如:

```
// 這是單行註解
/* 這是
     多行註解 */
```

命名規則

當您要自訂識別字時 (例如變數名稱、函式名稱等)，請遵守下列規則：

- 第一個字元可以是英文字母、底線 (_) 或錢字符號 ($)，其它字元可以是英文字母、底線 (_)、錢字符號 ($) 或數字，英文字母要區分大小寫。

- 不能使用 JavaScript 關鍵字，以及內建函式、內建物件等的名稱。

- 變數名稱與函式名稱建議採取字中大寫，也就是以小寫字母開頭，之後每換一個單字就以大寫開頭，例如 userPhoneNumber、studentID、showMessage。

- 常數名稱採取全部大寫和單字間以底線隔開，例如 PI、TAX_RATE。

- 類別名稱建議採取字首大寫，也就是以大寫字母開頭，之後每換一個單字就以大寫開頭，例如 ClubMember。

- 事件處理函式名稱以 on 開頭，例如 onclick。

關鍵字

下面列出一些 JavaScript 關鍵字供您參考。

break	case	catch	class
continue	const	default	delete
do	else	export	extends
finally	for	function	if
import	in	instanceof	interface
new	package	private	protected
public	return	super	switch
this	throw	try	typeof
var	void	while	with

14-3 型別

型別 (type) 指的是資料的種類，JavaScript 將資料分為數種型別，例如 10 是數值、'Hello, world!' 是字串，而 true (真) 或 false (假) 是布林。

相較於 C、C++、C#、Java、Python 等**強型別** (strongly typed) 程式語言，只能接受有明確定義的操作，JavaScript 對於型別的使用規定是比較寬鬆的，屬於**弱型別** (weakly typed) 程式語言。

程式設計人員在宣告變數的時候無須指定型別，就算變數一開始先用來儲存數值，之後改用來儲存字串或布林等不同型別的資料，也不會發生語法錯誤，例如：

```
// 在宣告變數的時候無須指定型別
var radius = 10;

// 將變數的值從數值改成字串也不會發生語法錯誤
radius = 'Hello, world!';
```

JavaScript 的型別分為**基本型別** (primitive type) 與**物件型別** (object type) 兩種類型，基本型別指的是單純的值 (例如數值、字串、布林等)，不是物件，也沒有提供方法，而物件型別會參照某個資料結構，裡面包含資料和用來操作資料的方法。

類型	型別
基本型別	數值 (number)，例如 1、3.14、-5、-0.32。
	字串 (string)，例如 'Today is Monday.'、" 生日 "。
	布林 (boolean)，例如 true 或 false。
	undefined (尚未定義值)，例如有宣告變數但沒有設定變數的值，則預設值為 undefined。
	null (空值)，表示沒有值或沒有物件。
物件型別	例如函式 (function)、陣列 (array)、物件 (object) 等。

14-3-1 數值型別 (number)

JavaScript 的數值採取 IEEE 754 Double 格式,這是一種 64 位元雙倍精確浮點數表示法,正浮點數範圍是 2^{-1074} ($4.94065645841246544 \times 10^{-324}$) ~ 2^{1024} ($1.79769313486231570 \times 10^{308}$),負浮點數範圍是 -2^{1024} ~ -2^{-1074},可安全表示的最小整數為 $-(2^{53} - 1)$,即 -9007199254740991,可安全表示的最大整數為 $2^{53} - 1$,即 9007199254740991。

諸如 100、3.14、-2.5 等數值都是屬於**數值型別** (number),也可以使用科學記法,例如 1.2345e7、1.2345E7 表示 1.2345×10^7,3.8e-3、3.8E-3 表示 3.8×10^{-3}。請注意,不能使用千分位符號,例如 1,000,000 是不合法的,但可以使用**數字分隔符號 (_)**,例如 1_000_000 就相當於 1000000。

此外,JavaScript 提供了下列幾個特殊的數值:

- **NaN**:Not a Number (非數值),表示不當數值運算,例如將 0 除以 0、將數值乘以字串。

- **Infinity**:正無限大,例如將任意正數除以 0。

- **-Infinity**:負無限大,例如將任意負數除以 0。

除了十進位數值之外,JavaScript 亦接受二、八、十六進位數值,如下:

- **二進位數值**:在數值的前面冠上前置詞 **0b** 或 **0B** 做為區分,例如 0b1100 或 0B1100 就相當於 12。

- **八進位數值**:在數值的前面冠上前置詞 **0o** 或 **0O** 做為區分,例如 0o11 或 0O11 就相當於 9。

- **十六進位數值**:在數值的前面冠上前置詞 **0x** 或 **0X** 做為區分,例如 0x1A 或 0X1A 就相當於 26。

14-3-2 字串型別 (string)

「字串」是由一連串字元所組成，包含文字、數字、符號等。JavaScript 提供了**字串型別** (string)，並規定字串的前後必須加上單引號 (') 或雙引號 (") 做為標示，但兩者不可混用，例如：

✔ 'birthday'	✘ 'birthday" ── '和"不可混用
✔ "生日"	✘ "生日' ── "和'不可混用
✔ "I'm Jonny."	✘ 'I'm Jonny.' ── '不能包在 '' 裡面
✔ 'I am "Jonny".'	✘ "I am "Jonny"." ── "不能包在 "" 裡面
✔ 'Happy birthday to you.'	✘ 'Happy birthday ── 字串必須寫成一行 　 to you.'
正確的字串表示方式	錯誤的字串表示方式

跳脫字元

對於一些無法直接輸入的字元，例如換頁、換行、[Tab] 鍵、Unicode 字元，或諸如 '、"、\ 等特殊符號，我們可以使用**跳脫字元** (escaping character) 來表示。

跳脫字元	意義	跳脫字元	意義
\'	單引號 (')	\b	倒退鍵 (Backspace)
\"	雙引號 (")	\f	換頁 (Formfeed)
\\	反斜線 (\)	\r	歸位 (Carriage Return)
\n	換行 (Linefeed)	\t	[Tab] 鍵 (Horizontal Tab)
\xXX	Latin-1 字元 (XX 為十六進位表示法)，例如 \x41 表示 A		
\uXXXX	Unicode 字元 (XXXX 為十六進位表示法)，例如 \u0041 表示 A		
\u{XXXXX}	超過 \uffff 的 Unicode 字元 (XXXXX 為十六進位表示法)，例如 \u{1d306} 表示 ䷆ 字元		

原則上，若字串包含雙引號，那麼可以使用單引號來標示字串；相反的，若字串包含單引號，那麼可以使用雙引號來標示字串；或者，乾脆使用跳脫字元來表示字串包含的雙引號和單引號，這樣就不用擔心會發生錯誤。

下面是一個例子，它會使用跳脫字元設定字串的值，然後在對話方塊中顯示此字串，其中 \' 表示單引號，而 \n 表示換行。

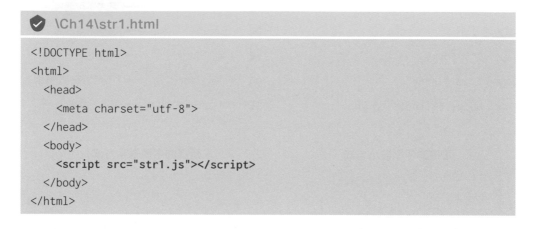

\Ch14\str1.html

```
<!DOCTYPE html>
<html>
  <head>
    <meta charset="utf-8">
  </head>
  <body>
    <script src="str1.js"></script>
  </body>
</html>
```

\Ch14\str1.js

```
var str = '\' 國文 \' : 90\n\' 英文 \' : 80\n\' 數學 \' : 70';
window.alert(str);
```

14-3-3　布林型別 (boolean)

布林型別 (boolean) 只有 **true（真）**和 **false（假）**兩種邏輯值，當要表示的資料只有對或錯、是或否、有或無等兩種選擇時，就可以使用布林型別。

布林型別經常用來表示運算式成立與否或情況滿足與否，例如 1 < 2 會得到 true，表示 1 小於 2 是真的，而 1 > 2 會得到 false，表示 1 大於 2 是假的。

當布林和數值進行運算時，true 會被視為 1，而 false 會被視為 0，例如 10 + true 會得到 11，而 10 + false 會得到 10。

14-3-4　undefined

undefined 表示尚未定義值，例如：

- 有宣告變數但沒有設定變數的值，則預設值為 undefined。
- 存取到尚未定義的屬性會傳回 undefined。
- 沒有宣告傳回值的函式會傳回 undefined。

14-3-5　null

null 表示空值、沒有值或沒有物件，舉例來說，假設我們宣告一個函式用來傳回國文分數，但執行過程中卻沒有成功取得國文分數，此時，函式會傳回 null，表示沒有對應的值存在。

14-3-6　函式 (function)

函式 (function) 是將一段具有某種功能或重複使用的敘述寫成獨立的程式區塊，然後給予名稱，供後續呼叫使用，以簡化程式並提高可讀性。JavaScript 將函式當作一種可操作的型別，第 14-8 節有進一步的說明。

14-3-7　陣列 (array)

陣列 (array) 可以用來儲存多個資料,這些資料叫做**元素** (element),每個元素有各自的**索引** (index) 與**值** (value)。

索引可以用來識別元素,例如第 1 個元素的索引為 0,第 2 個元素的索引為 1,...,第 n 個元素的索引為 n - 1。當陣列最多儲存 n 個元素時,表示它的**長度** (length) 為 n。

例如下面的敘述是建立一個陣列並指派給變數 A:

❶ var A = [10, 20, 30];

元素	值
A[0]	10
A[1]	20
A[2]	30

❶ 陣列的名稱。

❷ 陣列的前後以中括號括起來。

❸ 包含 10、20、30 三個元素,中間以逗號隔開。
我們可以透過陣列的名稱與索引來存取元素,
例如 A[0]、A[1]、A[2] 分別代表 10、20、30。

陣列裡面也可以儲存其它陣列,形成**巢狀陣列** (nested array),例如下面的敘述是建立一個巢狀陣列並指派給變數 B:

var B = [10, [21, 22], 30];

元素	值
B[0]	10
B[1]	[21, 22]
B[1][0]	21
B[1][1]	22
B[2]	30

❶ 巢狀陣列的名稱。

❷ 第二個元素是另一個陣列,我們可以透過陣列的名稱與兩個索引來存取元素,例如 B[1][0]、B[1][1] 分別代表 21、22。

14-3-8 物件 (object)

JavaScript 的**物件** (object) 是一種**關聯陣列** (associative array)，它和一般陣列的差別如下：

◉ 陣列所儲存的資料稱為**元素** (element)，而物件所儲存的資料稱為**屬性** (property)，屬性除了可以是數值、字串、布林等資料，也可以是函式，這種儲存了函式的屬性又稱為**方法** (method)。

◉ 陣列是使用**索引** (index) 來識別元素，而物件是使用**鍵** (key) 來識別屬性，索引是數字，而鍵是字串。事實上，物件的屬性就是一個**鍵 / 值對** (key/value pair)，分別代表屬性的名稱與值。

例如下面的敘述是建立一個物件並指派給變數 user：

我們可以使用**成員運算子 (.)** 或**中括號表示法**存取物件的屬性，例如下面兩個寫法均會傳回 age 屬性的值，也就是 20。有關如何操作物件的屬性與方法，第 15 章有進一步的說明。

14-4 變數

在程式的執行過程中，往往需要儲存一些資料，此時，我們可以使用**變數** (variable) 來儲存這些資料。舉例來說，假設要撰寫一個程式根據半徑計算圓面積，已知公式為圓周率 × (半徑)^2，那麼我們可以使用一個變數來儲存半徑，而且變數的值可以變更，這樣就能計算不同半徑的圓面積，例如半徑為 10 的圓面積是 3.14×10×10，結果為 314，而半徑為 5 的圓面積是 3.14×5×5，結果為 78.5。

14-4-1 使用 var 關鍵字宣告變數

我們可以使用 **var** 關鍵字宣告變數，在宣告變數後，就可以使用變數來儲存資料，以程式設計人員慣用的說法就是**設定變數的值，或將一個值儲存在變數，或將一個值指派給變數**。JavaScript 屬於動態型別程式語言，所以在宣告變數的時候無須指定型別。以下面的敘述為例，第一個敘述是宣告一個名稱為 userName 的變數，而第二個敘述是使用**指派運算子 (=)** 將變數的值設定為 " 小丸子 "，此時，直譯器會自動將變數視為字串型別：

```
var userName;
userName = " 小丸子 ";
```

這兩個敘述可以合併成一個敘述，也就是在宣告變數的同時設定初始值：

```
var userName = " 小丸子 ";
```

此外，我們也可以一次宣告多個變數，中間以逗號隔開，例如：

```
var x, y, z;      // 宣告三個變數 x、y、z，中間以逗號隔開
```

在替變數命名時，請遵守第 14-2 節所提出的命名規則，其中比較重要的是第一個字元可以是英文字母、底線 (_) 或錢字符號 ($)，其它字元可以是英文字母、底線 (_)、錢字符號 ($) 或數字，英文字母要區分大小寫，而且不能使用 JavaScript 關鍵字，以及內建函式、內建物件等的名稱。

14-4-2 使用 let 關鍵字宣告變數

JavaScript 另外提供了一個 **let** 關鍵字可以用來宣告變數，語法和 var 關鍵字一樣，例如：

```
// 宣告變數 radius
let radius;
// 宣告變數 age1 和變數 age2
let age1, age2;
// 宣告變數 total，初始值為 100
let total = 100;
```

乍看之下不就是將 var 換成 let，這樣為何還要新增 let 呢？兩者主要的差別如下：

✅ **let 關鍵字不允許宣告相同的變數**，例如下面的第二個敘述會發生語法錯誤 Uncaught SyntaxError: Identifier 'radius' has already been declared（識別字 radius 已經宣告）：

```
let radius = 10;
let radius = 20;  ─── 會發生語法錯誤
```

若換成是 var 關鍵字，就不會發生語法錯誤，只是第二個敘述會將變數 radius 的值重新設定為 20：

```
var radius = 10;
var radius = 20;  ─── 不會發生語法錯誤
```

✅ **let 關鍵字所宣告的變數只能作用在目前的程式區塊**，而 var 關鍵字所宣告的變數可以作用在整個函式或整個程式，換句話說，兩者的有效範圍 (scope) 不同，第 14-9 節有進一步的說明。

建議您在第一次宣告變數時記得要寫出 var 或 let 關鍵字，不要省略不寫，日後存取此變數時則無須重複寫出 var 或 let 關鍵字。養成使用變數之前先宣告的好習慣，對於您學習其它程式語言是有幫助的。

14-5 常數

常數 (constant) 和變數一樣可以用來儲存資料,差別在於常數不能重複宣告,也不能重複設定值,正因為這些特點,我們可以使用常數儲存一些不會隨著程式的執行而改變的資料。

舉例來說,假設要撰寫一個程式根據半徑計算圓面積,已知公式為圓周率 $\times$ (半徑)^2,那麼我們可以使用一個常數來儲存圓周率 3.14159,這樣就能以常數代替一長串的數字,減少重複輸入的麻煩。

我們可以使用 **const** 關鍵字宣告常數,例如下面的第一個敘述是宣告一個名稱為 PI 的常數,而第二個敘述是宣告 ID1 和 ID2 兩個常數,中間以逗號隔開:

```
const PI = 3.14159;
const ID1 = 1, ID2 = 2;
```

下面是一個例子,它會顯示半徑為 10 的圓面積,其中第 08 行將圓周率 PI 宣告為常數,日後若需要變更 PI 的值,例如將 3.14159 變更為 3.14,只要修改第 08 行即可。

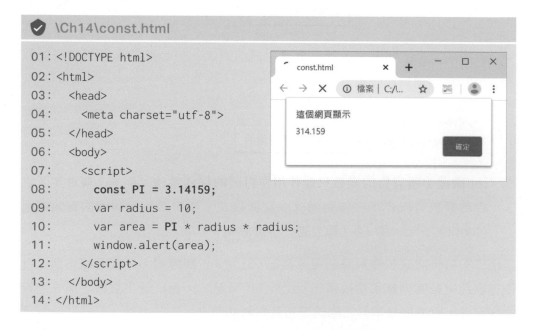

```
    \Ch14\const.html
01: <!DOCTYPE html>
02: <html>
03:   <head>
04:     <meta charset="utf-8">
05:   </head>
06: <body>
07:   <script>
08:     const PI = 3.14159;
09:     var radius = 10;
10:     var area = PI * radius * radius;
11:     window.alert(area);
12:   </script>
13: </body>
14: </html>
```

這個網頁顯示

314.159

確定

14-6 運算子

運算子 (operator) 是一種用來進行運算的符號，而**運算元** (operand) 是運算子進行運算的對象，我們將運算子與運算元所組成的敘述稱為**運算式** (expression)，例如 10 + 20 是一個運算式，其中 + 是加法運算子，而 10 和 20 是運算元。

14-6-1 算術運算子

算術運算子可以用來進行算術運算，JavaScript 提供如下的算術運算子。

運算子	語法	說明	範例	傳回值
+（加法）	x + y	x 加上 y	5 + 3	8
-（減法）	x - y	x 減去 y	5 - 3	2
*（乘法）	x * y	x 乘以 y	5 * 3	15
/（除法）	x / y	x 除以 y	5 / 3	1.6666666666666667
			0 / 0	NaN
%（餘數）	x % y	x 除以 y 的餘數	5 % 3	2
			5.21 % 3	2.21
**（指數）	x ** y	x 的 y 次方	5 ** 2	25

- ⊘ + 運算子也可以用來表示正數值，例如 +5 表示正整數 5；- 運算子也可以用來表示負數值，例如 -5 表示負整數 5。

- ⊘ 當 -、*、/、%、** 等運算子的任一運算元為字串時，直譯器會試著將字串轉換成數值，例如 '50' - '10' 會得到 40，因為字串 '50' 和字串 '10' 會先被轉換成數值 50 和數值 10，然後進行減法運算。

- ⊘ 當數值和布林進行算術運算時，true 會被轉換成 1，而 false 會被轉換成 0，例如 25 + true 會得到 26，而 25 + false 會得到 25。

- ⊘ + 運算子也可以用來連接字串，下一節有進一步的說明。

14-6-2　字串運算子

字串運算子 (+) 可以用來將兩個字串連接成一個字串，例如 'abc' + 'de' 會得到 'abcde'，而 3 + 'abc' 會得到 '3abc'，3 + '10' 會得到 '310'，因為數值 3 會先被轉換成字串 '3'，然後將兩個字串連接成一個字串。

14-6-3　遞增 / 遞減運算子

遞增運算子 (++) 可以用來將運算元的值加 1，其語法如下，第一種形式的遞增運算子出現在運算元前面，表示運算結果為運算元遞增之後的值；第二種形式的遞增運算子出現在運算元後面，表示運算結果為運算元遞增之前的值：

```
++ 運算元
運算元 ++
```

例如：

```
var X = 10;        // 宣告一個名稱為 X、初始值為 10 的變數
alert(++X);        // 先將變數 X 的值遞增 1，之後再顯示出來而得到 11
var Y = 5;         // 宣告一個名稱為 Y、初始值為 5 的變數
alert(Y++);        // 先顯示變數 Y 的值為 5，之後再將變數 Y 的值遞增 1
```

遞減運算子 (--) 可以用來將運算元的值減 1，其語法如下，第一種形式的遞增運算子出現在運算元前面，表示運算結果為運算元遞減之後的值；第二種形式的遞增運算子出現在運算元後面，表示運算結果為運算元遞減之前的值：

```
-- 運算元
運算元 --
```

例如：

```
var X = 10;        // 宣告一個名稱為 X、初始值為 10 的變數
alert(--X);        // 先將變數 X 的值遞減 1，之後再顯示出來而得到 9
var Y = 5;         // 宣告一個名稱為 Y、初始值為 5 的變數
alert(Y--);        // 先顯示變數 Y 的值為 5，之後再將變數 Y 的值遞減 1
```

14-6-4 比較運算子

比較運算子可以用來比較兩個運算元的大小或相等與否,若結果為真,就傳回 true,否則傳回 false。JavaScript 提供如下的比較運算子,運算元可以是數值、字串、布林或物件。

運算子	語法	說明
== (等於)	x == y	若 x 的值等於 y,就傳回 true,否則傳回 false,例如 (18 + 3) == 21 會傳回 true,而 5 == '5' 也會傳回 true,因為 '5' 會先被轉換成數值 5。
!= (不等於)	x != y	若 x 的值不等於 y,就傳回 true,否則傳回 false,例如 (18 + 3) != 21 會傳回 false。
< (小於)	x < y	若 x 的值小於 y,就傳回 true,否則傳回 false,例如 (18 + 3) < 21 會傳回 false。
<= (小於等於)	x <= y	若 x 的值小於等於 y,就傳回 true,否則傳回 false,例如 (18 + 3) <= 21 會傳回 true。
> (大於)	x > y	若 x 的值大於 y,就傳回 true,否則傳回 false,例如 (18 + 3) > 21 會傳回 false。
>= (大於等於)	x >= y	若 x 的值大於等於 y,就傳回 true,否則傳回 false,例如 (18 + 3) >= 21 會傳回 true。
=== (嚴格等於)	x === y	若 x 的值和型別等於 y,就傳回 true,否則傳回 false,例如 5 === '5' 會傳回 false,因為型別不同。
!== (嚴格不等於)	x !== y	若 x 的值或型別不等於 y,就傳回 true,否則傳回 false,例如 5 !== '5' 會傳回 true,因為型別不同。

當兩個字串在比較是否相等時,大小寫會被視為不同,例如 'ABCD' == 'aBCD' 和 'ABCD' === 'aBCD' 均會傳回 false;**當兩個字串在比較大小時,大小順序取決於其 Unicode 值**,例如 'ABCD' > 'aBCD' 會傳回 false,而 'ABCD' < 'aBCD' 會傳回 true,因為 'A' 的 Unicode 值為 41,小於 'a' 的 Unicode 值為 61。

14-6-5 邏輯運算子

邏輯運算子可以用來針對比較運算式或布林進行邏輯運算，JavaScript 提供如下的邏輯運算子。

運算子	語法	說明
&& (邏輯 AND)	x && y	將 x 和 y 進行邏輯交集，若兩者的值均為 true (即兩個條件均成立)，就傳回 true，否則傳回 false。
|| (邏輯 OR)	x || y	將 x 和 y 進行邏輯聯集，若兩者的值至少有一個為 true (即至少一個條件成立)，就傳回 true，否則傳回 false。
! (邏輯 NOT)	!x	將 x 進行邏輯否定 (將值轉換成相反值)，若 x 的值為 true，就傳回 false，否則傳回 true。
?? (空值合併)	x ?? y	若 x 的值為 null 或 undefined，就傳回 y，否則傳回 x，例如 null ?? 5 會傳回 5，而 100 ?? 5 會傳回 100。

我們可以根據兩個運算元的值，將邏輯運算子的運算結果歸納如下。

x	y	x && y	x || y	!x
true	true	true	true	false
true	false	false	true	false
false	true	false	true	true
false	false	false	false	true

下面是一些例子：

```
(5 > 4) && (3 > 2)      // 5 > 4 為 true，3 > 2 為 true，true && true 會得到 true
(5 > 4) && (3 < 2)      // 5 > 4 為 true，3 < 2 為 false，true && false 會得到 false
(5 > 4) || (3 < 2)      // 5 > 4 為 true，3 < 2 為 false，true || false 會得到 true
(5 < 4) || (3 < 2)      // 5 < 4 為 false，3 < 2 為 false，false || false 會得到 false
!((5 > 4) && (3 > 2))   // (5 > 4) && (3 > 2) 為 true，!true 會得到 false
!((5 > 4) || (3 < 2))   // (5 > 4) || (3 < 2) 為 true，!true 會得到 false
x ?? 'ab'               // 若 x 為 null 或 undefined，就傳回 'ab'，否則傳回 x
```

14-6-6　位元運算子

位元運算子可以用來進行位元運算，JavaScript 提供如下的位元運算子。由於這需要二進位運算的基礎，建議初學者簡略看過就好。

運算子	語法	說明
& (AND)	x & y	將 x 和 y 的每個位元進行 AND 運算（位元結合），若兩者對應的位元均為 1，AND 運算就是 1，否則是 0，例如 10 & 6 會得到 2，因為 1010 & 0110 會得到 0010，即 2。
| (OR)	x | y	將 x 和 y 的每個位元進行 OR 運算（位元分離），若兩者對應的位元至少有一個為 1，OR 運算就是 1，否則是 0，例如 10 | 6 會得到 14，因為 1010 | 0110 會得到 1110，即 14。
^ (XOR)	x ^ y	將 x 和 y 的每個位元進行 XOR 運算（位元互斥），若兩者對應的位元一個為 1 一個為 0，XOR 運算就是 1，否則是 0，例如 10 ^ 6 會得到 12，因為 1010 ^ 0110 會得到 1100，即 12。
~ (NOT)	~x	將 x 的每個位元進行 NOT 運算（位元否定），當位元為 1 時，NOT 運算就是 0，當位元為 0 時，NOT 運算就是 1，例如 ~10 會得到 -11，因為 10 的二進位值是 1010，~10 的二進位值是 0101，而 0101 在 2's 補數表示法中就是 -11。
<<	x << y （左移）	將 x 的每個位元向左移動 y 個位元，右側會補上 0，例如 9 << 2 會得到 36，因為 1001 向左移動 2 個位元會得到 100100，即 36。
>>	x >> y （有號右移）	將 x 的每個位元向右移動 y 個位元，最高位的位元會被複製並補到左側，例如 9 >> 2 會得到 2，因為 1001 向右移動 2 個位元會得到 0010，即 2，而 -9 >> 2 會得到 -3，因為最高位用來表示正負號的位元被保留了。
>>>	x >>> y （無號右移）	將 x 的每個位元向右移動 y 個位元，左側會補上 0，例如 19 >>> 2 得到 4，因為 10011 向右移動 2 個位元會得到 00100，即 4。對於非負數值來說，無號右移和有號右移的結果相同。

14-6-7 指派運算子

指派運算子可以用來指派值給變數，JavaScript 提供如下的指派運算子。

運算子	語法	說明
=	x = y	將 y 指派給 x，也就是將 x 的值設定為 y 的值。
+=	x += y	相當於 x = x + y，+ 為加法運算子或字串連接運算子。
-=	x -= y	相當於 x = x - y，- 為減法運算子。
*=	x *= y	相當於 x = x * y，* 為乘法運算子。
/=	x /= y	相當於 x = x / y，/ 為除法運算子。
%=	x %= y	相當於 x = x % y，% 為餘數運算子。
**=	x **= y	相當於 x = x ** y，** 為指數運算子。
&=	x &= y	相當於 x = x & y，& 為位元 AND 運算子。
|=	x |= y	相當於 x = x | y，| 為位元 OR 運算子。
^=	x ^= y	相當於 x = x ^ y，^ 為位元 XOR 運算子。
<<=	x <<= y	相當於 x = x << y，<< 為左移運算子。
>>=	x >>= y	相當於 x = x >> y，>> 為有號右移運算子。
>>>=	x >>>= y	相當於 x = x >>> y，>>> 為無號右移運算子。
&&=	x &&= y	相當於 x = x && y，& 為邏輯 AND 運算子。
||=	x ||= y	相當於 x = x || y，|| 為邏輯 OR 運算子。
??=	x ??= y	相當於 x ?? (x = y)，?? 為空值合併運算子。

14-6-8 條件運算子

?: 條件運算子的語法如下，若條件運算式的結果為 true，就傳回運算式 1 的值，否則傳回運算式 2 的值，例如 10 > 2 ? "Yes" : "No" 會傳回 "Yes"，而 10 < 2 ? "Yes" : "No" 會傳回 "No"：

條件運算式 ? 運算式 1 : 運算式 2

14-6-9 型別運算子

typeof 運算子可以用來傳回代表運算元型別的字串，例如 typeof(5) 和 typeof 5 均會傳回 5 的型別為 'number'。

14-6-10 運算子的優先順序

當運算式中有多個運算子時，直譯器會依照如下的優先順序高者先執行，相同者則按出現順序由左到右依序執行。若要改變預設的優先順序，可以加上小括號，就會優先執行小括號內的運算式，例如 6 + 5 * 2 會得到 16，而 (6 + 5) * 2 會優先執行小括號內的 6 + 5，得到 11，再乘以 2，得到 22。

類型	運算子
成員存取　　　　　高	.、[]
函式呼叫、建立物件	()、new
後置遞增、後置遞減	...++、...--
單元運算子	!、~、+、-、++...（前置遞增）、--...（前置遞減）、typeof
指數運算子	**
乘 / 除 / 餘數運算子	*、/、%
加 / 減運算子	+、-
移位運算子	<<、>>、>>>
比較運算子	<、<=、>、>=
等於運算子	==、!=、===、!==
位元 AND	&
位元 XOR	^
位元 OR	|
邏輯 AND	&&
邏輯 OR、空值合併	||、??
指派運算子、條件運算子　低	=、+=、-=、**=、*=、/=、%=、<<=、>>=、>>>=、&=、^=、|=、&&=、||=、??=、?:

網頁設計完全攻略

14-7　流程控制

我們在前面所示範的例子都是很單純的程式，它們的執行方向都是從第一行敘述開始，由上往下依序執行，不會轉彎或跳行，但大部分的程式並不會這麼單純，它們可能需要針對不同的情況做不同的處理，以完成更多任務，於是就需要**流程控制** (flow control) 來協助控制程式的執行方向。

JavaScript 的流程控制分為下列兩種類型：

- **選擇結構** (decision structure)：用來檢查條件式，然後根據結果為 true 或 false 去執行不同的敘述，例如 if、switch。

- **迴圈結構** (loop structure)：用來重複執行指定的敘述，例如 for、while、do...while、for...in、for...of。

14-7-1　if

if 可以用來檢查條件式，然後根據結果為 true 或 false 去執行不同的敘述，又分為 if、if...else、if...else if 等類型。

if (若...就...)

if 的語法如下，若條件式的結果為 true，就執行敘述，換句話說，若條件式的結果為 false，就不執行敘述：

```
if（條件式）{
  敘述；
}
```

大括號用來標示敘述的開頭與結尾，若敘述只有一行，那麼大括號可以省略不寫，如下：

```
if（條件式）敘述；
```

14-26

下面是一個例子，若輸入的數字大於等於 60，條件式 (X >= 60) 會傳回 true，於是執行 if 後面的敘述，而顯示「及格！」；相反的，若輸入的數字小於 60，條件式 (X >= 60) 會傳回 false，於是跳出 if 結構，而不會顯示「及格！」。

✅ \Ch14\if1.html

```html
<!DOCTYPE html>
<html>
  <head>
    <meta charset="utf-8">
    <script>
      var X = prompt(" 輸入 0 ~ 100 的數字 ", "");
      if (X >= 60) alert(" 及格！ ");
    </script>
  </head>
</html>
```

prompt() 是 JavaScript 的內建函式，它會顯示對話方塊要求輸入資料，然後傳回所輸入的資料，第一個參數是對話方塊中的提示文字，第二個參數是欄位預設的輸入值

這個網頁顯示
輸入0 ~ 100的數字

62 ❶

❷ 確定　取消

這個網頁顯示
及格！ ❸

確定

❶ 輸入大於等於 60 的數字　❷ 按 [確定]　❸ 顯示「及格！」

if…else (若…就…否則…)

if…else 的語法如下，若條件式的結果為 true，就執行敘述 1，否則執行敘述 2，所以敘述 1 和敘述 2 只有一組會被執行。

```
if（條件式）{
    敘述 1;
}
else {
    敘述 2;
}
```

下面是一個例子，若輸入的數字大於等於 60，條件式 (X >= 60) 會傳回 true，於是執行 if 後面的敘述，而顯示「及格！」；相反的，若輸入的數字小於 60，條件式 (X >= 60) 會傳回 false，於是執行 else 後面的敘述，而顯示「不及格！」。

❶ 輸入小於 60 的數字　　❷ 按 [確定]　　❸ 顯示「不及格！」

✅ **\Ch14\if2.html**

```html
<!DOCTYPE html>
<html>
  <head>
    <meta charset="utf-8">
    <script>
      var X = prompt(" 輸入 0 ~ 100 的數字 ", "");
      if (X >= 60)
        alert(" 及格！ ");
      else
        alert(" 不及格！ ");
    </script>
  </head>
</html>
```

if...else if (若...就...否則 若...就...否則...)

if...else if 的語法如下，一開始先檢查條件式 1，若結果為 true，就執行敘述 1，否則檢查條件式 2，若結果為 true，就執行敘述 2，...，依此類推，若所有條件式的結果均為 false，就執行敘述 N+1，所以敘述 1 ~ 敘述 N+1 只有一組會被執行。

```
if ( 條件式 1 ) {
  敘述 1;
}
else if ( 條件式 2 ) {
  敘述 2;
}
...
else {
  敘述 N+1;
}
```

if...else if 就是巢狀的 if...else，看似複雜但實用性也最高，因為 if...else if 可以處理多個條件式，而 if 和 if...else 只能處理一個條件式。

除了 if 之外，接下來要介紹的 switch、for、while、do...while 等也都能使用巢狀結構，只是層次盡量不要太多，而且要利用縮排來提高可讀性。

下面是一個例子，它會要求輸入 0 到 100 之間的數字，若數字大於等於 90，就顯示「優等！」；若數字小於 90 大於等於 80，就顯示「甲等！」；若數字小於 80 大於等於 70，就顯示「乙等！」；若數字小於 70 大於等於 60，就顯示「丙等！」，否則顯示「不及格！」。

\Ch14\if3.html

```html
<!DOCTYPE html>
<html>
  <head>
    <meta charset="utf-8">
    <script>
      var X = prompt(" 輸入 0 ~ 100 的數字 ", "");
      if (X >= 90)
        alert(" 優等！ ");
      else if (X < 90 && X >= 80)
        alert(" 甲等！ ");
      else if (X < 80 && X >= 70)
        alert(" 乙等！ ");
      else if (X < 70 && X >= 60)
        alert(" 丙等！ ");
      else
        alert(" 不及格！ ");
    </script>
  </head>
</html>
```

❶ 輸入 0 到 100 之間的數字　　❷ 按 [確定]　　❸ 顯示對應的等第

14-7-2 swtich

switch 結構可以根據運算式的值去執行不同的敘述，其語法如下，首先將運算式當作比較對象，接下來依序比較它有沒有等於哪個 case 後面的值，若有，就執行該 case 的敘述，然後執行 break 指令跳出 switch 結構，若沒有，就執行 default 的敘述，然後執行 break 指令跳出 switch 結構。

switch 結構的 case 區塊或 default 區塊的後面都要加上 break 指令，用來跳出 switch 結構。至於 if...else 結構則不需要加上 break 指令，因為在 if 區塊或 else 區塊執行完畢後，就會自動跳出 if...else 結構。

```
switch（運算式）{
  case 值 1:
    敘述 1;
    break;
  case 值 2:
    敘述 2;
    break;
  ...
  default:
    敘述 N+1;
    break;
}
```

下面是一個例子，它會要求輸入 1 到 5 的數字，然後顯示對應的英文「ONE」、「TWO」、「THREE」、「FOUR」、「FIVE」，否則顯示「輸入超過範圍！」。

❶ 輸入 1 到 5 的數字 　 ❷ 按 [確定] 　 ❸ 顯示對應的英文

\Ch14\switch.html

```
01: <!DOCTYPE html>
02: <html>
03:   <head>
04:     <meta charset="utf-8">
05:     <script>
06:       var number = prompt(" 輸入 1 ~ 5 的數字 ", "");
07:       switch(number) {
08:         case "1":        // 當輸入 1 時
09:           alert("ONE");
10:           break;
11:         case "2":        // 當輸入 2 時
12:           alert("TWO");
13:           break;
14:         case "3":        // 當輸入 3 時
15:           alert("THREE");
16:           break;
17:         case "4":        // 當輸入 4 時
18:           alert("FOUR");
19:           break;
20:         case "5":        // 當輸入 5 時
21:           alert("FIVE");
22:           break;
23:         default:          // 當輸入 1 ~ 5 以外時
24:           alert(" 輸入超過範圍！");
25:           break;
26:       }
27:     </script>
28:   </head>
29: </html>
```

此例所輸入的數字為 2，它會被當作 switch 結構的比較對象（第 07 行），接下來依序比較它有沒有等於哪個 case 後面的值，發現等於 case "2":（第 11 行），於是執行 case "2": 的敘述，顯示「TWO」（第 12 行），然後執行 break 指令跳出 switch 結構（第 13 行），不會再去執行第 14 ~ 26 行。

14-7-3 for

for 迴圈可以重複執行指定的敘述,其語法如下,由於我們通常會使用變數來控制 for 迴圈的執行次數,所以 for 迴圈又稱為**計數迴圈**,而此變數稱為**計數器**:

```
for（初始化運算式; 條件式; 迭代器）{
    敘述;
}
```

在進入 for 迴圈時,會先執行初始化運算式將計數器加以初始化,接著檢查條件式,若結果為 false,就跳出迴圈,若結果為 true,就執行迴圈內的敘述,完畢後執行迭代器將計數器加以更新,接著再度檢查條件式,若結果為 false,就跳出迴圈,若結果為 true,就重複執行迴圈內的敘述,完畢後執行迭代器將計數器加以更新,接著再度檢查條件式,...,如此周而復始,直到條件式的結果為 false 才跳出迴圈。若要在中途強制跳出迴圈,可以使用 break 指令。

下面是一個例子，它會計算 1 ~ 10 的整數總和，然後顯示結果為 55。

```
    \Ch14\for.html
01: <script>
02:   var total = 0;
03:   for (let i = 1; i <= 10; i++) {
04:     total = total + i;
05:   }
06:   alert(total);
07: </script>
```

這個網頁顯示

55

確定

- 02：宣告變數 total 用來儲存總和，初始值設定為 0。

- 03 ~ 05：let i = 1; 是宣告變數 i 做為計數器，初始值設定為 1，而 i <= 10; 是做為條件式，只要變數 i 小於等於 10，就會重複執行迴圈內的敘述，至於 i++ 則是做為迭代器，迴圈每重複一次，就將變數 i 的值遞增 1。

  這個 for 迴圈的執行次數為 10 次，針對每一次的執行，第 04 行 total = total + i; 左右兩邊的 total 和 i 的值如下。

迴圈的 執行次數	右邊的 total	i	左邊的 total	迴圈的 執行次數	右邊的 total	i	左邊的 total
第一次	0	1	1	第六次	15	6	21
第二次	1	2	3	第七次	21	7	28
第三次	3	3	6	第八次	28	8	36
第四次	6	4	10	第九次	36	9	45
第五次	10	5	15	第十次	45	10	55

14-7-4 while

有別於 for 迴圈是以計數器控制迴圈的執行次數，**while** 迴圈則是以條件式是否成立做為執行迴圈的依據，只要條件式成立，就會繼續執行迴圈，所以又稱為**條件式迴圈** (conditional loop)。

while 迴圈的語法如下，在進入 while 迴圈時，會先檢查條件式，若結果為 false 表示不成立，就跳出迴圈，若結果為 true 表示成立，就執行迴圈內的敘述，然後返回迴圈的開頭再度檢查條件式，...，如此周而復始，直到條件式的結果為 false 才跳出迴圈。若要在中途強制跳出迴圈，可以使用 break 指令。

while 迴圈的條件式彈性很大，只要條件式的傳回值為 false，就會結束迴圈，無須限制迴圈的執行次數。

```
while（條件式）{
   敘述；
}
```

下面是一個例子，它會要求使用者猜數字，正確的數字為 6，若輸入的數字大於 6，就顯示「太大了！請重新輸入！」，然後要求繼續猜；若輸入的數字小於 6，就顯示「太小了！，請重新輸入！」，然後要求繼續猜；若輸入的數字是 6，就顯示「答對了！」。

✅ \Ch14\while.html

```html
<!DOCTYPE html>
<html>
  <head>
    <meta charset="utf-8">
    <script>
      var number = prompt(' 輸入 1 ~ 10 的數字 ', '');
      while (number != 6) {
        if (number > 6) {
          alert(' 太大了！請重新輸入！ ');
          number = prompt(' 輸入 1 ~ 10 的數字 ', '');
        }
        else if (number < 6) {
          alert(' 太小了！請重新輸入！ ');
          number = prompt(' 輸入 1 ~ 10 的數字 ', '');
        }
      }
      alert(' 答對了！ ');
    </script>
  </head>
</html>
```

❶ 輸入 2　　❷ 按 [確定]　　❸ 顯示「太小了！請重新輸入！」

❹ 輸入 6　　❺ 按 [確定]　　❻ 顯示「答對了！」

14-7-5 do…while

do…while 迴圈也是以條件式是否成立做為執行迴圈的依據，其語法如下：

```
do {
   敘述 ;
} while( 條件式 );
```

在進入 do…while 迴圈時，會先執行迴圈內的敘述，完畢後碰到 while，再檢查條件式，若結果為 false 表示不成立，就跳出迴圈，若結果為 true 表示成立，就返回 do，再度執行迴圈內的敘述，…，如此周而復始，直到條件式的結果為 false 才跳出迴圈。若要在中途強制跳出迴圈，可以使用 break 指令。

do…while 迴圈和 while 迴圈類似，主要的差別在於能夠確保敘述至少會被執行一次，即使條件式不成立。

請留意迴圈的結束條件，避免陷入無窮迴圈，例如下面的敘述就是一個無窮迴圈，程式會一直執行迴圈無法跳出，此時可以關閉瀏覽器來終止程式：

```
do  {
  alert("Hello!");
} while(1);
```

我們可以使用 do...while 迴圈改寫前一節的例子，執行結果是相同的。

\Ch14\do.html

```
<script>
  do {
    var number = prompt(' 輸入 1 ~ 10 的數字 ', '');
    if (number > 6)
      alert(" 太大了！請重新輸入！");
    else if (number < 6)
      alert(" 太小了！請重新輸入！");
  } while(number != 6)
  alert(" 答對了！");
</script>
```

14-7-6　for...in

for...in 迴圈可以用來取得物件的全部屬性，然後針對每個屬性執行指定的敘述，其語法如下，變數用來暫時儲存屬性的鍵，若要在中途強制跳出迴圈，可以使用 break 指令。

```
for（變數 in 物件）{
  敘述；
}
```

下面是一個例子，它先宣告一個名稱為 obj 的物件，裡面有三個屬性，鍵分別為 cats、dogs、pigs，值分別為 10、20、30（第 02 行），接著使用 for...in 迴圈顯示全部屬性的鍵與值（第 03 ~ 05 行）。有關如何操作物件的屬性與方法，第 15 章有進一步的說明。

\Ch14\forin.js

```
01: <script>
02:   var obj = {cats: 10, dogs: 20, pigs: 30};
03:   for (let property in obj) {
04:     window.alert(property + '=' + obj[property]);
05:   }
06: </script>
```

在第 03 行的 **for (let property in obj)** 敘述中，我們使用 let 關鍵字宣告變數 property 用來暫時儲存屬性的鍵，在第一次執行第 03 行時，變數 property 是第一個屬性的鍵為 cats，所以第 04 行的 obj[property] 就是 obj['cats']，其值為 10，於是顯示「cats=10」。

接著，在第二次執行第 03 行時，變數 property 是第二個屬性的鍵為 dogs，所以第 04 行的 obj[property] 就是 obj['dogs']，其值為 20，於是顯示「dogs=20」；最後，在第三次執行第 03 行時，變數 property 是第三個屬性的鍵為 pigs，所以第 04 行的 obj[property] 就是 obj['pigs']，其值為 30，於是顯示「pigs=30」，由於這是最後一個屬性，所以在顯示完畢後就會跳出 for... in 迴圈。

14-7-7　for...of

for...of 迴圈可以用來依序取得可迭代物件 (iterable object) 的全部值，然後針對每個值執行指定的敘述，其語法如下，變數用來暫時儲存可迭代物件的值，而可迭代物件包括字串、陣列、類似陣列的物件（參數或 NodeList 等）、Map、Set 等。若要在中途強制跳出迴圈，可以使用 break 指令。

```
for（變數 of 可迭代物件）{
    敘述；
}
```

下面是一個例子，它先宣告一個名稱為 arr 的陣列，裡面有 10、20、30 三個元素（第 02 行），接著使用 for...of 迴圈依序顯示全部元素（第 03 ~ 05 行）。

在第 03 行的 **for (let value of arr)** 敘述中，我們使用 let 關鍵字宣告變數 value 用來暫時儲存元素，在第一次執行第 03 行時，變數 value 是陣列的第一個元素為 10，所以第 04 行會顯示「10」。

接著，在第二次執行第 03 行時，變數 value 是陣列的第二個元素為 20，所以第 04 行會顯示「20」；最後，在第三次執行第 03 行時，變數 value 是陣列的第三個元素為 30，所以第 04 行會顯示「30」，由於這是最後一個元素，所以在顯示完畢後就會跳出 for...of 迴圈。

請注意，for...of 和 for...in 主要的差別在於所迭代的對象，for...in 的對象是屬性的鍵，而且沒有一定的順序，至於 for...of 的對象是實際的值，而且會依照順序，例如依照陣列的索引順序或字串的字元順序。

14-7-8 break 與 continue 指令

原則上，在我們撰寫迴圈後，程式就會依照設定將迴圈執行完畢，不會中途跳出迴圈。不過，有時我們可能需要在迴圈內檢查某些條件式，一旦成立就強制跳出迴圈，此時可以使用 **break** 指令。

下面是一個例子，執行結果會顯示 6，因為第 03 ~ 06 行的 for 迴圈並沒有執行到 10 次，當第 04 行檢查到變數 i 大於 3 時，就會執行 break 指令強制跳出迴圈，所以第 05 行只有執行 3 次，也就是變數 total 的值為 1 加 2 加 3 等於 6。

🛡 **\Ch14\break.html**

```
01: <script>
02:   var total = 0;
03:   for (var i = 1; i <= 10; i++) {
04:     if (i > 3) break;
05:     total += i;
06:   }
07:   alert(total);
08: </script>
```

> 這個網頁顯示
>
> 6
>
> 確定

此外，JavaScript 還提供了另一個經常使用於迴圈的 **continue** 指令，用來在迴圈內跳過後面的敘述，直接返回迴圈的開頭。

下面是一個例子，執行結果會顯示 10，因為在執行到第 03 行時，只要 i 小於 10，就會跳過 continue; 後面的敘述，直接返回迴圈的開頭，直到 i 大於等於 10，才會執行第 04 行在對話方塊中顯示 10。

🛡 **\Ch14\continue.html**

```
01: <script>
02:   for (var i = 1; i <= 10; i++) {
03:     if (i < 10) continue;
04:     alert(i);
05:   }
06: </script>
```

> 這個網頁顯示
>
> 10
>
> 確定

14-8 函式

函式 (function) 是將一段具有某種功能或重複使用的敘述寫成獨立的程式區塊,然後給予名稱,供後續呼叫使用,以簡化程式並提高可讀性。有些程式語言將函式稱為**方法** (method)、**程序** (procedure) 或**副程式** (subroutine),例如 JavaScript、Java、C# 和 Python 是將物件所提供的函式稱為「方法」。

函式可以執行一般動作,也可以處理事件,前者稱為**一般函式** (general function),而後者稱為**事件函式** (event function)。舉例來說,我們可以針對網頁上某個按鈕的 onclick 屬性撰寫事件函式,假設該函式的名稱為 showMsg(),一旦使用者按一下這個按鈕,就會呼叫 showMsg() 函式。

原則上,事件函式通常處於閒置狀態,直到為了回應使用者或系統所觸發的事件時才會被呼叫;相反的,一般函式與事件無關,程式設計人員必須自行撰寫程式碼來呼叫一般函式。

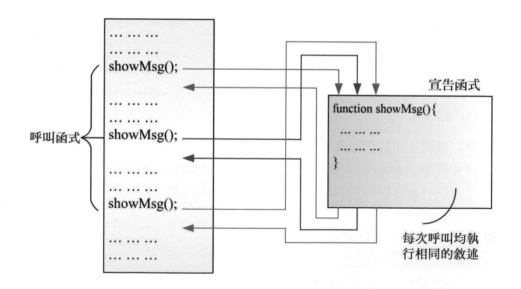

JavaScript 除了允許使用者自訂函式,也提供許多內建函式,只是大部分內建函式隸屬於物件,故又稱為「方法」,我們在前幾節所使用的 alert()、prompt() 函式就是 JavaScript 的內建函式。

14-8-1 使用者自訂函式

JavaScript 的內建函式通常是針對常見的用途所提供，不一定能夠滿足所有需求，若要客製化一些功能，就要自行宣告函式。

我們可以使用 **function** 關鍵字宣告函式，其語法如下：

```
function 函式名稱 ( 參數 1, 參數 2, ... ) {
  敘述；
  return 傳回值；
}
```

- 函式名稱的命名規則和變數相同，一般建議採取「動詞＋名詞」、字中大寫的格式，例如 showMessage、getArea。

- 參數 (parameter) 用來傳遞資料給函式，可以有 0 個、1 個或多個。若沒有參數，小括號仍須保留；若有多個參數，中間以逗號隔開。

- 函式主體用來執行動作，可以有 1 個或多個敘述。

- 傳回值是函式執行完畢的結果，可以有 0 個、1 個或多個，會傳回給呼叫函式的地方。若沒有傳回值，return 指令可以省略不寫，此時會傳回預設值 undefined；若有多個傳回值，可以利用陣列或物件來達成。

例如下面的敘述是宣告一個名稱為 sum、有兩個參數、有一個傳回值的函式，它會傳回兩個參數的總和：

```
function sum(a, b) {
  return a + b;
}
```

而下面的敘述是宣告一個名稱為 showMsg、沒有參數、也沒有傳回值的函式：

```
function showMsg() {
  var userName = prompt(" 請輸入您的大名 ", "");
  alert(userName + " 您好！歡迎光臨！ ");
}
```

請注意，一般函式必須加以呼叫才會執行，呼叫語法如下，若沒有參數，小括號仍須保留；若有參數，參數的個數及順序都必須正確：

函式名稱 (參數 1, 參數 2, ...);

下面是一個例子，其中第 07 ~ 10 行是宣告一個名稱為 showMsg、沒有參數、也沒有傳回值的函式，而第 12 行是呼叫該函式，如此一來，當使用者載入網頁時，就會顯示對話方塊要求輸入姓名，進而顯示歡迎訊息，若將第 12 行省略不寫，該函式將不會執行。

✅ \Ch14\func1.html

```
01: <!DOCTYPE html>
02: <html>
03:   <head>
04:     <meta charset="utf-8">
05:     <script>
06:       // 宣告函式
07:       function showMsg() {
08:         var userName = prompt(" 請輸入您的大名 ", "");
09:         alert(userName + " 您好！歡迎光臨！ ");
10:       }
11:       // 呼叫函式
12:       showMsg();
13:     </script>
14:   </head>
15:   <body>
16:   </body>
17: </html>
```

❶ 輸入姓名　　❷ 按 [確定]　　❸ 顯示歡迎訊息

我們也可以在 HTML 程式碼中呼叫函式，下面是一個例子，其中第 13 行是透過 <body> 元素的 **onload** 事件屬性設定當瀏覽器發生 load 事件時（即載入網頁），就呼叫 showMsg() 方法。

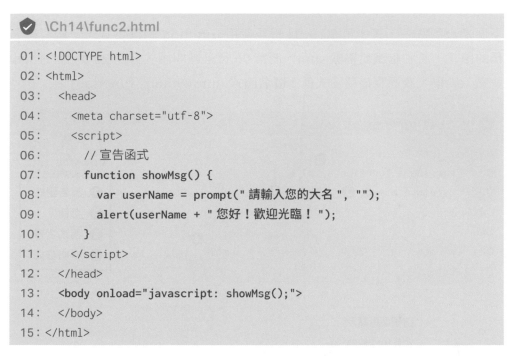

```
01: <!DOCTYPE html>
02: <html>
03:   <head>
04:     <meta charset="utf-8">
05:     <script>
06:       // 宣告函式
07:       function showMsg() {
08:         var userName = prompt(" 請輸入您的大名 ", "");
09:         alert(userName + " 您好！歡迎光臨！ ");
10:       }
11:     </script>
12:   </head>
13:   <body onload="javascript: showMsg();">
14:   </body>
15: </html>
```

❶ 輸入姓名　　❷ 按 [確定]　　❸ 顯示歡迎訊息

- 當函式裡面沒有 return 指令或 return 指令後面沒有任何值時，我們習慣說它沒有傳回值，但嚴格來說，它其實是傳回預設值 undefined。

- 當函式有傳回值時，return 指令通常寫在函式的結尾，若寫在函式的中間，那麼後面的敘述就不會被執行，這點要特別注意。

14-8-2 匿名函式

由於 JavaScript 的函式是一種型別，因此，我們可以將函式像數值或字串一樣指派給變數，也可以將函式當作其它函式的參數或傳回值。

下面是一個例子，其中第 02 ~ 04 行是使用 function 關鍵字宣告一個沒有名稱的函式，將它指派給變數 sum，而第 06 行是呼叫函式傳回 20 與 10 的總和並顯示結果，我們將這種函式稱為**匿名函式** (anonymous function)。

```
01: <script>
02:   var sum = function(a, b) {      ❷
03:     return a + b; ❸              ❶
04:   };
05:
06:   window.alert('20 與 10 的總和為 ' + sum(20, 10));   ❹
07: </script>
```

❶ 宣告函式
❷ 參數
❸ 函式主體
❹ 呼叫函式

\Ch14\anonymous.html

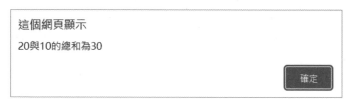

```
這個網頁顯示
20與10的總和為30

                                確定
```

14-8-3 箭頭函式

箭頭函式 (arrow function) 可以讓我們使用更精簡的方式宣告函式，其語法如下，裡面沒有 function 關鍵字，改以 => 連接參數與函式主體：

$$(參數\ 1, 參數\ 2, ...) => \{$$

$$函式主體 ;$$

$$\}$$

下面是一個例子，其中第 02 ~ 04 行是宣告一個箭頭函式，將它指派給變數 sum，而第 06 行是呼叫函式傳回 20 與 10 的總和並顯示結果。

```
01: <script>
02:   var sum = (a, b) => {
03:     return a + b;
04:   };
05:
06:   window.alert('20 與 10 的總和為 ' + sum(20, 10));
07: </script>
```

❶ 宣告函式
❷ 參數
❸ 函式主體
❹ 呼叫函式

這個網頁顯示
20與10的總和為30

確定

- 若箭頭函式的函式主體只有一個 return 指令和傳回值，那麼大括號和 return 指令可以省略不寫，例如第 02 ~ 04 行可以改寫成如下：

```
var sum = (a, b) => a + b;
```

- 箭頭函式的參數可以有 0 個、1 個或多個，若沒有參數，小括號仍須保留；若有一個參數，小括號可以省略；若有多個參數，中間以逗號隔開，小括號亦須保留。以下面的敘述為例，箭頭函式只有一個參數 radius，因此，小括號可以省略不寫：

```
var area = radius => 3.14 * radius * radius;
```

14-8-4 函式的參數

我們可以透過**參數** (parameter) 傳遞資料給函式,若有多個參數,中間以逗號隔開,而在呼叫有參數的函式時,參數的個數及順序都必須正確,若沒有指定參數的值,則預設值為 undefined。

下面是一個例子,當瀏覽器載入網頁時,會顯示對話方塊要求輸入攝氏溫度,然後轉換為華氏溫度,再將結果顯示出來。我們將轉換的動作撰寫成名稱為 C2F 的函式,同時有一個名稱為 degreeC 的參數 (第 07 行),然後根據公式將參數由攝氏溫度轉換為華氏溫度 (第 08 行),再將結果顯示出來 (第 09 行)。

✅ \Ch14\func3.html

```
01: <!DOCTYPE html>
02: <html>
03:   <head>
04:     <meta charset="utf-8">
05:     <script>
06:       // 宣告名稱為 C2F、參數為 degreeC 的函式
07:       function C2F(degreeC) {
08:         var degreeF = degreeC * 1.8 + 32;
09:         alert(" 攝氏 " + degreeC + " 度可以轉換為華氏 " + degreeF + " 度 ");
10:       }
11:       var temperature = prompt(" 請輸入攝氏溫度 ", "");
12:       // 呼叫函式時將攝氏溫度當作參數傳入
13:       C2F(temperature);
14:     </script>
15:   </head>
16: </html>
```

❶ 輸入攝氏溫度　　❷ 按 [確定]　　❸ 顯示轉換結果

14-8-5 函式的傳回值

原則上,在函式裡面的敘述執行完畢之前,程式的控制權都不會離開函式,不過,有時我們可能需要提早離開函式,返回呼叫函式的地方,此時可以使用 **return** 指令;或者,當我們需要從函式傳回資料時,可以使用 return 指令,後面加上傳回值,注意 return 指令和傳回值不可以分行。

舉例來說,我們可以將 \Ch14\func3.html 改寫成如下,執行結果是相同的。由於 C2F() 函式的 return degreeF = degreeC * 1.8 + 32;(第 07 行)會傳回攝氏溫度轉換為華氏溫度的結果,因此,我們在第 10 行呼叫 C2F() 函式並將傳回值指派給變數 result,然後在第 11 行呼叫 alert() 將結果顯示出來。

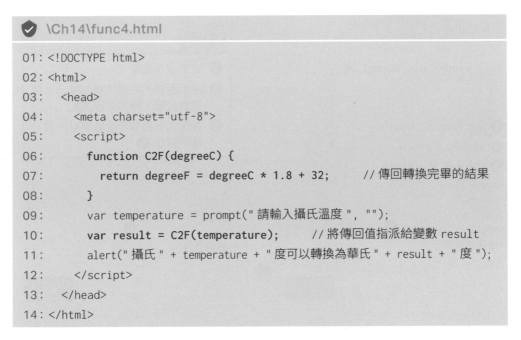

```
✓  \Ch14\func4.html
01: <!DOCTYPE html>
02: <html>
03:   <head>
04:     <meta charset="utf-8">
05:     <script>
06:       function C2F(degreeC) {
07:         return degreeF = degreeC * 1.8 + 32;        // 傳回轉換完畢的結果
08:       }
09:       var temperature = prompt(" 請輸入攝氏溫度 ", "");
10:       var result = C2F(temperature);        // 將傳回值指派給變數 result
11:       alert(" 攝氏 " + temperature + " 度可以轉換為華氏 " + result + " 度 ");
12:     </script>
13:   </head>
14: </html>
```

❶ 輸入攝氏溫度　❷ 按 [確定]　❸ 顯示轉換結果

14-9 變數的有效範圍

變數的**有效範圍** (scope) 指的是程式的哪些敘述能夠存取變數，JavaScript 將之分為「全域變數」、「區域變數」和「區塊變數」。

全域變數

在函式外面宣告的變數屬於**全域變數** (global variable)，程式的所有敘述均能加以存取。下面是一個例子，它示範了函式內外的敘述均能存取全域變數。

```
<script>
  function showMsg() {
    window.alert(msg); ◄---
  }

❶ var msg = 'Hello';
❷ showMsg();--------------
❸ window.alert(msg);
</script>
```

❶ 宣告全域變數
❷ 呼叫函式，在函式裡面顯示全域變數的值，結果如圖 ⓐ
❸ 在函式外面顯示全域變數的值，結果如圖 ⓑ

ⓐ
這個網頁顯示
Hello
確定

ⓑ
這個網頁顯示
Hello
確定

區域變數

在函式裡面使用 var 關鍵字宣告的變數屬於**區域變數** (local variable)，只有函式裡面的敘述能夠加以存取。若沒有使用 var 關鍵字，那麼無論在函式裡面或函式外面所宣告的變數均屬於全域變數。下面是一個例子，它示範了只有函式裡面的敘述能夠存取區域變數。

✔ \Ch14\local.html

```
<script>
  function showMsg() {
    var msg = 'Hello';
    window.alert(msg);
  }
❶ showMsg();
❷ window.alert(msg);
</script>
```

❶ 呼叫函式（先宣告區域變數，然後在函式裡面顯示區域變數的值，結果如圖 ⓐ）

❷ 在函式外面顯示區域變數的值，結果會發生錯誤，如圖 ⓑ，因為函式執行完畢就會移除區域變數

ⓐ

這個網頁顯示

Hello

確定

ⓑ

```
⊗ Uncaught ReferenceError: msg is   local.html:13
  not defined
      at local.html:13:20
>
```

區塊變數

在區塊裡面使用 let 關鍵字宣告的變數屬於**區塊變數** (block variable)，只有區塊裡面的敘述能夠加以存取，所謂「區塊」就是以大括號括起來的敘述。**let** 關鍵字可以用來宣告變數，語法和 var 關鍵字一樣，差別在於 let 所宣告的變數只能作用在目前的區塊，而 var 所宣告的變數可以作用在整個函式或整個程式。下面是一個例子，它示範了區塊外面的敘述無法存取區塊變數。

✔ \Ch14\block.html

```
<script>
  if (true) {
❶   let msg = 'Hello';
  }
❷ window.alert(msg);
</script>
```

❶ 宣告區塊變數

❷ 在區塊外面顯示區塊變數的值，結果會發生錯誤，因為區塊執行完畢就會移除區塊變數

```
⊗ Uncaught ReferenceError: msg is   block.html:11
  not defined
      at block.html:11:20
>
```

註：這個錯誤訊息會顯示在瀏覽器的開發人員工具，Chrome 和 Edge 的使用者可以按 [F12] 鍵進入開發人員工具。

最後要來討論一種情況，若函式裡面宣告與全域變數同名的區域變數，會怎麼樣呢？下面是一個例子，它在函式外面宣告一個名稱為 msg、值為 'Hello' 的全域變數（第 07 行），又在函式裡面宣告一個名稱為 msg、值為 'Good' 的區域變數（第 03 行），顯然兩者同名，這會發生命名衝突嗎？

執行結果是先顯示 Good，再顯示 Hello，不會發生命名衝突，因為若在執行函式時遇到與全域變數同名的區域變數，會參照函式裡面的區域變數，而忽略全域變數，我們將這個特點稱為**遮蔽效應**（shadowing）。

```
\Ch14\shadow.html

01: <script>
02:   function showMsg() {
03:     var msg = 'Good';
04:     window.alert(msg);
05:   }
06:
07: ❶ var msg = 'Hello';
08: ❷ showMsg();
09: ❸ window.alert(msg);
10: </script>
```

❶ 宣告全域變數

❷ 呼叫函式（先宣告區域變數，然後在函式裡面顯示區域變數的值，結果如圖 ⓐ）

❸ 顯示全域變數的值，結果如圖 ⓑ

ⓐ
這個網頁顯示
Good
確定

ⓑ
這個網頁顯示
Hello
確定

變數的生命週期

在執行函式或區塊時，直譯器會建立區域變數或區塊變數，待函式或區塊執行完畢就會將它們移除；相反的，在宣告全域變數時，直譯器會建立全域變數，待整個程式執行完畢才會將它們移除，因此，全域變數愈多，佔用的記憶體就愈多，我們應該盡量以區域變數或區塊變數取代全域變數。

15

JavaScript 內建物件

15-1 認識物件

對人類來說,諸如房子、汽車、電腦、學校、學生、公司、員工等真實世界中的物件是很容易理解的,但是對電腦來說,若沒有預先的定義,電腦並無法理解這些物件的意義與用途,此時,程式設計人員可以利用資料來創造電腦能夠理解的模型,下面是幾個常見的名詞:

- 在電腦程式設計中,生活中的物品可以使用**物件** (object) 來表示,而且物件可能又是由多個子物件所組成。比方說,汽車是一種物件,而汽車又是由引擎、座椅、輪胎、方向盤等子物件所組成;又比方說,目前開啟的瀏覽器視窗是一個 Window 物件,而 Window 物件又包含了 Document、History、Location、Navigator、Screen 等子物件。在 JavaScript 中,物件是資料與程式碼的組合,它可以是整個應用程式或應用程式的一部分。

- **屬性** (property) 是用來描述物件的特質,比方說,汽車是一種物件,而汽車的廠牌、全長、全寬、全高、顏色、排氣量、行駛速度等用來描述汽車的特質就是這個物件的屬性;又比方說,Windows 作業系統中的視窗是一種物件,而它的大小、位置、標題列的文字等用來描述視窗的特質就是這個物件的屬性。

- **方法** (method) 是用來定義物件的動作,比方說,汽車是一種物件,而發動、變速等動作就是這個物件的方法;又比方說,Window 物件有一個 alert() 方法可以用來顯示對話方塊。

- **事件** (event) 是在某些情況下發出訊號,好讓使用者針對事件做出回應。比方說,當駕駛人員踩下油門踏板時,汽車會發出訊號,進而開始加速;又比方說,當使用者載入網頁時,瀏覽器會產生 load 事件,進而呼叫網頁設計人員所撰寫的事件處理程式,例如顯示歡迎訊息。

- **類別** (class) 是物件的分類,就像物件的藍圖或樣板,隸屬於相同類別的物件具有相同的屬性、方法與事件,但屬性的值則不一定相同。

以下圖為例，Car（汽車）是一個類別，它有 brand（廠牌）、speed（行駛速度）等屬性，startCar()（發動）、changeSpeed()（變速）等方法，以及 accelerate（油門踏板被踩下）、brake（剎車踏板被踩下）等事件，那麼一部靜止的 BMW 汽車就是隸屬於 Car 類別的一個物件，其 brand 屬性的值為 BMW，speed 屬性的值為 0，而且它還有兩個方法和兩個事件，一旦發生這兩個事件，就會呼叫 changeSpeed() 方法去變更 speed 屬性的值，以進行加速或減速。至於其它廠牌的汽車（例如 BENZ、TOYOTA、MAZDA）則為汽車類別的其它物件。

- **物件導向**（OO，Object Oriented）是軟體發展過程中極具影響性的突破，愈來愈多程式語言強調其物件導向的特性，JavaScript 也不例外。物件導向的優點是物件可以在不同的應用程式中被重複使用，Windows 本身就是一個物件導向的例子，您在 Windows 作業系統中所看到的東西，包括視窗、按鈕、對話方塊、表單、資料庫等均屬於物件，您可以將這些物件放進自己撰寫的程式，然後視實際情況變更物件的屬性（例如標題列的文字、對話方塊的類型等），而不必再為這些物件撰寫冗長的程式碼。

對 JavaScript 來說，物件是一些屬性、方法與事件的集合，代表某個東西，例如瀏覽器視窗、網頁本身或表單、圖片、表格、超連結等元素，透過這些物件，網頁設計人員就可以操作網頁上的元素。

舉例來說，Window 物件代表目前開啟的瀏覽器視窗，該物件包含一些與瀏覽器視窗相關的屬性、方法與事件。我們可以透過 Window 物件的屬性取得瀏覽器視窗的網頁高度、網頁寬度等資訊，也可以透過 Window 物件的方法操作瀏覽器視窗，例如開新視窗，還可以透過 Window 物件的事件設定在某些情況下所要執行的動作，例如在載入網頁時顯示歡迎訊息。

完整的 JavaScript 包含下列三個部分：

- **ECMAScript**：JavaScript 是 Netscape 公司於 1995 年針對 Netscape Navigator 瀏覽器的應用所開發的程式語言，之後 Netscape 公司將 JavaScript 交給國際標準組織 ECMA 進行標準化，稱為 ECMAScript (ECMA-262)。

  ECMAScript 包括 JavaScript 的基本語法與內建物件，我們在第 14 章介紹過基本語法，例如型別、變數、常數、運算子、流程控制、函式等，至於內建物件指的是 JavaScript 所內建的物件，與網頁、瀏覽器或其它環境無關，例如 Number、String、Boolean、Function、Object、Math、Date、Array、Error 等，無論我們使用 JavaScript 做任何應用 (不限定是網頁程式設計)，都可以透過這些物件存取資料或進行運算。

- **文件物件模型 (DOM)**：DOM (Document Object Model) 是一個與網頁相關的模型，當瀏覽器載入網頁時，會針對網頁和網頁的 HTML 元素建立對應的物件，JavaScript 可以透過 DOM 存取網頁的元素，例如段落、超連結、圖片、表格、表單等。

- **瀏覽器物件模型 (BOM)**：BOM (Browser Object Model) 是一個與瀏覽器相關的模型，裡面有數個物件，JavaScript 可以透過 BOM 存取瀏覽器的資訊，例如瀏覽器類型、瀏覽器版本、瀏覽歷程記錄、網址等。BOM 採取階層式架構，最上層為 Window 物件，下層則有 Location、Navigator、Screen、History、Document 等物件。

15-2 使用物件

在開始使用物件之前，通常需要先建立物件，我們將這個建立物件的動作稱為**實體化** (instantiation)。JavaScript 提供了數種建立物件的方式，比較常用的是實字方式和建構子方式，以下有進一步的說明。

15-2-1 使用實字方式建立物件

我們在第 14-3-8 節有示範過如何使用**實字** (literal) 方式建立物件，例如下面的敘述是建立一個物件並將物件儲存在名稱為 user 的變數，其中物件的屬性或方法都是一個**鍵 / 值對** (key/value pair)，分別代表屬性或方法的名稱與值，屬性的值可以是數值、字串、布林、陣列或另一個物件，而方法的值是一個函式。

```
var user = {
  name: '小丸子', ❶
  age: 20,                                  屬性
  showMsg: function() {
    window.alert('Hi, 我是 ' + this.name + '!'); ❷   方法
  }
};                                                      物件
```

❶ 鍵與值之間以冒號隔開，而每個屬性或方法之間以逗號隔開，但最後一個屬性或方法的後面不需要加上逗號

❷ 這個 this 關鍵字指的是此物件本身，所以 this.name 就是此物件的 name 屬性

●● 存取物件的屬性與方法

我們可以使用**成員運算子 (.)** 存取物件的屬性與方法，例如 **user.age** 會傳回 user 物件的 age 屬性的值，而 **user.showMsg()** 會呼叫 user 物件的 showMsg() 方法。

此外，我們也可以使用**中括號表示法**存取物件的屬性，例如 **user['age']** 同樣會傳回 user 物件的 age 屬性的值，注意屬性的名稱前後要加上單引號。

變更物件的屬性

我們可以變更物件的屬性值，例如下面的敘述會將 age 屬性的值變更為 18：

```
user.age = 18;
```

刪除物件的屬性

我們可以使用 **delete** 運算子刪除物件的屬性，例如下面的敘述會刪除 age 屬性，日後若存取該屬性，將會傳回 undefined：

```
delete user.age;
```

15-2-2　使用建構子方式建立物件

除了實字方式，我們也可以使用建構子方式建立物件，步驟是先使用 **new** 關鍵字和物件建構子建立一個空物件，然後一一加入屬性與方法，例如第 15-2-1 節的敘述可以改寫成如下，兩者都是建立一個 user 物件：

```
❶ var user = new Object();
  ┌ user.name = ' 小丸子 ';
❷ └ user.age = 20;
  ┌ user.showMsg = function() {
❸   window.alert('Hi, 我是 ' + this.name + '!');
  └ };
```

❶ 使用 new 關鍵字和 Object 物件建構子建立一個空物件
❷ 加入兩個屬性
❸ 加入一個方法

事實上，JavaScript 也提供了一些無須建立物件，就可以使用的屬性與方法，稱為**靜態屬性** (static property) 與**靜態方法** (static method)，例如下面的敘述是透過成員運算子存取 Math 物件提供的 PI 屬性，這是一個靜態屬性：

```
window.alert(Math.PI);     // 顯示圓周率 3.141592653589793
```

15-3 內建物件

在本節中，我們會介紹一些 JavaScript 的內建物件，這些物件在所有 JavaScript 環境皆可使用，不限定是網頁程式設計。

15-3-1 Number 物件

Number 物件提供了操作數值的屬性與方法，以及一些用來轉換成字串、浮點數或整數的方法，常用的如下 (標示 * 者為靜態成員)。

屬性	說明
* MAX_VALUE	最大數值，約 1.7976931348623157e+308。
* MIN_VALUE	最小數值，約 5e-324。
* NaN	NaN (Not a Number，不是數值)。
* NEGATIVE_INFINITY	-Infinity (負無限大)。
* POSITIVE_INFINITY	Infinity (正無限大)。

方法	說明
* isNaN(*x*)	若參數 *x* 為 NaN，就傳回 true，否則傳回 false。
* isFinite(*x*)	若參數 *x* 為有限值，就傳回 true，否則傳回 false。
* isInteger(*x*)	若參數 *x* 為整數，就傳回 true，否則傳回 false。
* parseFloat(*str*)	傳回參數 *str* 轉換成浮點數的結果。
* parseInt(*str*, [*radix*])	傳回參數 *str* 轉換成整數的結果，參數 *radix* 為參數 *str* 的進位制，預設為十進位。
toString([*radix*])	傳回數值字串，參數 *radix* 為進位制。
toExponential([*digits*])	傳回科學記法字串，參數 *digits* 為小數點後面的位數，多出的位數會四捨五入。
toFixed([*digits*])	傳回固定小數點的數值字串，參數 *digits* 為小數點後面的位數，多出的位數會四捨五入。
toPrecision([*precision*])	傳回固定位數的數值字串，參數 *precision* 為位數，不足的位數會補 0，多出的位數會四捨五入。

下面是一個例子,它示範了如何取得 Number 物件的屬性值,以及如何呼叫 Number 物件的方法,其中小數點 (.) 用來存取物件的屬性與方法。

\Ch15\number.html

```
<script>
  document.write(Number.MAX_VALUE + '<br>');
  document.write(Number.MIN_VALUE + '<br>');
  document.write(Number.NaN + '<br>');
  document.write(Number.NEGATIVE_INFINITY + '<br>');
  document.write(Number.POSITIVE_INFINITY + '<br>');
  document.write('100 是 NaN 嗎? ' + Number.isNaN(100) + '<br>');
  document.write('100 是有限數值嗎? ' + Number.isFinite(100) + '<br>');
  document.write('100 是整數嗎? ' + Number.isInteger(100) + '<br>');
  document.write('1.8x 轉換成浮點數是 ' + Number.parseFloat('1.8x') + '<br>');
  document.write('1.8x 轉換成整數是 ' + Number.parseInt('1.8x') + '<br>');
  X = 123.456;
  document.write(X + ' 轉換成科學記法是 ' + X.toExponential() + '<br>');
  document.write(X + ' 取到小數點後面二位是 ' + X.toFixed(2) + '<br>');
  document.write(X + ' 轉換成字串是 ' + X.toString() + '<br>');
  document.write(X + ' 設定為 8 位精確位數是 ' + X.toPrecision(8));
</script>
```

15-3-2 String 物件

String 物件提供了操作字串的屬性與方法,包括字串的長度以及一些用來進行大小寫轉換、搜尋字串、擷取部分字串、連接字串的方法。

String 物件有一個常用的屬性 **length**,表示字串的長度。舉例來說,假設變數 X 的值為 'Cat',那麼它的長度 X.length 會傳回 3。我們可以透過索引存取字串裡面的字元,索引從 0 開始,例如 X[0]、X[1]、X[2] 為字元 C、a、t。

String 物件常用的方法如下。

方法	說明
indexOf(*str*[, *start*])	傳回參數 *str* 首次出現在字串中的索引,-1 表示找不到,若要指定從哪個索引開始搜尋,可以加上參數 *start*。
lastIndexOf(*str*[, *start*])	傳回參數 *str* 最後出現在字串中的索引 (由後往前找),-1 表示找不到,若要指定從哪個索引開始搜尋,可以加上參數 *start*。
includes(*str*[, *start*])	傳回字串是否包含參數 *str*,若要指定從哪個索引開始檢查,可以加上參數 *start*。
startsWith(*str*[, *start*])	傳回字串是否以參數 *str* 開頭,若要指定從哪個索引開始檢查,可以加上參數 *start*。
endsWith(*str*[, *start*])	傳回字串是否以參數 *str* 結尾,若要指定從哪個索引開始檢查,可以加上參數 *start*。
charAt(*index*)	傳回索引為 *index* 的字元。
split(*str*)	根據參數 *str* 做分割,將字串轉換成 Array 物件並傳回。
substr(*index*, *length*)	傳回從索引 *index* 擷取長度為 *length* 的字串。
slice(*begin* [, *end*])	傳回索引為 *begin* ~ (*end* - 1) 的字串。
substring(*begin* [, *end*])	傳回索引為 *begin* ~ (*end* - 1) 的字串。
toLowerCase()	傳回所有字元轉換成小寫的字串。
toUpperCase()	傳回所有字元轉換成大寫的字串。
concat(*str* [, ...*strN*])	傳回字串與參數 *str* 進行字串連接的結果。
repeat(*count*)	傳回將字串重複參數 *count* 次的結果。
trim()	傳回移除字串前後空白的結果。

下面是一個例子，它示範了如何呼叫 String 物件的方法。

✅ \Ch15\string.html

```
<script>
  var X = 'WowWowWowWowWow';
  var Y = 'Hello, world!';
  // 顯示 0（首次出現的索引）
  document.write(X.indexOf('Wow') + '<br>');
  // 顯示 12（最後出現的索引）
  document.write(X.lastIndexOf('Wow') + '<br>');
  // 顯示 true（包含 'ow'）
  document.write(X.includes('ow') + '<br>');
  // 顯示 false（不是以 'ow' 開頭）
  document.write(X.startsWith('ow') + '<br>');
  // 顯示 H（索引 0 為字母 H）
  document.write(Y.charAt(0) + '<br>');
  // 顯示 ["Hell", ", w", "rld!"]（以 'o' 做分割）
  document.write(Y.split('o') + '<br>');
  // 顯示 llo（從索引 2 擷取 3 個字元）
  document.write(Y.substr(2, 3) + '<br>');
  // 顯示 ello（擷取索引 1 ~ 4 的字元）
  document.write(Y.slice(1, 5) + '<br>');
  // 顯示 hello, world!（全部小寫）
  document.write(Y.toLowerCase() + '<br>');
</script>
```

string.html × +

← → C ① 檔案 | C:/U...

0
12
true
false
H
Hell,, w,rld!
llo
ello
hello, world!

15-3-3 Math 物件

Math 物件提供了操作數值運算的屬性與方法，常用的如下（標示 * 者為靜態成員）。我們可以透過成員運算子存取 Math 物件提供的靜態屬性與靜態方法，例如 Math.E、Math.abs() 等。若是以 new 關鍵字建立 Math 物件，反而會得到錯誤訊息。

屬性	說明
* E	自然數 e = 2.718281828459045。
* LN2	e 為底的對數 2，ln2 = 0.6931471805599453。
* LN10	e 為底的對數 10，ln10 = 2.302585092994046。
* LOG2E	2 為底的對數 e，$\log_2 e$ = 1.4426950408889634。
* LOG10E	10 為底的對數 e，$\log_{10} e$ = 0.4342944819032518。
* PI	圓周率 π = 3.141592653589793。
* SQRT1_2	1/2 的平方根 = 0.7071067811865476。
* SQRT2	2 的平方根 = 1.4142135623730951。

下面是一個例子，它示範了如何取得 Math 物件的屬性值。

🛡 **\Ch15\math1.html**

```
<script>
  document.write('E 的值為 ' + Math.E + '<br>');
  document.write('LN2 的值為 ' + Math.LN2 + '<br>');
  document.write('PI 的值為 ' + Math.PI);
</script>
```

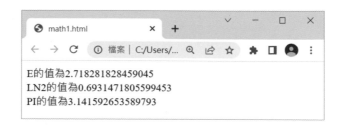

15-11

方法	說明
基本運算	
* abs(*num*)	傳回參數 *num* 的絕對值。
* max(*n1*, *n2*, ...)	傳回參數中的最大值。
* min(*n1*, *n2*, ...)	傳回參數中的最小值。
* pow(*n1*, *n2*)	傳回 *n1* 的 *n2* 次方。
* random()	傳回 0 ~ 1.0 之間的亂數。
* sign(*num*)	傳回參數的正負符號，1 表示正數，-1 表示負數，0 表示 0。
進位或捨去	
* ceil(*num*)	傳回大於等於參數 *num* 的整數 (無條件進位)。
* floor(*num*)	傳回小於等於參數 *num* 的整數 (無條件捨去)。
* round(*num*)	傳回參數 *num* 的四捨五入值。
* trunc(*num*)	傳回參數 *num* 的整數部分 (捨去小數部分)。
平方根、指數、對數	
* sqrt(*num*)	傳回參數 *num* 的平方根。
* cbrt(*num*)	傳回參數 *num* 的立方根。
* exp(*num*)	傳回自然數 e 的 *num* 次方。
* log(*num*)	傳回 e 為底的對數。
* log10(*num*)	傳回 10 為底的對數。
* log2(*num*)	傳回 2 為底的對數。
三角函數	
* sin(*x*)	傳回參數 *x* 的正弦值，*x* 為弧度。
* cos(*x*)	傳回參數 *x* 的餘弦值，*x* 為弧度。
* tan(*x*)	傳回參數 *x* 的正切值，*x* 為弧度。
* asin(*x*)	傳回參數 *x* 的反正弦值，*x* 為 -1 ~ 1 (表示某角的正弦值)。
* acos(*x*)	傳回參數 *x* 的反餘弦值，*x* 為 -1 ~ 1 (表示某角的餘弦值)。
* atan(*x*)	傳回參數 *x* 的反正切值，*x* 為數值 (表示某角的正切值)。

註：弧度＝角度 ×PI÷180

下面是一個例子，它示範了如何呼叫 Math 物件的方法。

\Ch15\math2.html

```
<script>
  // 顯示 100 （-100 的絕對值）
  document.write(Math.abs(-100) + '<br>');
  // 顯示 3 （最大值）
  document.write(Math.max(1, 3, 2) + '<br>');
  // 顯示 100 （10 的 2 次方）
  document.write(Math.pow(10, 2) + '<br>');
  // 顯示隨機亂數
  document.write(Math.random() + '<br>');
  // 顯示 8 （無條件進位）
  document.write(Math.ceil(7.004) + '<br>');
  // 顯示 5 （無條件捨去）
  document.write(Math.floor(5.95) + '<br>');
  // 顯示 6 （四捨五入）
  document.write(Math.round(5.95) + '<br>');
  // 顯示 13 （捨去小數部分）
  document.write(Math.trunc(13.37) + '<br>');
  // 顯示 2 （4 的平方根）
  document.write(Math.sqrt(4) + '<br>');
  // 顯示 1 （sin90°）
  document.write(Math.sin(90 * Math.PI / 180));
</script>
```

```
100
3
100
0.07482239118585476
8
5
6
13
2
1
```

15-3-4 Date 物件

Date 物件提供了操作日期時間的方法，常用的如下（標示 * 者為靜態成員）。

方法	說明
取得日期時間	
getFullYear()	傳回年份（四位）。
getMonth()	傳回月份 0 ~ 11，表示 1 ~ 12 月。
getDate()	傳回日期 1 ~ 31。
getDay()	傳回星期 0 ~ 6，表示星期日 ~ 星期六。
getHours()	傳回小時 0 ~ 23。
getMinutes()	傳回分鐘 0 ~ 59。
getSeconds()	傳回秒數 0 ~ 59。
getMilliseconds()	傳回毫秒數 0 ~ 999。
getTime()	傳回自 1970/1/1 00:00:00 起所經過的毫秒數。
getTimezoneOffset()	傳回系統時間與世界標準時間 (UTC) 的時間差。
取得 UTC 日期時間	
getUTCFullYear()	傳回世界標準時間 (UTC) 的年份（四位）。
getUTCMonth()	傳回世界標準時間 (UTC) 的月份 0 ~ 11，表示 1 ~ 12 月。
getUTCDate()	傳回世界標準時間 (UTC) 的日期 1 ~ 31。
getUTCDay()	傳回世界標準時間 (UTC) 的星期 0 ~ 6， 表示星期日 ~ 星期六。
getUTCHours()	傳回世界標準時間 (UTC) 的小時 0 ~ 23。
getUTCMinutes()	傳回世界標準時間 (UTC) 的分鐘 0 ~ 59。
getUTCSeconds()	傳回世界標準時間 (UTC) 的秒數 0 ~ 59。
getUTCMilliseconds()	傳回世界標準時間 (UTC) 的毫秒數 0 ~ 999。
設定日期時間	
setFullYear(x)	設定年份（四位）。
setMonth(x)	設定月份 0 ~ 11，表示 1 ~ 12 月。

方法	說明
setDate(x)	設定日期 1 ~ 31。
setHours(x)	設定小時 0 ~ 23。
setMinutes(x)	設定分鐘 0 ~ 59。
setSeconds(x)	設定秒數 0 ~ 59。
setMilliseconds(x)	設定毫秒數 0 ~ 999。
setTime(x)	設定自 1970/1/1 00:00:00 起所經過的毫秒數。
設定 UTC 日期時間	
setUTCDate(x)	設定世界標準時間 (UTC) 的日期 1 ~ 31。
setUTCMonth(x)	設定世界標準時間 (UTC) 的月份 0 ~ 11，表示 1 ~ 12 月。
setUTCFullYear(x)	設定世界標準時間 (UTC) 的年份 (四位)。
setUTCHours(x)	設定世界標準時間 (UTC) 的小時 0 ~ 23。
setUTCMinutes(x)	設定世界標準時間 (UTC) 的分鐘 0 ~ 59。
setUTCSeconds(x)	設定世界標準時間 (UTC) 的秒數 0 ~ 59。
setUTCMilliseconds(x)	設定世界標準時間 (UTC) 的毫秒數 0 ~ 999。
字串轉換	
toString()	將日期時間轉換成字串。
toUTCString()	將日期時間依照世界標準時間 (UTC) 格式轉換成字串。
toLocaleString()	將日期時間依照當地時間格式轉換成字串。
toDateString()	將日期時間的日期轉換成字串。
toTimeString()	將日期時間的時間轉換成字串。
解析日期時間	
* now()	傳回自 1970/1/1 00:00:00 (UTC) 起到目前日期時間所經過的毫秒數。
* parse(dtstr)	解析參數 dtstr 所表示的日期時間，然後傳回自 1970/1/1 00:00:00 (UTC) 起到該日期時間所經過的毫秒數。
* UTC(year[, month[, day[, hour[, minute[, second[, millisecond]]]]]])	解析參數所表示的日期時間，然後傳回自 1970/1/1 00:00:00 (UTC) 起到該日期時間所經過的毫秒數。

我們可以使用 new 關鍵字和 Date() 建構子建立 Date 物件，例如：

```
01: let dt1 = new Date();
02: let dt2 = new Date('November 26, 1989 02:30:00');
03: let dt3 = new Date('1989-11-26T02:30:00');
04: let dt4 = new Date(1989, 10, 26, 2, 30, 0);
05: let dt5 = new Date(1989, 10, 26);
06: let dt6 = new Date(628021800000);
07: let dt7 = new Date();              // 建立一個名稱為 dt7 的 Date 物件
08: dt7.setFullYear(1989);            // 將年份設定為 1989 年
09: dt7.setMonth(10);                 // 將月份設定為 11 月
10: dt7.setDate(26);                  // 將日期設定為 26 日
11: dt7.setHours(2);                  // 將小時設定為 2 點
12: dt7.setMinutes(30);               // 將分鐘設定為 30 分
13: dt7.setSeconds(0);                // 將秒數設定為 0 秒
```

- 01：呼叫 Date() 建構子建立 Date 物件，由於沒有參數，所以預設值為目前的系統日期時間。

- 02：根據 Date() 建構子的參數建立 Date 物件，該參數表示 1989 年 11 月 26 日兩點三十分零秒。

- 03：此敘述的作用和第 02 行相同，只是換一種格式。

- 04：此敘述的作用和第 02 行相同，只是將一個參數換成六個參數，表示年、月、日、時、分、秒，注意第二個參數的合法值為 0 ~ 11，表示 1 ~ 12 月。

- 05：Date() 建構子有三個參數，表示年、月、日，至於時、分、秒則採取預設值 0，所以該參數表示 1989 年 11 月 26 日零點零分零秒。

- 06：Date() 建構子有一個參數表示時間戳記 (timestamp)，也就是從 1970-01-01T00:00:00 到該日期時間所經過的毫秒數，而 628021800000 正是 1989 年 11 月 26 日兩點三十分零秒的時間戳記。

- 07 ~13：呼叫 Date() 建構子建立 Date 物件，然後呼叫該物件的方法將日期時間設定為 1989 年 11 月 26 日兩點三十分零秒。

下面是一個例子，它會示範如何透過 Date 物件取得目前的系統日期時間。
或許您有注意到執行結果中的 GMT+0800 等文字，**GMT** (Greenwich Mean
Time) 為格林威治標準時間，而 GMT+0800 表示當地時間為格林威治標準時
間加上 8 小時。

✅ \Ch15\date.html

```
<script>
  // 建立一個名稱為 dt 的 Date 物件，預設值為目前的系統日期時間
  let dt = new Date();
  // 顯示 dt 物件的值
  document.write(' 系統日期時間為 ' + dt + '<br>');
  // 呼叫 Date 物件的方法並顯示結果
  document.write('getFullYear() 傳回 ' + dt.getFullYear() + '<br>');
  document.write('getMonth() 傳回 ' + dt.getMonth() + '<br>');
  document.write('getDate() 傳回 ' + dt.getDate() + '<br>');
  document.write('getDay() 傳回 ' + dt.getDay() + '<br>');
  document.write('getHours() 傳回 ' + dt.getHours() + '<br>');
  document.write('getMinutes() 傳回 ' + dt.getMinutes() + '<br>');
  document.write('getSeconds() 傳回 ' + dt.getSeconds() + '<br>');
  document.write('getMilliseconds() 傳回 ' + dt.getMilliseconds() + '<br>');
  document.write('getTime() 傳回 ' + dt.getTime());
</script>
```

15-3-5 Array 物件

Array 物件提供了操作陣列的屬性與方法，包括陣列的長度以及一些用來進行搜尋陣列、擷取陣列元素、連接陣列元素、排序、反轉的方法。

⬤⬤ 一維陣列

陣列 (array) 可以用來儲存多個資料，這些資料叫做**元素** (element)，每個元素有各自的**索引** (index) 與**值** (value)。

索引可以用來識別元素，例如第 1 個元素的索引為 0，第 2 個元素的索引為 1，...，第 n 個元素的索引為 n - 1。當陣列最多儲存 n 個元素時，表示它的**長度** (length) 為 n。

除了**一維陣列** (one-dimension) 之外，JavaScript 也允許我們使用**多維陣列** (multi-dimension)，其中以**二維陣列** (two-dimension) 較為常見。

以下面的敘述為例，我們先宣告一個名稱為 studentNames、包含 5 個元素的一維陣列，然後一一設定各個元素的值，注意索引是從 0 開始，而且前後要以中括號括起來：

```
var studentNames = new Array(5);
studentNames[0] = '小丸子';
studentNames[1] = '花輪';
studentNames[2] = '小玉';
studentNames[3] = '美環';
studentNames[4] = '永澤';
```

我們也可以在宣告一維陣列的同時設定各個元素的值，例如：

```
var studentNames = new Array('小丸子', '花輪', '小玉', '美環', '永澤');
```

我們還可以將上面的敘述簡寫成如下：

```
var studentNames = ['小丸子', '花輪', '小玉', '美環', '永澤'];
```

下面是一個例子，其中第 03 ～ 04 行是宣告一個名稱為 drinks 的一維陣列用來儲存飲料名稱，而第 07 ～ 10 行的 for 迴圈是以表格形式顯示飲料編號和一維陣列的內容。

請注意，第 07 行的 drinks.length 是透過 drinks 陣列的 **length** 屬性取得陣列的元素個數，而此例的 drinks 陣列包含七個飲料名稱，所以 drinks.length 的值為 7。

✅ \Ch15\array1.html

```
01: <body>
02:   <script>
03:     let drinks = ['卡布奇諾咖啡', '拿鐵咖啡', '血腥瑪莉', '長島冰茶',
04:       '愛爾蘭咖啡', '藍色夏威夷', '英式水果冰茶'];
05:
06:     document.write('<table border="1">');
07:     for(let i = 0; i < drinks.length; i++) {
08:       document.write('<tr><td>飲料' + (i + 1) + '</td>');
09:       document.write('<td>' + drinks[i] + '</td></tr>');
10:     }
11:     document.write('</table>');
12:   </script>
13: </body>
```

二維陣列

前面所介紹的陣列屬於一維陣列，事實上，我們還可以宣告多維陣列，而且最常見的就是二維陣列。以下面的成績單為例，由於總共有 m 列 n 行，因此，我們可以宣告一個 m×n 的二維陣列來儲存這個成績單，如下：

	第 0 行	第 1 行	第 2 行	……	第 n-1 行
第 0 列	姓名	國文	英文	……	數學
第 1 列	王小美	85	88	……	77
第 2 列	孫大偉	99	86	……	89
……	……	……	……	……	……
第 m-1 列	張婷婷	75	92	……	86

m×n 二維陣列有兩個索引，第一個索引是從 0 到 m－1（共 m 個），第二個索引是從 0 到 n－1（共 n 個），若要存取二維陣列，必須同時使用這兩個索引。以上面的成績單為例，我們可以使用二維陣列的兩個索引表示成如下：

	第 0 行	第 1 行	第 2 行	……	第 n-1 行
第 0 列	[0][0]	[0][1]	[0][2]	……	[0][n-1]
第 1 列	[1][0]	[1][1]	[1][2]	……	[1][n-1]
第 2 列	[2][0]	[2][1]	[2][2]	……	[2][n-1]
……	……	……	……	……	……
第 m-1 列	[m-1][0]	[m-1][1]	[m-1][2]	……	[m-1][n-1]

由上表可知，「王小美」這筆資料是儲存在二維陣列中索引為 [1][0] 的位置，而「王小美」的數學分數是儲存在二維陣列中索引為 [1][n－1] 的位置；同理，「張婷婷」這筆資料是儲存在二維陣列中索引為 [m-1][0] 的位置，而「張婷婷」的數學分數是儲存在二維陣列中索引為 [m-1][n－1] 的位置。

雖然 JavaScript 沒有直接支援多維陣列，但允許 Array 物件的元素為另一個 Array 物件，所以我們還是能夠順利使用二維陣列。

下面是一個例子，其中第 03 ~ 06 行是宣告一個二維陣列用來儲存學生的姓名與分數，而第 09 ~ 14 行的巢狀迴圈是以表格形式顯示二維陣列的內容。請注意，第 09 行的 scores.length 是透過 scores 陣列的 **length** 屬性取得陣列的元素個數，而此例的 scores 陣列包含四個陣列，而這四個陣列又各自包含四個元素。

✅ \Ch15\array2.html

```
01: <body>
02:   <script>
03: ❶ let scores = [['姓名', '國文', '英文', '數學'],
04:                  ['王小美', 85, 88, 77],
05:                  ['孫大偉', 99, 86, 89],
06:                  ['張婷婷', 75, 92, 86]];
07:
08:     document.write('<table border="1">');
09:    ┌for(let i = 0; i < scores.length; i++) {
10:    │   document.write('<tr>');
11:  ❷ │   for(let j = 0; j < scores[i].length; j++)
12:    │     document.write('<td>' + scores[i][j] + '</td>');
13:    │   document.write('</tr>');
14:    └}
15:     document.write('</table>');
16:   </script>
17: </body>
```

❶ 宣告一個二維陣列用來儲存學生的姓名與分數
❷ 以表格形式顯示二維陣列的內容

姓名	國文	英文	數學
王小美	85	88	77
孫大偉	99	86	89
張婷婷	75	92	86

Array 物件的屬性

Array 物件有一個常用的屬性 **length**，表示陣列的元素個數。舉例來說，假設變數 X 的值為 [10, 20, 30, 40, 50]，那麼它的長度 X.length 會傳回 5。

Array 物件的方法

Array 物件常用的方法如下 (標示 * 者為靜態方法，標示 ✓ 者為破壞性方法，也就是原始陣列的內容會隨著該方法執行完畢而有所改變)。

方法	說明
基本操作	
* isArray(*obj*)	若參數 *obj* 為陣列，就傳回 true，否則傳回 false，例如 Array.isArray(['a', 'b', 'c']) 會傳回 true，而 Array.isArray('abc') 會傳回 false。
* of(*e0*[, *e1*[, ...]])	將參數 *e0*, *e1*, ... 轉換成陣列，例如 Array.of('a', 'b', 'c') 會傳回 ['a', 'b', 'c']。
toString()	將陣列的元素依照「元素 , 元素 ,...」格式轉換成字串，例如 [1, 2, 3].toString() 會傳回 1,2,3。
indexOf(*elm*[, *start*])	傳回參數 *elm* 首次出現在陣列中的索引，-1 表示找不到，若要指定從哪個索引開始搜尋，可以加上參數 *start*，例如 [1, 2, 3, 2, 1].indexOf(2) 會傳回 1。
lastIndexOf(*elm*[, *start*])	傳回參數 *elm* 最後出現在陣列中的索引 (由後往前找)，-1 表示找不到，若要指定從哪個索引開始搜尋，可以加上參數 *start*，例如 [1, 2, 3, 2, 1].lastIndexOf(2) 會傳回 3。
includes(*elm*[, *start*])	傳回陣列是否包含參數 *elm*，若要指定從哪個索引開始檢查，可以加上參數 *start*，例如 [1, 2, 3].includes(2) 會傳回 true。
entries()	傳回陣列的所有鍵 / 值，這是一個迭代物件。
keys()	傳回陣列的所有鍵，這是一個迭代物件。
values()	傳回陣列的所有值，這是一個迭代物件。
concat(*arr*)	傳回陣列與參數 *arr* 合併的陣列，例如 [1, 2].concat([3, 4, 5]) 會傳回 [1, 2, 3, 4, 5]。

方法	說明
✔ fill(*value*[, *begin*[, *end*]])	傳回以 *value* 填滿索引為 *begin* ~ (*end* - 1) 的陣列，例如 ['a', 'b', 'c', 'd', 'e'].fill('x', 1, 3) 會傳回 ['a', 'x', 'x', 'd', 'e']。
join([*separator*])	傳回陣列各個元素連接而成的字串，若要指定以哪個字元隔開元素，可以加上參數 *separator*，例如 ['a', 'b', 'c', 'd', 'e'].join('-') 會傳回 'a-b-c-d-e'。
slice(*begin* [, *end*])	傳回索引為 *begin* ~ (*end* - 1) 的元素，例如 ['a', 'b', 'c', 'd', 'e'].slice(1, 3) 會傳回 ['b', 'c']。
排序	
✔ sort([*compareFn*])	傳回將陣列由小到大排序的結果，若要指定用來做為比較依據的函式，可以加上參數 *compareFn*，例如 [1, 5, 3, 2, 4].sort() 會傳回 [1, 2, 3, 4, 5]。
✔ reverse()	傳回將陣列的元素順序反轉過來的結果，例如 [1, 2, 3, 4, 5].reverse() 會傳回 [5, 4, 3, 2, 1]。
新增 / 刪除	
✔ pop()	從陣列移除最後一個元素，並傳回該元素。舉例來說，假設陣列 A 為 ['a', 'b', 'c']，則 A.pop() 會傳回 'c'，而陣列 A 的值為 ['a', 'b']。
✔ push(*e0*[, *e1*[, ...]])	新增一個或多個元素到陣列尾端，並傳回陣列的新長度。舉例來說，假設陣列 B 為 ['x', 'y']，則 B.push('z') 會傳回 3，而陣列 B 的值為 ['x', 'y', 'z']。
✔ shift()	從陣列移除第一個元素，並傳回該元素。舉例來說，假設陣列 A 為 ['a', 'b', 'c']，則 A.shift() 會傳回 'a'，而陣列 A 的值為 ['b', 'c']。
✔ unshift(*e0*[, *e1*[, ...]])	新增一個或多個元素到陣列開頭，並傳回陣列的新長度。舉例來說，假設陣列 A 為 ['a', 'b', 'c']，則 A.unshift('x', 'y') 會傳回 5，而陣列 A 的值為 ['x', 'y', 'a', 'b', 'c']。
✔ splice(*start*[, *count*[, *item1*[, *item2*[, ...]]]])	從索引為 *start* 處刪除 *count* 個元素，接著插入 *item1*, *item2*, ... 等元素，然後傳回被刪除的元素。舉例來說，假設陣列 C 為 ['a', 'b', 'c', 'd', 'e', 'f']，則 C.splice(1, 3, 'x') 會傳回 ['b', 'c', 'd']，而陣列 C 的值為 ['a', 'x', 'e', 'f']。

15-3-6　Error 物件

常見的 JavaScript 程式錯誤有下列幾種類型：

- **語法錯誤** (syntax error)：這是在撰寫程式時最容易發生的錯誤，任何程式語言都有其專屬的語法必須加以遵循，一旦誤用語法，就會發生錯誤，例如遺漏必要的符號、誤用關鍵字等。對於語法錯誤，瀏覽器的開發人員工具會顯示哪裡有錯誤，以及造成錯誤的原因，只要依照提示做修正即可。舉例來說，假設我們遺漏標示字串結尾的單引號，Chrome 的開發人員工具就會出現如下圖的錯誤訊息。

- **執行期間錯誤** (runtime error)：這是在程式執行期間所發生的錯誤，導致此種錯誤的往往不是語法問題，而是一些看起來似乎正確卻無法執行的程式碼。舉例來說，您可能撰寫一行語法正確的敘述來進行兩個變數相加，卻忘了定義其中一個變數的值，使得程式在執行時發生變數尚未定義的錯誤。對於執行期間錯誤，瀏覽器的開發人員工具會顯示哪裡有錯誤，以及造成錯誤的原因，只要依照提示做修正即可。

- **邏輯錯誤** (logical error)：這是在使用程式時所發生的錯誤，例如使用者輸入不符合要求的資料，程式卻沒有設計到如何處理這種情況，或是在撰寫迴圈時沒有充分考慮到結束條件，導致陷入無窮迴圈。邏輯錯誤是比較難修正的錯誤類型，因為不容易找出導致錯誤的真正原因，但還是可以從執行結果不符合預期來判斷是否有邏輯錯誤。

當 JavaScript 程式發生錯誤時，它會拋出**例外** (exception)，此時，直譯器會停止執行程式，並尋找例外處理的程式碼。

JavaScript 會根據不同的錯誤建立不同的錯誤物件，例如 **Error** 物件用來表示錯誤，所有錯誤物件都是以 Error 物件為基底所衍生出來的；**SyntaxError** 物件用來表示語法錯誤，可能是遺漏結尾的括號、遺漏陣列的逗號、使用未成對的引號等；**TypeError** 物件用來表示型別錯誤，可能是變數或參數不是有效型別，或使用不存在的物件或方法；**ReferenceError** 物件用來表示參照錯誤，可能是變數尚未宣告或變數不在有效範圍內；**RangeError** 物件用來表示範圍錯誤，可能是使用超出定義範圍的數值。

JavaScript 提供了 **try...catch...finally** 用來進行例外處理，其語法如下：

```
try {
  可能發生例外的敘述
} catch (exceptionVar) {
  發生例外時所要執行的敘述
} finally {
  無論有無發生例外都會執行的敘述
}
```

- **try**：可能發生例外的敘述要放在 try 區塊，若發生例外，控制權就會轉移到 catch 區塊，否則會轉移到 finally 區塊。

- **catch**：當 try 區塊發生例外時，控制權會轉移到 catch 區塊，執行一些用來處理例外的敘述，然後再轉移到 finally 區塊。此處有個選擇性變數 *exceptionVar* 用來儲存捕捉到的例外，這是一個 **Error** 物件，我們可以透過 **name**、**message**、**fileName**、**lineNumber** 等屬性取得錯誤的名稱、錯誤的描述、發生錯誤的檔案名稱及發生錯誤的行數，若不會用到此物件，那麼 (*exceptionVar*) 可以省略不寫。

- **finally**：無論有沒有發生例外，最後都會執行 finally 區塊，裡面可能是一些用來清除錯誤或收尾的敘述。finally 區塊為選擇性敘述，若不需要的話可以省略。

下面是一個例子，在沒有使用 try...catch...finally 的情況下，當程式執行到 var Z = X / Y; 時，由於變數 Y 尚未定義，所以程式會發生例外並終止執行，導致使用者只看到一片不明原因的空白。為了不要讓使用者感到這麼突然，於是我們將 var Z = X / Y; 放在 try 區塊，一旦發生例外，控制權就會轉移到 catch 區塊，並透過捕捉到的例外顯示錯誤的名稱及錯誤的訊息，然後再轉移到 finally 區塊，顯示「例外處理完畢！」。

> ✅ \Ch15\error.html

```
<script>
  var X = 1;
  try {
    var Z = X / Y;
  } catch (e) {
    document.write(e.name + '<br>' + e.message);
  } finally {
    document.write('<br> 例外處理完畢！');
  }
</script>
```

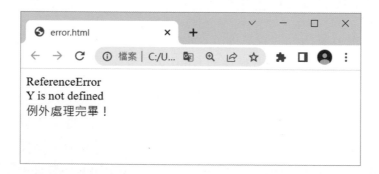

請注意，若您在 try 區塊或 catch 區塊裡面使用了 break 或 return 等關鍵字，程式的控制權將直接轉移到 finally 區塊。

此外，您可以視實際需要使用巢狀 try...catch...finally 進行多層次的例外處理，也就是將另一個 try...catch...finally 放在 catch 區塊，不過，這會影響程式的效能，所以在使用之前務必考慮其必要性。

16

文件物件模型 (DOM)

The Complete Guide to Web Design

16-1 認識 DOM

我們在前兩章所介紹的是 JavaScript 的基本語法與內建物件，適用於不同的執行環境，包括瀏覽器端與伺服器端，而從本章開始，我們要來介紹一些以瀏覽器端為主的功能，首先登場的就是 DOM。

DOM (Document Object Model，文件物件模型) 是 W3C 制定的應用程式介面，用來存取以 HTML、XML 等標記語言所撰寫的文件。DOM 並不屬於 HTML、XML 或 JavaScript 的一部分，但所有瀏覽器都會實作此模型。目前 DOM 的規格有 Level 1 ~ Level 4，我們通常是使用 JavaScript 來存取 DOM，但它其實也可以被其它程式語言存取，只是比較少見。

當瀏覽器載入 HTML 文件時，它會在記憶體中建立該網頁的文件模型，稱為 **DOM 樹** (DOM tree)，這是一個由多個物件所構成的集合，每個物件代表 HTML 文件中的一個元素，而且每個物件有各自的屬性、方法與事件，能夠透過 JavaScript 來操作。

以下面的 HTML 文件為例，瀏覽器會為它建立如下圖的 DOM 樹，文件中的每個元素、屬性和文字內容都有對應的 **DOM 節點** (DOM node)。

```html
<html>
  <head>
    <meta charset="utf-8">
  </head>
  <body>
    <h1> 美食推薦 </h1>
    <ul>
      <li id="one"> 珠寶盒 </li>
      <li id="two"> 法朋 </li>
    </ul>
  </body>
</html>
```

DOM 樹中有下列四種節點，任何對 DOM 樹的改變都會反映到瀏覽器的執行畫面：

💿 **文件節點**：DOM 樹的頂端被加入一個 **document 節點**，代表整個網頁。文件節點位於整棵 DOM 樹的起始位置，我們可以透過它走訪 DOM 樹中的各個節點。

💿 **元素節點**：這代表 HTML 文件中的一個元素，只要能夠找到元素節點，就能進一步存取該節點的屬性或文字內容。

💿 **屬性節點**：這代表 HTML 元素的屬性，屬性節點並不是其附屬元素節點的子節點，而是元素節點的一部分。

💿 **文字節點**：這代表 HTML 元素的文字內容，而且文字節點不會再有子節點。

在前面的 DOM 樹中，我們還特別標示了根節點、父子節點和兄弟節點，這是樹狀結構常見的名詞，用來表示節點之間的關聯，其意義如下：

- **根節點**：樹狀結構中最頂端的節點，例如此處的 document 節點。

- **父子節點**：樹狀結構中具有上下關聯的節點，上層的稱為**父節點** (parent)，而下層的稱為**子節點** (child)，例如此處的 <ul> 為父節點，而 <li> 為子節點。若上下節點之間沒有直接相連，那麼上層的稱為**祖先節點** (ancestor)，而下層的稱為**子孫節點** (descendant)，例如此處的 <body> 為祖先節點，而 <li> 為子孫節點。

- **兄弟節點**：樹狀結構中父節點相同的節點稱為**兄弟節點** (sibling)，例如此處的 <h1> 和 <ul> 為兄弟節點，它們有共同的父節點為 <body>。

DOM 樹的每個節點都是一個隸屬於 Node 型別的物件，而 Node 型別又包含數個子型別，其型別階層架構如下圖，HTMLDocument 子型別代表 HTML 文件，HTMLElement 子型別代表 HTML 元素，而 HTMLElement 子型別又包含數個子型別，代表特殊類型的 HTML 元素，例如 HTMLInputElement 代表輸入類型的元素，HTMLTableElement 代表表格類型的元素。

16-2 取得元素節點

當我們要透過 DOM 來操作 HTML 文件時，無論是要變更 HTML 元素的屬性值 / 文字內容或新增 / 取代 / 移除元素，都要先取得元素節點。至於要如何取得元素節點，則有 getElementById()、getElementsByName()、getElementsByTagName()、getElementsByClassName()、querySelector()、querySelectorAll() 等方法。

16-2-1 getElementById() 方法 (根據 id 屬性值取得元素)

getElementById() 方法的語法如下，它會根據參數指定的 id 屬性值去取得符合的元素，傳回值是一個 Element 物件，若找不到，就傳回 null。原則上，HTML 文件中的 id 屬性值是唯一的，若有重複，就會傳回第一個符合的元素：

```
element = document.getElementById(id);
```

下面是一個例子，它會顯示進入網頁時間。

✅ \Ch16\getbyid.html

```
<!DOCTYPE html>
<html>
  <head>
    <meta charset="utf-8">
  </head>
  <body>
    進入網頁時間：<span id="entrytime"></span>  ❶
    <script src="getbyid.js"></script>
  </body>
</html>
```

❶ 將 <span> 元素的 id 屬性設定為 "entrytime"

❷ 使用此方法根據 id 屬性值取得 <span> 元素

❸ 透過 textContent 屬性將 <span> 元素的文字內容設定為目前日期時間

✅ \Ch16\getbyid.js

```
var entrytime = document.getElementById('entrytime'); ❷
entrytime.textContent = new Date(); ❸
```

執行結果如下圖。

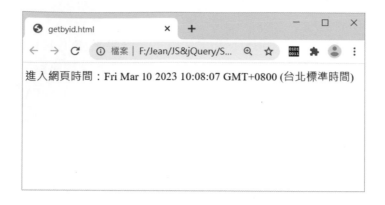

16-2-2 getElementsByName() 方法 (根據 name 屬性值取得元素)

getElementsByName() 方法的語法如下,它會根據參數指定的 name 屬性值去取得符合的元素,傳回值是一個 NodeList 集合,若找不到,就傳回空的 NodeList 集合:

```
elements = document.getElementsByName(name);
```

getElementsByName() 方法通常用來取得 <input>、<select> 等表單元素,例如選擇鈕 (radio)、核取方塊 (checkbox) 或下拉式清單都是有數個選項,而且每個選項的 name 屬性值均相同,此時取得的就是一群元素,而不是單一元素。

NodeList 集合常用的成員如下:

🔘 **length**:這個屬性表示 NodeList 集合的元素個數。

🔘 **item(*i*)**:這個方法用來取得第 *i* + 1 個元素,*i* 的值為 0 ~ length - 1。

下面是一個例子,它會取得 name 屬性為 "drinks" 的元素 (即三個核取方塊),然後在主控台顯示其 value 屬性值 (註:Chrome 或 Edge 的使用者只要按 [F12] 鍵,就可以看到主控台)。

✔ \Ch16\getbyname.html

```
01：<!DOCTYPE html>
02：<html>
03：  <head>
04：    <meta charset="utf-8">
05：  </head>
06：  <body>
07：    <form>
08：      選擇喜歡的飲料：                      ❶
09：      <input type="checkbox" name="drinks" value=" 拿鐵 "> 拿鐵
10：      <input type="checkbox" name="drinks" value=" 紅茶 "> 紅茶
11：      <input type="checkbox" name="drinks" value=" 水果茶 "> 水果茶
12：    </form>
13：    <script src="getbyname.js"></script>
14：  </body>
15：</html>
```

❶ 將三個核取方塊的 name 屬性設定為 "drinks"
❷ 使用此方法根據 name 屬性值取得三個核取方塊
❸ 使用 for 迴圈顯示三個核取方塊的 value 屬性值
❹ 第 17 ~ 18 行的執行結果

✔ \Ch16\getbyname.js

```
16：var drinks = document.getElementsByName('drinks'); ❷
17：for (var i = 0; i < drinks.length; i++) ❸
18：  console.log(drinks.item(i).value);
```

我們亦可使用中括號語法取代 item() 方法，例如第 18 行可以改寫成如下：

```
console.log(drinks[i].value);
```

16-2-3 getElementsByTagName() 方法 (根據標籤名稱取得元素)

getElementsByTagName() 方法的語法如下，它會根據參數指定的標籤名稱去取得符合的元素，傳回值是一個 HTMLCollection 集合，若找不到，就傳回空的 HTMLCollection 集合：

```
elements = document.getElementsByTagName(tagName);
```

HTMLCollection 集合常用的成員如下：

- **length**：這個屬性表示 HTMLCollection 集合的元素個數。

- **item(*i*)**：這個方法用來取得第 *i* + 1 個元素，*i* 的值為 0 ~ length - 1。

下面是一個例子，它會取得標籤名稱為 li 的元素 (即項目清單中的所有項目)，然後在主控台顯示其文字內容。

\Ch16\getbytagname.html

```
01: <!DOCTYPE html>
02: <html>
03:   <head>
04:     <meta charset="utf-8">
05:   </head>
06:   <body>
07:     <ul>
08:       <li id="one" class="dessert">珠寶盒 </li>
09:       <li id="two" class="dessert"> 法朋 </li>
10:       <li id="three" class="dessert">Lady M</li>
11:       <li id="four">RAW</li>
12:     </ul>
13:     <script src="getbytagname.js"></script>
14:   </body>
15: </html>
```

❶ 使用 <li> 元素標示四個項目

❷ 使用此方法根據標籤名稱取得四個項目

❸ 使用 for 迴圈顯示四個項目的文字內容

❹ 第 17 ~ 18 行的執行結果

✅ \Ch16\getbytagname.js

```
16: var foods = document.getElementsByTagName('li'); ❷
17: for (var i = 0; i < foods.length; i++) ❸
18:   console.log(foods.item(i).textContent);
```

- 我們亦可使用中括號語法取代 item() 方法，例如 \Ch16\getbytagname. js 的第 18 行可以改寫成如下：

```
console.log(foods[i].textContent);
```

- textContent 屬性可以用來取得元素節點的文字內容，第 16-4-2 節有進一步說的說明。

- 若要取得所有元素，可以將 getElementsByTagName() 方法的參數設定為 '*'。

- 若要取得單一元素，而不是一群元素，那麼建議使用 getElementById() 方法，因為這個方法的執行效率最好。

16-2-4　getElementsByClassName() 方法（根據類別名稱取得元素）

getElementsByClassName() 方法的語法如下，它會根據參數指定的類別名稱去取得符合的元素，傳回值是一個 HTMLCollection 集合，若找不到，就傳回空的 HTMLCollection 集合：

```
elements = document.getElementsByClassName(className);
```

下面是一個例子，它會取得類別名稱為 "dessert" 的元素（即項目清單中的前三個項目），然後在主控台顯示其文字內容。

✅ **\Ch16\getbyclassname.html**

```
01: <!DOCTYPE html>
02: <html>
03:   <head>
04:     <meta charset="utf-8">
05:   </head>
06:   <body>
07:     <ul>
08:       <li id="one" class="dessert"> 珠寶盒 </li>
09:       <li id="two" class="dessert"> 法朋 </li>
10:       <li id="three" class="dessert">Lady M</li>
11:       <li id="four">RAW</li>
12:     </ul>
13:     <script src="getbyclassname.js"></script>
14:   </body>
15: </html>
```

❶ 將前三個 \<li\> 元素的 class 屬性設定為 "dessert"

❷ 使用此方法根據類別名稱取得前三個項目

❸ 使用 for 迴圈顯示前三個項目的文字內容

❹ 第 17 ～ 18 行的執行結果

✅ **\Ch16\getbyclassname.js**

```
16: var foods = document.getElementsByClassName('dessert'); ❷
17: for (var i = 0; i < foods.length; i++) ❸
18:   console.log(foods.item(i).textContent);
```

16-2-5 querySelector() / querySelectorAll() 方法 (根據 CSS 選擇器取得元素 / 所有元素)

querySelector() 方法的語法如下，它會根據參數指定的 CSS 選擇器去取得符合的第一個元素，傳回值是一個 Element 物件，若找不到，就傳回 null：

```
element = document.querySelector(selectors);
```

querySelectorAll() 方法的語法如下，它會根據參數指定的 CSS 選擇器去取得符合的所有元素，這是一個 NodeList 集合，若找不到，就傳回空的 NodeList 集合：

```
elements = document.querySelectorAll(selectors);
```

下面是一個例子，它會取得類別名稱為 "dessert" 的元素 (即項目清單中的前三個項目)，然後在主控台顯示其文字內容。請注意，第 16 行的 querySelectorAll('.dessert') 是使用 .dessert 選擇器去取得類別名稱為 "dessert" 的元素，若只要取得第一個符合的元素，可以改用 querySelector() 方法。

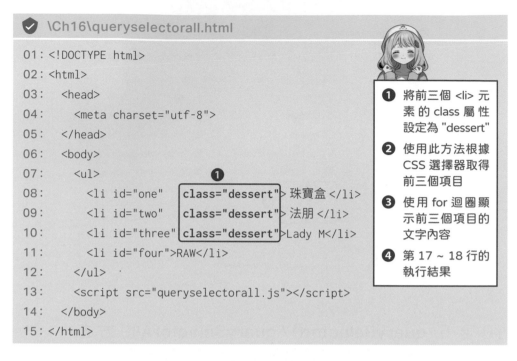

✔ \Ch16\queryselectorall.html

```
01: <!DOCTYPE html>
02: <html>
03:   <head>
04:     <meta charset="utf-8">
05:   </head>
06:   <body>
07:     <ul>
08:       <li id="one" class="dessert"> 珠寶盒 </li>
09:       <li id="two" class="dessert"> 法朋 </li>
10:       <li id="three" class="dessert">Lady M</li>
11:       <li id="four">RAW</li>
12:     </ul>
13:     <script src="queryselectorall.js"></script>
14:   </body>
15: </html>
```

❶ 將前三個 <li> 元素的 class 屬性設定為 "dessert"

❷ 使用此方法根據 CSS 選擇器取得前三個項目

❸ 使用 for 迴圈顯示前三個項目的文字內容

❹ 第 17 ~ 18 行的執行結果

✔ \Ch16\queryselectorall.js

```
16: var foods = document.querySelectorAll('.dessert'); ❷
17: for (var i = 0; i < foods.length; i++) ❸
18:   console.log(foods.item(i).textContent);
```

16-3 走訪節點

除了使用第 16-2 節所介紹的方法直接取得條件符合的節點之外，我們也可以先取得 DOM 樹中的某個節點，然後再透過該節點和下列幾個屬性去走訪其它節點：

- **parentNode**：目前節點的父節點，以下圖的第一個 <li> 節點為例，其父節點為 <ul> 節點。

- **childNodes**：目前節點的子節點（可能有零個、一個或多個），以下圖的 <ul> 節點為例，其子節點為四個 <li> 節點。

- **previousSibling**：目前節點的前一個兄弟節點，以下圖的第二個 <li> 節點為例，其前一個兄弟節點為第一個 <li> 節點。

- **nextSibling**：目前節點的後一個兄弟節點，以下圖的第二個 <li> 節點為例，其後一個兄弟節點為第三個 <li> 節點。

- **firstChild**：目前節點的第一個子節點，以下圖的 <ul> 節點為例，其第一個子節點為第一個 <li> 節點。

- **lastChild**：目前節點的最後一個子節點，以下圖的 <ul> 節點為例，其最後一個子節點為第四個 <li> 節點。

這些屬性是唯讀的，只能用來取得節點，不能用來變更節點；此外，在操作這些屬性時，若該節點不存在，則會傳回 null。

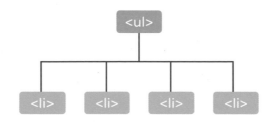

這樣聽起來，走訪節點似乎相當簡單，不過，在實務上有個地方要注意，就是大部分的瀏覽器會把兩個元素之間的空白或換行視為一個文字節點，如下圖，標示藍色者為空白節點，導致前述屬性所傳回的節點可能不符合我們的預期，此時，我們可以藉由節點的 **nodeType** 屬性來做判斷，只要 nodeType 屬性為 1，就表示為元素節點。

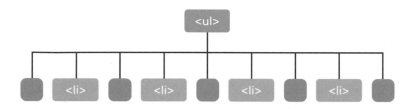

常數	值	說明
Node.ELEMENT_NODE	1	元素節點
Node.ATTRIBUTE_NODE	2	屬性節點
Node.TEXT_NODE	3	文字節點
Node.CDATA_SECTION_NODE	4	CDATA 區段節點
Node.ENTITY_REFERENCE_NODE	5	實體參照節點
Node.ENTITY_NODE	6	實體宣告節點
Node.PROCESSING_INSTRUCTION_NODE	7	處理指令節點
Node.COMMENT_NODE	8	註解節點
Node.DOCUMENT_NODE	9	文件節點
Node.DOCUMENT_TYPE_NODE	10	文件類型節點
Node.DOCUMENT_FRAGMENT_NODE	11	文件片段節點
Node.NOTATION_NODE	12	語法宣告節點

註：DOM4 已經移除 5、6、12。

下面是一個例子，它會先取得項目清單中的 <ul> 節點，接著透過其 childNodes 屬性取得所有子節點，然後在主控台顯示 <li> 節點的文字內容。

✅ \Ch16\traverse.html

```
01: <body>
02:   <ul id="foods">
03:     <li> 珠寶盒 </li>
04:     <li> 法朋 </li>
05:     <li>Lady M</li>
06:     <li>RAW</li>
07:   </ul>
08:   <script src="traverse.js"></script>
09: </body>
```

❶ 取得 <ul> 節點
❷ 透過其 childNodes 屬性取得所有子節點
❸ 使用 for 迴圈顯示 <li> 節點的文字內容
❹ 若 nodeType 等於 1 (元素節點)，就顯示文字內容
❺ 第 12 ~ 14 行的執行結果

✅ \Ch16\traverse.js

```
10: var foods = document.getElementById('foods');   ❶
11: var foodsChild = foods.childNodes;               ❷
12: for (var i = 0; i < foodsChild.length; i++)      ❸
13:   if (foodsChild.item(i).nodeType === 1)         ❹
14:     console.log(foodsChild.item(i).textContent);
```

我們可以使用 firstChild 和 nextSibling 兩個屬性將 \Ch16\traverse.js 改寫成如下,執行結果是相同的。

```
❶  var foods = document.getElementById('foods');
❷  var foodsChild = foods.firstChild;

❸  while (foodsChild) {
❹    if (foodsChild.nodeType === 1)
       console.log(foodsChild.textContent);
❺    foodsChild = foodsChild.nextSibling;
   }
```

❶ 取得 <ul> 節點
❷ 透過其 firstChild 屬性令 foodsChild 為 <ul> 節點的第一個子節點
❸ 當 foodsChild 存在時,就執行 while 迴圈主體,直到沒有節點為止
❹ 若 nodeType 等於 1(元素節點),就在主控台顯示文字內容
❺ 令 foodsChild 為下一個兄弟節點

我們也可以使用 lastChild 和 previousSibling 兩個屬性將 \Ch16\traverse.js 改寫成如下,執行結果是相同的。

```
❶  var foods = document.getElementById('foods');
❷  var foodsChild = foods.lastChild;

❸  while (foodsChild) {
❹    if (foodsChild.nodeType === 1)
       console.log(foodsChild.textContent);
❺    foodsChild = foodsChild.previousSibling;
   }
```

❶ 取得 <ul> 節點
❷ 透過其 lastChild 屬性令 foodsChild 為 <ul> 節點的最後一個子節點
❸ 當 foodsChild 存在時,就執行 while 迴圈主體,直到沒有節點為止
❹ 若 nodeType 等於 1(元素節點),就在主控台顯示文字內容
❺ 令 foodsChild 為前一個兄弟節點

16-4 取得 / 設定元素的屬性值與文字內容

截至目前，我們的討論都是如何尋找並取得元素，接下來，我們要討論如何取得 / 設定元素的屬性值與文字內容。

16-4-1 取得 / 設定元素的屬性值

當我們要取得元素的屬性值時，通常可以透過**元素節點的同名屬性**來進行存取。舉例來說，假設網頁中有一個超連結如下：

```
<a id="engine" href="https://www.google.com/">搜尋引擎 </a>
```

若要在主控台顯示該超連結的 href 屬性值，可以寫成如下，先取得元素節點 ❶，然後透過該節點的同名屬性 href 來取得屬性值 ❷：

```
var engine = document.getElementById('engine');  ❶
console.log(engine.href);  ❷                 // 顯示 https://www.google.com/
```

同理，若要設定該超連結的 href 屬性值，可以寫成如下，一樣是先取得元素節點 ❸，然後透過該節點的同名屬性 href 來設定屬性值 ❹：

```
var engine = document.getElementById('engine');  ❸
engine.href = 'https://www.bing.com/';  ❹
```

不過，**有些元素的屬性名稱和元素節點的屬性名稱不同**，例如元素的 class 屬性到了元素節點卻被命名為 className。若不想費心考慮兩者的差異，可以改用下列幾個方法，而且使用這幾個方法還有一個好處，就是能夠動態變更屬性：

- ✅ **hasAttribute()** 方法的語法如下，它會檢查參數指定的屬性是否存在，是就傳回 true，否則傳回 false：

  ```
  result = element.hasAttribute(attributeName);
  ```

- **getAttribute()** 方法的語法如下，它會根據參數指定的屬性名稱去取得屬性值，若找不到，就傳回 null 或空字串 ("")：

```
attribute = element.getAttribute(attributeName);
```

- **setAttribute()** 方法的語法如下，它會根據參數指定的屬性名稱與屬性值去設定元素的屬性值，若該屬性已經存在，就會以新值取代舊值；相反的，若該屬性不存在，就會建立屬性：

```
element.setAttribute(attributeName, attributeValue);
```

- **removeAttribute()** 方法的語法如下，它會移除參數指定的屬性，即使該屬性不存在，也不會發生錯誤：

```
element.removeAttribute(attributeName);
```

舉例來說，假設網頁中有一個超連結如下：

```
<a id="engine" href="https://www.google.com/">搜尋引擎</a>
```

若要在主控台顯示該超連結的 href 屬性值，可以寫成如下，先取得元素節點 ❶，接著呼叫 hasAttribute() 方法檢查 href 屬性是否存在 ❷，是的話再呼叫 getAttribute() 方法取得屬性值 ❸：

```
var engine = document.getElementById('engine'); ❶
if (engine.hasAttribute('href')) { ❷
  var attr = engine.getAttribute('href'); ❸
  console.log(attr);                    // 顯示 https://www.google.com/
}
```

同理，若要設定該超連結的 href 屬性值，可以寫成如下，一樣是先取得元素節點 ❹，然後呼叫 setAttribute() 方法設定屬性值 ❺：

```
var engine = document.getElementById('engine'); ❹
engine.setAttribute('href', 'https://www.bing.com/'); ❺
```

此外，若要移除該超連結的 href 屬性值，可以寫成如下，先取得元素節點 ❶，接著呼叫 hasAttribute() 方法檢查 href 屬性是否存在 ❷，是的話再呼叫 removeAttribute() 方法移除屬性 ❸：

```
var engine = document.getElementById('engine'); ❶
if (engine.hasAttribute('href')) { ❷
  engine.removeAttribute('href'); ❸
}
```

16-4-2 取得 / 設定元素的文字內容

若要取得 / 設定元素的文字內容，可以使用 textContent、innerText、innerHTML 等屬性，這幾個屬性的用法類似，但彼此之間都有一些差異。

textContent

textContent 屬性可以用來取得 / 設定目前元素和子孫元素的文字內容，若節點類型為文件或 DOCTYPE，則會傳回 null；若節點類型為 CDATA 區段、註解、處理指令或文字，則會傳回或設定節點的文字內容；若為其它節點類型，則會傳回每個子節點之 textContent 屬性的串聯結果。

下面是一個例子，它會先取得第一個 <li> 元素的節點，然後透過其 textContent 屬性取得該元素的文字內容為「珠寶盒」。

✅ \Ch16\textContent1.html

```
<body>
  <ul id="foods">
    <li id="one"> 珠寶盒 </li>
    <li id="two"> 法朋 </li>
    <li id="three">Lady M</li>
    <li id="four">RAW</li>
  </ul>
  <script src="textContent1.js"></script>
</body>
```

✓ \Ch16\textContent1.js

```
var item = document.getElementById('one');
document.write(' 項目：' + item.textContent)
```

若將 textContent1.js 改寫成如下，換先取得 <ul> 元素的節點，就可以透過其 textContent 屬性取得該元素和子孫元素的文字內容為「珠寶盒 法朋 Lady M RAW」。

```
var item = document.getElementById('foods');
document.write(' 項目：' + item.textContent);
```

下面是另一個例子，它會先取得 <p> 元素的節點，然後透過其 textContent 屬性將該元素的文字內容設定為使用者輸入的姓名和「您好！歡迎光臨！」。

✅ \Ch16\textContent2.html

```
<body>
  <p id="msg"></p>
  <script src="textContent2.js"></script>
</body>
```

✅ \Ch16\textContent2.js

```
var msg = document.getElementById('msg');
var name = window.prompt('請輸入您的姓名');
msg.textContent = name + '您好！歡迎光臨！';
```

innerText

innerText 屬性可以用來取得 / 設定目前元素和子孫元素的文字內容，但和 textContent 屬性不同的是 innerText 屬性會解譯 CSS 規則或
 元素。

下面是一個例子，它示範了 textContent 和 innerText 兩個屬性的差異，第一個文字方塊裡面是 textContent 屬性的傳回值，這是純文字，不會解譯 CSS 規則和
 元素，而第二個文字方塊裡面是 innerText 屬性的傳回值，會解譯 CSS 規則和
 元素，所以英文字串會轉換成大寫，
 元素處會斷行，而且不會顯示被隱藏起來的「HIDDEN TEXT」。

✅ \Ch16\innerText.html

```
<body>
  <p id="source">
    <style>#text {text-transform: uppercase;}</style>
    <span id="text">See<br>how this text<br>is interpreted.</span>
    <span style="display: none;">HIDDEN TEXT</span>
  </p>
  <h3>textContent 屬性的結果 :</h3>
  <textarea id="textContentOutput" rows="6" cols="70"></textarea>
  <h3>innerText 屬性的結果 :</h3>
  <textarea id="innerTextOutput" rows="6" cols="70"></textarea>
  <script src="innerText.js"></script>
</body>
```

✅ \Ch16\innerText.js

```
var source = document.getElementById('source');
var textContentOutput = document.getElementById('textContentOutput');
var innerTextOutput = document.getElementById('innerTextOutput');
textContentOutput.value = source.textContent;
innerTextOutput.value = source.innerText;
```

SEE
HOW THIS TEXT
IS INTERPRETED.

textContent屬性的結果:

```
    #text {text-transform: uppercase;}
    Seehow this textis interpreted.
    HIDDEN TEXT
```

innerText屬性的結果:

```
SEE
HOW THIS TEXT
IS INTERPRETED.
```

innerHTML

innerHTML 屬性可以用來取得 / 設定目前元素的 HTML 內容,當我們要取得元素的文字內容時,**textContent** 屬性會傳回目前元素和子孫元素的文字內容,而 **innerHTML** 屬性會傳回目前元素的整個 HTML 內容。

下面是一個例子,從執行結果可以看出,textContent 屬性會傳回 'Google 台灣 '',而 innerHTML 屬性會傳回 'Google 台灣 '。

✅ \Ch16\innerHTML1.html

```html
<body>
  <p id="engine"><em>Google</em> 台灣 </p>
  <script src="innerHTML1.js"></script>
</body>
```

✅ \Ch16\innerHTML1.js

```javascript
var engine = document.getElementById('engine');
console.log(engine.textContent);
console.log(engine.innerHTML);
```

相反的，當我們要設定元素的文字內容時，textContent 屬性會將插入的內容視為純文字，即使裡面有 HTML 元素，仍不會加以解譯；而 innerHTML 屬性會將插入的內容視為 HTML 字串，若裡面有 HTML 元素，就會加以解譯，並將 HTML 元素加入 DOM 樹。

原則上，若不是要插入 HTML 字串，請盡量使用 textContent 屬性，該屬性不會解譯字串，執行效能較佳。

下面是一個例子，從執行結果可以看出，textContent 屬性會將插入的內容視為純文字，不會加以解譯，而 innerHTML 屬性會解譯插入的 HTML 字串。

✓ \Ch16\innerHTML2.html

```html
<body>
  <p id="engine1"></p>
  <p id="engine2"></p>
  <script src="innerHTML2.js"></script>
</body>
```

✓ \Ch16\innerHTML2.js

```javascript
var engine1 = document.getElementById('engine1');
var engine2 = document.getElementById('engine2');
engine1.textContent = '<em>Google</em> 台灣 ';
engine2.innerHTML = '<em>Google</em> 台灣 ';
```

16-5 新增 / 取代 / 移除節點

當您要在 DOM 樹中新增 / 取代 / 移除節點時，可以使用前一節所介紹的 innerHTML 屬性，或使用本節所介紹的方法來操作 DOM 樹中的節點，前者適合用來編輯簡單的內容，但切記不能用來執行使用者輸入的內容，以免遭到跨網站指令碼攻擊；而後者適合用來編輯複雜的內容，能夠針對元素節點或文字節點分開編輯，同時可以避免執行使用者輸入惡意程式碼。

16-5-1 新增節點

新增節點的步驟如下：

1 使用 **createElement()** 方法建立一個新節點，其語法如下，參數 *tagName* 用來設定元素的類型，例如 'div' 表示 <div> 元素、'li' 表示 <li> 元素，傳回值是一個 Element 物件，目前新節點尚未加入 DOM 樹：

```
element = document.createElement(tagName);
```

2 若新節點是空節點，不包含文字節點，請直接跳到步驟 4.；相反的，若新節點包含文字節點，請使用 **createTextNode()** 方法建立一個文字節點，其語法如下，參數 *data* 用來設定節點的文字內容，傳回值是一個 Text 節點：

```
text = document.createTextNode(data);
```

3 透過步驟 1. 建立的新節點呼叫 **appendChild()** 方法，將步驟 2. 建立的文字節點加入到新節點的最後一個子節點，其語法如下，參數 *child* 是要加入的子節點，傳回值為此子節點：

```
element.appendChild(child);
```

4 現在我們已經有一個新節點和一個選擇性的文字節點，接下來可以呼叫 **appendChild()** 方法將新節點加入到 DOM 樹。

下面是一個例子，項目清單原本有「珠寶盒」、「法朋」、「Lady M」、「RAW」等四個項目，我們利用新增節點的方式新增第五個項目「祥雲龍吟」，執行結果如下圖。

✅ **\Ch16\append.html**

```
01: <body>
02:   <ul>
03:     <li> 珠寶盒 </li>
04:     <li> 法朋 </li>
05:     <li>Lady M</li>
06:     <li>RAW</li>
07:   </ul>
08:   <script src="append.js"></script>
09: </body>
```

- 珠寶盒
- 法朋
- **Lady M**
- **RAW**
- 祥雲龍吟

✅ **\Ch16\append.js**

```
10: // 建立一個新節點，此例為 <li> 元素
11: var newElm = document.createElement('li');
12: // 建立一個文字節點，此例的文字內容為 ' 祥雲龍吟 '
13: var newText = document.createTextNode(' 祥雲龍吟 ');
14: // 將文字節點加入到新節點的子節點
15: newElm.appendChild(newText);
16: // 取得要加入新節點的位置，此例為 <ul> 元素
17: var position = document.getElementsByTagName('ul')[0];
18: // 將新元素加入到 <ul> 元素的最後一個子節點
19: position.appendChild(newElm);
```

使用 appendChild() 方法將新節點新增到最後一個子節點

16-5-2　取代節點

取代節點的步驟如下：

① 使用 **createElement()** 方法建立一個新節點，目前這個新節點尚未加入 DOM 樹。

② 若新節點是空節點，不包含文字節點，請直接跳到步驟 4.；相反的，若新節點包含文字節點，請使用 **createTextNode()** 方法建立一個文字節點。

③ 透過步驟 1. 建立的新節點呼叫 **appendChild()** 方法，將步驟 2. 建立的文字節點加入到新節點的子節點。

④ 現在我們已經有一個新節點和一個選擇性的文字節點，接下來可以呼叫 **replaceChild()** 方法以新節點取代 DOM 樹中的舊節點，其語法如下，參數 *newChild* 和參數 *oldChild* 分別表示新節點與舊節點，傳回值為舊節點，也就是被取代的節點：

```
parentNode.replaceChild(newChild, oldChild);
```

下面是一個例子，項目清單原本有「珠寶盒」、「法朋」、「Lady M」、「RAW」等四個項目，我們利用取代節點的方式將第四個項目取代為「祥雲龍吟」。

> ✅ \Ch16\replace.html

```
<body>
  <ul>
    <li> 珠寶盒 </li>
    <li> 法朋 </li>
    <li>Lady M</li>
    <li>RAW</li>
  </ul>
  <script src="replace.js"></script>
</body>
```

✅ \Ch16\replace.js

```javascript
// 建立一個新節點，此例為 <li> 元素
var newElm = document.createElement('li');
// 建立一個文字節點，此例的文字內容為 ' 祥雲龍吟 '
var newText = document.createTextNode(' 祥雲龍吟 ');
// 將文字節點加入到新節點的子節點
newElm.appendChild(newText);
// 取得新節點要取代的舊節點，此例為第四個 <li> 元素
var replacedElm = document.getElementsByTagName('li')[3];
// 取得要取代之舊節點的父節點，即 <ul> 元素
var parentElm = replacedElm.parentNode;
// 以新節點取代舊節點
parentElm.replaceChild(newElm, replacedElm);
```

使用 replaceChild() 方法以新節點取代舊節點

執行結果如下圖，會將項目清單的第四個項目取代為「祥雲龍吟」。

16-5-3　移除節點

移除節點的步驟如下：

1 取得要移除的節點。

2 取得該節點的父節點。

3 從父節點呼叫 **removeChild()** 方法移除指定的子節點，其語法如下，參數 *child* 是要移除的子節點，傳回值為被移除的子節點：

```
parentNode.removeChild(child);
```

下面是一個例子，項目清單原本有「珠寶盒」、「法朋」、「Lady M」、「RAW」等四個項目，我們利用移除節點的方式移除第四個項目。

✅ \Ch16\remove.html

```
<body>
  <ul>
    <li> 珠寶盒 </li>
    <li> 法朋 </li>
    <li>Lady M</li>
    <li>RAW</li>
  </ul>
  <script src="remove.js"></script>
</body>
```

✅ \Ch16\remove.js

```
// 取得要移除的節點，此例為第四個 <li> 元素
var removeElm = document.getElementsByTagName('li')[3];
// 取得該節點的父節點，即 <ul> 元素
var parentElm = removeElm.parentNode;
// 從父節點移除指定的子節點
parentElm.removeChild(removeElm);
```

執行結果如下圖，會將項目清單的第四個項目移除。

利用 innerHTML 屬性移除節點

若要移除節點的所有內容，可以將該節點的 innerHTML 屬性設定為空字串。舉例來說，假設我們將 \Ch16\remove.js 改寫成如下，先取得 <ul> 元素，然後將其 innerHTML 屬性設定為空字串，就會得到一個空的項目清單，原來的四個項目都會被移除掉：

```
var list = document.getElementsByTagName('ul')[0];
list.innerHTML = '';
```

16-6 存取表單元素

表單可以提供輸入介面讓使用者輸入資料，然後將資料傳回 Web 伺服器以做進一步的處理，例如 Web 搜尋、線上投票、網路民調、會員登錄、網路購物等。在本節中，我們將示範如何使用 JavaScript 存取常見的表單元素，例如單行文字方塊、密碼欄位、選擇鈕、核取方塊、下拉式清單等。

16-6-1 取得單行文字方塊與密碼欄位的值

我們可以利用 **value** 屬性取得單行文字方塊與密碼欄位的值，下面是一個例子，使用者在表單中輸入姓名與密碼，然後按 [提交]，就會出現對話方塊顯示姓名與密碼，其中第 07 行是透過事件屬性設定當使用者按 [提交] 時，就執行 showResult() 函式，第 18 章有關於事件的進一步說明。

✅ \Ch16\form1.html

```
01: <body>
02:   <form>
03:     <label for="userName">姓名：</label>
04:     <input type="text" id="userName" size="20"><br>
05:     <label for="userPWD">密碼：</label>
06:     <input type="password" id="userPWD" size="20"><br>
07:     <input type="submit" onclick="showResult()">
08:     <input type="reset">
09:   </form>
10:   <script src="form1.js"></script>
11: </body>
```

✅ \Ch16\form1.js

```
12: function showResult() {
13:   var userName = document.getElementById('userName');
14:   var userPWD = document.getElementById('userPWD');
15:   window.alert(userName.value + '\n' + userPWD.value);
16: }
```

執行結果如下圖。

❶ 輸入姓名　　　❷ 輸入密碼　　　❸ 按 [提交]　　　❹ 出現對話方塊顯示姓名與密碼

16-6-2　取得選擇鈕的值

我們可以先利用 **checked** 屬性檢查選擇鈕是否有被核取，然後利用 **value** 屬性取得選擇鈕的值。下面是一個例子，使用者在表單中核取一種甜點，然後按 [提交]，就會出現對話方塊顯示所核取的甜點，其中第 08 行是透過事件屬性設定當使用者按 [提交] 時，就執行 showResult() 函式。

✅ \Ch16\form2.html

```
01: <body>
02:   <form>
03:     喜歡的甜點：
04:     <input type="radio" name="dessert" value=" 馬卡龍 "> 馬卡龍
05:     <input type="radio" name="dessert" value=" 舒芙蕾 "> 舒芙蕾
06:     <input type="radio" name="dessert" value=" 蘋果派 "> 蘋果派
07:     <input type="radio" name="dessert" value=" 水果塔 "> 水果塔 <br>
08:     <input type="submit" onclick="showResult()">
09:     <input type="reset">
10:   </form>
11:   <script src="form2.js"></script>
12: </body>
```

✅ \Ch16\form2.js

```javascript
function showResult() {
  // 宣告一個空字串用來儲存使用者所核取的甜點
  var result = '';
  var dessert = document.getElementsByName('dessert');
  // 逐一檢查選擇鈕是否有被核取
  for (var i = 0; i < dessert.length; i++) {
    // 若選擇鈕有被核取，就取得其值並跳出迴圈
    if (dessert[i].checked) {
      result = dessert[i].value;
      break;
    }
  }
  window.alert(result);
}
```

❶ 核取一種甜點　　❷ 按 [提交]　　❸ 出現對話方塊顯示所核取的甜點

16-6-3 取得核取方塊的值

我們可以先利用 **checked** 屬性檢查核取方塊是否有被核取，然後利用 **value** 屬性取得核取方塊的值。下面是一個例子，使用者在表單中核取甜點（可複選），然後按 [提交]，就會出現對話方塊顯示所核取的甜點。

\Ch16\form3.html

```html
<body>
  <form>
    喜歡的甜點：
    <input type="checkbox" name="dessert" value=" 馬卡龍 "> 馬卡龍
    <input type="checkbox" name="dessert" value=" 舒芙蕾 "> 舒芙蕾
    <input type="checkbox" name="dessert" value=" 蘋果派 "> 蘋果派
    <input type="checkbox" name="dessert" value=" 水果塔 "> 水果塔 <br>
    <input type="submit" onclick="showResult()">
    <input type="reset">
  </form>
  <script src="form3.js"></script>
</body>
```

\Ch16\form3.js

```javascript
function showResult() {
  // 宣告一個空陣列用來儲存使用者所核取的甜點
  var result = [];
  var dessert = document.getElementsByName('dessert');
  // 逐一檢查核取方塊是否有被核取
  for (var i = 0; i < dessert.length; i++) {
    // 若核取方塊有被核取，就取得其值並加入陣列
    if (dessert[i].checked) {
      result.push(dessert[i].value);
    }
  }
  window.alert(result);
}
```

❶ 核取甜點　　　**❷** 按 [提交]　　　**❸** 出現對話方塊顯示所核取的甜點

16-6-4　取得下拉式清單的值

我們可以先利用 **selected** 屬性檢查下拉式清單的項目是否有被選取，然後利用 **value** 屬性取得項目的值。下面是一個例子，使用者在表單中選取甜點 (可複選)，然後按 [提交]，就會出現對話方塊顯示所選取的甜點。

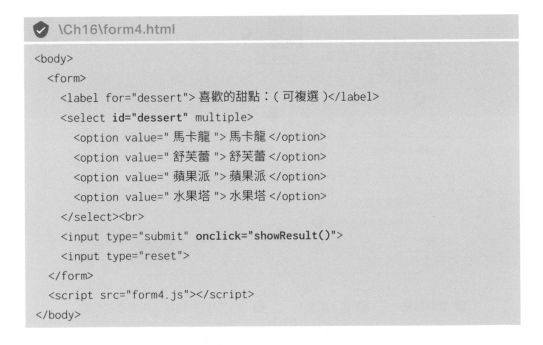

📗 \Ch16\form4.html

```
<body>
  <form>
    <label for="dessert"> 喜歡的甜點：( 可複選 )</label>
    <select id="dessert" multiple>
      <option value=" 馬卡龍 "> 馬卡龍 </option>
      <option value=" 舒芙蕾 "> 舒芙蕾 </option>
      <option value=" 蘋果派 "> 蘋果派 </option>
      <option value=" 水果塔 "> 水果塔 </option>
    </select><br>
    <input type="submit" onclick="showResult()">
    <input type="reset">
  </form>
  <script src="form4.js"></script>
</body>
```

✅ \Ch16\form4.js

```javascript
function showResult() {
  // 宣告一個空陣列用來儲存使用者所選取的甜點
  var result = [];
  var dessert = document.getElementById('dessert');
  // 逐一檢查下拉式清單的項目是否有被選取
  for (var i = 0; i < dessert.length; i++) {
    // 若項目有被選取，就取得其值並加入陣列
    if (dessert[i].selected) {
      result.push(dessert[i].value);
    }
  }
  window.alert(result);
}
```

❶ 選取甜點　　❷ 按 [提交]　　❸ 出現對話方塊顯示所選取的甜點

16-7 操作 CSS 樣式表

早期網頁設計人員會將 HTML 原始碼與 CSS 樣式表放在同一個檔案,不過,近年來則傾向於將兩者放在個別的檔案,這麼做的好處是將內容與外觀分隔開來,以便透過 CSS 從外部控制網頁的外觀,同時 HTML 原始碼也會變得精簡,適合開發大型的網頁專案。

當我們要透過 DOM 操作 CSS 樣式表時,可以採取下列兩種做法,以下有進一步的說明:

- ✅ 使用 style 屬性設定元素的行內樣式
- ✅ 使用 className 屬性套用外部樣式表

16-7-1 使用 style 屬性設定元素的行內樣式

行內樣式 (inline style) 指的是直接在 HTML 元素使用 style 屬性設定 CSS 樣式表,例如下面的敘述是透過行內樣式將標題 1 的前景色彩與背景色彩設定為白色和紅色:

```
<h1 style="color: white; background-color: red;">Hello!</h1>
```

若要透過 DOM 操作 CSS 樣式表,可以使用元素節點的 **style** 屬性,其語法如下,*element* 是欲存取 CSS 樣式表的元素節點,*property* 是屬性名稱,而 *value* 是屬性值:

```
element.style.property [= value]
```

下面是一個例子,當指標移到標題 1 時,就變成紅底白字;當指標離開標題 1 時,就恢復成預設樣式。請注意,裡面使用到兩個事件處理程式,onmouseover="change()" 表示當指標移到時,就執行 change() 函式,而onmouseout="restore()" 表示當指標離開時,就執行 restore() 函式。

✅ \Ch16\style1.html

```html
<body>
  <h1 id="msg" onmouseover="change()" onmouseout="restore()">Hello!</h1>
  <script src="style1.js"></script>
</body>
```

✅ \Ch16\style1.js

```javascript
// 當指標移到標題 1 時，就變成紅底白字
function change() {
  var msg = document.getElementById('msg');
  // 將前景色彩設定為白色
  msg.style.color = 'white';
  // 將背景色彩設定為紅色
  msg.style.backgroundColor = 'red';
}


// 當指標離開標題 1 時，就恢復成預設樣式
function restore() {
  var msg = document.getElementById('msg');
  // 清除前景色彩（即恢復成預設樣式）
  msg.style.color = '';
  // 清除背景色彩（即恢復成預設樣式）
  msg.style.backgroundColor = '';
}
```

在使用 JavaScript 存取 CSS 樣式表時，請留意屬性名稱的命名方式，原則上，CSS 屬性中的連字號要移除，而且第二個及之後的每個單字字首都要大寫，例如 background-color、list-style-image 屬性要寫成 backgroundColor、listStyleImage，例外的是 float 屬性要寫成 cssFloat。

❶ 指標移到時會變成紅底白字

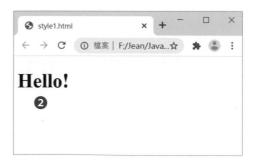

❷ 指標離開時會恢復成預設樣式

16-7-2 使用 className 屬性套用外部樣式表

使用 style 屬性設定元素的行內樣式雖然簡單又直覺，但我們並不鼓勵您這麼做，因為這會讓 HTML 原始碼與 CSS 樣式表混雜在一起，造成日後維護上的負擔。

比較好的做法是使用 **className** 屬性套用外部樣式表，將 CSS 樣式表定義在獨立的檔案。DOM 提供的 className 屬性就是對應 HTML 元素的 class 屬性，其語法如下，*element* 是欲存取 CSS 樣式表的元素節點，*value* 是 CSS 的類別選擇器：

```
elememt.className [= value]
```

舉例來說，我們可以使用 className 屬性將前一節的例子改寫成如下，讓 HTML 原始碼、CSS 樣式表及 JavaScript 程式碼各自放在獨立的檔案。

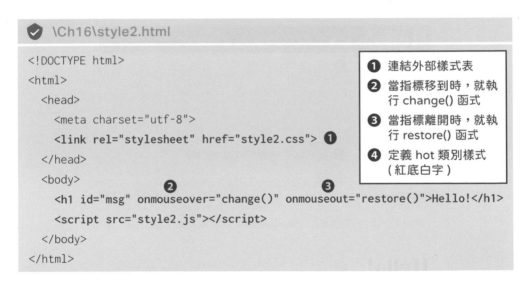

✅ \Ch16\style2.html

```
<!DOCTYPE html>
<html>
  <head>
    <meta charset="utf-8">
    <link rel="stylesheet" href="style2.css">  ❶
  </head>
  <body>
                 ❷                                    ❸
    <h1 id="msg" onmouseover="change()" onmouseout="restore()">Hello!</h1>
    <script src="style2.js"></script>
  </body>
</html>
```

❶ 連結外部樣式表
❷ 當指標移到時，就執行 change() 函式
❸ 當指標離開時，就執行 restore() 函式
❹ 定義 hot 類別樣式（紅底白字）

✅ \Ch16\style2.css

```
.hot {
  color: white;
  background-color: red;  ❹
}
```

✅ \Ch16\style2.js

```
// 當指標移到標題 1 時，就套用 hot 類別樣式（即紅底白字）
function change() {
  var msg = document.getElementById('msg');
  msg.className = 'hot';
}


// 當指標離開標題 1 時，就移除樣式（即恢復成預設樣式）
function restore() {
  var msg = document.getElementById('msg');
  msg.className = '';
}
```

❶ 指標移到時會變成紅底白字

❷ 指標離開時會恢復成預設樣式

The Complete Guide to Web Design

17-1 認識 BOM

完整的 JavaScript 包含下列三個部分：

- **ECMAScript**：這是 JavaScript 的基本語法與內建物件，第 14、15 章已經做過介紹。

- **文件物件模型 (DOM)**：DOM (Document Object Model) 是一個與網頁相關的模型，當瀏覽器載入網頁時，會針對網頁與網頁的 HTML 元素建立對應的物件，JavaScript 可以透過 DOM 存取網頁的元素，第 16 章已經做過介紹。

- **瀏覽器物件模型 (BOM)**：BOM (Browser Object Model) 是一個與瀏覽器相關的模型，裡面有數個物件，JavaScript 可以透過 BOM 存取瀏覽器的資訊，例如瀏覽器類型、瀏覽器版本、瀏覽器視窗的寬度與高度、瀏覽歷程記錄、網址等。

瀏覽器物件模型採取階層式架構，如下圖，最上層為 Window 物件，下層則有 Document、Location、Navigator、History、Screen 等物件。

17-2 Window 物件

Window 物件是瀏覽器物件模型中最上層的物件,代表目前的瀏覽器視窗或標籤頁。我們可以透過這個物件存取瀏覽器視窗的相關資訊,例如視窗的大小、位置等,也可以透過這個物件進行開啟視窗、關閉視窗、移動視窗、捲動視窗、調整視窗大小、顯示對話方塊、啟動計時器、列印網頁等動作。

Window 物件常見的成員如下,其中 document、location、navigator、history、screen (注意是全部小寫) 等屬性分別指向 Document、Location、Navigator、History、Screen (注意是大寫開頭) 等子物件。

屬性	說明
document	指向 Document 物件。
location	指向 Location 物件。
navigator	指向 Navigator 物件。
history	指向 History 物件。
screen	指向 Screen 物件。
closed	傳回視窗是否已經關閉,true 表示是,false 表示否。
devicePixelRatio	傳回螢幕的裝置像素比。
fullScreen	傳回視窗是否為全螢幕顯示,true 表示是,false 表示否。
name	取得或設定視窗的名稱。
parent	指向父視窗。
top	指向頂層視窗。
self	指向 Window 物件本身。
status	取得或設定視窗的狀態列文字。
innerHeight	傳回視窗中的網頁內容高度,包含水平捲軸 (以像素為單位)。
innerWidth	傳回視窗中的網頁內容寬度,包含垂直捲軸 (以像素為單位)。
scrollX	傳回網頁內容已經水平捲動幾個像素。
scrollY	傳回網頁內容已經垂直捲動幾個像素。
screenX	傳回視窗左上角在螢幕上的 X 軸座標。
screenY	傳回視窗左上角在螢幕上的 Y 軸座標。

方法	說明
alert(*msg*)	顯示包含參數 *msg* 所指定之文字的警告對話方塊。
prompt(*msg*[, *default*])	顯示包含參數 *msg* 所指定之文字的輸入對話方塊，參數 *default* 為預設的輸入值，可以省略不寫。
confirm(*msg*)	顯示包含參數 *msg* 所指定之文字的確認對話方塊，若按 [確定]，就傳回 true；若按 [取消]，就傳回 false。
moveBy(*deltaX, deltaY*)	移動視窗位置，X 軸位移為 *deltaX*，Y 軸位移為 *deltaY*。
moveTo(*x, y*)	移動視窗到螢幕上座標為 (*x, y*) 的位置。
resizeBy(*deltaX, deltaY*)	調整視窗大小，寬度變化量為 *deltaX*，高度變化量為 *deltaY*。
resizeTo(*x, y*)	調整視窗到寬度為 *x*，高度為 *y*。
scrollBy(*deltaX, deltaY*)	調整捲軸，X 軸位移為 *deltaX*，Y 軸位移為 *deltaY*。
scrollTo(*x, y*)	調整捲軸，令網頁中座標為 (*x, y*) 的位置顯示在左上角。
open(*url, name*[, *features*])	開啟一個內容為 *url*、名稱為 *name*、外觀為 *features* 的視窗，傳回值為新視窗的 Window 物件。
close()	關閉視窗。
focus()	令視窗取得焦點。
print()	列印網頁。
setInterval(*exp, time*)	啟動週期計時器，以根據參數 *time* 所指定的時間週期性地執行參數 *exp* 所指定的運算式，參數 *time* 的單位為千分之一秒 (毫秒)。
clearInterval()	停止 setInterval() 所啟動的計時器。
setTimeOut(*exp, time*)	啟動單次計時器，當參數 *time* 所指定的時間到達時，就執行參數 *exp* 所指定的運算式，參數 *time* 的單位為千分之一秒 (毫秒)。
clearTimeOut()	停止 setTimeOut() 所啟動的計時器。

17-2-1　使用確認對話方塊

window.confirm() 方法的語法如下，用來顯示確認對話方塊，參數 *msg* 為提示文字，若按 [確定]，就傳回 true；若按 [取消]，就傳回 false：

```
window.confirm(msg)
```

下面是一個例子，當使用者按 [提交] 時，會顯示確認對話方塊詢問是否要提交表單，若按 [取消]，就取消提交表單這個預設的動作。

✓ \Ch17\confirm.html

```html
<body>
  <form id="myform">
    <label for="username">姓名：</label>
    <input type="text" id="username">
    <input type="submit">
  </form>
  <script src="confirm.js"></script>
</body>
```

❶ 有關事件處理的方式，第 18 章會做介紹

❷ 由於 Window 物件為全域物件，所以「window.」可以省略不寫

✓ \Ch17\confirm.js

```javascript
var myform = document.getElementById('myform');
myform.addEventListener('submit', function(e) {
  if (!window.confirm(' 確定要提交表單？ '))
    e.preventDefault();
}, false);
```

17-2-2 開啟視窗 / 關閉視窗

window.open() 方法的語法如下,用來開啟一個內容為 *url*、名稱為 *name*、外觀為 *features* 的視窗,傳回值為新視窗的 Window 物件:

```
window.open(url, name[, features])
```

常用的外觀參數如下。

外觀參數	說明
menubar=1 或 0	是否顯示功能表列。
toolbar=1 或 0	是否顯示工具列。
location=1 或 0	是否顯示網址列。
status=1 或 0	是否顯示狀態列。
scrollbars=1 或 0	當網頁內容超過視窗時,是否顯示捲軸。
resizable=1 或 0	是否可以改變視窗大小。
height=*n*	視窗的高度,*n* 為像素數。
width=*n*	視窗的寬度,*n* 為像素數。

下面是一個例子 \Ch17\open.html,當使用者點取「開啟新視窗」超連結時,會開啟一個新視窗,而且新視窗的內容為 \Ch17\new.html,高度為 200 像素、寬度為 400 像素;當使用者點取「關閉新視窗」超連結時,會關閉剛才開啟的新視窗。

❶ 點取「開啟新視窗」超連結   ❷ 成功開啟新視窗

✅ \Ch17\open.html

```
<!DOCTYPE html>
<html>
  <head>
    <meta charset="utf-8">
  </head>
  <body>                        ❶
    <a href="javascript: openNewWindow();"> 開啟新視窗 </a>
    <a href="javascript: closeNewWindow();"> 關閉新視窗 </a>
    <script src="open.js"></script>
  </body>
</html>
```

❶ 設定超連結所連結的函式

❷ 將 open() 方法所傳回的 Window 物件 (即新視窗) 指派給變數 myWin

❸ 若新視窗存在，就呼叫 close() 方法關閉新視窗

✅ \Ch17\open.js

```
var myWin = null;
// 開啟新視窗
function openNewWindow() {
  myWin = window.open('new.html', 'myWin', 'height=200, width=400'); ❷
}

// 關閉新視窗
function closeNewWindow() {
  if (myWin) myWin.close(); ❸
}
```

✅ \Ch17\new.html

```
<!DOCTYPE html>
<html>
  <head>
    <meta charset="utf-8">
  </head>
  <body>
    <p> 這是高度為 200 像素、寬度為 400 像素的新視窗 </p>
  </body>
</html>
```

17-2-3 使用計時器

Window 物件提供了下列幾個關於計時器的方法：

- **setInterval()** 方法的語法如下，用來啟動週期計時器，以根據參數 *time* 所指定的時間週期性地執行參數 *exp* 所指定的運算式，參數 *time* 的單位為千分之一秒（毫秒），傳回值為計時器的 ID：

```
setInterval(exp, time)
```

- **clearInterval()** 方法的語法如下，用來停止 setInterval() 所啟動的週期計時器，參數 *intervalID* 為計時器的 ID：

```
clearInterval(intervalID)
```

- **setTimeOut()** 方法的語法如下，用來啟動單次計時器，當參數 *time* 所指定的時間到達時，就執行參數 *exp* 所指定的運算式，參數 *time* 的單位為千分之一秒（毫秒），傳回值為計時器的 ID：

```
setTimeout(exp, time)
```

- **clearTimeOut()** 方法的語法如下，用來停止 setTimeOut() 所啟動的單次計時器，參數 *timeoutID* 為計時器的 ID：

```
clearTimeout(timeoutID)
```

下面是一個例子，它會顯示線上時鐘，而且是每隔 1 秒更新一次時間，若按下 [停止線上時鐘]，就會停止更新時鐘。

✅ \Ch17\setInterval.html

```
<body>
  <div id="clock"></div>
  <button type="button" id="btn"> 停止線上時鐘 </button>
  <script src="setInterval.js"></script>
</body>
```

✅ \Ch17\setInterval.js

```javascript
window.addEventListener('load', function() {
  var timer = window.setInterval(function() {
    var clock = document.getElementById('clock');
    clock.textContent = (new Date()).toLocaleString();
  }, 1000);

  var btn = document.getElementById('btn');
  btn.addEventListener('click', function() {
    window.clearInterval(timer);
  }, false);
}, false);
```

❶ 每隔 1 秒更新一次時間

❷ 若按下 [停止線上時鐘]，就會清除計時器，停止更新時鐘

2023/10/12 下午3:36:30
停止線上時鐘

N⊙TE

- setInterval() 和 setTimeOut() 方法類似，差別在於 setInterval() 會根據指定的時間週期性地重複執行指定的動作，而 setTimeOut() 只會在經過指定的時間後執行一次指定的動作。您可以試著將 \Ch17\setInterval.js 中的 setInterval() 和 clearInterval() 方法換成 setTimeOut() 和 clearTimeOut() 方法，此時，線上時鐘只會顯示一次目前時間，而不會每隔 1 秒更新一次時間。

- setInterval() 和 setTimeOut() 方法都會傳回計時器的 ID，此 ID 可以分別傳遞給 clearInterval() 和 clearTimeOut() 方法以清除計時器。

17-3 Location 物件

Location 物件包含目前開啟之網頁的網址資訊 (URL)，我們可以透過該物件取得或控制瀏覽器的網址、重新載入網頁或導向到其它網頁。

Location 物件常用的成員如下。

屬性	說明
href	網址，如欲將瀏覽器導向到其它網址，可以變更此屬性的值。
search	網址中 ? 符號與其後面的資料，假設網址為 "/docs/index.html?q=123"，則 search 屬性會傳回 "?q=123"。
hash	網址中 # 符號與其後面的資料，假設網址為 "/docs/index.html#Examples"，則 hash 屬性會傳回 "#Examples"。
host	網址中的主機名稱與通訊埠。
hostname	網址中的主機名稱。
pathname	網址中的檔案名稱與路徑。
port	網址中的通訊埠。
protocol	網址中的通訊協定。

方法	說明
reload()	重新載入目前開啟的網頁，相當於按一下瀏覽器的 [重新整理] 按鈕。
replace(url)	令瀏覽器載入並顯示參數 url 所指定的網頁，取代目前開啟的網頁在瀏覽歷程記錄中的位置。
assign(url)	令瀏覽器載入並顯示參數 url 所指定的網頁，相當於將 href 屬性設定為參數 url。
toString()	將網址 (location.href 屬性的值) 轉換成字串。

舉例來說，假設網址為 "https://www.lucky.com:80/docs/index.html"，則 host 屬性會傳回 "www.lucky.com:80"，hostname 屬性會傳回 "www.lucky.com"，pathname 屬性會傳回 "/docs/index.html"，port 屬性會傳回 "80"，protocol 屬性會傳回 "https:"。

下面是一個例子,它會顯示 Location 物件各個屬性的值,並提供「重新載入」和「導向到 Google」兩個超連結,點取前者會重新載入目前開啟的網頁,而點取後者會導向到 Google 網站。

✅ **\Ch17\location.html**

```html
<!DOCTYPE html>
<html>
  <head>
    <meta charset="utf-8">
    <script>
      for(let property in window.location)
        document.write(property + ':' + window.location[property] + '<br>');
    </script>
  </head>
  <body>
    <a href="javascript: location.reload();">重新載入</a>
    <a href="javascript: location.replace('https://www.google.com/');">
      導向到 Google</a>
  </body>
</html>
```

ⓐ 顯示 Location 物件各個屬性的值

ⓑ 點取此超連結會呼叫 location. reload() 方法重新載入網頁

ⓒ 點取此超連結會呼叫 location. replace() 方法導向到 Google

❶ 點取此超連結

❷ 導向到 Google

17-4 Navigator 物件

Navigator 物件包含瀏覽器的相關描述與系統資訊，常用的屬性如下，這些屬性只能讀取無法寫入。

屬性	說明
appCodeName	瀏覽器的內部程式碼名稱，例如 "Mozilla"。
appName	瀏覽器的正式名稱，例如 "Netscape"。
appVersion	瀏覽器的版本與作業系統的名稱，例如 "5.0 (Windows NT 10.0; Win64; x64) AppleWebKit/537.36 (KHTML, like Gecko) Chrome/89.0.4389.114 Safari/537.36"。
connection	裝置的網路連線資訊。
cookieEnabled	瀏覽器是否啟用 Cookie 功能，true 表示是，false 表示否。
geolocation	裝置的地理位置資訊。
javaEnabled	瀏覽器是否啟用 Java，true 表示是，false 表示否。
language	使用者偏好的語系，通常指的是瀏覽器介面的語系，例如 "zh-tw" 表示繁體中文。
languages	使用者偏好的語系，例如 zh-TW,zh,en-US,en。
mimeTypes	瀏覽器支援的 MIME 類型。
onLine	瀏覽器是否在線上，true 表示是，false 表示否。
oscpu	目前作業系統。
platform	瀏覽器平台，例如 "Win32"。
plugins	瀏覽器安裝的外掛程式。
product	任何瀏覽器均會傳回 'Gecko'，此屬性的存在是為了相容性的目的。
userAgent	HTTP Request 中 user-agent 標頭的值，我們可以利用此屬性判斷目前使用的瀏覽器種類，例如 Chrome 瀏覽器會傳回 "Mozilla/5.0 (Windows NT 10.0; Win64; x64) AppleWebKit/537.36 (KHTML, like Gecko) Chrome/89.0.4389.114 Safari/537.36"，而 Edge 瀏覽器會傳回 "Mozilla/5.0 (Windows NT 10.0; Win64; x64) AppleWebKit/537.36 (KHTML, like Gecko) Chrome/89.0.4389.114 Safari/537.36 Edg/89.0.774.75"。

下面是一個例子，它會顯示 Navigator 物件各個屬性的值。

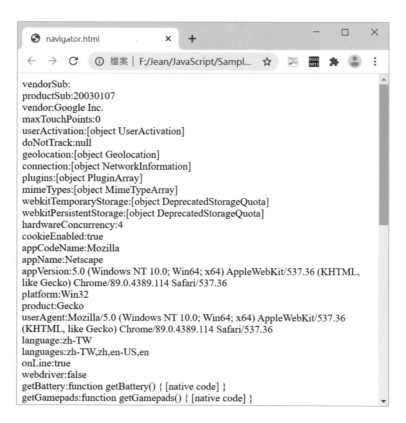

\Ch17\navigator.html

```html
<!DOCTYPE html>
<html>
  <head>
    <meta charset="utf-8">
    <script>
      for(let property in window.navigator)
        document.write(property + ":" + window.navigator[property] + "<br>");
    </script>
  </head>
  <body>
  </body>
</html>
```

17-5 History 物件

History 物件包含瀏覽器的瀏覽歷程記錄，常用的成員如下。

屬性 / 方法	說明
length	瀏覽歷程記錄筆數。
back()	回到上一頁。
forward()	移到下一頁。
go(num)	回到上幾頁 (num 小於 0) 或移到下幾頁 (num 大於 0)。

下面是一個例子，它會顯示瀏覽歷程記錄筆數。

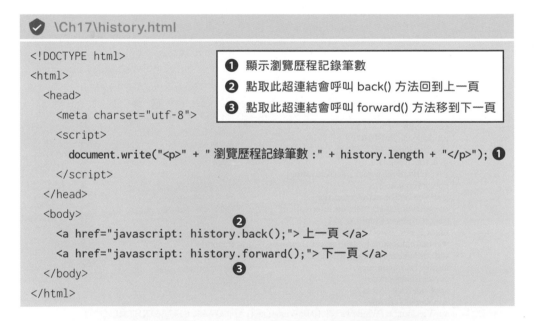

\Ch17\history.html

```
<!DOCTYPE html>
<html>
  <head>
    <meta charset="utf-8">
    <script>
      document.write("<p>" + "瀏覽歷程記錄筆數 :" + history.length + "</p>");  ❶
    </script>
  </head>
  <body>
    <a href="javascript: history.back();">上一頁 </a>   ❷
    <a href="javascript: history.forward();"> 下一頁 </a>   ❸
  </body>
</html>
```

❶ 顯示瀏覽歷程記錄筆數
❷ 點取此超連結會呼叫 back() 方法回到上一頁
❸ 點取此超連結會呼叫 forward() 方法移到下一頁

17-6 Screen 物件

在設計網頁時，除了要考慮瀏覽器的類型，使用者的螢幕資訊也很重要，因為螢幕解析度愈高，就能顯示愈多網頁內容，但使用者的螢幕解析度卻不見得相同，此時，我們可以透過 **Sreen 物件**取得螢幕資訊，然後視實際情況調整網頁內容。

Screen 物件常用的屬性如下，這些屬性只能讀取無法寫入。

屬性	說明
height	螢幕的高度，以像素為單位。
width	螢幕的寬度，以像素為單位。
availHeight	螢幕的可用高度 (不包括一直存在的桌面功能，例如工作列)。
availWidth	螢幕的可用寬度 (不包括一直存在的桌面功能，例如工作列)。
colorDepth	螢幕的色彩深度，也就是每個像素使用幾位元儲存色彩。

下面是一個例子，它會顯示前述幾個屬性的值。

🛡 \Ch17\screen.js

```javascript
document.write('height 屬性的值為 ' + screen.height + '<br>');
document.write('width 屬性的值為 ' + screen.width + '<br>');
document.write('availHeight 屬性的值為 ' + screen.availHeight + '<br>');
document.write('availWidth 屬性的值為 ' + screen.availWidth + '<br>');
document.write('colorDepth 屬性的值為 ' + screen.colorDepth + '<br>');
```

17-7 Document 物件

Dcument 物件 是 Window 物件的子物件，Window 物件代表一個瀏覽器視窗、標籤頁或框架，而 Document 物件代表目前的網頁，我們可以透過它存取 HTML 文件的元素，包括表單、圖片、表格、超連結等，事實上，Document 物件就是 DOM（文件物件模型）的最頂層物件，也就是 DOM 樹的根節點。

Document 物件常用的成員如下，其中很多方法已經在第 16 章做過介紹。

屬性	說明
title	HTML 文件的標題。
URL	HTML 文件的網址。
lastModified	HTML 文件最後一次修改的日期時間。
domain	HTML 文件的網域。
dir	HTML 文件的目錄。
characterSet	HTML 文件的字元編碼方式。
body	HTML 文件的 <body> 元素。
head	HTML 文件的 <head> 元素。
cookie	HTML 文件的 cookie。
referer	連結到此 HTML 文件的文件網址。
activeElement	目前取得焦點的元素。
location	傳回 Location 物件，裡面包含文件的網址和變更 URL 的方法。
readyState	HTML 文件的載入狀態，loading 表示正在載入，interactive 表示文件載入完畢但 scripts、圖片、樣式表等資源正在載入，complete 表示文件所有資源已經載入完畢。

方法	說明
open(*type*)	根據參數 *type* 所指定的 MIME 類型開啟新文件，若參數 *type* 為 "text/html" 或省略不寫，表示開啟新的 HTML 文件。
close()	關閉以 open() 方法開啟的文件資料流，使緩衝區的輸出顯示在瀏覽器。

方法	說明
getElementById(*id*)	取得 HTML 文件中 id 屬性為參數 *id* 的元素。
getElementsByName(*name*)	取得 HTML 文件中 name 屬性為參數 *name* 的元素。
getElementsByClassName(*name*)	取得 HTML 文件中 class 屬性為參數 *name* 的元素。
getElementsByTagName(*name*)	取得 HTML 文件中標籤名稱為參數 *name* 的元素。
querySelector(*selectors*)	根據參數 *selectors* 指定的 CSS 選擇器去取得符合的第一個元素。
querySelectorAll(*selectors*)	根據參數 *selectors* 指定的 CSS 選擇器去取得符合的所有元素。
write(*data*)	將參數 *data* 所指定的字串輸出至瀏覽器。
writeln(*data*)	將參數 *data* 所指定的字串和換行輸出至瀏覽器。
createComment(*data*)	根據參數 *data* 所指定的字串建立並傳回一個新的註解節點 (Comment)。
createElement(*name*)	根據參數 *name* 所指定的元素名稱建立並傳回一個新的、空的元素節點 (Element)。
createText(*data*)	根據參數 *data* 所指定的字串建立並傳回一個新的文字節點 (Text)。
execCommand(*command*[, *showUI*[, *value*]])	執行第一個參數指定的指令，其它參數則會隨著所指定的指令而定，例如下面的敘述是設定當使用者按一下「送別」時，此二字會變成斜體： ```<h1 onclick="document.execCommand('italic')">送別 </h1>``` HTML5 針對第一個參數定義了下列指令： bold insertParagraph createLink insertText delete italic formatBlock redo forwardDelete selectAll insertImage subscript insertHTML superscript insertLineBreak undo insertOrderedList unlink insertUnorderedList unselect

開新文件

下面是一個例子，當使用者按一下「開啟新文件」時，會清除原來的文件，重新開啟 MIME 類型為 'text/html' 的新文件，並顯示「這是新的 HTML 文件」，要注意的是新文件會顯示在原來的標籤頁，不會開啟新的標籤頁。

✅ \Ch17\opendoc1.html

```
<body>
  <button type="button" id="btn">開啟新文件 </button>
  <script src="opendoc1.js"></script>
</body>
```

✅ \Ch17\opendoc1.js

```
var btn = document.getElementById('btn');
btn.addEventListener('click', function() {
  // 開啟新的 HTML 文件
  document.open('text/html');
  // 在新文件中顯示此字串
  document.write(' 這是新的 HTML 文件 ');
  // 關閉新文件資料流
  document.close();
}, false);
```

❶ 按一下此鈕　　　　　　　　❷ 在原來的標籤頁開啟新文件

若要在新的標籤頁開啟新文件，可以將程式改寫成如下。

✅ \Ch17\opendoc2.html

```
<body>
  <button type="button" id="btn">開啟新文件</button>
  <script src="opendoc2.js"></script>
</body>
```

✅ \Ch17\opendoc2.js

```
var btn = document.getElementById('btn');
btn.addEventListener('click', function() {
  // 開啟新的標籤頁
  var newWin = window.open('', 'newWin');
  // 在新的標籤頁開啟新文件
  newWin.document.open('text/html');
  // 在新文件中顯示此字串
  newWin.document.write('這是新的 HTML 文件 ');
  // 關閉新文件資料流
  newWin.document.close();
}, false);
```

❶ 按一下此鈕　　　　　　　　　　❷ 在新的標籤頁開啟新文件

Document 物件的集合

除了前面介紹的屬性之外，Document 物件還提供如下集合。

集合	說明
embeds	HTML 文件中使用 <embed> 元素嵌入的資源。
forms	HTML 文件中的表單。
images	HTML 文件中的圖片。
links	HTML 文件中具有 href 屬性的 <a> 與 <area> 元素。
plugins	HTML 文件中的外掛程式。
scripts	HTML 文件中使用 <script> 元素嵌入的 Script 程式碼。
styleSheets	HTML 文件中的樣式表。

舉例來說，假設 HTML 文件中有兩個表單，name 屬性為 form1、form2：

```
<form name="form1">
  <input type="button" id="B1" value=" 按鈕 1">
  <input type="button" id="B2" value=" 按鈕 2">
</form>

<form name="form2">
  <input type="button" id="B3" value=" 按鈕 3">
  <input type="button" id="B4" value=" 按鈕 4">
</form>
```

那麼我們可以透過 Document 物件的 forms 集合存取表單中的元素，例如：

```
// 傳回第一個表單中 id 屬性為 B1 之元素的 value 值，即 " 按鈕 1"
document.forms[0].B1.value
// 傳回第一個表單中 id 屬性為 B1 之元素的 value 值，即 " 按鈕 1"
document.forms.form1.B1.value
// 傳回第二個表單中 id 屬性為 B3 之元素的 value 值，即 " 按鈕 3"
document.forms[1].B3.value
// 將第二個表單中 id 屬性為 B4 之元素的 value 值設定為 " 提交 "
document.forms.form2.B4.value = ' 提交 ';
```

18-1 事件驅動模式

在 Windows 作業系統中，每個視窗都有一個唯一的代碼，而且系統會持續監控每個視窗。當有視窗發生**事件** (event) 時，例如使用者按一下按鈕、改變視窗大小、移動視窗、載入網頁等，該視窗就會傳送訊息給系統，然後系統會處理訊息並將訊息傳送給其它關聯的視窗，這些視窗再根據訊息做出適當的處理，此種運作模式稱為**事件驅動** (event driven)。

諸如 JavaScript 等瀏覽器端 Script 也是採取事件驅動的運作模式，當有瀏覽器、HTML 文件或 HTML 元素發生事件時，例如瀏覽器在網頁內容載入完畢時會觸發 load 事件、在網頁內容卸載完畢時會觸發 unload 事件、在使用者按一下 HTML 元素時會觸發 click 事件等，就可以透過預先撰寫好的 JavaScript 程式來處理事件。

以 JavaScript 為例，它會自動進行低階的訊息處理工作，因此，我們只要針對可能發生或想要監聽的事件定義處理程式即可，屆時一旦發生指定的事件，就會執行該事件的處理程式，待處理程式執行完畢後，再繼續等待下一個事件或結束程式。

我們將觸發事件的物件稱為**事件發送者** (event sender、event generator) 或**事件來源** (event source)，而接收事件的物件稱為**事件接收者** (event reciever、event consumer)。諸如 Window、Document、Element 等物件或使用者自訂的物件都可以是事件發送者，換句話說，除了系統所觸發的事件之外，程式設計人員也可以視實際需要加入自訂的事件，至於用來處理事件的程式則稱為**事件處理程式** (event handler) 或**事件監聽程式** (event listener)。

雖然有些事件會有預設的動作，例如在使用者輸入表單資料並按 [提交] 時，預設會將表單資料傳回 Web 伺服器，不過，我們還是可以針對這些事件另外撰寫處理程式，例如將表單資料以 E-mail 形式傳送給指定的收件人、寫入資料庫或檔案等。

18-2 事件的類型

在 Web 發展的初期，事件的類型並不多，可能就是 load、unload、click、mouseover、mouseout 等簡單的事件。不過，隨著 Web 平台與相關的 API 快速發展，事件的類型日趨多元，常見的如下：

✅ **使用者介面 (UI) 事件**：這是與操作瀏覽器介面相關的事件，例如：

- **load**：當瀏覽器將網頁內容載入完畢時會觸發此事件。

- **unload**：當瀏覽器將網頁內容卸載完畢時會觸發此事件。

- **error**：當瀏覽器視窗發生錯誤時會觸發此事件。

- **resize**：當瀏覽器視窗改變大小時會觸發此事件。

- **scroll**：當瀏覽器視窗捲動時會觸發此事件。

- **DOMContentLoaded**：當 HTML 文件載入完畢（不用等到樣式表、圖片或子框架等資源也載入完畢）時會觸發此事件。

- **hashchange**：當 URL 中 # 符號後面的資料變更時會觸發此事件。

- **beforeunload**：當視窗、文件和相關的資源即將卸載時會觸發此事件，此時，文件仍舊是看得到的。

請注意，error 事件也可能在其它元素上觸發，而 scroll 事件也可能在其它可捲動的元素上觸發。

✅ **鍵盤事件**：這是與使用者操作鍵盤相關的事件，例如：

- **keydown**：當使用者按下按鍵時會觸發此事件。

- **keyup**：當使用者放開按鍵時會觸此事件。

- **keypress**：當使用者按下再放開按鍵時會觸發此事件。

◎ **滑鼠事件**：這是與使用者操作滑鼠相關的事件，例如：

- **click**：當使用者在元素上按一下滑鼠按鍵時會觸發此事件。

- **dblclick**：當使用者在元素上按兩下滑鼠按鍵時會觸發此事件。

- **mousedown**：當使用者在元素上按下滑鼠按鍵時會觸發此事件。

- **mouseup**：當使用者在元素上放開滑鼠按鍵時會觸發此事件。

- **mouseenter**：當使用者將滑鼠移入元素時會觸發此事件。

- **mouseleave**：當使用者將滑鼠移出元素時會觸發此事件。

- **mouseover**：當使用者將滑鼠移入元素時會觸發此事件。

- **mouseout**：當使用者將滑鼠移出元素時會觸發此事件。

- **mousemove**：當使用者將滑鼠在元素上移動時會觸發此事件。

- **mousewheel**：當使用者在元素上滾動滑鼠滾輪時會觸發此事件。

請注意，mouseenter / mouseleave 和 mouseover / mouseout 都是使用者將滑鼠移入 / 移出元素時會觸發的事件，差別在於當有巢狀元素時，mouseenter / mouseleave 只會針對目標元素觸發事件，而 mouseover / mouseout 在移入 / 移出內部元素時也會觸發事件。

◎ **表單事件**：這是與使用者操作表單相關的事件，例如：

- **input**：當 <input>、<select> 或 <textarea> 等元素的值被輸入時會觸發此事件。

- **change**：當 <input>、<select> 或 <textarea> 等元素的值被變更時會觸發此事件。

- **submit**：當使用者提交表單時會觸發此事件。

- **reset**：當使用者清除表單時會觸發此事件。

- **select**：當使用者在表單欄位中選取內容時會觸發此事件。

- **cut**：當使用者在表單欄位中剪下內容時會觸發此事件。

- **copy**：當使用者在表單欄位中複製內容時會觸發此事件。

- **paste**：當使用者在表單欄位中貼上內容時會觸發此事件。

✅ **焦點事件**：這是與焦點相關的事件，例如：

- **focus**：當瀏覽器視窗或元素取得焦點時會觸發此事件。

- **focusin**：當瀏覽器視窗或元素取得焦點時會觸發此事件。

- **blur**：當瀏覽器視窗或元素失去焦點時會觸發此事件。

- **focusout**：當瀏覽器視窗或元素失去焦點時會觸發此事件。

請注意，focus 和 focusin 的差別在於 focusin 支援**事件氣泡** (event bubbling)，而 blur 和 focusout 的差別在於 focusout 支援事件氣泡，也就是事件會從目標元素開始往外循序傳遞，一直到最外層的 Window 物件為止，就像水面下的氣泡往上升一樣。

前面介紹的事件主要來自 **DOM 規格**、**HTML5 規格**和 **BOM** (Browser Object Model，瀏覽器物件模型)。此外，隨著配備觸控螢幕的裝置快速普及，W3C 亦提出了 **Touch Events** 觸控規格，裡面主要有 touchstart、touchmove、touchend、touchcancel 等事件，當手指觸碰到螢幕時會觸發 **touchstart** 事件，當手指在螢幕上移動時會觸發 **touchmove** 事件，當手指離開螢幕時會觸發 touchend 事件，而當取消觸控或觸控點離開文件視窗時會觸發 **touchcancel** 事件，有興趣的讀者可以參考官方文件 https://www.w3.org/TR/touch-events/。

至於像 Apple iPhone、iPad 所支援的 gesture (手勢)、orientationchanged (旋轉方向)、touch (觸控) 等事件，可以參考 Apple Developer Center (https://developer.apple.com/)。

18-3 定義事件處理程式 / 事件監聽程式

在進行事件處理時，我們必須先想清楚下列三點：

- ✅ 要由哪個元素觸發事件

- ✅ 要觸發哪種事件

- ✅ 被觸發的事件要繫結哪個事件處理程式 / 事件監聽程式

至於繫結的方式則有下列三種：

- ✅ 利用 HTML 元素的事件屬性設定事件處理程式

- ✅ 傳統的 DOM 事件處理程式

- ✅ DOM Level 2 事件監聽程式

18-3-1 利用 HTML 元素的事件屬性設定事件處理程式

我們直接以下面的例子示範如何利用 HTML 元素的事件屬性設定事件處理程式，原則上，事件屬性的名稱就是在事件的名稱前面加上 on，而且要全部小寫，即便事件的名稱是由多個單字所組成，例如 onmousewheel、onmouseover、onkeydown、ondblclick 等。

這個例子的重點在於第 02 行將按鈕的 onclick 事件屬性設定為 "window.alert('Hello, world!');"，如此一來，當使用者按一下按鈕時，就會觸發 click 事件，進而執行該敘述，在對話方塊中顯示「Hello, world!」。

```
🛡 \Ch18\event1a.html

01: <body>
02:    <button type="button" onclick="window.alert('Hello, world!');">
03:      顯示訊息 </button>
04: </body>
```

將按鈕的 onclick 事件屬性
設定為事件處理程式

❶ 按一下此鈕　　　　　　　　　　❷ 顯示對話方塊

雖然我們可以直接將事件處理程式寫入 HTML 元素的事件屬性，但有時這種做法卻不太方便，因為事件處理程式可能會有很多行敘述，此時，我們可以將事件處理程式撰寫成 JavaScript 函式，然後將 HTML 元素的事件屬性設定為該函式。

舉例來說，\Ch18\event1a.html 可以改寫成如下，然後另存新檔為 \Ch18\event1b.html，執行結果是相同的，其中第 02 行是將按鈕的 onclick 事件屬性設定為 "showMsg()"，這是一個 JavaScript 函式呼叫，至於 showMsg() 函式則是定義在獨立的 \Ch18\event1b.js 檔案中 (第 06 ~ 08 行)。

✔ \Ch18\event1b.html

```
01: <body>                           ❶
02:   <button type="button" onclick="showMsg()">
03:     顯示訊息 </button>
04:   <script src="event1b.js"></script>
05: </body>
```

✔ \Ch18\event1b.js

```
06: function showMsg() {
07:   window.alert('Hello, world!');   ❷
08: }
```

❶ 將按鈕的 onclick 事件屬性設定為 showMsg() 函式，當使用者按一下按鈕時，就會觸發 click 事件，進而呼叫 showMsg() 函式
❷ 將事件處理程式撰寫在 showMsg() 函式

18-3-2 傳統的 DOM 事件處理程式

基於 HTML 原始碼應該與 JavaScript 程式碼分開處理的原則,第 18-3-1 節所介紹的做法雖然簡單又直覺,但我們並不建議您這麼做,比較好的做法是在獨立的 JavaScript 檔案中設定事件處理程式。

舉例來說,\Ch18\event1b.html 可以改寫成如下,執行結果是相同的。這次我們沒有在 HTML 檔案中設定 HTML 元素的事件屬性,改成在 JavaScript 檔案中使用 getElementById() 方法取得按鈕的元素節點 (第 11 行),然後將按鈕的 onclick 事件屬性設定為 showMsg() 函式 (第 12 行)。

✓ \Ch18\event2.html

```
01: <!DOCTYPE html>
02: <html>
03:   <head>
04:     <meta charset="utf-8">
05:   </head>
06:   <body>
07:     <button type="button" id="btn"> 顯示訊息 </button>
08:     <script src="event2.js"></script>
09:   </body>
10: </html>
```

✓ \Ch18\event2.js

```
11: var btn = document.getElementById('btn'); ❶
12: btn.onclick = showMsg; ❷
13:
14: function showMsg() {
15:   window.alert('Hello, world!'); ❸
16: }
```

❶ 透過 DOM 取得按鈕的元素節點
❷ 將按鈕的 onclick 事件屬性設定為 showMsg() 函式,注意後面不能加上小括號
❸ 將事件處理程式撰寫在 showMsg() 函式

❶ 按一下此鈕　　　　　　　　　❷ 顯示對話方塊

我們可以使用匿名函式將 \Ch18\event2.js 簡寫成如下，由於事件處理程式通常不會在多個地方使用，所以和具名函式比起來，匿名函式反而比較不會有命名衝突的問題，程式碼也比較簡潔：

```
var btn = document.getElementById('btn');
btn.onclick = function() { window.alert('Hello, world!'); };
```

本節所介紹的事件處理程式在 DOM 最初的規格中就已經制定，也是公認比上一節的利用事件屬性設定事件處理程式來得好的做法，因為可以將 HTML 原始碼和 JavaScript 程式碼分開處理，但它還是有個缺點，就是一個事件只能繫結一個函式，若是針對一個事件繫結多個函式，就會發生衝突，造成無法預期的結果。

舉例來說，假設我們希望在使用者填妥表單資料並按 [提交] 時，透過表單的 submit 事件先執行一個函式檢查表單資料，然後再執行另一個函式儲存表單資料，那麼就無法使用本節所介紹的做法，面對這種情況，我們可以改用下一節的事件監聽程式，它允許一個事件繫結多個函式。

18-3-3 DOM Level 2 事件監聽程式

DOM Level 2 事件監聽程式是近年來比較常見的做法，主要的技巧就是使用 **addEventListener()** 方法監聽事件並設定事件處理程式，其語法如下，參數 *event* 是要監聽的事件，參數 *function* 是要執行的函式，而選擇性參數 *useCapture* 是布林值，預設值為 false，表示當內層和外層元素都有發生參數 *event* 指定的事件時，就先從內層元素開始執行處理程式：

```
addEventListener(event, function [, useCapture])
```

我們可以使用 addEventListener() 方法將 \Ch18\event2.html 改寫成如下，執行結果是相同的。

✅ \Ch18\event3.html

```
01: <!DOCTYPE html>
02: <html>
03:   <head>
04:     <meta charset="utf-8">
05:   </head>
06:   <body>
07:     <button type="button" id="btn"> 顯示訊息 </button>
08:     <script src="event3.js"></script>
09:   </body>
10: </html>
```

✅ \Ch18\event3.js

```
11: var btn = document.getElementById('btn'); ❶
12: btn.addEventListener('click', showMsg, false); ❷
13:
14: function showMsg() {
15:   window.alert('Hello, world!'); ❸
16: }
```

---

❶ 透過 DOM 取得按鈕的元素節點
❷ 監聽 click 事件並將事件處理程式設定為 showMsg() 函式，注意後面不能加上小括號
❸ 將事件處理程式撰寫在 showMsg() 函式

❶ 按一下此鈕　　　　　　　　**❷ 顯示對話方塊**

同樣的，我們可以使用匿名函式將 \Ch18\event3.js 簡寫成如下：

```
var btn = document.getElementById('btn');
btn.addEventListener('click', function() {
  window.alert('Hello, world!');
}, false);
```

和前兩節所介紹的做法相比，DOM Level 2 事件監聽程式的優點在於
addEventListener() 方法可以針對同一個物件的同一種事件設定多個處理程
式。下面是一個例子，這次我們針對按鈕的 click 事件設定兩個處理程式，第
一個處理程式會顯示「Hello, world!」，而第二個處理程式會顯示「歡迎
光臨！」。

✅ **\Ch18\event4.html**

```
<!DOCTYPE html>
<html>
  <head>
    <meta charset="utf-8">
  </head>
  <body>
    <button type="button" id="btn"> 顯示訊息 </button>
    <script src="event4.js"></script>
  </body>
</html>
```

✅ \Ch18\event4.js

```javascript
var btn = document.getElementById('btn'); ❶
btn.addEventListener('click', function() {alert('Hello, world!');}, false); ❷
btn.addEventListener('click', function() {alert(' 歡迎光臨 !');}, false); ❸
```

❶ 透過 DOM 取得按鈕的元素節點
❷ 監聽 click 事件並將事件處理程式設定為顯示「Hello, world!」
❸ 監聽 click 事件並將事件處理程式設定為顯示「歡迎光臨 !」

❶ 按一下此鈕
❷ 顯示第一個對話方塊，請按 [確定]
❸ 顯示第二個對話方塊，請按 [確定]

18-4 移除事件處理程式 / 事件監聽程式

若要移除事件處理程式，可以將事件屬性設定為 null。下面是一個例子，其中第 06 行將按鈕的 onclick 事件屬性設定為 showMsg() 函式，而第 08 行又將該事件屬性設定為 null，即移除事件處理程式，所以執行結果將不會顯示對話方塊。

✅ \Ch18\removeEvent1.html

```
01: <body>
02:   <button type="button" id="btn"> 顯示訊息 </button>
03:   <script src="removeEvent1.js"></script>
04: </body>
```

✅ \Ch18\removeEvent1.js

```
05: var btn = document.getElementById('btn');
06: btn.onclick = showMsg; ❶
07:
08: btn.onclick = null; ❷
09:
10: function showMsg() {
11:   window.alert('Hello, world!');
12: }
```

❶ 繫結事件處理程式
❷ 移除事件處理程式

執行結果如下圖，當按一下「顯示訊息」時，將不會顯示對話方塊，因為事件處理程式已經被移除。

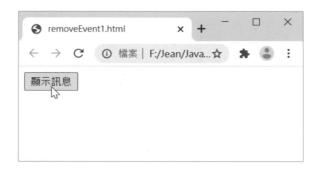

若要移除事件監聽程式，可以使用 **removeEventListener()** 方法，其語法如下，參數的意義和 addEventListener() 方法相同：

```
removeEventListener(event, function [, useCapture])
```

下面是一個例子，其中第 06 行針對按鈕的 click 事件繫結 showMsg() 函式，而第 08 行又針對該事件移除函式，所以執行結果將不會顯示對話方塊。

✔ \Ch18\removeEvent2.html

```
01: <body>
02:   <button type="button" id="btn"> 顯示訊息 </button>
03:   <script src="removeEvent2.js"></script>
04: </body>
```

✔ \Ch18\removeEvent2.js

```
05: var btn = document.getElementById('btn');
06: btn.addEventListener('click', showMsg, false); ❶
07:
08: btn.removeEventListener('click', showMsg, false); ❷
09:
10: function showMsg() {
11:   window.alert('Hello, world!');
12: }
```

❶ 繫結事件
　監聽程式
❷ 移除事件
　監聽程式

執行結果如下圖，當按一下「顯示訊息」時，將不會顯示對話方塊，因為事件監聽程式已經被移除。

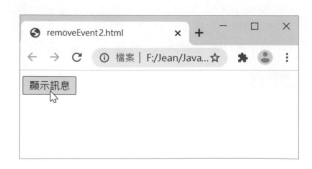

18-5 Event 物件

事件處理程式或事件監聽程式可以接收一個 **Event 物件**，並透過該物件取得事件的相關資訊，例如：

- ✅ 最初觸發事件的目標元素
- ✅ 取得 click、mousemove 等滑鼠事件的指標座標
- ✅ 取得 keypress、keydown 等鍵盤事件的按鍵

Event 物件比較重要的成員如下，這些成員會依事件類型而有所不同。

屬性	說明
target	最初觸發事件的目標元素。
type	事件類型。
cancelable	事件是否能夠被取消，true 表示是，false 表示否。
bubbles	事件是否往外氣泡傳遞，true 表示是，false 表示否。
defaultPrevented	是否有呼叫 preventDefault() 方法，true 表示是，false 表示否。
timeStamp	從 1970-01-01T00:00:00 到觸發事件所經過的毫秒數。
screenX、screenY	指標在螢幕中的 X、Y 座標 (以螢幕左上角為原點)。
pageX、pageY	指標在頁面中的 X、Y 座標 (頁面可能會超出瀏覽器可視區域)。
clientX、clientY	指標在瀏覽器可視區域中的 X、Y 座標。
offsetX、offsetY	指標在目標元素中的 X、Y 座標。
button	點按滑鼠時是按下哪個按鍵，傳回值如下： ● 0 表示左鍵 ● 1 表示中間鍵 ● 2 表示右鍵
key	按下的鍵。
altkey	是否按下 [Alt] 鍵，true 表示是，false 表示否。
ctrlkey	是否按下 [Ctrl] 鍵，true 表示是，false 表示否。
shiftkey	是否按下 [Shift] 鍵，true 表示是，false 表示否。

方法	說明
preventDefault()	取消元素預設的行為 (如可取消的話)。
stopPropagation()	停止往外或往內的事件傳遞。
stopImmediatePropagation()	停止所有事件傳遞，包括同一個目標元素所繫結的其它事件監聽程式。

當我們要在事件監聽程式中存取 Event 物件時，可以透過名稱為 **e** 的參數來加以傳遞，而且 e 必須是第一個參數。下面是一個例子，當使用者按一下按鈕時，就會透過 Event 物件的屬性顯示目標元素的節點名稱及事件類型。

✅ \Ch18\e1.html

```html
<body>
  <button type="button" id="btn">顯示訊息 </button>
  <script src="e1.js"></script>
</body>
```

✅ \Ch18\e1.js

```javascript
var btn = document.getElementById('btn');
btn.addEventListener('click', showMsg, false);

function showMsg(e) {
  window.alert(e.target.nodeName);
  window.alert(e.type);
}
```

❶ e 必須是第一個參數，若不需要使用 Event 物件，則 e 可以省略不寫
❷ 顯示目標元素的節點名稱
❸ 顯示事件類型

18-6 事件處理範例

18-6-1 使用者介面 (UI) 事件

使用者介面 (UI) 事件是一些與操作瀏覽器介面相關的事件,例如 load、unload、error、resize、scroll、DOMContentLoaded、hashchange、beforeunload 等,其中 **load** 事件會在網頁載入完畢時觸發,我們可以利用該事件執行網頁載入完畢時所要執行的動作,例如顯示進入網頁時間、將焦點移到某個欄位等。下面是一個例子,它會在網頁載入完畢時顯示進入時間。

🛡 **\Ch18\load.html**

```html
<body>
  進入網頁時間:<span id="entrytime"></span>
  <script src="load.js"></script>
</body>
```

🛡 **\Ch18\load.js**

```javascript
window.addEventListener('load', showEntrytime, false);

function showEntrytime() {
  var entrytime = document.getElementById('entrytime');
  entrytime.textContent = (new Date()).toLocaleString();
};
```

> 使用者介面事件的監聽程式是繫結在 Window 物件

18-6-2 鍵盤事件

鍵盤事件是一些與使用者操作鍵盤相關的事件，例如 keydown、keyup、keypress 等，其中 **keydown** 事件會在使用者按下按鍵時觸發，我們可以利用該事件取得按鍵的相關資訊。下面是一個例子，它會在使用者按下按鍵時利用 Event 物件的 **key** 屬性取得按鍵。

✅ \Ch18\keydown.html

```
<body>
  <form>
    <label for="achar">輸入一個字元：</label>
    <input type="text" id="achar" size="10"><br>
    <span id="msg"></span><br>
  </form>
  <script src="keydown.js"></script>
</body>
```

✅ \Ch18\keydown.js

```
var achar = document.getElementById('achar');

achar.addEventListener('keydown', function(e) {
  var msg = document.getElementById('msg');
  msg.textContent = '按鍵：' + e.key;
}, false);
```

❶ 按下字母 a
❷ 顯示按鍵

18-6-3 滑鼠事件

滑鼠事件是一些與使用者操作滑鼠相關的事件,例如 click、dblclick、mousedown、mouseup、mouseenter、mouseleave、mouseover、mouseout、mousemove、mousewheel 等,其中 **mouseover / mouseout** 會在使用者將滑鼠移入 / 移出元素時觸發。下面是一個例子,剛開始網頁上會顯示圖片 girl1.png,當指標移到圖片時會變成 girl2.png,而當指標離開圖片時又會變成原來的 girl1.png。

✅ \Ch18\mouseover.html

```html
<body>
  <img id="fig" src="girl1.png" width="200">
  <script src="mouseover.js"></script>
</body>
```

✅ \Ch18\mouseover.js

```javascript
var fig = document.getElementById('fig');

fig.addEventListener('mouseover', function() {
  fig.src = 'girl2.png';
}, false);

fig.addEventListener('mouseout', function() {
  fig.src = 'girl1.png';
}, false);
```

❶ 當指標離開圖片時會顯示 girl1.png
❷ 當指標移到圖片時會顯示 girl2.png

18-6-4 表單事件

表單事件是一些與使用者操作表單相關的事件，例如 input、change、submit、reset、select 等，其中 **change** 會在 <input>、<select> 或 <textarea> 等元素的值被變更時觸發。下面是一個例子，當使用者變更下拉式清單中選取的項目時，就會在新標籤頁開啟所選取的網站。

✅ \Ch18\change.html

```
<body>
  <form>
    <label for="URL">選擇網站：</label>
    <select id="URL" size="1">
      <option value="https://www.google.com.tw/">Google</option>
      <option value="https://tw.yahoo.com/">Yahoo! 奇摩 </option>
      <option value="https://www.bing.com/">Bing</option>
    </select>
  </form>
  <script src="change.js"></script>
</body>
```

❶ 變更下拉式清單中選取的項目
❷ 在新標籤頁開啟所選取的網站

✅ \Ch18\change.js

```
var URL = document.getElementById('URL');
URL.addEventListener('change', function() {
  newWin = open();                        // 開新標籤頁
  newWin.location.href = URL.value;       // 在新標籤頁開啟指定的網址
}, false);
```

18-6-5 焦點事件

焦點事件是一些與焦點相關的事件,例如 focus 和 focusin 兩個事件會在瀏覽器視窗或元素取得焦點時觸發,差別在於 focusin 支援事件氣泡,而 blur 和 focusout 兩個事件會在瀏覽器視窗或元素失去焦點時觸發,差別在於 focusout 支援事件氣泡,下面是一個例子。

🛡 \Ch18\focus.html

```html
<body>
  <form>
    <label for="num">會員編號:</label>
    <input type="text" id="num" size="20"><br>
    <span id="msg"></span><br>
    <input type="submit">
  </form>
  <script src="focus.js"></script>
</body>
```

🛡 \Ch18\focus.js

```javascript
var num = document.getElementById('num');
var msg = document.getElementById('msg');
// 將提示訊息設定為紅色
msg.style.color = 'red';

num.addEventListener('focus', function() {
  msg.textContent = '會員編號是 8 個字元';        ❶
}, false);

num.addEventListener('blur', function() {
  if (this.value.length === 8)
    msg.textContent = '';
  else
    msg.textContent = '注意!會員編號必須是 8 個字元';   ❷
}, false);
```

❶ 當焦點移到輸入欄位時,會顯示「會員編號是 8 個字元」

❷ 當焦點離開輸入欄位時,會先檢查是否為 8 個字元,若是,就清除提示訊息,若不是,就顯示提示訊息

執行結果如下圖，當焦點移到輸入欄位時，會顯示「會員編號是 8 個字元」，如圖❶。相反的，當焦點離開輸入欄位時，會先檢查輸入的內容是否為 8 個字元，若是，就清除提示訊息，如圖❷；若不是，就顯示提示訊息，如圖❸。

CHAPTER

19

Bootstrap 網格系統

19-1 撰寫 Bootstrap 網頁

19-2 使用 Bootstrap 網格系統

19-1 撰寫 Bootstrap 網頁

Bootstrap 原名 Twitter Blueprint，由 Twitter 的兩位工程師所開發，目的是製作一套可以保持一致性的工具與框架 (framework)，後來更名為 Bootstrap，並釋出成為開放原始碼專案。

Bootstrap 是目前最受歡迎的 HTML、CSS 與 JavaScript 框架之一，用來開發響應式 (responsive)、行動優先 (mobile first) 的網頁，使用者無須撰寫 CSS 或 JavaScript 程式碼，就可以設計出響應式網頁。

19-1-1 取得 Bootstrap 套件

使用 Bootstrap 開發網頁需要取得 Bootstrap 套件，例如 Bootstrap 5.3 的相關檔案如下 (不包含文件說明、原始檔或其它選擇性的 JavaScript 檔案)：

- **編譯且最小化的 CSS 檔案**，例如 bootstrap.min.css、bootstrap-grid.min.css、bootstrap-reboot.min.css、bootstrap-utilities.min.css、bootstrap.rtl.min.css 等。

- **編譯且最小化的 JavaScript 檔案**，例如 bootstrap.bundle.min.js、bootstrap.min.js、bootstrap.esm.min.js 等。

我們可以透過 **CDN** (Content Delivery Networks) 在網頁中參考相關檔案，Bootstrap 官方網站 (https://getbootstrap.com/docs/5.3/getting-started/download/) 提供了如下的 v5.3 CDN：

```
01: <link href="https://cdn.jsdelivr.net/npm/bootstrap@5.3.2/dist/css/bootstrap.min.css"
    rel="stylesheet" integrity="sha384-T3c6CoIi6uLrA9TneNEoa7RxnatzjcDSCmG1
    MXxSR1GAsXEV/Dwwykc2MPK8M2HN" crossorigin="anonymous">
02: <script src="https://cdn.jsdelivr.net/npm/bootstrap@5.3.2/dist/js/bootstrap.bundle.min.js"
    integrity="sha384-C6RzsynM9kWDrMNeT87bh95OGNyZPhcTNXj1NW7RuBCsyN/o0jlpcV8Qyq46cDfL"
    crossorigin="anonymous"></script>
```

您可以將第 01 行和第 02 行的程式碼都放在網頁的 <head> 區塊，也可以將第 02 行的程式碼放在 </body> 結束標籤前面。

19-1-2 Bootstrap 網頁的基本結構

Bootstrap 網頁的基本結構和 HTML5 網頁差不多,下面是一個例子。

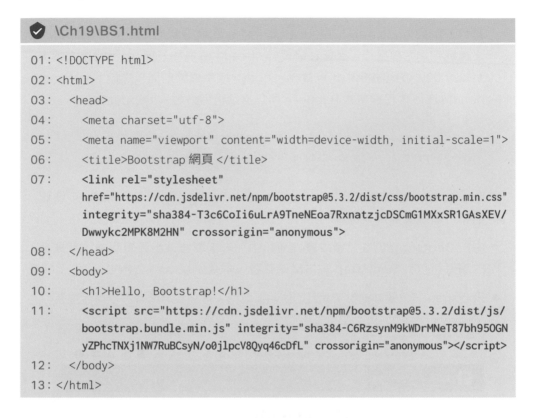

```
01: <!DOCTYPE html>
02: <html>
03:   <head>
04:     <meta charset="utf-8">
05:     <meta name="viewport" content="width=device-width, initial-scale=1">
06:     <title>Bootstrap 網頁</title>
07:     <link rel="stylesheet"
      href="https://cdn.jsdelivr.net/npm/bootstrap@5.3.2/dist/css/bootstrap.min.css"
      integrity="sha384-T3c6CoIi6uLrA9TneNEoa7RxnatzjcDSCmG1MXxSR1GAsXEV/
      Dwwykc2MPK8M2HN" crossorigin="anonymous">
08:   </head>
09:   <body>
10:     <h1>Hello, Bootstrap!</h1>
11:     <script src="https://cdn.jsdelivr.net/npm/bootstrap@5.3.2/dist/js/
      bootstrap.bundle.min.js" integrity="sha384-C6RzsynM9kWDrMNeT87bh95OGN
      yZPhcTNXj1NW7RuBCsyN/o0jlpcV8Qyq46cDfL" crossorigin="anonymous"></script>
12:   </body>
13: </html>
```

◎ 07:透過 CDN 參考 Bootstrap 核心 CSS 檔案 bootstrap.min.css。

◎ 11:透過 CDN 參考 JavaScript 檔案 bootstrap.bundle.min.js。

TIP

- 除了透過 CDN 之外，我們也可以到 Bootstrap 官方網站 (https://getbootstrap.com/docs/5.3/getting-started/download/) 下載 Bootstrap 套件，例如 bootstrap-5.3.2-dist.zip，將解壓縮得到的 css 和 js 兩個資料夾複製到網站根目錄，然後在網頁的 <head> 區塊加入第 01 行的程式碼，至於第 02 行的程式碼則可以放在 </body> 結束標籤前面，由於 bootstrap.bundle.min.js 已經包含 Popper，所以無須再另外載入 Popper.js：

```
01: <link rel="stylesheet" href="css/bootstrap.min.css">
02: <script src="js/bootstrap.bundle.min.js"></script>
```

- Bootstrap 已經放棄支援 Internet Explorer 10/11，至於其它新版的 PC 瀏覽器和行動瀏覽器則能夠順利運作。

- 由於 Bootstrap 仍在持續維護與更新中，未來還會推出更新版本，有興趣的讀者可以到 Bootstrap 官方網站查看，本書是以 v5.3.2 為主。

- Bootstrap 官方網站提供了完整的說明與範例，有需要的讀者可以自行查看。

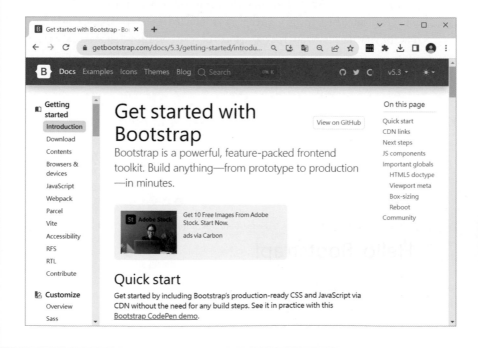

19-2 使用 Bootstrap 網格系統

Bootstrap 提供一個**網格系統** (gird system)，讓使用者藉此開發適應不同裝置的網頁，達到響應式網頁設計的目的。網格系統其實是一種平面設計方式，利用固定的格子分割版面來設計布局，將內容排列整齊。

Bootstrap 網格系統是透過橫向的 **row**（列）和直向的 **column**（行）來設計網頁版面，它將網頁寬度平均分割為 12 等分，稱為 12 個 column，如下圖。

假設要使用兩個 <div> 元素製作寬度為 1:1 的雙欄版面，那麼這兩個 <div> 元素是位於相同的 row，並分別占用 6 個 column，如下圖。

同理，假設要使用兩個 <div> 元素製作寬度為 2:1 的雙欄版面，那麼這兩個 <div> 元素是位於相同的 row，並分別占用 8 和 4 個 column，如下圖。

使用原則

當您使用 Bootstrap 網格系統時，請遵守下列原則：

- Bootstrap 支援數種響應式斷點，斷點是基於媒體查詢的最小寬度，我們可以透過斷點控制容器 (container) 和行 (column) 的大小與行為。

- 內容是放在 column 中，而 column 則是放在 row 中。

- 每個 row 最多包含 12 個 column，超過的會顯示在下一個 row。

- 為了有適當的對齊與留白，row 必須放在 .container、.container-fluid 或 .container-{breakpoint} 類別的容器中。

- 使用 .row、.col-*、.col-sm-*、.col-md-*、.col-lg-*、.col-xl-*、.col-xxl-* 等預先定義的網格類別來設計版面。

網格選項

Bootstrap 針對裝置或可視區域的寬度提供數種網格選項，裡面有 576px、768px、992px、1200px、1400px 等響應式斷點可供選擇。

斷點	Extra small <576px	Small ≥ 576px	Medium ≥ 768px	Large ≥ 992px	Extra large ≥ 1200px	Extra extra large ≥ 1400px
容器 (最大寬度)	100%	540px	720px	960px	1140px	1320px
類別前置詞	.col-	.col-sm-	.col-md-	.col-lg-	.col-xl-	.col-xxl-
column 數	12					
留白寬度	1.5rem (左右各 0.75rem)					

註：rem 屬於相對單位，實際大小是透過「倍數」乘以根元素的 px 值，舉例來說，假設第一層的 <div> 區塊是使用 1.5rem，而根元素 <html> 元素的 font-size 預設為 16px，則區塊裡面的文字大小是 16px×1.5 = 24px。

類別前置詞後面接著的是 1 ~ 12，表示占用幾個 column，例如：

- <576px 的超小螢幕裝置（例如手機）使用 **.col-1 ~ .col-12** 類別。

- ≧ 576px 的小螢幕裝置（例如手機）使用 **.col-sm-1 ~ .col-sm-12** 類別。

- ≧ 768px 的中螢幕裝置（例如平板電腦）使用 **.col-md-1 ~ .col-md-12** 類別。

- ≧ 992px 的大螢幕裝置（例如桌機）使用 **.col-lg-1 ~ .col-lg-12** 類別。

- ≧ 1200px 的超大螢幕裝置使用 **.col-xl-1 ~ .col-xl-12** 類別。

- ≧ 1400px 的超大螢幕裝置使用 **.col-xxl-1 ~ .col-xxl-12** 類別。

舉例來說，假設要使用三個 <div> 元素製作寬度為 1:3:2 的三欄版面，那麼這三個 <div> 元素是位於相同的 row，並分別占用 2、6 和 4 個 column，如下圖。

我們可以據此撰寫如下的程式碼：

```
01: <div class="container">
02:   <div class="row">
03:     <div class="col-2"></div>
04:     <div class="col-6"></div>
05:     <div class="col-4"></div>
06:   </div>
07: </div>
```

- 01、07：在第一層的 <div> 元素加上 **.container** 類別，表示做為容器。

- 02、06：在第二層的 <div> 元素加上 **.row** 類別，表示做為 row。

- 03、04、05：在第三層的三個 <div> 元素各自加上 **.col-2**、**.col-6** 和 **.col-4** 類別，表示分別占用 2、6 和 4 個 column。

19-2-1 斷點

我們可以透過**斷點** (breakpoint) 讓網頁根據裝置或可視區域的寬度來調整版面配置,而且 Bootstrap 正是使用媒體查詢根據斷點來建構 CSS。斷點的目標是行動優先與響應式設計,使用最少的樣式讓最小斷點能夠運作,然後逐漸調整樣式以適用於較大的裝置,Bootstrap 提供下列幾個預設的斷點。

斷點	類別前置詞	可視區域的寬度
Extra small	無	＜ 576px
Small	sm	≧ 576px
Medium	md	≧ 768px
Large	lg	≧ 992px
Extra large	xl	≧ 1200px
Extra extra large	xxl	≧ 1400px

19-2-2 容器

容器 (container) 是 Bootstrap 最基本的版面配置元素,可以讓網格系統的列與欄保持適當的邊界和留白。

Bootstrap 提供下列三種不同的容器:

- **.container**:根據不同的響應式斷點變更最大容器寬度。

- **.container-fluid**:容器寬度是可視區域的 100% 寬度,兩側沒有留白。

- **.container-{*breakpoint*}**:容器寬度是可視區域的 100% 寬度,直到超過指定的斷點,兩側才會有留白。

在 Bootstrap 提供的網格選項中,只有第一個選項的最大容器寬度為「100%」,表示最大容器寬度會隨著可視區域的寬度自動調整,其它三個選項則會根據不同的響應式斷點變更最大容器寬度,例如 .col-sm-* 類別的最大容器寬度為 540px,而 .col-md-* 類別的最大容器寬度為 720px。

	Extra small <576px	Small ≥ 576px	Medium ≥ 768px	Large ≥ 992px	X-Large ≥ 1200px	XX-Large ≥ 1400px
.container	100%	540px	720px	960px	1140px	1320px
.container-sm	100%	540px	720px	960px	1140px	1320px
.container-md	100%	100%	720px	960px	1140px	1320px
.container-lg	100%	100%	100%	960px	1140px	1320px
.container-xl	100%	100%	100%	100%	1140px	1320px
.container-xxl	100%	100%	100%	100%	100%	1320px
.container-fluid	100%	100%	100%	100%	100%	100%

下面是一個例子。

✔ **\Ch19\BS2.html** (下頁續 1/2)

```
01: <!DOCTYPE html>
02: <html>
03:   <head>
04:     <meta charset="utf-8">
05:     <meta name="viewport" content="width=device-width, initial-scale=1">
06:     <title>Bootstrap 網頁 </title>
07:     <link rel="stylesheet"
          href="https://cdn.jsdelivr.net/npm/bootstrap@5.3.2/dist/css/bootstrap.min.css">
08:     <style>
09: ❶    div[class^="col"] {background-color: #EBDEF0; border: 0.5px solid purple;}
10:     </style>
11:   </head>
12:   <body>
13:     <div class="container">
14:       <div class="row">
15:         <div class="col-8"> 區塊 1</div>
16: ❷       <div class="col-4"> 區塊 2</div>
17:       </div>
18:     </div>
```

❶ 這些 CSS 樣式表用來設定區塊的背景色彩與框線，有助於看清楚區塊的位置

❷ 第 1 個容器使用 .container 類別

```
  \Ch19\BS2.html                                    (接上頁 2/2)

19:  ┌─ <div class="container-md">
20:  │     <div class="row">
21: ┌─│       <div class="col-8">區塊 3</div>
22: 3 │       <div class="col-4">區塊 4</div>
23:  │     </div>
24:  └─ </div>
25:  ┌─ <div class="container-fluid">
26:  │     <div class="row">
27: ┌─│       <div class="col-8">區塊 5</div>
28: 4 │       <div class="col-4">區塊 6</div>
29:  │     </div>
30:  └─ </div>
31:     </body>
32: </html>
```

❸ 第 2 個容器使用
.container-md 類別

❹ 第 3 個容器使用
.container-fluid 類別

✅ 08 ~ 10：這些 CSS 樣式表用來設定區塊的背景色彩與框線，有助於看清
楚區塊的位置。

✅ 13 ~ 18：在第一層的 <div> 元素加上 **.container** 類別，表示做為容
器；在第二層的 <div> 元素加上 .row 類別，表示做為列；第 15、16 行
的 <div> 元素分別使用 .col-8 和 .col-4 類別，所以會顯示 2:1 的雙欄版
面，而且會根據不同的響應式斷點變更最大容器寬度，超過 576px 時兩
側會有留白。

✅ 19 ~ 24：在第一層的 <div> 元素加上 **.container-md** 類別，表示做為
容器；在第二層的 <div> 元素加上 .row 類別，表示做為列；第 21、22
行的 <div> 元素分別使用 .col-8 和 .col-4 類別，所以會顯示 2:1 的雙欄
版面，而且容器寬度是可視區域的 100% 寬度，直到超過指定的斷點，此
例為 768px，兩側才會有留白。

✅ 25 ~ 30：在第一層的 <div> 元素加上 **.container-fluid** 類別，表示做
為容器；在第二層的 <div> 元素加上 .row 類別，表示做為列；第 27、
28 行的 <div> 元素分別使用 .col-8 和 .col-4 類別，所以會顯示 2:1 的
雙欄版面，而且容器寬度是可視區域的 100% 寬度，兩側沒有留白。

瀏覽結果如下圖。

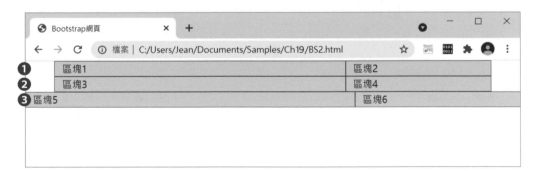

❶ 顯示 2:1 的雙欄版面，會根據不同的響應式斷點變更最大容器寬度，超過 576px 時兩側會有留白。

❷ 容器寬度是可視區域的 100% 寬度，直到超過指定的斷點，此例為 768px，兩側才會有留白。

❸ 容器寬度是可視區域的 100% 寬度，兩側沒有留白。

下面是另一個例子，它使用 .container 類別做為容器，同時將響應式斷點設定在 768px 和 992px，當可視區域的寬度 <768px 時，三個區塊均會使用 **.col-12** 類別，分別占用 12 個 column，如圖❶；當可視區域的寬度 ≥ 768px 且 <992px 時，三個區塊會使用 **.col-md-12**、**.col-md-6**、**.col-md-6** 類別，分別占用 12、6、6 個 column，如圖❷；當可視區域的寬度 ≥ 992px 時，三個區塊均會使用 **.col-lg-4** 類別，分別占用 4 個 column，如圖❸。

\Ch19\BS3.html

```html
<div class="container">
  <div class="row">
    <div class="col-12 col-md-12 col-lg-4">區塊1</div>
    <div class="col-12 col-md-6 col-lg-4">區塊2</div>
    <div class="col-12 col-md-6 col-lg-4">區塊3</div>
  </div>
</div>
```

19-2-3 欄位寬度

我們可以使用 **.col** 類別設定欄位寬度，下面是一個例子。

```
\Ch19\BS4.html
```

```
01: <div class="container">
02:   <div class="row">
03:     <div class="col"> 區塊 1</div>
04:     <div class="col"> 區塊 2</div>
05:     <div class="col"> 區塊 3</div>
06:   </div>
07:   <div class="row">
08:     <div class="col"> 區塊 4</div>
09:     <div class="col-6"> 區塊 5</div>
10:     <div class="col"> 區塊 6</div>
11:   </div>
12: </div>
```

- ✅ 02 ~ 06：定義第一列有三個區塊，其中第 03、04、05 行的 <div> 元素均使用 **.col** 類別，表示三個區塊平均分配容器寬度，也就是分別占用 1/3 容器寬度。

- ✅ 07 ~ 11：定義第二列有三個區塊，其中第 08、09、10 行的 <div> 元素各自使用 **.col**、**.col-6**、**.col** 類別，表示第二個區塊占用 6/12 (1/2) 容器寬度，剩下的寬度由另外兩個區塊平均分配，也就是分別占用 1/4 容器寬度。

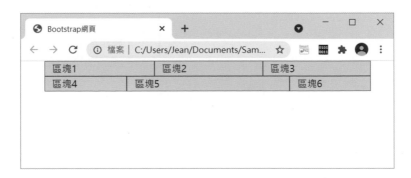

19-2-4 欄的水平對齊方式

我們可以使用 **.justify-content-*** 類別設定欄的水平對齊方式，下面是一個例子。

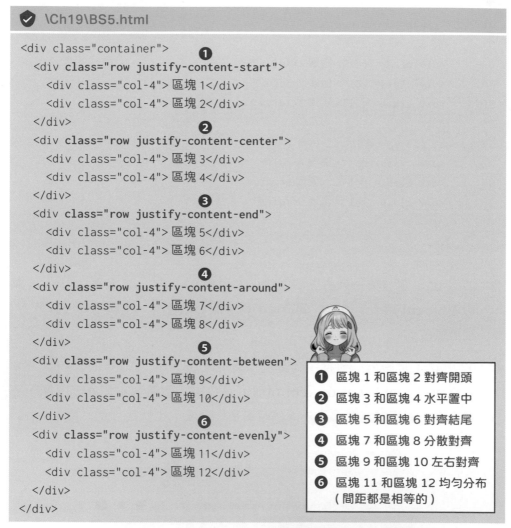

```
\Ch19\BS5.html

<div class="container">                    ❶
  <div class="row justify-content-start">
    <div class="col-4"> 區塊 1</div>
    <div class="col-4"> 區塊 2</div>
  </div>                                   ❷
  <div class="row justify-content-center">
    <div class="col-4"> 區塊 3</div>
    <div class="col-4"> 區塊 4</div>
  </div>                                   ❸
  <div class="row justify-content-end">
    <div class="col-4"> 區塊 5</div>
    <div class="col-4"> 區塊 6</div>
  </div>                                   ❹
  <div class="row justify-content-around">
    <div class="col-4"> 區塊 7</div>
    <div class="col-4"> 區塊 8</div>
  </div>                                   ❺
  <div class="row justify-content-between">
    <div class="col-4"> 區塊 9</div>
    <div class="col-4"> 區塊 10</div>
  </div>                                   ❻
  <div class="row justify-content-evenly">
    <div class="col-4"> 區塊 11</div>
    <div class="col-4"> 區塊 12</div>
  </div>
</div>
```

❶ 區塊 1 和區塊 2 對齊開頭
❷ 區塊 3 和區塊 4 水平置中
❸ 區塊 5 和區塊 6 對齊結尾
❹ 區塊 7 和區塊 8 分散對齊
❺ 區塊 9 和區塊 10 左右對齊
❻ 區塊 11 和區塊 12 均勻分布
（間距都是相等的）

19-2-5 列的垂直對齊方式

我們可以使用 **.align-items-*** 類別設定列的垂直對齊方式，下面是一個例子。

✅ \Ch19\BS6.html

```
...
  <style>
❶ div[class^="col"] {background-color: #EBDEF0; border: 0.5px solid purple;}
❷ div[class^="row"] {background-color: #EEEEEE; border: 0.5px solid gray;
    height: 75px;}
  </style>
</head>
<body>
  <div class="container"> ❸
    <div class="row align-items-start">
      <div class="col">區塊 1</div>
      <div class="col">區塊 2</div>
    </div>
                          ❹
    <div class="row align-items-center">
      <div class="col">區塊 3</div>
      <div class="col">區塊 4</div>
    </div>
                          ❺
    <div class="row align-items-end">
      <div class="col">區塊 5</div>
      <div class="col">區塊 6</div>
    </div>
  </div>
</body>
</html>
```

❶ 這些 CSS 樣式表用來設定區塊的背景色彩與框線，有助於看清楚區塊的位置

❷ 這些 CSS 樣式表用來設定列的背景色彩與框線，有助於看清楚區塊在列中的垂直位置

❸ 區塊 1 和區塊 2 對齊頂端

❹ 區塊 3 和區塊 4 垂直置中

❺ 區塊 5 和區塊 6 對齊底部

區塊1	區塊2
區塊3	區塊4
區塊5	區塊6

19-2-6 column 位移

有時在設計網頁版面時,可能會保留一些空白,不見得 12 個 column 都會用到,此時可以使用 **.offset-*** 類別來調整 column 的位移,下面是一個例子。

✓ \Ch19\BS7.html

```
01: <div class="container">
02:   <div class="row">
03:     <div class="col-md-4">區塊 1</div>
04:     <div class="col-md-4 offset-md-4">區塊 2</div>
05:   </div>
06:   <div class="row">
07:     <div class="col-md-3 offset-md-3">區塊 3</div>
08:     <div class="col-md-3 offset-md-3">區塊 4</div>
09:   </div>
10: </div>
```

- ✓ 04:設定區塊 2 占用 4 個 column 且向右位移 4 個 column。

- ✓ 07:設定區塊 3 占用 3 個 column 且向右位移 3 個 column。

- ✓ 08:設定區塊 4 占用 3 個 column 且向右位移 3 個 column。

CHAPTER

20

Bootstrap 樣式

20-1 內容樣式

Bootstrap 針對網頁的排版、圖片、表格等內容提供許多樣式，以下有簡單的介紹，更多的說明與範例可以到 Bootstrap 官方網站查看 (https://getbootstrap.com/docs/5.3/getting-started/introduction/)。

20-1-1 排版

 標題

Bootstrap 支援 <h1> ~ </h6> 等 HTML 標題元素，並提供 **.h1**、**.h2**、**.h3**、**.h4**、**.h5**、**.h6** 等類別，用來設定標題 1 ~ 標題 6；若要以更大的文字凸顯標題，可以加上 **.display-1**、**.display-2**、**.display-3**、**.display-4**、**.display-5**、**.display-6** 等類別 (數字愈大，文字就愈小)；若要強調某個段落，可以加上 **.lead** 類別，下面是一個例子。

✅ \Ch20\content1.html

```
<div class="container">
  <p class="h1"> 靜夜思 </p>
  <h1 class="display-1"> 靜夜思 </h1>
  <h1 class="display-3"> 靜夜思 </h1>
  <p class="lead"> 床前明月光，疑是地上霜。</p>
  <p> 舉頭望明月，低頭思故鄉。</p>
</div>
```

❶ 標題 1
❷ 標題 1 (display-1)
❸ 標題 1 (display-3)
❹ 強調的段落
❺ 一般的段落

❶ 靜夜思

❷ 靜夜思

❸ 靜夜思

❹ 床前明月光，疑是地上霜。

❺ 舉頭望明月，低頭思故鄉。

行內文字元素

Bootstrap 支援 <mark>、<s>、<u>、<small>、<strong>、<em>、<b>、<i>、<code>、<kbd>、<var>、<samp>、<ins>、<del> 等 HTML 行內文字元素，並提供 **.mark**、**.small**、**.text-decoration-underline**、**.text-decoration-line** 等類別，用來設定和 <mark>、<small>、<u>、<s> 等元素相同的效果。

清單

Bootstrap 支援 <ul>、<ol>、<li> 等 HTML 元素用來設定項目符號與編號清單，若要移除項目符號或編號，可以在 <ul> 或 <ol> 元素加上 **.list-unstyled** 類別；若要將所有項目由左往右排成一列，可以在 <ul> 或 <ol> 元素加上 **.list-inline** 類別，並在 <li> 元素加上 **.list-inline-item** 類別，下面是一個例子。

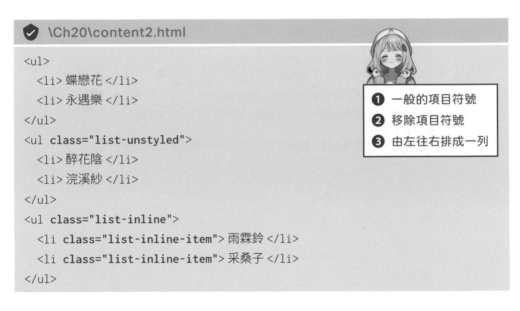

```
✓  \Ch20\content2.html

<ul>
  <li> 蝶戀花 </li>
  <li> 永遇樂 </li>
</ul>
<ul class="list-unstyled">
  <li> 醉花陰 </li>
  <li> 浣溪紗 </li>
</ul>
<ul class="list-inline">
  <li class="list-inline-item"> 雨霖鈴 </li>
  <li class="list-inline-item"> 采桑子 </li>
</ul>
```

❶ 一般的項目符號
❷ 移除項目符號
❸ 由左往右排成一列

❶
- 蝶戀花
- 永遇樂

❷
醉花陰
浣溪紗

❸
雨霖鈴 采桑子

定義清單

Bootstrap 支援 <dl>、<dt>、<dd> 等 HTML 元素用來設定定義清單，項目與定義會根據網格系統水平排列，對於字數較長的項目，可以加上 **.text-truncate** 類別，以刪節號 (...) 取代超過的文字，下面是一個例子。

> ✅ **\Ch20\content3.html**

```
<div class="container">
  <dl class="row">
    <dt class="col-sm-2">逢雪宿芙蓉山主人 </dt>
    <dd class="col-sm-10">日暮蒼山遠，天寒白屋貧。...。</dd>
    <dt class="col-sm-2 text-truncate">邱夜寄邱二十二員外 </dt>
    <dd class="col-sm-10">懷君屬秋夜，散步詠涼天。...。</dd>
  </dl>
</div>
```

響應式字型大小

Bootstrap 預設會啟動**響應式字型大小** (responsive font size) 功能，允許文字根據裝置或可視區域的寬度自動調整大小。有關響應式字型大小的運作原理，有興趣的讀者可以到官方網站查看。

20-1-2　圖片

響應式圖片

Bootstrap 提供 **.img-fluid** 類別用來設定**響應式圖片** (responsive image)，只要在 <img> 元素加上此類別，圖片就會套用 max-width: 100%; 和 height: auto; 屬性，進而隨著父元素的寬度自動縮放，最大寬度為圖片的原始尺寸，例如下面的敘述是在網頁上插入一張響應式圖片 (圖片來源：Midjourney 生成)：

```
<img src="girl1.png" class="img-fluid" alt=" 響應式圖片 ">
```

❶ 當父元素的寬度放大時，圖片會隨著放大
❷ 當父元素的寬度縮小時，圖片會隨著縮小

縮圖

Bootstrap 提供 **.img-thumbnail** 類別用來設定縮圖，例如下面的敘述是在網頁上插入一張縮圖，它會在圖片四周加上 1 像素寬度的圓角框線 (圖片來源：Midjourney 生成)：

```
<img src="girl2.png" width="40%" class="img-thumbnail" alt=" 縮圖 ">
```

圖片對齊方式

Bootstrap 提供 **.float-start** 和 **.float-end** 類別用來設定圖片對齊開頭與對齊結尾,例如下面的敘述是令第一張圖片對齊開頭,第二張圖片對齊結尾:

```
<img src="girl1.png" width="40%" class="float-start" alt=" 圖片對齊開頭 ">
<img src="girl2.png" width="40%" class="float-end" alt=" 圖片對齊結尾 ">
```

❶ 圖片對齊開頭　　❷ 圖片對齊結尾

若要令圖片置中,可以加上 **.mx-auto** 和 **.d-block** 兩個類別,例如:

```
<img src="girl1.png" width="40%" class="mx-auto d-block">
```

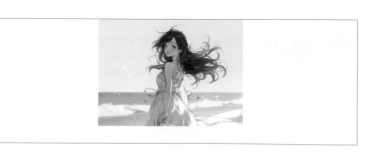

20-1-3 表格

Bootstrap 支援 <table>、<tr>、<th>、<td>、<thead>、<tbody>、<tfoot>、<caption> 等元素用來設定表格，並提供如下類別用來設定格式與效果。

常用的表格類別	說明
.table	在 <table> 元素加上 .table 類別，以套用 Bootstrap 提供的表格樣式，包括寬度、高度、框線、背景色彩等。
.table-striped	在 <table> 元素加上 .table 和 .table-striped 類別，讓表格主體的奇數列和偶數列顯示交替的顏色。
.table-striped-columns	在 <table> 元素加上 .table 和 .table-striped-columns 類別，讓表格主體的奇數欄和偶數欄顯示交替的顏色。
.table-group-divider	在 <thead>、<tbody> 或 <tfoot> 元素加上 .table-group-divider 類別，讓分隔線的顏色加深。
.table-bordered	在 <table> 元素加上 .table 和 .table-bordered 類別，以顯示表格與儲存格框線。
.table-borderless	在 <table> 元素加上 .table 和 .table-borderless 類別，以取消表格的所有框線。
.table-hover	在 <table> 元素加上 .table 和 .table-hover 類別，讓指標移過表格主體時顯示變色的效果。
.table-sm	在 <table> 元素加上 .table 和 .table-sm 類別，讓表格的儲存格緊縮。
.caption-top	在 <table> 元素加上 .table 和 .caption-top 類別，讓 <caption> 元素指定的標題顯示在表格上方。
.table-active	在表格元素加上 .table-active 類別，讓表格的列或儲存格顯示反白的效果。
.table-responsive	在放置 <table> 元素的容器加上 .table-responsive 類別，以支援響應式表格 (responsive table)。

Bootstrap 亦針對 <table>、<tr>、<th>、<td> 等元素，提供如下類別用來設定表格、列或儲存格的顏色，以表示不同的意義。

類別	說明	類別	說明
.table-primary	藍色	.table-warning	橘色
.table-secondary	灰色	.table-info	青色
.table-success	綠色	.table-light	亮色
.table-danger	紅色	.table-dark	暗色

範例一：表格主體顯示交替的顏色

這個例子的重點有兩個，其一是在 <table> 元素加上 .table 和 .table-striped 類別，讓表格主體的奇數列和偶數列顯示交替的顏色（第 02 行）；其二是在 <tbody> 元素加上 .table-group-divider 類別，讓分隔線的顏色加深（第 09 行）。若要讓表格主體的奇數欄和偶數欄顯示交替的顏色，可以將 .table-striped 類別換成 .table-striped-columns 類別。

✅ \Ch20\table1.html

```
01: <div class="container">
02:   <table class="table table-striped">
03:     <thead>
04:       <tr>
05:         <th> 星座 </th>
06:         <th> 星座花 </th>
07:       </tr>
08:     </thead>
09:     <tbody class="table-group-divider">
10:       <tr>
11:         <td> 水瓶座 </td>
12:         <td> 瑪格麗特（理性、自由的情人 )</td>
13:       </tr>
14:       ...
15:     </tbody>
16:   </table>
17: </div>
```

星座	星座花
水瓶座	瑪格麗特 (理性、自由的情人)
雙魚座	鬱金香 (體貼、浪漫的情人)
牡羊座	木菫 (熱情、樂觀的情人)
金牛座	矮牽牛 (堅真不移的情人)

範例二:取消表格與儲存格框線

這個例子的重點是在 \Ch20\table1.html 的 <table> 元素加上 **.table** 和 **.table-borderless** 類別,然後另存新檔為 \Ch20\table2.html,以取消表格與儲存格框線,瀏覽結果如下圖。

星座	星座花
水瓶座	瑪格麗特 (理性、自由的情人)
雙魚座	鬱金香 (體貼、浪漫的情人)
牡羊座	木堇 (熱情、樂觀的情人)
金牛座	矮牽牛 (堅貞不移的情人)

範例三:指標移過表格主體時顯示變色的效果

這個例子的重點是在 \Ch20\table1.html 的 <table> 元素加上 **.table** 和 **.table-hover** 類別,然後另存新檔為 \Ch20\table3.html,令指標移過表格主體時顯示變色的效果,瀏覽結果如下圖。

星座	星座花
水瓶座	瑪格麗特 (理性、自由的情人)
雙魚座	鬱金香 (體貼、浪漫的情人)
牡羊座	木堇 (熱情、樂觀的情人)
金牛座	矮牽牛 (堅貞不移的情人)

範例四：表格的顏色

這個例子的重點是在 <tr> 元素加上不同的顏色類別，讓表格的每一列顯示不同的顏色。您也可以試著改成在 <table> 元素加上顏色類別，這樣整個表格都會顯示指定的顏色。

> ✅ \Ch20\table4.html

```
<table class="table">
  <tr><td>default</td></tr>
  <tr class="table-primary"><td>table-primary</td></tr>
  <tr class="table-secondary"><td>table-secondary</td></tr>
  <tr class="table-success"><td>table-success</td></tr>
  <tr class="table-danger"><td>table-danger</td></tr>
  <tr class="table-warning"><td>table-warning</td></tr>
  <tr class="table-info"><td>table-info</td></tr>
  <tr class="table-light"><td>table-light</td></tr>
  <tr class="table-dark"><td>table-dark</td></tr>
</table>
```

default
table-primary
table-secondary
table-success
table-danger
table-warning
table-info
table-light
table-dark

範例五：響應式表格

響應式表格 (responsive table) 可以隨著可視區域的寬度調整表格，下面是一個例子，只要在放置 <table> 元素的容器加上 **.table-responsive** 類別即可。

✓ \Ch20\table5.html

```html
<div class="container table-responsive">
  <table class="table">
    <tr>
      <th> 人物 </th>
      <th> 說明 </th>
    </tr>
    <tr>
      <td> 炭治郎 </td>
      <td> 個性善良勇敢，為尋找將禰豆子變為人類的方法而成為獵鬼人。</td>
    </tr>
    <tr>
      <td> 禰豆子 </td>
      <td> 炭治郎的妹妹，竈門家被滅門後的生還者，因為異變而成為鬼。</td>
    </tr>
  </table>
</div>
```

❶ 當寬度夠大時，儲存格會自動放大　　❷ 當寬度不夠時，儲存格會自動縮小

20-2 公用類別

Bootstrap 提供許多公用類別，例如框線、色彩、文字、間距、陰影、顯示類型等，以下會介紹幾個，更多的說明與範例可以到 Bootstrap 官方網站查看。

20-2-1 框線

 框線

Bootstrap 提供如下類別用來設定元素的框線。

框線類別（加法）	說明	框線類別（減法）	說明
.border	顯示四周的框線	.border-0	隱藏四周的框線
.border-top	顯示上方的框線	.border-top-0	隱藏上方的框線
.border-end	顯示右方的框線	.border-end-0	隱藏右方的框線
.border-bottom	顯示下方的框線	.border-bottom-0	隱藏下方的框線
.border-start	顯示左方的框線	.border-start-0	隱藏左方的框線

框線色彩

Bootstrap 提供如下類別用來設定元素的框線色彩。

框線色彩類別	說明	框線色彩類別	說明
.border-primary	藍色	.border-warning	橘色
.border-primary-subtle	微藍色	.border-warning-subtle	微橘色
.border-secondary	灰色	.border-info	青色
.border-secondary-subtle	微灰色	.border-info-subtle	微青色
.border-success	綠色	.border-light	亮色
.border-success-subtle	微綠色	.border-light-subtle	微亮色
.border-danger	紅色	.border-dark	暗色
.border-danger-subtle	微紅色	.border-dark-subtle	微暗色
.border-black	黑色	.border-white	白色

●● 框線寬度

Bootstrap 提供 **.border-1**、**.border-2**、**.border-3**、**.border-4**、**.border-5** 等框線寬度類別，數字愈大，框線就愈粗。

●● 框線透明度

Bootstrap 提供 **.border-opacity-10**、**.border-opacity-25**、**.border-opacity-50**、**.border-opacity-75** 等框線透明度類別，數字愈大，就愈不透明，下面是一個例子，您可以仔細對照不同類別所顯示的框線。

✅ \Ch20\border1.html

```
<span class="border border-primary"></span>
<span class="border border-primary-subtle"></span>
<span class="border border-secondary"></span>
<span class="border border-secondary-subtle"></span>
<span class="border border-success"></span>
<span class="border border-success-subtle"></span>
<span class="border border-danger"></span>
<span class="border border-danger-subtle"></span>
<span class="border border-warning"></span>
<span class="border border-warning-subtle"></span>
<span class="border border-info"></span>
<span class="border border-info-subtle"></span>
<span class="border border-light"></span>
<span class="border border-light-subtle"></span>
<span class="border border-dark"></span>
<span class="border border-dark-subtle"></span>
<span class="border border-black"></span>
<span class="border border-white"></span>
<span class="border border-info border-5"></span>
<span class="border border-info border-5 border-opacity-10"></span>
```

框線圓角

Bootstrap 提供如下類別用來設定元素的框線圓角。

框線圓角類別	說明	框線圓角類別	說明
.rounded	四個角為圓角	.rounded-start	左方兩個角為圓角
.rounded-top	上方兩個角為圓角	.rounded-circle	圓形
.rounded-end	右方兩個角為圓角	.rounded-pill	橢圓形
.rounded-bottom	下方兩個角為圓角		

框線圓角大小

Bootstrap 提供 **.rounded-0**、**.rounded-1**、**.rounded-2**、**.rounded-3**、**.rounded-4**、**.rounded-5** 等框線圓角大小類別，數字愈大，圓角就愈大。下面是一個例子，您可以仔細對照不同類別所顯示的框線圓角。

> ✅ **\Ch20\border2.html**
>
> ```html
> <img src="girl1.png" width="32%" class="rounded" alt=" 圓角圖片 ">
> <img src="girl1.png" width="32%" class="rounded-circle" alt=" 圓形圖片 ">
> <img src="girl1.png" width="32%" class="rounded-pill" alt=" 橢圓形圖片 "><hr>
> <img src="girl2.png" width="32%" class="rounded-0" alt=" 無框線圓角 ">
> <img src="girl2.png" width="32%" class="rounded-1" alt=" 小框線圓角 ">
> <img src="girl2.png" width="32%" class="rounded-3" alt=" 大框線圓角 ">
> ```

20-2-2　色彩

Bootstrap 提供數個 **.text-*** 類別用來設定元素的文字色彩，以及 **.text-opacity-25**、**.text-opacity-50**、**.text-opacity-75** 等類別用來設定透明度，數字愈大，就愈不透明，下面是一個例子。

✅ \Ch20\textcolor.html

```
<p class="text-primary">.text-primary</p>
<p class="text-primary-emphasis">.text-primary-emphasis</p>
<p class="text-secondary">.text-secondary</p>
<p class="text-secondary-emphasis">.text-secondary-emphasis</p>
<p class="text-success">.text-success</p>
<p class="text-success-emphasis">.text-success-emphasis</p>
<p class="text-danger">.text-danger</p>
<p class="text-danger-emphasis">.text-danger-emphasis</p>
<p class="text-warning">.text-warning</p>
<p class="text-warning-emphasis">.text-warning-emphasis</p>
<p class="text-info">.text-info</p>
<p class="text-info-emphasis">.text-info-emphasis</p>
<p class="text-light bg-dark">.text-light</p>
<p class="text-light-emphasis">.text-light-emphasis</p>
<p class="text-dark">.text-dark</p>
<p class="text-dark-emphasis">.text-dark-emphasis</p>
<p class="text-body">.text-body</p>
<p class="text-body-emphasis">.text-body-emphasis</p>
<p class="text-body-secondary">.text-body-secondary</p>
<p class="text-body-tertiary">.text-body-tertiary</p>
<p class="text-black">.text-black</p>
<p class="text-white bg-dark">.text-white</p>
```

.text-primary
.text-primary-emphasis
.text-secondary
.text-secondary-emphasis
.text-success
.text-success-emphasis
.text-danger
.text-danger-emphasis
.text-warning
.text-warning-emphasis
.text-info

.text-info-emphasis
.text-light
.text-light-emphasis
.text-dark
.text-dark-emphasis
.text-body
.text-body-emphasis
.text-body-secondary
.text-body-tertiary
.text-black
.text-white

20-2-3　背景

Bootstrap 提供數個 **.bg-*** 類別用來設定元素的背景色彩，以及 **.bg-opacity-10**、 **.bg-opacity-25**、**.bg-opacity-50**、**.bg-opacity-75** 等類別用來設定透明度， 數字愈大，就愈不透明，下面是一個例子。

\Ch20\bgcolor.html

```
<div class="bg-primary text-white">.bg-primary</div>
<div class="bg-primary-subtle">.bg-primary-subtle</div>
<div class="bg-secondary text-white">.bg-secondary</div>
<div class="bg-secondary-subtle">.bg-secondary-subtle</div>
<div class="bg-success text-white">.bg-success</div>
<div class="bg-success-subtle">.bg-success-subtle</div>
<div class="bg-danger text-white">.bg-danger</div>
<div class="bg-danger-subtle">.bg-danger-subtle</div>
<div class="bg-warning">.bg-warning</div>
<div class="bg-warning-subtle">.bg-warning-subtle</div>
<div class="bg-info">.bg-info</div>
<div class="bg-info-subtle">.bg-info-subtle</div>
<div class="bg-light">.bg-light</div>
<div class="bg-light-subtle">.bg-light-subtle</div>
<div class="bg-dark text-white">.bg-dark</div>
<div class="bg-dark-subtle">.bg-dark-subtle</div>
<div class="bg-body-secondary">.bg-body-secondary</div>
<div class="bg-body-tertiary">.bg-body-tertiary</div>
<div class="bg-body">.bg-body</div>
<div class="bg-black text-white">.bg-black</div>
<div class="bg-white">.bg-white</div>
<div class="bg-transparent">.bg-transparent</div>
```

.bg-primary
.bg-primary-subtle
.bg-secondary
.bg-secondary-subtle
.bg-success
.bg-success-subtle
.bg-danger
.bg-danger-subtle
.bg-warning
.bg-warning-subtle
.bg-info

.bg-info-subtle
.bg-light
.bg-light-subtle
.bg-dark
.bg-dark-subtle
.bg-body-secondary
.bg-body-tertiary
.bg-body
.bg-black
.bg-white
.bg-transparent

20-2-4 文繞圖

Bootstrap 提供 **.float-start**、**.float-end**、**.float-none** 等類別用來設定靠左文繞圖、靠右文繞圖或沒有文繞圖，下面是一個例子。

✅ **\Ch20\float.html**

```
<div class="container">
  <img src="flower1.jpg" width="25%" class="float-start">
  <p> 白日依山盡，<br> 黃河入海流。<br> 欲窮千里目，<br> 更上一層樓。</p>
</div>
<div class="container">
  <img src="flower1.jpg" width="25%" class="float-end">
  <p> 白日依山盡，<br> 黃河入海流。<br> 欲窮千里目，<br> 更上一層樓。</p>
</div>
<div class="container">
  <img src="flower1.jpg" width="25%" class="float-none">
  <p> 白日依山盡，<br> 黃河入海流。<br> 欲窮千里目，<br> 更上一層樓。</p>
</div>
```

白日依山盡，
黃河入海流。
欲窮千里目，
更上一層樓。

白日依山盡，
黃河入海流。
欲窮千里目，
更上一層樓。

❶ 靠左文繞圖　　❷ 靠右文繞圖　　❸ 沒有文繞圖

20-2-5 區塊內容置中

Bootstrap 提供 **.text-center** 類別用來設定區塊內容置中,下面是一個例子,
區塊裡面有一張圖片(第 02 行)和一首詩的標題與詩句(第 03 ~ 08 行),關
鍵在於第 01 行在區塊裡面加上 .text-center 類別,因此,區塊的內容包括圖
片和詩的標題與詩句均會置中。

```
01: <div class="container text-center">
02:   <img src="flower2.jpg" width="50%">
03:   <h2>《黃鶴樓》</h2>
04:   <p> 昔人已乘黃鶴去,此地空餘黃鶴樓。<br>
05:       黃鶴一去不復返,白雲千載空悠悠。<br>
06:       晴川歷歷漢陽樹,芳草萋萋鸚鵡洲。<br>
07:       日暮鄉關何處是,煙波江上使人愁。
08:   </p>
09: </div>
```

\Ch20\textcenter.html

20-2-6 文字

●● 文字對齊

Bootstrap 提供 **.text-start**、**.text-center**、**.text-end** 等類別用來設定文字對齊開頭、文字置中、文字對齊結尾。

●● 文字換行

Bootstrap 提供 **.text-wrap**、**.text-nowrap** 等類別用來設定文字換行、文字不換行。下面是一個例子，您可以仔細對照不同類別所顯示的效果。

🛡 **\Ch20\text1.html**

```
<div class="container">
  <p class="text-start"> 文字對齊開頭 - 文字對齊開頭 -...</p>
  <p class="text-center"> 文字置中 - 文字置中 - 文字置中 -...</p>
  <p class="text-end"> 文字對齊結尾 - 文字對齊結尾 -...</p>
  <p class="text-wrap"> 文字換行 - 义字換行 - 文字換行 -...</p>
  <p class="text-nowrap"> 文字不換行 - 文字不換行 -...</p>
</div>
```

文字大小、粗細、斜體與行高

Bootstrap 提供下列類別用來設定文字大小、粗細、斜體與行高,下面是一個例子。

類別	說明
.fs-1、.fs-2、.fs-3、.fs-4、.fs-5、.fs-6	設定文字大小 (數字愈大,文字就愈小)。
.fw-bold、.fw-bolder、.fw-normal、.fw-light、.fw-lighter	將文字設定為粗、更粗 (相對於父元素)、正常、細、更細 (相對於父元素)。
.fst-italic、.fst-normal	將文字設定為斜體文字、正常文字。
.lh-1、.lh-sm、.lh-base、.lh-lg	將行高設定為最小、小、正常、大。
.font-monospace	將文字設定為等寬。

✅ \Ch20\text2.html

```html
<p class="fs-1"> 最大文字 </p>
<p class="fs-2"> 次大文字 </p>
<p class="fs-6"> 最小文字 </p>
<p class="fw-bold"> 粗文字 </p>
<p class="fw-bolder"> 更粗文字 ( 相對於父元素 )</p>
<p class="fst-italic"> 斜體文字 </p>
<p class="fst-normal"> 正常文字 ( 沒有文字樣式的文字 )</p>
```

最大文字

次大文字

最小文字

粗文字

更粗文字 (相對於父元素)

斜體文字

正常文字 (沒有文字樣式的文字)

文字轉換

Bootstrap 提供 **.text-lowercase**、**.text-uppercase**、**.text-capitalize** 等類別用來將英文單字轉換成全部小寫、全部大寫、首字大寫，下面是一個例子。

✅ **\Ch20\text3.html**

```
<div class="container">
  <p class="text-uppercase">Twinkle, twinkle, little star.</p>
  <p class="text-lowercase">Twinkle, twinkle, little star.</p>
  <p class="text-capitalize">Twinkle, twinkle, little star.</p>
</div>
```

❶ TWINKLE, TWINKLE, LITTLE STAR.

❷ twinkle, twinkle, little star.

❸ Twinkle, Twinkle, Little Star.

❶ 全部大寫   ❷ 全部小寫   ❸ 首字大寫

文字裝飾

Bootstrap 提供 **.text-decoration-line-through**、**.text-decoration-underline**、**.text- decoration-none** 等類別用來加上刪除線、加上底線、去掉文字裝飾，例如下面的敘述會去掉超連結預設的底線：

```
<a href="#" class="text-decoration-none"> 去掉文字裝飾的超連結 </a>
```

重設文字色彩

Bootstrap 提供 **.text-reset** 類別用來重設文字或超連結的色彩，讓它繼承父元素的色彩，例如下面的敘述會重設超連結的色彩：

```
<a href="#" class="text-reset"> 重設色彩的超連結 </a>
```

20-2-7 超連結

●●● 色彩與透明度

Bootstrap 提供數個 **.link-*** 類別用來設定超連結的色彩，以及 **.link-opacity-10**、**.link-opacity-25**、**.link-opacity-50**、**.link-opacity-75**、**.link-opacity-100** 等類別用來設定超連結的透明度，數字愈大，就愈不透明，下面是一個例子。

✅ **\Ch20\link1.html**

```
<p><a href="#" class="link-primary">.link-primary</a></p>
<p><a href="#" class="link-secondary">.link-secondary</a></p>
<p><a href="#" class="link-success">.link-success</a></p>
<p><a href="#" class="link-danger">.link-danger</a></p>
<p><a href="#" class="link-warning">.link-warning</a></p>
<p><a href="#" class="link-info">.link-info</a></p>
<p><a href="#" class="link-light">.link-light</a></p>
<p><a href="#" class="link-dark">.link-dark</a></p>
<p><a href="#" class="link-body-emphasis">.link-body-emphasis</a></p>
<p><a href="#" class="link-opacity-10">.link-opacity-10</a></p>
<p><a href="#" class="link-opacity-25">.link-opacity-25</a></p>
<p><a href="#" class="link-opacity-50">.link-opacity-50</a></p>
<p><a href="#" class="link-opacity-75">.link-opacity-75</a></p>
<p><a href="#" class="link-opacity-100">.link-opacity-100</a></p>
```

.link-primary

.link-secondary

.link-success

.link-danger

.link-warning

.link-info

.link-light

.link-dark

.link-body-emphasis

.link-opacity-10

.link-opacity-25

.link-opacity-50

.link-opacity-75

.link-opacity-100

底線

Bootstrap 針對超連結的底線提供下列幾個類別：

- **底線的色彩**：.link-underline-primary、.link-underline-secondary、.link-underline-success、.link-underline-danger、.link-underline-warning、.link-underline-info、.link-underline-light、.link-underline-dark。

- **底線的位移**：.link-offset-1、.link-offset-2、.link-offset-3，數字愈大，位移就愈大。

- **底線的透明度**：.link-underline-opacity-0、.link-underline-opacity-10、.link-underline-opacity-25、.link-underline-opacity-50、.link-underline-opacity-75、.link-underline-opacity-100，數字愈大，就愈不透明，在設定透明度時，記得要加上 .link-underline 類別。

- **指標移到時底線的位移**：.link-offset-*-hover。

- **指標移到時底線的透明度**：link-underline-opacity-*-hover。

下面是一個例子。

✅ **\Ch20\link2.html**

```
<p><a href="#">Default Link</a></p>
<p><a href="#" class="link-offset-2">.link-offset-2</a></p>
<p><a href="#" class="link-offset-3">.link-offset-3</a></p>
<p><a href="#" class="link-underline-danger">.link-underline-danger</a></p>
<p><a href="#" class="link-underline link-underline-opacity-25">
  .link-underline-opacity-25</a></p>
<p><a href="#" class="link-underline link-underline-opacity-0 link-offset-3-hover
  link-underline-opacity-50-hover">.link-underline-*-hover</a></p>
```

Default Link

.link-offset-2

.link-offset-3

.link-underline-danger

.link-underline-opacity-25

.link-underline-*-hover

20-2-8　間距

Bootstrap 提供的間距類別可以套用到 xs ~ xxl 等響應式斷點，其中 xs 的間距類別命名形式為 **{property}{sides}-{size}**，而 sm、md、lg、xl、xxl 的間距類別命名形式為 **{property}{sides}-{breakpoint}-{size}**。

property（屬性）的設定值如下：

- ✅ **m**：邊界 (margin)
- ✅ **p**：留白 (padding)

sides（邊）的設定值如下：

- ✅ **t**：上邊界或上留白 (margin-top 或 padding-top)
- ✅ **b**：下邊界或下留白 (margin-bottom 或 padding-bottom)
- ✅ **s**：左邊界或左留白 (margin-left 或 padding-left)
- ✅ **e**：右邊界或右留白 (margin-right 或 padding-right)
- ✅ **x**：左右邊界或左右留白
- ✅ **y**：上下邊界或上下留白
- ✅ **blank**：四周邊界或四周留白

size（大小）的設定值如下：

- ✅ **0**：將邊界或留白設定為 0
- ✅ **1**：將邊界或留白設定為變數 $spacer * 0.25
- ✅ **2**：將邊界或留白設定為變數 $spacer * 0.5
- ✅ **3**：將邊界或留白設定為變數 $spacer
- ✅ **4**：將邊界或留白設定為變數 $spacer * 1.5
- ✅ **5**：將邊界或留白設定為變數 $spacer * 3
- ✅ **auto**：將邊界或留白設定為自動

例如 **.m-0** 類別表示將四周邊界設定為 0；**.mt-3** 表示將上邊界設定為變數 $spacer；**.px-5** 表示將左右留白設定為變數 $spacer * 3；至於下面的敘述則是利用 **.mx-auto** 類別達到將區塊置中的效果。

> ✅ \Ch20\space.html

```
<div class="mx-auto" style="width: 165px; background-color: lightblue;">
  <h1> 暮光之城 </h1>
</div>
```

暮光之城

20-2-9 陰影

Bootstrap 提供 **.shadow-none**、**.shadow-sm**、**.shadow**、**.shadow-lg** 等類別用來顯示沒有陰影、小陰影、正常陰影或大陰影，下面是一個例子。

> ✅ \Ch20\shadow.html

```
<div class="shadow-sm p-3 mb-5 bg-white rounded"> 小陰影 </div>
<div class="shadow p-3 mb-5 bg-white rounded"> 正常陰影 </div>
```

小陰影

正常陰影

20-2-10 顯示類型

Bootstrap 提供一些類別用來變更 HTML 元素的顯示類型，也就是 CSS 的 display 屬性，而且這些類別具有響應式特點，其命名形式如下：

- ✅ .d-{ 設定值 } for xs
- ✅ .d-{ 斷點 }-{ 設定值 } for sm, md, lg, xl, and xxl

設定值	說明
none	不顯示。
inline	行內層級 (無法設定寬度、高度、留白與邊界)。
block	區塊層級 (可以設定寬度、高度、留白與邊界)。
inline-block	像行內層級元素一樣不換行，但像區塊層級元素一樣可以設定寬度、高度、留白與邊界。
grid	格線 (依照 Grid Model 編排內容)。
inline-grid	行內格線。
flex	彈性盒子 (依照 Flexbox Model 編排內容)。
inline-flex	行內彈性盒子。
table	表格。
table-cell	表格的儲存格。
table-row	表格的列。

下面是一個例子，它將兩個區塊層級的 <div> 元素變更為行內層級。

✅ \Ch20\display1.html

```
<div class="d-inline p-2 bg-danger text-white">d-inline</div>
<div class="d-inline p-2 bg-dark text-white">d-inline</div>
```

下面是另一個例子，它將兩個行內層級的 <span> 元素變更為區塊層級。

✅ **\Ch20\display2.html**

```
<span class="d-block p-2 bg-danger text-white">d-block</span>
<span class="d-block p-2 bg-dark text-white">d-block</span>
```

d-block
d-block

此外，Bootstrap 還提供一些用來隱藏元素的類別，如下。

可視區域	類別	可視區域	類別
全部隱藏	.d-none	全部可見	.d-block
僅 xs 隱藏	.d-none .d-sm-block	僅 xs 可見	.d-block .d-sm-none
僅 sm 隱藏	.d-sm-none .d-md-block	僅 sm 可見	.d-none .d-sm-block .d-md-none
僅 md 隱藏	.d-md-none .d-lg-block	僅 md 可見	.d-none .d-md-block .d-lg-none
僅 lg 隱藏	.d-lg-none .d-xl-block	僅 lg 可見	.d-none .d-lg-block .d-xl-none
僅 xl 隱藏	.d-xl-none .d-xxl-block	僅 xl 可見	.d-none .d-xl-block .d-xxl-none
僅 xxl 隱藏	.d-xxl-none	僅 xxl 可見	.d-none .d-xxl-block

下面是一個例子，當可視區域小於 md 斷點時，就顯示如下訊息。

✅ **\Ch20\display3.html**

```
<div class="d-md-none"> 當可視區域大於 md 斷點時就隱藏 </div>
<div class="d-none d-md-block"> 當可視區域小於 md 斷點時就隱藏 </div>
```

當可視區域大於md斷點時就隱藏

20-2-11 大小

Bootstrap 提供 **.w-*** 和 **.h-*** 類別用來設定 HTML 元素占父元素寬度與高度的百分比,設定值有 25、50、75、100 和 auto,分別表示 25%、50%、75%、100% 和 auto (自動,預設值),下面是一個例子。

✅ \Ch20\size1.html

```
<div class="w-25 p-2" style="background: tan;">Width 25%</div>
<div class="w-50 p-2" style="background: tan;">Width 50%</div>
<div class="w-75 p-2" style="background: tan;">Width 75%</div>
<div class="w-100 p-2" style="background: tan;">Width 100%</div>
<div class="w-auto p-2" style="background: tan;">Width auto</div>
```

✅ \Ch20\size2.html

```
<div style="height: 100px; background: #eeeeee;">
  <div class="h-25 d-inline-block" style="width: 120px; background: tan;">Height 25%</div>
  <div class="h-50 d-inline-block" style="width: 120px; background: tan;">Height 50%</div>
  <div class="h-75 d-inline-block" style="width: 120px; background: tan;">Height 75%</div>
  <div class="h-100 d-inline-block" style="width: 120px; background: tan;">Height 100%</div>
  <div class="h-auto d-inline-block" style="width: 120px; background: tan;">Height auto</div>
</div>
```

20-2-12 垂直對齊方式

Bootstrap 提供 **.align-baseline**、**.align-top**、**.align-middle**、**.align-bottom**、**.align-text-bottom**、**.align-text-top** 等類別用來設定垂直對齊方式，這些類別的意義可以參考第 9-6-8 節所介紹的 vertical-align 屬性，下面是一個例子。

\Ch20\valign.html

```
<div> 芳草 <img src="flower2.jpg" width="25%" class="align-baseline p-1"> 姜姜 </div>
<div> 芳草 <img src="flower2.jpg" width="25%" class="align-top p-1"> 姜姜 </div>
<div> 芳草 <img src="flower2.jpg" width="25%" class="align-middle p-1"> 姜姜 </div>
<div> 芳草 <img src="flower2.jpg" width="25%" class="align-bottom p-1"> 姜姜 </div>
```

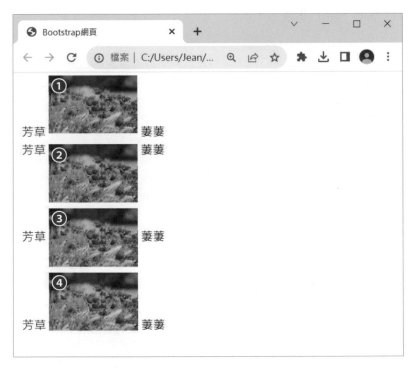

❶ 將元素的基準線對齊父元素的基準線
❷ 將元素的頂端對齊整行元素的頂端
❸ 將元素的中間對齊父元素的中間
❹ 將元素的底部對齊整行元素的底部

20-3 按鈕

在介紹表單之前，我們先來說明 Bootstrap 針對按鈕所提供的樣式類別，因為表單上面幾乎都看得到按鈕的存在。**按鈕** (Button) 屬於 Bootstrap 元件 (Component) 之一，至於其它諸如警報效果、輪播、導覽列、分頁導覽、工具提示、彈出提示、卡片等元件則留待第 21 章再做說明。

建立按鈕

Bootstrap 提供 **.btn** 和 **.btn-primary**、**.btn-secondary**、**.btn-success**、**.btn-danger**、**.btn-warning**、**.btn-info**、**.btn-light**、**.btn-dark**、**.btn-link** 等類別用來將 <input>、<button>、<a> 等元素顯示成按鈕，並以不同的顏色表示不同的意義，下面是一個例子。

```
\Ch20\btn1.html

<input class="btn btn-primary" type="submit" value=" 按鈕 1">
<input class="btn btn-secondary" type="reset" value=" 按鈕 2">
<input class="btn btn-success" type="button" value=" 按鈕 3">
<input class="btn btn-danger" type="button" value=" 按鈕 4">
<input class="btn btn-warning" type="button" value=" 按鈕 5">
<input class="btn btn-info" type="button" value=" 按鈕 6">
<input class="btn btn-light" type="button" value=" 按鈕 7">
<button class="btn btn-dark" type="submit"> 按鈕 8</button>
<a class="btn btn-link" href="#" role="button"> 按鈕 9</a>
```

| 按鈕1 | 按鈕2 | 按鈕3 | 按鈕4 | 按鈕5 | 按鈕6 | 按鈕7 | 按鈕8 | 按鈕9 |

按鈕外框顏色類別

Bootstrap 提供 **.btn-outline-primary**、**.btn-outline-secondary**、**.btn-outline-success**、**.btn-outline-danger**、**.btn-outline-warning**、**.btn-outline-info**、**.btn-outline-light**、**.btn-outline-dark** 等類別用來設定按鈕的外框顏色。

按鈕大小類別

類別	說明
.btn-sm	小按鈕。
.btn-lg	大按鈕。

啟用與停用類別

類別	說明
.active	將按鈕設定為啟用，顏色會變深，呈現被點按的狀態。
.disabled	將按鈕設定為停用，顏色會變淺，呈現無法點按的狀態。

下面是一個例子。

🛡 **\Ch20\btn2.html**

```
<input class="btn btn-outline-primary" type="button" value=" 按鈕 1">
<input class="btn btn-outline-secondary" type="button" value=" 按鈕 2">
<input class="btn btn-outline-success" type="button" value=" 按鈕 3">
<input class="btn btn-outline-danger" type="button" value=" 按鈕 4">
<input class="btn btn-outline-warning" type="button" value=" 按鈕 5">
<input class="btn btn-outline-info" type="button" value=" 按鈕 6">
<input class="btn btn-outline-light" type="button" value=" 按鈕 7">
<input class="btn btn-outline-dark" type="button" value=" 按鈕 8">
<input class="btn btn-primary" type="button" value=" 預設按鈕 ">
<input class="btn btn-primary btn-sm" type="button" value=" 小按鈕 ">
<input class="btn btn-primary btn-lg" type="button" value=" 大按鈕 ">
<input class="btn btn-primary active" type="button" value=" 啟用按鈕 ">
<input class="btn btn-primary disabled" type="button" value=" 停用按鈕 ">
```

20-4 表單

表單是網頁上常見的元素，經常應用在註冊會員資料、網路下單、網路投票、填寫問卷等活動。為了更適用於響應式網頁，Bootstrap 亦針對表單設計了不少樣式，以下有進一步的說明。

20-4-1 建立基本表單

當您在 Bootstrap 網頁建立基本表單時，請遵守下面的使用原則：

- 使用 <label> 元素為表單元素設定標籤，同時在 <label> 元素裡面加上 **.form-label** 類別，以達到最佳的視覺效果。

- 在 <input>、<textarea>、<select> 等表單元素加上 **.form-control** 類別，預設的寬度為 100%。

- 若表單欄位下方有說明文字，可以加上 **.form-text** 類別。

下面是一個例子，它所建立的表單裡面有「電子郵件」輸入欄位、「密碼」輸入欄位、說明文字和「提交」按鈕。

> ✓ **\Ch20\form1.html**

```
<form>
  <div class="my-3">
    <label for="userEmail" class="form-label"> 電子郵件 </label>
    <input type="email" class="form-control" id="userEmail">
    <div id="comment1" class="form-text">* 必填欄位 </div>
  </div>
  <div class="my-3">
    <label for="userPWD" class="form-label"> 密碼 </label>
    <input type="password" class="form-control" id="userPWD">
    <div id="comment2" class="form-text">* 必填欄位 </div>
  </div>
  <button type="submit" class="btn btn-primary"> 提交 </button>
</form>
```

電子郵件

*必填欄位

密碼

*必填欄位

提交

20-4-2 表單控制項

輸入欄位 (input)

Bootstrap 支援以文字為主的輸入欄位，也就是 <input> 元素的 type 屬性為 text、password、datetime-local、date、month、time、week、number、email、url、search、tel、color 等。下面是一個例子，由於它要在輸入欄位的前面增加 addon，所以在第 02 行加上 **.input-group** 類別，然後在第 03 行加上 **.input-group-text** 類別。

\Ch20\form2.html

```
01: <form>
02:   <div class="input-group my-3">
03:     <span class="input-group-text" id="addon">@</span>
04:     <input type="text" class="form-control" placeholder=" 輸入電子郵件帳號 ">
05:   </div>
06: </form>
```

@   輸入電子郵件帳號

核取方塊 (checkbox)

Bootstrap 支援核取方塊，也就是 <input> 元素的 type 屬性為 "checkbox"，使用原則如下：

- ✅ 核取方塊要放在區塊裡面，並加上 **.form-check** 類別。
- ✅ 核取方塊的方塊要加上 **.form-check-input** 類別。
- ✅ 核取方塊的標籤要加上 **.form-check-label** 類別。
- ✅ 若要設定預設的核取方塊，可以加上 **checked** 屬性。
- ✅ 若要停用核取方塊，可以加上 **disabled** 屬性。

下面是一個例子。

✅ **\Ch20\form3.html**

```
<form>
  <div class="form-check">
    <input class="form-check-input" type="checkbox" value="CK1" id="CK1">
    <label class="form-check-label" for="CK1">小團圓 </label>
  </div>
  <div class="form-check">
    <input class="form-check-input" type="checkbox" value="CK2" id="CK2" checked>
    <label class="form-check-label" for="CK2">雷峰塔 </label>
  </div>
  <div class="form-check">
    <input class="form-check-input" type="checkbox" value="CK3" id="CK3" disabled>
    <label class="form-check-label" for="CK3">半生緣 </label>
  </div>
</form>
```

❶ ☐ 小團圓
❷ ☑ 雷峰塔
❸ ☐ 半生緣

❶ 一般的核取方塊　　❷ 預設的核取方塊　　❸ 停用的核取方塊

選擇鈕 (radio)

Bootstrap 支援選擇鈕，也就是 <input> 元素的 type 屬性為 "radio"，使用原則和核取方塊類似，下面是一個例子。

✅ **\Ch20\form4.html**

```
01: <form>
02:   <div class="form-check">
03:     <input class="form-check-input" type="radio" name="novel" value="R1" id="R1">
04:     <label class="form-check-label" for="R1"> 小團圓 </label>
05:   </div>
06:   <div class="form-check">
07:     <input class="form-check-input" type="radio" name="novel" value="R2" id="R2"
         checked>
08:     <label class="form-check-label" for="R2"> 雷峰塔 </label>
09:   </div>
10:   <div class="form-check">
11:     <input class="form-check-input" type="radio" name="novel" value="R3" id="R3"
         disabled>
12:     <label class="form-check-label" for="R3"> 半生緣 </label>
13:   </div>
14: </form>
```

❶ ○ 小團圓
❷ ● 雷峰塔
❸ ○ 半生緣

❶ 一般的選擇鈕　　❷ 預設的選擇鈕　　❸ 停用的選擇鈕

此外，核取方塊和選擇鈕亦可做水平排列，只要加上 **.form-check-inline** 類別即可。舉例來說，我們可以將 \Ch20\form4.html 的第 02、06、10 行改寫成 **<div class="form-check form-check-inline">**，就能做水平排列。

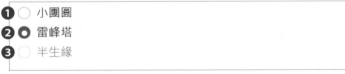

○ 小團圓　　● 雷峰塔　　○ 半生緣

多行文字方塊 (textarea)

Bootstrap 支援 <textarea> 元素用來建立多行文字方塊，下面是一個例子。

\Ch20\textarea.html

```
01: <form>
02:   <div class="my-3">
03:     <label for="userIntro" class="form-label"> 自我介紹 </label>
04:     <textarea class="form-control" id="userIntro"></textarea>
05:   </div>
06: </form>
```

自我介紹

若要設定多行文字方塊的高度，建議使用 CSS 語法，而不要使用 rows 屬性。舉例來說，我們可以將 \Ch20\textarea.html 的第 04 行改寫成如下，然後另存新檔為 \Ch20\textarea2.html，就能將高度設定為 150px：

```
04:     <textarea class="form-control" id="userIntro" style="height: 150px"></textarea>
```

自我介紹

下拉式清單

Bootstrap 支援 <select> 和 <option> 元素用來建立下拉式清單，若要允許選取多個項目，可以在 <select> 元素加上 multiple 屬性，下面是一個例子。

✅ \Ch20\select1.html

```html
<form>
  <select class="form-select">
    <option value="1" selected>小團圓</option>
    <option value="2">雷峰塔</option>
    <option value="3">半生緣</option>
  </select>
</form>
```

若要讓下拉式清單呈現較大或較小的形式，可以加上 **.form-select-lg** 或 **.form-select-sm** 類別，下面是一個例子。

✅ \Ch20\select2.htm

```html
<select class="form-select form-select-lg">...</select>
<select class="form-select">...</select>
<select class="form-select form-select-sm">...</select>
```

20-4-3　表單布局

我們可以搭配第 19 章的網格類別來自訂表單布局，下面是一個例子。

```
✓ \Ch20\layout.html

01: <form>
02:   <div class="row my-2 g-2">
03:     <div class="col-md-6">
04:       <label for="userEmail" class="form-label">電子郵件</label>
05:       <input type="email" class="form-control" id="userEmail">
06:     </div>
07:     <div class="col-md-6">
08:       <label for="userPWD" class="form-label">密碼</label>
09:       <input type="password" class="form-control" id="userPWD">
10:     </div>
11:     <div class="col-12">
12:       <button type="submit" class="btn btn-primary">登入</button>
13:     </div>
14:   </div>
15: </form>
```

✓ 02 ~ 14：在 <div> 元素加上 . row 類別，表示要在表單中建立一列，而 .g-2 類別用來設定表格欄位的間隙，數字愈大，間隙就愈大。

✓ 03 ~ 06、07 ~ 10：當可視區域的寬度 ≧ 768px 時，「電子郵件」欄位和「密碼」欄位會各自占用 1/2 寬度。

✓ 11 ~ 13：「登入」按鈕會占用全部寬度。

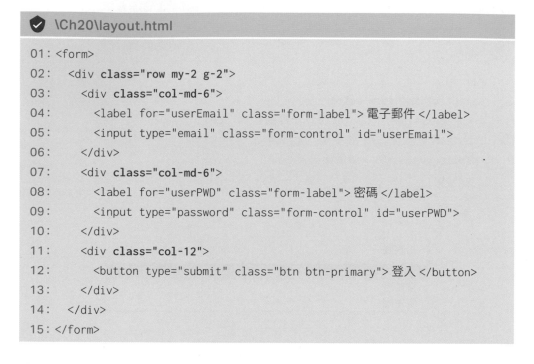

CHAPTER

21

Bootstrap 元件

21-1 關閉按鈕 (Close button)

在本章中,我們會介紹一些 Bootstrap 元件,例如關閉按鈕、警報效果、下拉式清單、按鈕群組、導覽與標籤頁、導覽列、卡片、摺疊、手風琴效果、輪播、分頁導覽等,其中**關閉按鈕**用來關閉視窗、警報效果等,例如下面的敘述是在 <button> 元素加上 **.btn-close** 類別以顯示關閉按鈕:

```
<button type="button" class="btn-close"></button>
```

21-2 警報效果 (Alert)

警報效果 (Alert) 元件用來以醒目的區塊顯示一些有用或重要的訊息,下面是一個例子。

> 🛡 **\Ch21\alert.html**

```
01: <div class="alert alert-primary" role="alert">
02:   <strong> 關西小小兵! </strong>環球影城、哈利波特、星光派對五日!
03: </div>
04: <div class="alert alert-secondary" role="alert">
05:   <strong> 沖繩五星! </strong>海洋博公園、玉泉王國村、五星住宿四日!
06: </div>
07: <div class="alert alert-danger" role="alert">
08:   <a href="#" class="alert-link"><strong> 消暑一起 GO! </strong></a>
09:     峇里島五日遊四人同行一人免費!
10: </div>
11: <div class="alert alert-success alert-dismissible" role="alert">
12:   <strong> 埃及訪古遊! </strong>金字塔、阿布辛貝聖殿、尼羅河遊輪七日!
13:   <button type="button" class="btn-close" data-bs-dismiss="alert"></button>
14: </div>
```

✅ 01 ~ 03：在 <div> 元素加上 **.alert** 和 **.alert-primary** 類別，以顯示藍色的警報效果。

✅ 04 ~ 06：在 <div> 元素加上 .alert 和 **.alert-secondary** 類別，以顯示灰色的警報效果。

✅ 07 ~ 10：在 <div> 元素加上 .alert 和 **.alert-danger** 類別，以顯示紅色的警報效果，其中第 08 行在 <a> 元素加上 **.alert-link** 類別以標示超連結。

✅ 11 ~ 14：在 <div> 元素加上 .alert 和 **.alert-success** 類別，以顯示綠色的警報效果，其中第 11 行在 <div> 元素多加上 **.alert-dismissible** 類別，表示要建立能夠關閉的警報按鈕，而第 13 行是在 <button> 元素加上 .btn-close 類別和 **data-bs-dismiss="alert"** 屬性，以顯示關閉按鈕。

除了此例所示範的 .alert-primary、.alert-secondary、.alert-danger、.alert-success 等類別之外，還有 **.alert-light**、**.alert-dark**、**.alert-warning**、**.alert-info** 等類別可以用來顯示亮色、暗色、橘色、青色的警報效果。

❶ 包含超連結的警報效果　　❷ 點取此鈕可以關閉警報效果

21-3 下拉式清單 (Dropdown)

下拉式清單 (Dropdown) 元件用來選取項目或切換狀態，使用原則如下：

- 將下拉式清單放在 <div> 元素中，並加上 **.dropdown** 類別，若要顯示向上展開的清單，可以加上 **.dropup** 類別；若要顯示向左展開的清單，可以加上 **.dropstart** 類別；若要顯示向右展開的清單，可以加上 **.dropend** 類別。

- 使用 Bootstrap 按鈕做為下拉式清單的按鈕，並加上 **.dropdown-toggle** 類別和 **data-bs-toggle="dropdown"** 屬性。

- 若要設定下拉式清單中的項目，可以在 <ul> 和 <li> 元素分別加上 **.dropdown-menu** 與 **.dropdown-item** 類別；若要設定下拉式清單中的標題，可以在標題元素加上 **.dropdown-header** 類別；若設定下拉式清單中的分隔線，可以在 <hr> 元素加上 **.dropdown-divider** 類別。

- 若要將下拉式清單中的項目設定為啟用，可以加上 **.active** 類別；若要將下拉式清單中的項目設定為停用，可以加上 **.disabled** 類別。

下面是一個例子，使用者可以從下拉式清單中選取要瀏覽的網站。

\Ch21\dropdown.html

```
01: <div class="dropdown">
02:   <button type="button" class="btn btn-primary dropdown-toggle"
       data-bs-toggle="dropdown"> 新聞網站 </button>
03:   <ul class="dropdown-menu">
04:     <li><h4 class="dropdown-header"> 國內 </h4></li>
05:     <li><a class="dropdown-item" href="https://news.tvbs.com.tw">TVBS 新聞 </a></li>
06:     <li><a class="dropdown-item" href=" https://www.setn.com"> 三立新聞 </a></li>
07:     <li><hr class="dropdown-divider"></li>
08:     <li><h4 class="dropdown-header"> 國外 </h4></li>
09:     <li><a class="dropdown-item" href="https://www.cnn.com">CNN</a></li>
10:     <li><a class="dropdown-item" href="https://www.nhk.or.jp">NHK</a></li>
11:   </ul>
12: </div>
```

ⓐ 此為標題　❶ 選取清單中的項目

ⓑ 此為分隔線　❷ 開啟對應的網站

若將第 01 行改寫成如下，換成 .dropend 類別，將會顯示向右展開的清單，
得到如下圖的瀏覽結果：

```
01: <div class="dropend">
```

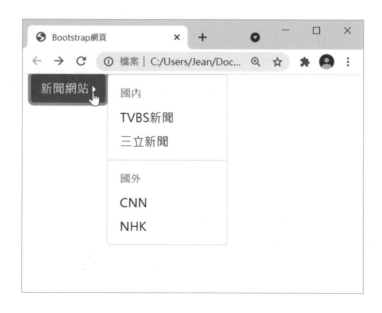

21-4 按鈕群組 (Button group)

按鈕群組 (Button group) 元件用來將數個按鈕群組在一起，使用原則如下：

- ✅ 將按鈕群組放在 <div> 元素中，並加上 **.btn-group** 類別和 **role="group"** 屬性，此時，按鈕會呈水平排列，若要呈垂直排列，可以再加上 **.btn-group-vertical** 類別。

- ✅ 群組按鈕預設為一般大小，若要設定為小按鈕或大按鈕，可以在 <div> 元素加上 **.btn-group-sm**、**.btn-group-lg** 類別。

下面是一個例子，其中第 01 ~ 05 行是水平排列的按鈕群組，第 06 ~ 10 行是垂直排列的按鈕群組，第 11 ~ 15 行是大按鈕群組，而第 16 ~ 20 行是小按鈕群組。

✅ \Ch21\btng1.html

```
01: <div class="btn-group" role="group">
02:   <button type="button" class="btn btn-primary"> 機票 </button>
03:   <button type="button" class="btn btn-primary"> 訂房 </button>   ❶
04:   <button type="button" class="btn btn-primary"> 團體 </button>
05: </div>
06: <div class="btn-group btn-group-vertical" role="group">
07:   <button type="button" class="btn btn-primary"> 機票 </button>
08:   <button type="button" class="btn btn-primary"> 訂房 </button>   ❷
09:   <button type="button" class="btn btn-primary"> 團體 </button>
10: </div>
11: <div class="btn-group btn-group-lg" role="group">
12:   <button type="button" class="btn btn-primary"> 機票 </button>
13:   <button type="button" class="btn btn-primary"> 訂房 </button>   ❸
14:   <button type="button" class="btn btn-primary"> 團體 </button>
15: </div>
16: <div class="btn-group btn-group-sm" role="group">
17:   <button type="button" class="btn btn-primary"> 機票 </button>
18:   <button type="button" class="btn btn-primary"> 訂房 </button>   ❹
19:   <button type="button" class="btn btn-primary"> 團體 </button>
20: </div>
```

❶ 水平排列的按鈕群組　　❷ 垂直排列的按鈕群組　　❸ 大按鈕群組　　❹ 小按鈕群組

巢狀按鈕群組

我們也可以製作巢狀按鈕群組，下面是一個例子，其中第 04 ~ 10 行的區塊位於第 01 ~ 11 行的區塊裡面，包含一個下拉式清單。

\Ch21\btng2.html

```
01: <div class="btn-group" role="group">
02:   <button type="button" class="btn btn-primary">機票</button>
03:   <button type="button" class="btn btn-primary">訂房</button>
04:   <div class="btn-group" role="group">
05:     <button type="button" class="btn btn-primary dropdown-toggle"
          data-bs-toggle="dropdown">團體</button>
06:     <ul class="dropdown-menu">
07:       <li><a class="dropdown-item" href="tour1.html">國內旅遊</a></li>
08:       <li><a class="dropdown-item" href="tour2.html">國外旅遊</a></li>
09:     <ul>
10:   </div>
11: </div>
```

21-5 導覽與標籤頁 (Nav and tab)

導覽 (Nav) 元件用來搭配**標籤頁** (Tab) 元件設計標籤頁，讓使用者透過點取不同的標籤來切換內容，使用原則如下：

- 使用 \<ul\> 和 \<li\> 元素設定導覽元件中的項目，標籤式的導覽元件要在 \<ul\> 元素加上 **.nav** 和 **.nav-tabs** 類別，而按鈕式的導覽元件要在 \<ul\> 元素加上 **.nav** 和 **.nav-pills** 類別，同時要在 \<li\> 元素加上 **.nav-item** 類別。

- 若要將導覽元件中的項目設定為啟用，可以在代表該項目的 \<li\> 元素加上 **.active** 類別；若要將導覽元件中的項目設定為停用，可以在代表該項目的 \<li\> 元素加上 **.disabled** 類別。

- 若要將按鈕式的導覽元件顯示成垂直排列，可以在 \<ul\> 元素加上 **.flex-column** 類別。

下面是一個例子，它會建立標籤式的導覽元件，並將第一個標籤設定為啟用。程式碼主要包含兩個部分，一開始先使用 \<ul\> 和 \<li\> 元素製作導覽元件 (第 02 ~ 06 行)，接著使用 \<div\> 元素製作標籤頁內容 (第 08 ~ 12 行)。

> ✅ **\Ch21\nav.html**

```
01: <!-- 導覽元件 -->
02: <ul class="nav nav-tabs" id="myTab">
03:     <li class="nav-item"><a class="nav-link active" data-bs-toggle="tab" href="#tab1">
        唐詩 </a></li>
04:     <li class="nav-item"><a class="nav-link" data-bs-toggle="tab" href="#tab2">
        宋詞 </a></li>
05:     <li class="nav-item"><a class="nav-link" data-bs-toggle="tab" href="#tab3">
        元曲 </a></li>
06: </ul>
07: <!-- 標籤頁內容 -->
08: <div class="tab-content" id="myTabContent">
09:     <div class="tab-pane fade show active" id="tab1"><p>「唐詩」泛指 ...。</p></div>
10:     <div class="tab-pane fade" id="tab2"><p>「詞」是一種詩歌藝術 ...。</p></div>
11:     <div class="tab-pane fade" id="tab3"><p>「元曲」是盛行於元朝 ...。</p></div>
12: </div>
```

- 02 ~ 06：使用 \<ul> 和 \<li> 元素製作導覽元件，包含「唐詩」、「宋詞」、「元曲」等三個標籤，令它們分別連結 id 屬性為 tab1、tab2、tab3 的區塊，同時 \<a> 元素要加上 **.nav-link** 類別和 **data-bs-toggle="tab"** 屬性，以啟用標籤頁元件。

- 08 ~ 12：使用 \<div> 元素加上 **.tab-content** 類別製作標籤頁內容，此例有三個標籤頁，如下：

  - 09：使用 \<div> 元素加上 **.tab-pane** 類別製作第一個標籤頁，並將 id 屬性設定為 tab1 以供第 03 行做連結，至於 **.fade** 類別則用來設定淡入效果，**.active** 類別用來設定目前啟用的標籤頁。

  - 10：使用 \<div> 元素加上 .tab-pane 類別製作第二個標籤頁，並將 id 屬性設定為 tab2 以供第 04 行做連結。

  - 11：使用 \<div> 元素加上 .tab-pane 類別製作第三個標籤頁，並將 id 屬性設定為 tab3 以供第 05 行做連結。

瀏覽結果如下圖。

❶ 點取「唐詩」標籤會顯示 id 屬性為 tab1 的 \<div> 區塊

❷ 點取「宋詞」標籤會顯示 id 屬性為 tab2 的 \<div> 區塊

❸ 點取「元曲」標籤會顯示 id 屬性為 tab3 的 \<div> 區塊

按鈕式的導覽元件

若要將標籤式的導覽元件變更為按鈕式,可以將 .nav-tabs 類別改成 **.nav-pills** 類別,data-bs-toggle="tab" 屬性改成 **data-bs-toggle="pill"** 屬性,例如:

```
01: <!-- 導覽元件 -->
02: <ul class="nav nav-pills" id="myTab">
03:    <li class="nav-item"><a class="nav-link active" data-bs-toggle="pill" href="#tab1">
       唐詩 </a></li>
04:    <li class="nav-item"><a class="nav-link" data-bs-toggle="pill" href="#tab2">
       宋詞 </a></li>
05:    <li class="nav-item"><a class="nav-link" data-bs-toggle="pill" href="#tab3">
       元曲 </a></li>
06: </ul>
```

唐詩 宋詞 元曲

「唐詩」泛指創作於唐朝或以唐朝風格創作的詩。唐詩有數種選本,例如蘅塘退士編選的《唐詩三百首》、清朝康熙年間的《全唐詩》。

唐詩 宋詞 元曲

「詞」是一種詩歌藝術形式,中國古詩體的一種,又稱曲子詞、詩餘、長短句、樂府,始於唐朝,在宋朝達到臻峰。

唐詩 宋詞 元曲

「元曲」是盛行於元朝的戲曲藝術,為散曲與雜劇的合稱,元曲與唐詩及宋詞有著相同的文學地位。

將導覽元件顯示成垂直排列

若要將按鈕式的導覽元件顯示成垂直排列，可以在 <ul> 元素加上 **.flex-column** 類別，例如：

```
01: <!-- 導覽元件 -->
02: <ul class="nav nav-pills flex-column" id="myTab">
03:    <li class="nav-item"><a class="nav-link active" data-bs-toggle="pill" href="#tab1">
       唐詩 </a></li>
04:    <li class="nav-item"><a class="nav-link" data-bs-toggle="pill" href="#tab2">
       宋詞 </a></li>
05:    <li class="nav-item"><a class="nav-link" data-bs-toggle="pill" href="#tab3">
       元曲 </a></li>
06: </ul6>
```

21-6 導覽列 (Navbar)

導覽列 (Navbar) 元件用來製作網頁上常見的導覽列，下面是一個例子，它將響應式斷點設定為 768px，當可視區域的寬度 ≧ 768px 時，會以水平方式顯示導覽列，如圖❶；相反的，當可視區域的寬度 <768px 時，會將網站名稱以外的項目收納到導覽按鈕，待使用者點取導覽按鈕才會展開，如圖❷。

❶ 當寬度 ≥ 768px 時，導覽列呈水平顯示

❷ 當寬度 <768px 時，會顯示導覽按鈕，點取此鈕才會展開

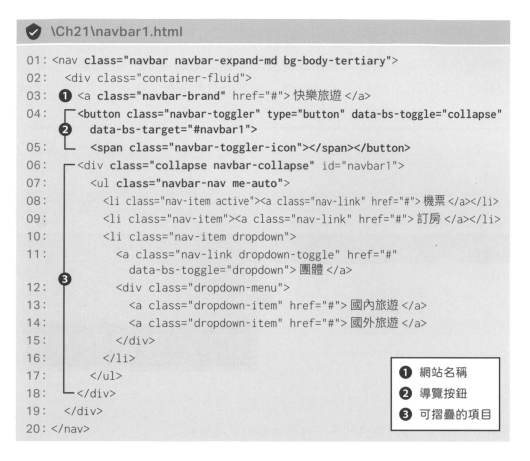

\Ch21\navbar1.html

```
01: <nav class="navbar navbar-expand-md bg-body-tertiary">
02:   <div class="container-fluid">
03: ❶ <a class="navbar-brand" href="#"> 快樂旅遊 </a>
04: ❷ <button class="navbar-toggler" type="button" data-bs-toggle="collapse"
        data-bs-target="#navbar1">
05:     <span class="navbar-toggler-icon"></span></button>
06:   <div class="collapse navbar-collapse" id="navbar1">
07:     <ul class="navbar-nav me-auto">
08:       <li class="nav-item active"><a class="nav-link" href="#"> 機票 </a></li>
09:       <li class="nav-item"><a class="nav-link" href="#"> 訂房 </a></li>
10:       <li class="nav-item dropdown">
11:         <a class="nav-link dropdown-toggle" href="#"
            data-bs-toggle="dropdown"> 團體 </a>
12: ❸       <div class="dropdown-menu">
13:           <a class="dropdown-item" href="#"> 國內旅遊 </a>
14:           <a class="dropdown-item" href="#"> 國外旅遊 </a>
15:         </div>
16:       </li>
17:     </ul>
18:   </div>
19:   </div>
20: </nav>
```

❶ 網站名稱
❷ 導覽按鈕
❸ 可摺疊的項目

⊘ 01：在 <nav> 元素加上 **.navbar** 類別，用來製作導覽列元件，而 **.navbar-expand-md** 類別用來將響應式斷點設定為 768px，**.bg-body-tertiary** 類別用來設定導覽列的背景。

⊘ 03：在 <a> 元素加上 **.navbar-brand** 類別，用來放置網站名稱超連結。

⊘ 04、05：第 04 行在 <button> 元素加上 **.navbar-toggler** 類別和 **data-bs-toggle="collapse"** 屬性，用來製作可摺疊的導覽按鈕，第 05 行在 <span> 元素加上 **.navbar-toggler-icon** 類別，表示導覽按鈕。

⊘ 06：在 <div> 元素加上 **.collapse** 和 **.navbar-collapse** 類別，用來放置導覽列中可摺疊的項目。

⊘ 07：在 <ul> 元素加上 **.navbar-nav** 類別，用來設定導覽列的項目。

設定導覽列的顏色

在前面的例子中，導覽列是採取預設的亮色 (light) 主題，若要變更為暗色 (dark) 主題，可以加上 **data-bs-theme="dark"** 屬性，例如將第 01 行改寫成如下，就會設定為暗色主題：

```
01: <nav class="navbar navbar-expand-md bg-primary" data-bs-theme="dark">
```

又例如將第 01 行改寫成如下，背景就會設定為茶色：

```
01: <nav class="navbar navbar-expand-md" style="background: tan;">
```

設定導覽列的響應式斷點

在前面的例子中，我們是透過第 01 行的 .navbar-expand-md 類別，將導覽列的響應式斷點設定為 768px，若要變更為其它斷點，可以改用 **.navbar-expand{-sm|-md|-lg|-xl|-xxl}** 等類別。

在導覽列放置標題圖示

若要在導覽列放置標題圖示，可以使用 <img> 元素，例如：

```
<nav class="navbar bg-body-tertiary">
  <div class="container-fluid">
    <a class="navbar-brand" href="#"><img src="H.png" width="30px"></a>
  </div>
</nav>
```

在導覽列放置文字

若要在導覽列放置沒有超連結的一般文字，可以使用 <span> 元素加上 **.navbar-text** 類別，例如：

```
<nav class="navbar bg-body-tertiary">
  <div class="container-fluid">
    <a class="navbar-brand" href="#"> 快樂旅遊 </a>
    <span class="navbar-text"> 四人同行一人免費！</span>
  </div>
</nav>
```

將導覽列固定顯示在畫面上方

若要將導覽列固定顯示在畫面上方，不要隨著網頁內容捲動而離開畫面，可以在 <nav> 元素加上 **.fixed-top** 類別，下面是一個例子。

✅ **\Ch21\navbar2.html**

```html
<nav class="navbar fixed-top bg-body-tertiary">
  <div class="container-fluid">
    <a class="navbar-brand" href="#"> 快樂旅遊 </a>
  </div>
</nav>
```

快樂旅遊

將導覽列固定顯示在畫面下方

若要將導覽列固定顯示在畫面下方，不要隨著網頁內容捲動而離開畫面，可以在 <nav> 元素加上 **.fixed-bottom** 類別，下面是一個例子。

✅ **\Ch21\navbar3.html**

```html
<nav class="navbar fixed-bottom bg-body-tertiary">
  <div class="container-fluid">
    <a class="navbar-brand" href="#"> 快樂旅遊 </a>
  </div>
</nav>
```

快樂旅遊

在導覽列放置表單

若要在導覽列放置表單，可以使用 <form> 元素，下面是一個例子，其中 **.d-flex**
類別可以讓表單的輸入欄位和按鈕排成一行。

我們也可以在表單前面加上網站名稱或其它導覽項目，下面是一個例子，網站
名稱和表單會分別對齊開頭與對齊結尾。

21-7 卡片 (Card)

卡片 (Card) 元件是一個具有彈性與擴充性的內容容器，可以包含頁首、主體或頁尾，用來放置圖片、標題、文字等內容，下面是一個例子。

> ✅ **\Ch21\card1.html**

```
01: <div class="container">
02:   <div class="card" style="width: 300px;">
03:     <div class="card-header"> 溫馨小品 </div>
04:     <div class="card-body">
05:       <h4 class="card-title"> 美麗的花朵 </h4>
06:       <p class="card-text"> 英姿颯爽的太陽花在盛夏的艷陽下綻放…！</p>
07:       <a href="#" class="btn btn-primary"> 詳細資料 </a>
08:     </div>
09:     <div class="card-footer">2023 年◎夏 </div>
10:   </div>
11: </div>
```

- ✅ 02：使用 <div> 元素加上 **.card** 類別製作卡片。

- ✅ 03：使用 <div> 元素加上 **.card-header** 類別製作卡片的頁首。

- ✅ 04 ~ 08：使用 <div> 元素加上 **.card-body** 類別製作卡片的主體，然後使用 <h4> 和 <p> 元素加上 **.card-title** 和 **.card-text** 類別製作標題與文字。

- ✅ 09：使用 <div> 元素加上 **.card-footer** 類別製作卡片的頁尾。

溫馨小品

美麗的花朵
英姿颯爽的太陽花在盛夏的艷陽下綻放，令人精神為之一振！

詳細資料

2023年●夏

下面是另一個例子，它結合網格類別製作一個雙欄卡片，其中第 05、14 行使用 <img> 元素加上 **.card-img-top** 類別在卡片上方放置圖片。

✅ **\Ch21\card2.html**

```
01: <div class="container">
02:   <div class="row">
03:     <div class="col-sm-6">
04:       <div class="card">
05:         <img class="card-img-top" src="flower1.jpg">
06:         <div class="card-body">
07:           <h4 class="card-title">美麗的花朵（一）</h4>
08:           <p class="card-text">英姿颯爽的太陽花在盛夏的艷陽下綻放...！</p>
09:         </div>
10:       </div>
11:     </div>
12:     <div class="col-sm-6">
13:       <div class="card">
14:         <img class="card-img-top" src="flower2.jpg">
15:         <div class="card-body">
16:           <h4 class="card-title">美麗的花朵（二）</h4>
17:           <p class="card-text">迎風搖曳的小野花在秋天的原野中綻放...！</p>
18:         </div>
19:       </div>
20:     </div>
21:   </div>
22: </div>
```

美麗的花朵(一)
英姿颯爽的太陽花在盛夏的艷陽下綻放，令人精神為之一振！

美麗的花朵(二)
迎風搖曳的小野花在秋天的原野中綻放，令人感到心曠神怡！

21-8 工具提示 (Tooltip)

工具提示 (Tooltip) 元件用來在指標移到按鈕或超連結時顯示工具提示,下面是一個例子,當指標移到按鈕時,會在指定的方向顯示工具提示,而當指標離開按鈕時,工具提示又會消失。

🛡 **\Ch21\tooltip.html**

```
01: <div class="container text-center">
02:    <img src="g1.png" width="65%" class="img-fluid mb-5"><br>
03:    <button type="button" class="btn btn-info" data-bs-toggle="tooltip"
          data-bs-title=" 女孩 " data-bs-placement="top">Tooltip 在上 </button>
04:    <button type="button" class="btn btn-info" data-bs-toggle="tooltip"
          data-bs-title=" 女孩 " data-bs-placement="bottom">Tooltip 在下 </button>
05:    <button type="button" class="btn btn-info" data-bs-toggle="tooltip"
          data-bs-title=" 女孩 " data-bs-placement="left">Tooltip 在左 </button>
06:    <button type="button" class="btn btn-info" data-bs-toggle="tooltip"
          data-bs-title=" 女孩 " data-bs-placement="right">Tooltip 在右 </button>
07: </div>
08:
09: <script>
10:    const tooltipTriggerList =
          document.querySelectorAll('[data-bs-toggle="tooltip"]');
11:    const tooltipList = [...tooltipTriggerList].map(tooltipTriggerEl =>
          new bootstrap.Tooltip(tooltipTriggerEl));
12: </script>
```

✔ 02:插入一張響應式圖片 g1.png (圖片來源:Midjourney 生成)。

✔ 03:使用 <button> 元素加上 **data-bs-toggle="tooltip"** 屬性啟用工具提示,**data-bs-title=" 女孩 "** 屬性用來設定工具提示的文字,而 **data-bs-placement="top"** 屬性用來設定將工具提示顯示在按鈕上方。

✔ 04:使用 <button> 元素製作工具提示,**data-bs-placement="bottom"** 屬性用來設定將工具提示顯示在按鈕下方。

✔ 05:使用 <button> 元素製作工具提示,**data-bs-placement="left"** 屬性用來設定將工具提示顯示在按鈕左方。

✅ 06：使用 \<button\> 元素製作工具提示，**data-bs-placement="right"** 屬性用來設定將工具提示顯示在按鈕右方。

✅ 09 ~ 12：基於效能的考量，工具提示屬於選擇性功能，我們必須自行撰寫第 10 ~ 11 行的 JavaScript 程式碼將工具提示加以初始化。提醒您，這段程式碼要放在載入 Bootstrap 核心檔案以後，才能得到如下圖的瀏覽結果。

❶ 指標移到此按鈕會在上方顯示工具提示

❷ 指標移到此按鈕會在右方顯示工具提示

21-9 彈出提示 (Popover)

彈出提示 (Popover) 元件用來在按一下按鈕或超連結時顯示彈出提示，再按一下才會消失，下面是一個例子。

🛡 **\Ch21\popover.html**

```
01: <div class="container text-center">
02:   <img src="g1.png" width="65%" class="img-fluid mb-5"><br>
03:   <button type="button" class="btn btn-info" data-bs-toggle="popover"
          data-bs-placement="bottom" data-bs-container="body"
          data-bs-content=" 女孩 "> 彈出提示在下 </button>
04:   <button type="button" class="btn btn-info" data-bs-toggle="popover"
          data-bs-placement="right" data-bs-title="AI 圖像 "
          data-bs-content=" 女孩 "> 彈出提示在右 </button>
05: </div>
06:
07: <script>
08:   const popoverTriggerList =
        document.querySelectorAll('[data-bs-toggle="popover"]');
09:   const popoverList = [...popoverTriggerList].map(popoverTriggerEl =>
        new bootstrap.Popover(popoverTriggerEl));
10: </script>
```

✅ 02：插入一張響應式圖片 g1.png (圖片來源：Midjourney 生成)。

✅ 03：使用 <button> 元素加上 **data-bs-toggle="popover"** 屬性啟用彈出提示，**data-bs-placement="bottom"** 屬性用來設定將彈出提示顯示在按鈕下方，若要顯示在按鈕上方、左方或右方，可以設定為 "top"、"left"、"right"，**data-bs-container="body"** 屬性用來設定彈出提示的主體，而 **data-bs-content=" 女孩 "** 屬性用來設定彈出提示的文字。

✅ 04：使用 <button> 元素加上 **data-bs-toggle="popover"** 屬性啟用彈出提示，**data-bs-placement="right"** 屬性用來設定將彈出提示顯示在按鈕右方，**data-bs-title="AI 圖像 "** 屬性用來設定彈出提示的標題，而 **data-bs-content=" 女孩 "** 屬性用來設定彈出提示的文字。

✅ 07 ~ 10：基於效能的考量，彈出提示屬於選擇性功能，我們必須自行撰寫第 08 ~ 09 行的 JavaScript 程式碼將彈出提示加以初始化。提醒您，這段程式碼要放在載入 Bootstrap 核心檔案以後，才能得到如下圖的瀏覽結果。

❶ 按一下此按鈕會在下方顯示彈出提示 (只有主體沒有標題)
❷ 按一下此按鈕會在右方顯示彈出提示 (同時有標題和主體)

21-10 摺疊 (Collapse)

摺疊 (Collapse) 元件用來顯示或隱藏內容，我們通常會使用按鈕或超連結觸發摺疊效果。下面是一個例子，一開始卡片是隱藏起來的，當您點取按鈕時，就會顯示卡片，而當您再次點取按鈕時，就會隱藏卡片。

> ✅ **\Ch21\collapse1.html**
>
> ```
> 01: <div class="container">
> 02:    <p><button class="btn btn-primary" type="button" data-bs-toggle="collapse"
>           data-bs-target="#poem"> 望月懷遠 </button></p>
> 03:    <div class="collapse" id="poem">
> 04:        <div class="card card-body">
> 05:            海上生明月，天涯共此時。情人怨遙夜，竟夕起相思。...。
> 06:        </div>
> 07:    </div>
> 08: </div>
> ```

- 02：使用 <button> 元素觸發摺疊效果，此時要加上 **data-bs-toggle="collapse"** 屬性，同時要將 **data-bs-target** 屬性設定為要摺疊的內容。

- 03 ~ 07：用來設定摺疊起來的內容，此例是一個卡片。

❶ 點取按鈕　❷ 顯示卡片

下面是另一個例子，同樣的，一開始卡片是隱藏起來的，當您點取超連結時，就會顯示卡片，而當您再次點取超連結時，就會隱藏卡片。

✔️ **\Ch21\collapse2.html**

```
01: <div class="container">
02:   <p><a class="btn btn-primary" data-bs-toggle="collapse" href="#poem">
        望月懷遠 </a></p>
03:   <div class="collapse" id="poem">
04:     <div class="card card-body">
05:       海上生明月，天涯共此時。情人怨遙夜，竟夕起相思。...。
06:     </div>
07:   </div>
08: </div>
```

✅ 02：使用 <a> 元素觸發摺疊效果，此時要加上 **data-bs-toggle="collapse"** 屬性，同時要將 **href** 屬性設定為要摺疊的內容。

✅ 03 ~ 07：用來設定摺疊起來的內容，此例是一個卡片。

❶ 點取超連結　　❷ 顯示卡片

21-11 手風琴效果 (Accordion)

手風琴效果 (Accordion) 可以用來製作垂直摺疊效果，下面是一個例子，當點取「無題」、「錦瑟」等唐詩的名稱時，就會展開其詩句，再按一下又會摺疊起來，而且一次只會展開一首唐詩的詩句。

✅ **\Ch21\accordion.html**

```
01: <div class="container">
02:   <div class="accordion" id="accordionExample">
03:     <div class="accordion-item">
04:       <h2 class="accordion-header" id="head1">
05:         <button class="accordion-button" type="button" data-bs-toggle="collapse"
             data-bs-target="#collapse1"> 無題 </button>
06:       </h2>
07:       <div id="collapse1" class="accordion-collapse collapse show"
          data-bs-parent="#accordionExample">
08:         <div class="accordion-body">
09:           昨夜星辰昨夜風，畫樓西畔桂堂東。...。
10:         </div>
11:       </div>
12:     </div>
13:     <div class="accordion-item">
14:       <h2 class="accordion-header" id="head2">
15:         <button class="accordion-button collapsed" type="button"
            data-bs-toggle="collapse" data-bs-target="#collapse2"> 錦瑟 </button>
16:       </h2>
17:       <div id="collapse2" class="accordion-collapse collapse"
          data-bs-parent="#accordionExample">
18:         <div class="accordion-body">
19:           錦瑟無端五十弦，一弦一柱思華年。...。
20:         </div>
21:       </div>
22:     </div>
23:   </div>
24: </div>
```

❶ 第一個項目
❷ 第二個項目

✅ 02、23：在 <div> 元素加上 **.accordion** 類別，表示要在此區塊製作手風琴效果。

✅ 03 ~ 12：第 03 行在 <div> 元素加上 **.accordion-item** 類別，表示第一個項目；第 04 ~ 06 行是用來點按的頁首，其中第 04 行在 <h2> 元素加上 **.accordion-header** 類別，而第 05 行在 <button> 元素加上 **.accordion-button** 類別，此例是「無題」；第 07 ~ 11 行是摺疊的主體，其中第 07 行在 <div> 元素加上 **.accordion-collapse** 類別，而第 08 行在 <div> 元素加上 **.accordion-body** 類別，此例是「無題」的詩句。

✅ 13 ~ 22：第二個項目。

❶ 點取「無題」會顯示其詩句
❷ 點取「錦瑟」會顯示其詩句

21-12 輪播 (Carousel)

輪播 (Carousel) 元件用來在網頁上循環播放多張圖片、影片或其它類型的內容,就像幻燈片一樣。下面是一個例子,它會循環播放三張圖片。

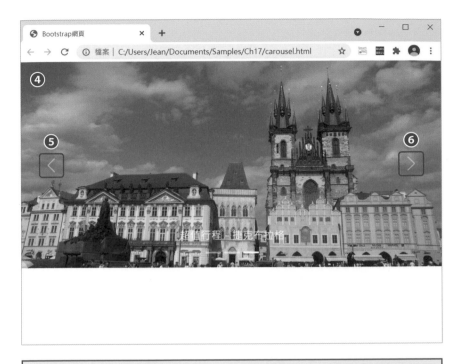

① 輪播指示（點選圖片）　④ 輪播內容（第三張圖片與標題）
② 輪播內容（第一張圖片與標題）　⑤ 輪播控制（向前切換）
③ 輪播內容（第二張圖片與標題）　⑥ 輪播控制（向後切換）

輪播元件包含下列幾個部分：

- **輪播指示** (carousel-indicators)：由 <div> 和 <button> 元素所組成，用來根據圖片的張數在圖片下方顯示橫線以供使用者點選，此例有三張圖片，所以會顯示三個橫線。

- **輪播內容** (carousel-inner)：由多個層次的 <div> 元素所組成，用來顯示內容，此例會顯示圖片與標題。

- **輪播控制** (carousel-control)：由兩個 <button> 元素所組成，用來顯示向前切換按鈕與向後切換按鈕。

> ✅ \Ch21\carousel.html

```
01: <div id="myCarousel" class="carousel slide" data-bs-ride="carousel">
02:   <!-- 輪播指示 -->
03:   <div class="carousel-indicators">
04:     <button type="button" data-bs-target="#myCarousel" data-bs-slide-to="0"
            class="active"></button>
05:     <button type="button" data-bs-target="#myCarousel" data-bs-slide-to="1"></button>
06:     <button type="button" data-bs-target="#myCarousel" data-bs-slide-to="2"></button>
07:   </div>
08:   <!-- 輪播內容 -->
09:   <div class="carousel-inner">
10:     <div class="carousel-item active">
11:       <img src="tour1.jpg" class="d-block w-100" alt=" 合掌村 ">
12:       <div class="carousel-caption">
13:         <h5> 超值行程－日本白川鄉合掌村 </h5>
14:       </div>
15:     </div>
16:     <div class="carousel-item">
17:       <img src="tour2.jpg" class="d-block w-100" alt=" 貝維德雷宮 ">
18:       <div class="carousel-caption">
19:         <h5> 超值行程－奧地利貝維德雷宮 </h5>
20:       </div>
21:     </div>
22:     <div class="carousel-item">
23:       <img src="tour3.jpg" class="d-block w-100" alt=" 布拉格 ">
24:       <div class="carousel-caption">
25:         <h5> 超值行程－捷克布拉格 </h5>
26:       </div>
27:     </div>
28:   </div>
29:   <!-- 輪播控制 -->
30:   <button class="carousel-control-prev" type="button" data-bs-target="#myCarousel"
        data-bs-slide="prev"><span class="carousel-control-prev-icon"></span>
        <span class="visually-hidden">Previous</span></button>
31:   <button class="carousel-control-next" type="button" data-bs-target="#myCarousel"
        data-bs-slide="next"><span class="carousel-control-next-icon"></span>
        <span class="visually-hidden">Next</span></button>
32: </div>
```

❶ 第一個項目　❷ 第二個項目　❸ 第三個項目

✅ 01、32：使用 <div> 元素加上 **.carousel** 和 **.slide** 類別定義輪播元件，並將 id 屬性設定為 "myCarousel" 以供輪播指示和輪播控制做參考，預設為亮色主題，若要使用暗色主題，可以加上 **data-bs-theme="dark"** 屬性。

✅ 03 ~ 07：使用 <div> 元素加上 **.carousel-indicators** 類別定義輪播指示，然後使用 <button> 元素定義指示項目，其中 **data-bs-target** 屬性用來設定要使用的輪播元件，此例為 "#myCarousel"，**data-bs-slide-to** 屬性用來設定圖片的流水編號，此例有三張，所以設定為 0、1、2（從 0 開始），並在第一個指示項目加上 .active 類別，表示目前啟用的指示項目。

✅ 09 ~ 28：使用 <div> 元素加上 **.carousel-inner** 類別定義輪播內容，此例有下列三個項目：

● 10 ~ 15：使用 <div> 元素加上 **.carousel-item** 類別定義第一個項目，並加上 .active 類別，表示目前啟用的項目，包含第 11 行的圖片和第 12 ~ 14 行的輪播標題，其中輪播標題是使用 <div> 元素加上 **.carousel-caption** 類別所定義，裡面還可以使用其它 HTML 元素，這些元素會被自動對齊並適當的格式化。

● 16 ~ 21：使用 <div> 元素加上 .carousel-item 類別定義第二個項目，包含第 17 行的圖片和第 18 ~ 20 行的輪播標題。

● 22 ~ 27：使用 <div> 元素加上 .carousel-item 類別定義第三個項目，包含第 23 行的圖片和第 24 ~ 26 行的輪播標題。

✅ 30：使用 <button> 元素加上 **.carousel-control-prev** 類別定義輪播控制並對齊開頭，**data-bs-target** 屬性用來設定要使用的輪播元件，此例為 "#myCarousel"，而 **data-bs-slide="prev"** 屬性表示向前切換，至於 <span> 元素則是用來設定向前圖示。

✅ 31：使用 <button> 元素加上 **.carousel-control-next** 類別定義輪播控制並對齊結尾，**data-bs-target** 屬性用來設定要使用的輪播元件，此例為 "#myCarousel"，而 **data-bs-slide="next"** 屬性表示向後切換，至於 <span> 元素則是用來設定向後圖示。

21-13 分頁導覽 (Pagination)

分頁導覽 (Pagination) 元件用來製作網頁上常見的分頁導覽功能，使用者只要點取頁數，就可以切換到不同的頁面。

下面是一個例子，重點在於第 02 行的 <ul> 元素加上 **.pagination** 類別，表示該元素用來做為分頁導覽元件，然後使用 <li> 元素加上 **.page-item** 類別和 <a> 元素加上 **.page-link** 類別製作頁數與超連結，其中第 06 行加上 .active 類別，表示目前啟用的頁數，若要設定停用的頁數，可以加上 .disabled 類別。

```
✅  \Ch21\pagination.html

01 : <nav>
02 :   <ul class="pagination">
03 :     <li class="page-item">
04 :       <a class="page-link" href="#"><span>&laquo;</span></a>
05 :     </li>
06 :     <li class="page-item active"><a class="page-link" href="#">1</a></li>
07 :     <li class="page-item"><a class="page-link" href="#">2</a></li>
08 :     <li class="page-item"><a class="page-link" href="#">3</a></li>
09 :     <li class="page-item">
10 :       <a class="page-link" href="#"><span>&raquo;</span></a>
11 :     </li>
12 :   </ul>
13 : </nav>
```

請注意，此例的分頁採取預設的大小，若要使用大尺寸或小尺寸，可以在第 02 行的 <ul> 元素加上 **.pagination-lg** 或 **.pagination-sm** 類別，瀏覽結果如下圖。

CHAPTER

22

響應式網頁設計實例
─旅遊網站

22-1 「快樂旅遊」網站

在本章中，我們會運用前面介紹的 HTML、CSS 和 Bootstrap 開發一個響應式網頁－「快樂旅遊」網站，當可視區域的寬度 ≧ 768px 時，內容區的卡片會顯示成四欄，如下圖。

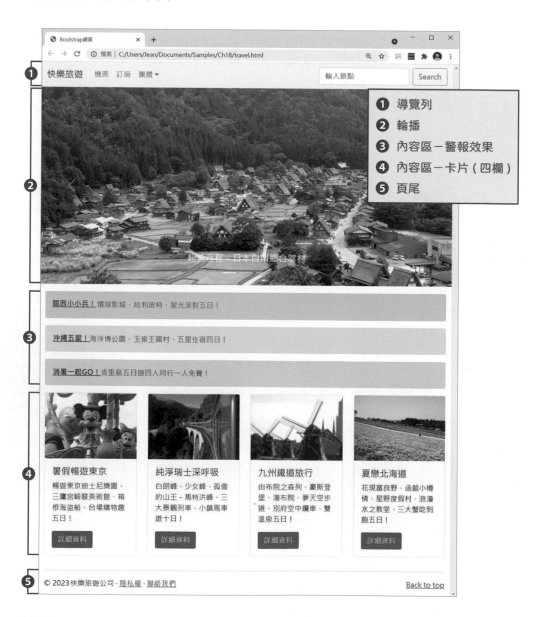

相反的,當可視區域的寬度 <768px 且 ≧ 576px 時,內容區的卡片會顯示成兩欄,如左下圖;當可視區域的寬度 <576px 時,內容區的卡片會顯示成單欄,如右下圖,而且導覽列的項目會收納到一個外觀是「三條線」的導覽圖示。

22-2 設計網頁樣板

在開始製作網頁的各個區域之前，我們可以針對這些區域設計如下的網頁樣板，包含導覽列、輪播、內容區（三個警報效果、四個卡片）與頁尾。

\Ch22\travel.html

```
<!DOCTYPE html>
<html>
  <head>
    <meta charset="utf-8">
    <meta name="viewport" content="width=device-width, initial-scale=1">
    <title> 快樂旅遊 </title>
    <link href="https://cdn.jsdelivr.net/npm/bootstrap@5.3.2/dist/css/
      bootstrap.min.css" rel="stylesheet">
    <script src="https://cdn.jsdelivr.net/npm/bootstrap@5.3.2/dist/js/
      bootstrap.bundle.min.js"></script>
  </head>
  <body>
    <!-- 導覽列 -->
    <nav></nav>

    <!-- 輪播 -->
    <div></div>

    <!-- 內容區 -->
    <div>
      <!-- 三個警報效果 -->
      <div></div>
      <div></div>
      <div></div>
      <!-- 四個卡片 -->
      <div></div>
    </div>

    <!-- 頁尾 -->
    <footer></footer>
  </body>
</html>
```

22-3 設計導覽列

在設計出網頁樣板後，我們可以先設計最上面的導覽列，當可視區域的寬度 ≧ 768px 時，會以水平方式顯示導覽列，如下圖。

當可視區域的寬度 <768px 時，會將網站名稱以外的項目收納到導覽按鈕，待使用者點取導覽按鈕才會展開，如下圖。

針對這個導覽列，我們可以撰寫如下的程式碼，由於我們在第 21-6 節使用類似的範例介紹過導覽列，此處不再重複講解。

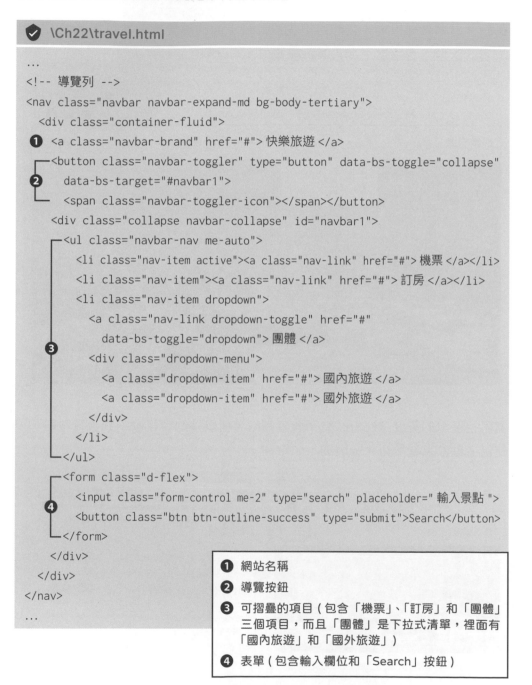

```
...
<!-- 導覽列 -->
<nav class="navbar navbar-expand-md bg-body-tertiary">
  <div class="container-fluid">
❶  <a class="navbar-brand" href="#"> 快樂旅遊 </a>
❷  <button class="navbar-toggler" type="button" data-bs-toggle="collapse"
      data-bs-target="#navbar1">
      <span class="navbar-toggler-icon"></span></button>
    <div class="collapse navbar-collapse" id="navbar1">
❸    <ul class="navbar-nav me-auto">
        <li class="nav-item active"><a class="nav-link" href="#"> 機票 </a></li>
        <li class="nav-item"><a class="nav-link" href="#"> 訂房 </a></li>
        <li class="nav-item dropdown">
          <a class="nav-link dropdown-toggle" href="#"
            data-bs-toggle="dropdown"> 團體 </a>
          <div class="dropdown-menu">
            <a class="dropdown-item" href="#"> 國內旅遊 </a>
            <a class="dropdown-item" href="#"> 國外旅遊 </a>
          </div>
        </li>
      </ul>
❹    <form class="d-flex">
        <input class="form-control me-2" type="search" placeholder=" 輸入景點 ">
        <button class="btn btn-outline-success" type="submit">Search</button>
      </form>
    </div>
  </div>
</nav>
...
```

❶ 網站名稱

❷ 導覽按鈕

❸ 可摺疊的項目（包含「機票」、「訂房」和「團體」三個項目，而且「團體」是下拉式清單，裡面有「國內旅遊」和「國外旅遊」）

❹ 表單（包含輸入欄位和「Search」按鈕）

22-4 設計輪播

輪播位於導覽列的下面，共有三個輪播項目，包含圖片與標題，瀏覽結果會循環播放以下的三張圖片，由於我們在第 21-12 節使用類似的範例介紹過輪播，此處不再重複講解。

\Ch22\travel.html (下頁續 1/2)

```
...
<!-- 輪播 -->
<div id="myCarousel" class="carousel slide" data-bs-ride="carousel">
  <!-- 輪播指示 -->
  <div class="carousel-indicators">
   <button type="button" data-bs-target="#myCarousel" data-bs-slide-to="0"
    class="active"></button>
   <button type="button" data-bs-target="#myCarousel" data-bs-slide-to="1"></button>
   <button type="button" data-bs-target="#myCarousel" data-bs-slide-to="2"></button>
  </div>
  <!-- 輪播內容 -->
  <div class="carousel-inner">
    <div class="carousel-item active">
      <img src="tour1.jpg" class="d-block w-100" alt=" 合掌村 ">
      <div class="carousel-caption">
        <h5> 超值行程－日本白川鄉合掌村 </h5>
      </div>
    </div>
    <div class="carousel-item">
      <img src="tour2.jpg" class="d-block w-100" alt=" 貝維德雷宮 ">
```

✅ \Ch22\travel.html （接上頁 2/2）

```
            <div class="carousel-caption">
              <h5>超值行程―奧地利貝維德雷宮</h5>
            </div>
          </div>
          <div class="carousel-item">
            <img src="tour3.jpg" class="d-block w-100" alt="布拉格">
            <div class="carousel-caption">
              <h5>超值行程―捷克布拉格</h5>
            </div>
          </div>
        </div>
        <!-- 輪播控制 -->
        <button class="carousel-control-prev" type="button" data-bs-target="#myCarousel"
         data-bs-slide="prev"><span class="carousel-control-prev-icon"></span>
         <span class="visually-hidden">Previous</span></button>
        <button class="carousel-control-next" type="button" data-bs-target="#myCarousel"
         data-bs-slide="next"><span class="carousel-control-next-icon"></span>
         <span class="visually-hidden">Next</span></button>
      </div>

      <!-- 內容區 -->
      <div>
        <!-- 三個警報效果 -->
        <div></div>
        <div></div>
        <div></div>

        <!-- 四個卡片 -->
        <div></div>
      </div>

      <!-- 頁尾 -->
      <footer></footer>
    </body>
</html>
```

22-5 設計內容區－警報效果

內容區包含三個警報效果和四個卡片，警報效果的瀏覽結果如下圖，裡面有超連結用來連結到旅遊行程，由於我們在第 21-2 節使用類似的範例介紹過警報效果，此處不再重複講解。

> **關西小小兵！**環球影城、哈利波特、星光派對五日！

> **沖繩五星！**海洋博公園、玉泉王國村、五星住宿四日！

> **消暑一起GO！**峇里島五日遊四人同行一人免費！

✔️ **\Ch22\travel.html**

```
...
  <!-- 內容區 -->
  <div class="container-fluid mt-3">
    <!-- 三個警報效果 -->
    <div class="alert alert-primary" role="alert">
      <a href="#" class="alert-link"><strong> 關西小小兵！</strong></a>
      環球影城、哈利波特、星光派對五日！
    </div>
    <div class="alert alert-secondary" role="alert">
      <a href="#" class="alert-link"><strong> 沖繩五星！</strong></a>
      海洋博公園、玉泉王國村、五星住宿四日！
    </div>
    <div class="alert alert-danger" role="alert">
      <a href="#" class="alert-link"><strong> 消暑一起 GO ！</strong></a>
      峇里島五日遊四人同行一人免費！
    </div>

    <!-- 四個卡片 -->
    <div></div>
  </div>
...
```

> 為了美觀起見，將內容區放在容器並設定上邊界

22-6 設計內容區－卡片

當可視區域的寬度 ≧ 768px 時，內容區的卡片會顯示成四欄，如圖❶；當可視區域的寬度 <768px 且 ≧ 576px 時，內容區的卡片會顯示成兩欄，如圖❷；當可視區域的寬度 <576px 時，內容區的卡片會顯示成單欄，如圖❸。

```
01:  ...
02:      <!-- 四個卡片 -->
03:      <div class="row">
04:        <div class="col-sm-6 col-md-3">
05:          <div class="card mb-3">
06:            <img class="card-img-top" src="photo1.jpg">
07:            <div class="card-body">
08:              <h5 class="card-title"> 暑假暢遊東京 </h5>
09:              <p class="card-text"> 暢遊東京迪士尼樂園、三鷹宮崎駿
                  美術館、箱根海盜船、台場購物趣五日！ </p>
10:              <a href="#" class="btn btn-primary"> 詳細資料 </a>
11:            </div>
12:          </div>
13:        </div>
14:        <div class="col-sm-6 col-md-3">
15:          <div class="card mb-3">
16:            <img class="card-img-top" src="photo2.jpg">
17:            <div class="card-body">
18:              <h5 class="card-title"> 純淨瑞士深呼吸 </h5>
19:              <p class="card-text"> 白朗峰、少女峰、孤傲的山王─
                  馬特洪峰、三大景觀列車、小鎮馬車遊十日！ </p>
20:              <a href="#" class="btn btn-primary"> 詳細資料 </a>
21:            </div>
22:          </div>
23:        </div>
24:        <div class="col-sm-6 col-md-3">
25:          <div class="card mb-3">
26:            <img class="card-img-top" src="photo3.jpg">
27:            <div class="card-body">
28:              <h5 class="card-title"> 九州鐵道旅行 </h5>
29:              <p class="card-text"> 由布院之森列、豪斯登堡、湯布院、
                  夢天空步道、別府空中纜車、雙溫泉五日！ </p>
30:              <a href="#" class="btn btn-primary"> 詳細資料 </a>
31:            </div>
32:          </div>
33:        </div>
```

❶ ❷ ❸

```
34:        ┌─ <div class="col-sm-6 col-md-3">
35:        │     <div class="card mb-3">
36:        │        <img class="card-img-top" src="photo4.jpg">
37:        │        <div class="card-body">
38:        │           <h5 class="card-title">夏戀北海道 </h5>
39:     ❹  │           <p class="card-text">花現富良野、函館小樽情、星野度假村、
                          浪漫水之教堂、三大蟹吃到飽五日！</p>
40:        │           <a href="#" class="btn btn-primary">詳細資料 </a>
41:        │        </div>
42:        │     </div>
43:        └─ </div>
44:           </div>
45:        </div>
46:
47:     <!-- 頁尾 -->
48:     <footer></footer>
49:  </body>
50: </html>
```

❶ 第一個卡片
❷ 第二個卡片
❸ 第三個卡片
❹ 第四個卡片

這段程式碼看起來好像有點複雜，不過別擔心，第 04 ～ 13 行、第 14 ～ 23 行、第 24 ～ 33 行和第 34 ～ 43 行的寫法其實是差不多的，就是各自代表一個卡片，因此，只要瞭解第 04 ～ 13 行就可以了。

- 04：使用 <div> 元素加上 .col-sm-6 和 .col-md-3 類別將卡片的響應式斷點設定為 576px 和 768px，當可視區域的寬度 ≥ 768px 時，卡片會占用 3 個 column；當可視區域的寬度 <768px 且 ≥ 576px 時，卡片會占用 6 個 column；當可視區域的寬度 <576px 時，卡片會占用 12 個 column。

- 05：使用 <div> 元素加上 .card 和 .mb-3 類別製作卡片並設定下邊界。

- 06 ～ 11：第 06 行是在卡片上方放置圖片，而第 07 ～ 11 行是設定卡片的主體，包含標題、文字和超連結按鈕。

22-7 設計頁尾

頁尾相當簡單，除了有「隱私權」和「聯絡我們」兩個超連結之外，值得注意的是右下方有個「Back to top」超連結用來返回網頁的頂端。

❶ 頁尾　　❷ 此超連結用來返回網頁的頂端

✅ **\Ch22\travel.html**

```
...
  <!-- 頁尾 -->
  <footer class="container-fluid">
    <hr>
    <p class="float-end"><a href="#">Back to top</a></p>
    <p>&copy; 2023 快樂旅遊公司 &middot; <a href="#"> 隱私權 </a>
      &middot; <a href="#"> 聯絡我們 </a></p>
  </footer>
</body>
</html>
```

響應式網頁設計實例
—部落格網站

23-1 「快樂部落格」網站

在本章中,我們會運用前面介紹的 HTML、CSS 和 Bootstrap 開發一個響應式網頁—「快樂部落格」網站,當可視區域的寬度 ≥ 768px 時,內容區會顯示成雙欄,包含文章與側邊欄,如下圖。

1 頁首
2 導覽列
3 介紹區
4 內容區
5 頁尾
6 文章
7 側邊欄

相反的，當可視區域的寬度 <768px 時，內容區會顯示成單欄，先顯示文章，再顯示側邊欄，如下圖。

23-2 設計網頁樣板

在開始製作網頁的各個區域之前，我們可以針對這些區域設計如下的網頁樣板，包含頁首、導覽列、介紹區、內容區與頁尾。

✓ \Ch23\blog.html

```html
<!DOCTYPE html>
<html>
  <head>
    <meta charset="utf-8">
    <meta name="viewport" content="width=device-width, initial-scale=1">
    <title> 快樂部落格 </title>
    <link href="https://cdn.jsdelivr.net/npm/bootstrap@5.3.2/dist/css/
      bootstrap.min.css" rel="stylesheet">
    <script src="https://cdn.jsdelivr.net/npm/bootstrap@5.3.2/dist/js/
      bootstrap.bundle.min.js"></script>
  </head>
  <body>
    <div>
      <!-- 頁首 -->
      <header></header>

      <!-- 導覽列 -->
      <div><nav></nav></div>

      <!-- 介紹區 -->
      <div></div>
    </div>

    <!-- 內容區 -->
    <div>
    </div>

    <!-- 頁尾 -->
    <footer>
    </footer>
  </body>
</html>
```

23-3 設計頁首、導覽列與介紹區

在設計出網頁樣板後，我們可以著手設計最上面的區域—頁首、導覽列與介紹區，其中頁首包含網站名稱、搜尋圖示和「登入」按鈕，導覽列包含「美食」、「影視」...等 10 個項目，而介紹區包含部落格的介紹，如下圖。

❶ 頁首　　**❷** 導覽列　　**❸** 介紹區

針對這個區域，我們可以撰寫如下的程式碼，相關的語法在前幾章介紹過，比較特別的是第 019 行，用來插入一個搜尋圖示。

✅ \Ch23\blog.html	（下頁續 1/2）

```
...
011:    <div class="container">
012:      <!-- 頁首 -->
013:      <header class="py-3 border-bottom">
014:        <div class="row">
015:    ❶ <div class="col-6">
016:          <a href="#" class="fs-2 link-dark link-underline-opacity-0">
              快樂部落格 </a>
017:        </div>
018:    ❷ <div class="col-6 d-flex justify-content-end align-items-center">
019:      ❸ <a href="#" class="link-secondary"><svg
            xmlns="http://www.w3.org/2000/svg" width="25" height="25"
            fill="none" stroke="currentColor" stroke-linecap="round"
            stroke-linejoin="round" stroke-width="2" class="mx-3" role="img"
            viewBox="0 0 24 24"><title>Search</title><circle cx="10.5" cy="10.5"
            r="7.5"/><path d="M21 21l-5.2-5.2"/></svg></a>
```

❶ 頁首的左欄是網站名稱
❷ 頁首的右欄是搜尋圖示和「登入」按鈕（對齊結尾、垂直置中）
❸ 插入搜尋圖示

```
020:              ❹ <a href="#" class="btn btn-outline-secondary"> 登入 </a>
021:                 </div>
022:              </div>
023:          </header>
024:
025:          <!-- 導覽列 -->
026:          <div class="py-1 mb-3 border-bottom">
027:          ❺ <nav class="nav nav-underline justify-content-between">
028:              <a href="#" class="nav-item nav-link link-body-emphasis"> 美食 </a>
029:              <a href="#" class="nav-item nav-link link-body-emphasis"> 影視 </a>
030:              <a href="#" class="nav-item nav-link link-body-emphasis"> 旅遊 </a>
031:              <a href="#" class="nav-item nav-link link-body-emphasis"> 健康 </a>
032:              <a href="#" class="nav-item nav-link link-body-emphasis"> 藝文 </a>
033:              <a href="#" class="nav-item nav-link link-body-emphasis"> 親子 </a>
034:              <a href="#" class="nav-item nav-link link-body-emphasis"> 家居 </a>
035:              <a href="#" class="nav-item nav-link link-body-emphasis"> 美妝 </a>
036:              <a href="#" class="nav-item nav-link link-body-emphasis"> 寵物 </a>
037:              <a href="#" class="nav-item nav-link link-body-emphasis">3C</a>
038:              </nav>
039:          </div>
040:
041:          <!-- 介紹區 -->
042:          ❻ <div class="p-5 my-4 rounded text-body-emphasis bg-body-secondary">
043:              <h1 class="display-5 fst-italic"> 記錄一切美好的部落格 </h1>
044:              <p class="lead my-3"> 數十萬部落客真心推薦，充滿活力的創作
                    園地、友善親切的操作介面，歡迎加入我們的行列！ </p>
045:              </div>
046:          </div>
047:
048:          <!-- 內容區 -->
049:          <div>
050:          </div>
051:
052:          <!-- 頁尾 -->
053:          <footer>
054:          </footer>
055:      </body>
056: </html>
```

❹ 插入「登入」按鈕
❺ 導覽列（各個項目左右對齊）
❻ 介紹區（包含標題與介紹文字）

23-4 設計內容區

當可視區域的寬度 ≥ 768px 時，內容區會顯示成雙欄，包含文章與側邊欄，如左下圖；相反的，當可視區域的寬度 <768px 時，內容區會顯示成單欄，先顯示文章，再顯示側邊欄，如右下圖。

❶ 文章占用 8 個 column（包含圖片、文字、水平線和兩個按鈕）

❷ 側邊欄占用 3 個 column（和文章間隔 1 個 column，包含三個卡片）

我們可以根據內容區的版面配置撰寫如下的樣板，上半段是文章的部分，其中圖片和按鈕是放在一個 <div> 元素裡面，並加上 .col-md-8 類別，當可視區域的寬度 ≥ 768px 時，圖片和按鈕會占用 8 個 column。

下半段是側邊欄的部分，包含三個卡片，這些卡片也是放在一個 <div> 元素裡面，並加上 .col-md-3 和 .offset-md-1 類別，當可視區域的寬度 ≥ 768px 時，側邊欄會占用 3 個 column 並向右位移 1 個 column，也就是說，側邊欄和文章會保持 1 個 column 的間隔。

```html
<!-- 內容區 -->
<div class="container">
  <div class="row">
    <!-- 文章 -->
    <div class="col-md-8">
      <!-- 第一張圖片 -->
      ...
      <!-- 第二張圖片 -->
      ...
      <!-- 上一篇、下一篇按鈕 -->
      ...
    </div>

    <!-- 側邊欄 -->
    <div class="col-md-3 offset-md-1">
      <!-- 第一個卡片 -->
      <div></div>
      <!-- 第二個卡片 -->
      <div></div>
      <!-- 第三個卡片 -->
      <div></div>
    </div>
  </div>
</div>
```

決定好內容區的樣板後，就可以撰寫如下程式碼，雖然看起來很冗長，但結構其實很清楚，語法也很簡單。由於我們在第 21-7 節介紹過卡片，此處就不再重複講解。

| ✅ \Ch23\blog.html | （下頁續 1/2） |

```
...
048:      <!-- 內容區 -->
049:      <div class="container">
050:          <h3> ★熱門毛小孩精選★ </h3>
051:          <div class="row">
052:              <!-- 文章 -->
053:              <div class="col-md-8">
054:                  <!-- 第一張圖片 -->
055:  ❶              <img src="pet1.png" class="img-fluid rounded my-2">
056:                  <p>2023 年 12 月 by<a href="#"> 星野愛 </a></p>
057:                  <p> 灰白色的貓咪悠閒地趴在晴朗的沙灘上，陽光灑在牠柔軟的
                        毛皮上，...，讓人感受到寧靜而愜意的氛圍。</p>
058:                  <hr>
059:                  <!-- 第二張圖片 -->
060:  ❷              <img src="pet2.png" class="img-fluid rounded my-2">
061:                  <p>2023 年 12 月 by<a href="#"> 阿葵亞 </a></p>
062:                  <p> 在廣闊的綠色草地上，一隻迷人的博美狗正盡情奔跑。
                        牠的毛皮如絲般柔軟，...，透露出純粹的快樂和自由。</p>
063:                  <hr>
064:                  <!-- 上一篇、下一篇按鈕 -->
065:                  <ul class="list-inline text-center">
066:                      <li class="list-inline-item"><a href="#" class="btn
                            btn-outline-primary rounded-pill"> 上一篇 </a></li>
067:                      <li class="list-inline-item"><a href="#" class="btn
                            btn-outline-primary rounded-pill"> 下一篇 </a></li>
068:                  </ul>
069:              </div>
070:
071:              <!-- 側邊欄 -->
072:              <div class="col-md-3 offset-md-1">
073:                  <!-- 第一個卡片 -->
074:  ❸              <div class="card text-dark bg-light mb-4">
075:  ❹                  <div class="card-header"> 關於我們 </div>
076:  ❺                  <div class="card-body">
077:                          <p class="card-text"> 這是由一群愛吃、愛玩、愛生活、
                                愛分享的部落客所組成的部落格，專門特搜好吃好玩的
                                美食、景點與生活點滴，也歡迎同好與我們一起分享！ </p>
```

❶ 第一張圖片來源：Midjourney 生成
❷ 第二張圖片來源：idjourney 生成
❸ 設定卡片的文字色彩與背景色彩
❹ 設定卡片的標題
❺ 設定卡片的主體

✓ \Ch23\blog.html (接上頁 2/2)

```
078:            </div>
079:         </div>
080:         <!-- 第二個卡片 -->
081:         <div class="card text-dark bg-light mb-4">
082:            <div class="card-header"> 美食推薦 </div>
083:            <div class="card-body">
084:               <ul class="list-unstyled">
085:                  <li><a href="#"> 島嶼法式海鮮 </a></li>
086:                  <li><a href="#"> 法國的秘密甜點 </a></li>
087:                  <li><a href="#"> 興波咖啡 </a></li>
088:                  <li><a href="#"> 平安京茶事 </a></li>
089:                  <li><a href="#"> 凱蒂小姐的甜點 </a></li>
090:                  <li><a href="#"> 望月樓 </a></li>
091:                  <li><a href="#">Fogant 法式餐廳 </a></li>
092:               </ul>
093:            </div>
094:         </div>
095:         <!-- 第三個卡片 -->
096:         <div class="card text-dark bg-light mb-4">
097:            <div class="card-header"> 廣告連結 </div>
098:            <div class="card-body">
099:               <ul class="list-unstyled">
100:                  <li><a href="#"> 廣告連結 1</a></li>
101:                  <li><a href="#"> 廣告連結 2</a></li>
102:                  <li><a href="#"> 廣告連結 3</a></li>
103:               </ul>
104:            </div>
105:         </div>
106:      </div>
107:      </div>
108:   </div>
109:
110:   <!-- 頁尾 -->
111:   <footer></footer>
112: </body>
113: </html>
```

23-5 設計頁尾

頁尾相當簡單,除了有版權聲明,以及「隱私權政策」和「服務條款」兩個超連結,還有個「Back to top」超連結用來返回網頁的頂端。

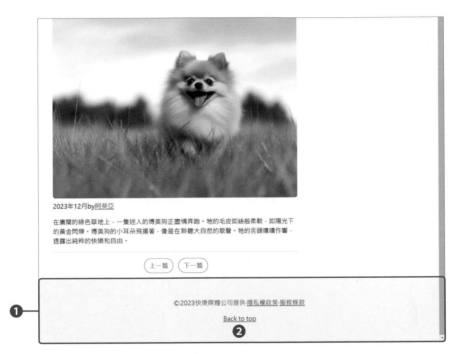

❶ 頁尾　　**❷** 此超連結用來返回網頁的頂端

✅ **\Ch23\blog.html**

```
...
110:    <!-- 頁尾 -->
111:    <footer class="py-5 text-center text-body-secondary bg-body-tertiary">
112:      <p>&copy;2023 快樂媒體公司提供 &middot;
            <a href="#"> 隱私權政策 </a>&middot;
            <a href="#"> 服務條款 </a></p>
113:      <p class="mb-0"><a href="#">Back to top</a></p>
114:    </footer>
115:   </body>
116: </html>
```

CHAPTER

24

jQuery

24-1 認識 jQuery

根據 jQuery 官方網站 (https://jquery.com/) 的說明指出,「**jQuery** 是一個快速、輕巧、功能強大的 JavaScript 函式庫,透過它所提供的 API,可以讓諸如操作 HTML 文件、選擇 HTML 元素、處理事件、建立特效、使用 Ajax 技術等動作變得更簡單。由於其多樣性與擴充性,jQuery 改變了數以百萬計的人們撰寫 JavaScript 程式的方式。」。

簡單地說,jQuery 是一個開放原始碼、跨瀏覽器的 JavaScript 函式庫,目的是簡化 HTML 與 JavaScript 之間的操作,一開始是由 John Resig 於 2006 年釋出第一個版本,後來改由 Dave Methvin 領導的團隊進行開發,發展迄今,jQuery 已經成為使用最廣泛的 JavaScript 函式庫。

此外,jQuery 還有一些知名的外掛模組,例如 jQuery UI、jQuery Mobile 等,其中 **jQuery UI** 是奠基於 jQuery 的 JavaScript 函式庫,包含使用者介面互動、特效、元件與佈景主題等功能;而 **jQuery Mobile** 是奠基於 jQuery 和 jQuery UI 的行動網頁使用者介面函式庫,包括佈景主題、頁面切換動畫、對話方塊、按鈕、工具列、導覽列、可摺疊區塊、清單檢視、表單等元件。

jQuery 官方網站

JavaScript 函式庫與框架

除了本章所要介紹的 jQuery 和下一章所要介紹的 Vue.js 之外,還有許多應用於 JavaScript 程式開發的函式庫與框架,所謂**函式庫** (library) 指的是一組函式的集合,而**框架** (framewor) 指的是一組支援應用程式開發的工具與函式。下面是一些知名的 JavaScript 函式庫與框架,用途大多是幫助人們快速開發網站,例如提供簡化的方式操作 DOM、Ajax、CSS,或解決跨瀏覽器的問題。

- Bootstrap
- jQuery UI
- jQuery Mobile
- React
- Angular
- Backbone.js
- Aurelia
- Ember.js
- Node.js
- Express.js
- Next.js
- Meteor
- Polymer
- RxJS

使用 JavaScript 函式庫與框架的好處是提升網站開發效率,而且一些廣泛使用的函式庫與框架通常會經過嚴密的測試,並有開發團隊負責維護與更新;至於缺點則是它們經常包含許多您使用不到的功能,換句話說,您所載入的程式檔案有一部分甚至一大部分是用不到的,而這會拖慢網站的下載速度。

24-2 取得 jQuery 核心

在使用 jQuery 之前需要具有 jQuery 核心 JavaScript 檔案，我們可以透過下列兩種方式來取得：

- **下載 jQuery 套件**：到官方網站 https://jquery.com/download/ 下載 jQuery 套件，如下圖，建議點取 **[Download the compressed, production jQuery 3.7.1]**，下載 jquery-3.7.1.min.js，然後將檔案複製到網站專案的根目錄，檔名中的 3.7.1 為版本，.min 為最小化的檔案，也就是去除空白、換行、註解並經過壓縮，推薦給正式版使用。由於 jQuery 仍在持續發展中，您可以到官方網站查看最新發展與版本。

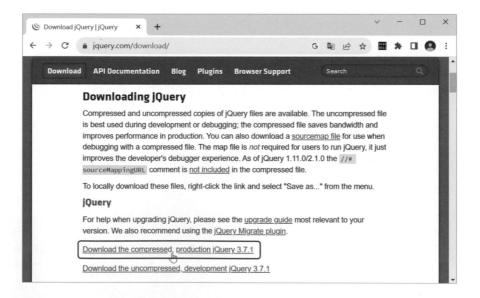

- **使用 CDN** (Content Delivery Networks)：在網頁中參考 jQuery 官方網站提供的檔案，而不是將檔案複製到網站專案的根目錄。我們可以在 https://releases.jquery.com/ 找到類似如下的程式碼，將之複製到網頁即可：

```
<script src="https://code.jquery.com/jquery-3.7.1.min.js"
  integrity="sha256-/JqT3SQfawRcv/BIHPThkBvs0OEvtFFmqPF/lYI/Cxo="
  crossorigin="anonymous"></script>
```

jQuery 屬於開放原始碼，可以免費使用，注意不要刪除檔案開頭的版權資訊即可。至於使用 CDN 的好處則如下：

- 無需下載任何套件。

- 減少網路流量，因為 Web 伺服器送出的檔案較小。

- 若使用者之前已經透過相同的 CDN 參考 jQuery 的檔案，那麼該檔案就會存在於瀏覽器的快取中，如此便能加快網頁的執行速度。

下面是一個例子，它會在 HTML 文件的 DOM 載入完畢後以對話方塊顯示 'Hello, jQuery!'，其中第 02 行是使用 CDN 參考 jQuery 核心 JavaScript 檔案 jquery-3.7.1.min.js，至於第 05 行的 jQuery 語法稍後會有詳細的說明。

\Ch24\hello.html

```
01: <body>
02:   <script src="https://code.jquery.com/jquery-3.7.1.min.js"></script>
03:   <script src="hello.js"></script>
04: </body>
```

\Ch24\hello.js

```
05: $(document).ready(function() {
06:   window.alert('Hello, jQuery!');
07: });
```

24-3 使用 jQuery 核心

jQuery 核心提供許多方法可以用來操作 HTML 文件，我們習慣以小數點開頭加上方法名稱來辨識 jQuery 方法，以和內建的 JavaScript 方法做區別，例如 .html()、.text()、.val()、.after()、.before() 等。

24-3-1 選擇元素

jQuery 的基本語法如下：

```
$( 選擇器 ).method( 參數 );
```

$** 符號是 jQuery 物件的別名，而 **$() 表示呼叫建構函式建立 jQuery 物件，至於**選擇器** (selector) 指的是要進行處理的 DOM 物件，例如下面的敘述是針對 id 屬性為 "msg" 的元素呼叫 jQuery 提供的 .text() 方法，將該元素的內容設定為參數所指定的文字：

```
$("#msg").text("Hello, jQuery!");
```

jQuery 除了支援多數的 CSS3 選擇器，同時也提供一些專用的選擇器，常用的如下。

選擇器	範例
萬用選擇器	$("*") 表示選擇所有元素。
類型選擇器	$("h1") 表示選擇 <h1> 元素。
子選擇器	$("ul > li") 表示選擇 <ul> 的子元素 <li>。
子孫選擇器	$("p a") 表示選擇 <p> 元素的子孫元素 <a>。
相鄰兄弟選擇器	$("img + p") 表示選擇 <img> 元素後面的第一個兄弟元素 <p>。
全體兄弟選擇器	$("img ~ p") 表示選擇 <img> 元素後面的所有兄弟元素 <p>。
類別選擇器	$(".odd") 表示選擇 class 屬性為 "odd" 的元素。
ID 選擇器	$("#btn") 表示選擇 id 屬性為 "btn" 的元素。

選擇器	範例
屬性選擇器	
[*attr*]	$("[class]") 表示選擇有設定 class 屬性的元素。
[*attr=val*]	$("[class='apple']") 表示選擇 class 屬性的值為 'apple' 的元素。
[*attr~=val*]	$("[class~='apple']") 表示選擇 class 屬性的值為 'apple'，或以空白字元隔開並包含 'apple' 的元素。
[*attr|=val*]	$("[class|='apple']") 表示選擇 class 屬性的值為 'apple'，或以 - 字元連接並包含 'apple' 的元素。
[*attr^=val*]	$("[class^='apple']") 表示選擇 class 屬性的值以 'apple' 開頭的元素。
[*attr$=val*]	$("[class$='apple']") 表示選擇 class 屬性的值以 'apple' 結尾的元素。
[*attr*=val*]	$("[class*='apple']") 表示選擇 class 屬性的值包含 'apple' 的元素。
[*attr!=val*]	$("[class!='apple']") 表示選擇 class 屬性的值不包含 'apple' 的元素。
多重選擇器	$("div, span") 表示選擇 <div> 和 <span> 元素。
多重屬性選擇器	$("input[id][name$='man']") 表示選擇有設定 id 屬性且 name 屬性以 'man' 結尾的 <input> 元素。
表單虛擬選擇器	
:input	$(":input") 表示選擇所有 <input> 元素。
:text	$(":text") 表示選擇所有 type="text" 的 <input> 元素。
:password	$(":password") 表示選擇所有 type="password" 的 <input> 元素。
:radio	$(":radio") 表示選擇所有 type="radio" 的 <input> 元素。
:checkbox	$(":checkbox") 表示選擇所有 type="checkbox" 的 <input> 元素。
:image	$(":image") 表示選擇所有 type="image" 的 <input> 元素。
:file	$(":file") 表示選擇所有 type="file" 的 <input> 元素。
:submit	$(":submit") 表示選擇所有 type="submit" 的 <input> 元素。
:reset	$(":reset") 表示選擇所有 type="reset" 的 <input> 元素。
:button	$(":button") 表示選擇所有 <button> 元素。
:selected	$(":selected") 表示選擇下拉式清單中被選取的項目。

選擇器	範例
:enabled	$("input:enabled") 表示選擇所有被啟用的 <input> 元素。
:disabled	$("input:disabled") 表示選擇所有被停用的 <input> 元素。
:checked	$("input:checked") 表示選擇所有被核取的 <input> 元素。
其它虛擬選擇器	
:not(*selector*)	$("input:not(:checked)") 表示選擇所有尚未被核取的 <input> 元素。
:first	$("tr:first") 表示選擇第一個 <tr> 元素。
:last	$("tr:last") 表示選擇最後一個 <tr> 元素。
:odd	$("tr:odd") 表示選擇索引值為奇數的 <tr> 元素，也就是第 2、4、6…列。
:even	$("tr:even") 表示選擇索引值為偶數的 <tr> 元素，也就是第 1、3、5…列。
:eq(*index*)	$("tr:eq(2)") 表示選擇索引值為 2 的 <tr> 元素，也就是第 3 列。
:gt(*index*)	$("tr:gt(2)") 表示選擇索引值大於 2 的 <tr> 元素。
:lt(*index*)	$("tr:lt(2)") 表示選擇索引值小於 2 的 <tr> 元素。
:header	$(":header") 表示選擇所有 <h1> ~ <h6> 元素。
:animated	$(":animated") 表示選擇所有套用動畫的元素。
:focus	$(":focus") 表示選擇所有取得焦點的元素。
:contains(*text*)	$("div:contains('Mary')") 表示選擇文字包含 'Mary' 的 <div> 元素。
:empty	$("td:empty") 表示選擇所有無子元素的 <td> 元素。
:parent	$("td:parent") 表示選擇所有包含子元素的 <td> 元素。
:has(*selector*)	$("div:has(p)") 表示選擇所有包含 <p> 元素的 <div> 元素。
:hidden	$("div:hidden") 表示選擇所有隱藏的 <div> 元素。
:visible	$("div:visible") 表示選擇所有可見的 <div> 元素。
:nth-child(*expr*)	$("ul li:nth-child(2)") 表示選擇 <ul> 元素中的第 2 個 <li> 元素。
:first-child	$("div span:first-child") 表示選擇 <div> 元素中的第 1 個 <span> 元素。
:last-child	$("div span:last-child") 表示選擇 <div> 元素中的最後 1 個 <span> 元素。

24-3-2　存取元素的內容

jQuery 提供了數個方法可以用來存取元素的內容，例如 .text()、.html()、.val() 等，以下有進一步的說明。至於其它方法或更多的使用範例，有興趣的讀者可以到 jQuery Learning Center (https://learn.jquery.com/) 查看。

 .text()

.text() 方法的語法如下，第一種形式沒有參數，用來取得所有符合之元素及其子孫元素的文字內容；而第二種形式有參數，用來將所有符合之元素的文字內容設定為參數所指定的內容：

```
.text()
.text( 參數 )
```

舉例來說，假設網頁中有如下的項目清單：

```
<ul>
   <li><em> 珠寶盒 </em></li>
   <li> 法朋 </li>
   <li>Lady M</li>
</ul>
```

那麼 $("ul").text() 會傳回如下的文字內容，包含 <ul> 元素及其子孫元素的文字內容：

```
珠寶盒
法朋
Lady M
```

而 $("li").text() 會傳回如下的文字內容 (不包含項目之間的空白)：

```
珠寶盒法朋 Lady M
```

至於如何使用 .text() 方法設定元素的文字內容，下面是一個例子，當使用者按一下 [顯示訊息] 時，會在下方的段落顯示 "Hello, jQuery!"。請注意，第 07 ~ 09 行是利用按鈕的 click 事件處理程式來設定段落的文字內容，我們會在第 24-4 節說明如何使用 jQuery 處理事件。

✅ \Ch24\text.html

```
01: <body>
02:   <button id="btn"> 顯示訊息 </button>
03:   <p id="msg"></p>
04:   <script src="https://code.jquery.com/jquery-3.7.1.min.js"></script>
05:   <script src="text.js"></script>
06: </body>
```

✅ \Ch24\text.js

```
07: $("#btn").on("click", function() {
08:   $("#msg").text("Hello, jQuery!");
09: });
```

❶ 按一下此鈕   ❷ 顯示此訊息

.html()

.html() 方法的語法如下，第一種形式沒有參數，用來取得第一個符合之元素的 HTML 內容；而第二種形式有參數，用來將所有符合之元素的 HTML 內容設定為參數所指定的內容：

```
.html()
.html( 參數 )
```

舉例來說，假設網頁中有如下的項目清單：

```
<ul>
  <li><em> 珠寶盒 </em></li>
  <li> 法朋 </li>
  <li>Lady M</li>
</ul>
```

那麼 $("ul").html() 會傳回如下的 HTML 內容，也就是第一個 <ul> 元素的 HTML 內容：

```
<li><em> 珠寶盒 </em></li>
<li> 法朋 </li>
<li>Lady M</li>
```

而 $("li").html() 會傳回如下的 HTML 內容，也就是第一個 <li> 元素的 HTML 內容：

```
<em> 珠寶盒 </em>
```

至於下面的敘述則會將所有 <li> 元素的 HTML 內容設定為 "<b> 平安京茶事 </b>"，也就是加上粗體的「平安京茶事」：

```
$("li").html("<b> 平安京茶事 </b>");
```

.val()

.val() 方法的語法如下,第一種形式沒有參數,用來取得第一個符合之元素的值;而第二種形式有參數,用來將所有符合之元素的值設定為參數所指定的值,.val() 主要用來取得 <input>、<select>、<textarea> 等表單輸入元素的值:

```
.val()
.val( 參數 )
```

舉例來說,假設網頁中有如下的下拉式清單,那麼 $('#book').val() 會傳回選取的值,預設值為 1,而 $('#book option:selected').text() 會傳回選取的文字,預設值為 ' 秧歌 ':

```
<select id="book">
  <option value="1" selected> 秧歌 </option>
  <option value="2"> 半生緣 </option>
  <option value="3"> 小團圓 </option>
  <option value="4"> 雷峰塔 </option>
  <option value="5"> 易經 </option>
</select>
```

24-3-3 存取元素的屬性值

.attr()

.attr() 方法的語法如下,第一種形式用來根據參數取得第一個符合之元素的屬性值;第二種形式用來根據參數設定所有符合之元素的屬性名稱與屬性值;而第三種形式用來根據參數的鍵 / 值設定所有符合之元素的屬性名稱與屬性值:

```
.attr( 屬性名稱 )
.attr( 屬性名稱 , 屬性值 )
.attr( 鍵 / 值 , 鍵 / 值 , ...)
```

例如下面的敘述是取得第一個 <a> 元素的 href 屬性值：

```
$('a').attr('href');
```

而下面的敘述是將所有 <a> 元素的 href 屬性設定為 'index.html'：

```
$('a').attr('href', 'index.html');
```

至於下面的敘述是將所有 <img> 元素的 src 和 alt 兩個屬性設定為 'hat.gif'、
'jQuery Logo'：

```
$('img').attr({
  src: 'hat.gif',
  alt: 'jQuery Logo'
});
```

●● .removeAttr()

.removeAttr() 方法的語法如下，用來根據參數移除所有符合之元素的屬性：

```
.removeAttr( 屬性名稱 )
```

例如下面的敘述是移除所有 <a> 元素的 title 屬性：

```
$('a').removeAttr('title');
```

●● .addClass()

.addClass() 方法的語法如下，用來在所有符合之元素加入參數所指定的類別：

```
.addClass( 類別名稱 )
```

例如下面的敘述是在所有 <p> 元素加入 c1 和 c2 兩個類別：

```
$('p').addClass('c1 c2');
```

.removeClass()

.removeClass() 方法的語法如下，用來根據參數移除所有符合之元素的類別：

```
.removeClass( 類別名稱 )
```

例如下面的敘述是移除所有 <p> 元素的 c1 和 c2 兩個類別：

```
$('p').removeClass('c1 c2');
```

下面是一個例子，它會先移除所有索引值為偶數之 <h1> 元素的 'under' 類別，然後加入 'highlight' 類別 (索引值是從 0 開始)。

\Ch24\class.html

```
<!DOCTYPE html>
<html>
  <head>
    <meta charset="utf-8">
    <style>
      .blue {color: blue;}              /* 將文字色彩設定為藍色 */
      .under {text-decoration: underline;}   /* 將文字裝飾設定為底線 */
      .highlight {background: yellow;}     /* 將背景色彩設定為黃色 */
    </style>
  </head>
  <body>
    <h1 class="blue under"> 臨江仙 </h1>
    <h1 class="blue under"> 蝶戀花 </h1>
    <h1 class="blue under"> 卜算子 </h1>
    <h1 class="blue under"> 醉花陰 </h1>
    <script src="https://code.jquery.com/jquery-3.7.1.min.js"></script>
    <script>
      $('h1:even').removeClass('under').addClass('highlight');
    </script>
  </body>
</html>
```

使用鏈結語法在相同的選擇器套用多個方法，中間以小數點連接瀏覽結果如下圖，所有索引值為偶數的標題 1 均為藍色文字加上黃色背景，而所有索引值為奇數的標題 1 均為藍色文字加上底線。

24-3-4 插入元素

●● .append()

.append() 方法的語法如下，用來將參數所指定的元素加到符合之元素的後面：

```
.append( 參數 )
```

下面是一個例子，它會將 '<i>Gone with the Wind</i>' 加到 <p> 元素的後面，得到如下圖的瀏覽結果。

✅ **\Ch24\append.html**

```
01: <!DOCTYPE html>
02: <html>
03:   <head>
04:     <meta charset="utf-8">
05:   </head>
06:   <body>
07:     <p> 亂世佳人 </p>
08:     <script src="https://code.jquery.com/jquery-3.7.1.min.js"></script>
09:     <script>
10:       $('p').append('<b><i>Gone with the Wind</i></b>');
11:     </script>
12:   </body>
13: </html>
```

.prepend()

.prepend() 方法的語法如下，用來將參數所指定的元素加到符合之元素的前面：

```
.prepend( 參數 )
```

假設將 \Ch24\append.html 的第 10 行改寫成如下，得到如下圖的瀏覽結果：

```
$('p').prepend('<b><i>Gone with the Wind</i></b>');
```

*Gone with the Wind*亂世佳人

.after()

.after() 方法的語法如下，用來將參數所指定的元素加到符合之元素的後面。請注意，.append() 方法是將元素加到指定區塊內的後面，而 .after() 是將元素加到指定區塊外的後面：

```
.after( 參數 )
```

假設將 \Ch24\append.html 的第 10 行改寫成如下，得到如下圖的瀏覽結果：

```
$('p').after('<b><i>Gone with the Wind</i></b>');
```

> 亂世佳人
>
> ***Gone with the Wind***

 .before()

.before() 方法的語法如下，用來將參數所指定的元素加到符合之元素的前面。請注意，.prepend() 方法是將元素加到指定區塊內的前面，而 .before() 是將元素加到指定區塊外的前面：

```
.before( 參數 )
```

假設將 \Ch24\append.html 的第 10 行改寫成如下，得到如下圖的瀏覽結果：

```
$('p').before('<b><i>Gone with the Wind</i></b>');
```

> ***Gone with the Wind***
>
> 亂世佳人

24-3-5　操作集合中的每個物件

.each() 方法的語法如下，用來針對物件或陣列進行重複運算：

```
.each( 物件 , callback )
.each( 陣列 , callback )
.each(callback)
```

下面是一個例子，它會使用 .each() 方法計算陣列的元素總和 (第 04 ~ 06 行)，然後顯示出來。

✅ \Ch24\each1.js

```
01: var sum = 0;
02: var arr = [1, 2, 3, 4, 5];
03:
        ❶      ❷     ❸      ❹
04: $.each(arr, function(index, value){
05:   sum += value;
06: });
07:
08: window.alert(sum);
```

❶ 要進行重複運算的物件或陣列
❷ 重複呼叫此函式處理物件或陣列的元素
❸ 這一回要被處理的鍵或索引
❹ 這一回要被處理的值或元素

下面是另一個例子，它會使用 .each() 方法針對項目清單一一顯示項目文字。

✓ \Ch24\each2.html

```
<body>
  <ul>
    <li><a href="a.html">連結 1</a></li>
    <li><a href="b.html">連結 2</a></li>
    <li><a href="c.html">連結 3</a></li>
  </ul>
  <script src="https://code.jquery.com/jquery-3.7.1.min.js"></script>
  <script src="each2.js"></script>
</body>
```

✓ \Ch24\each2.js

```
$('li').each(function(index, element){
  window.alert($(this).text());
});
```

24-3-6 存取 CSS 設定

.css()

.css() 方法的語法如下，第一種形式用來取得第一個符合之元素的 CSS 樣式；第二種形式用來根據參數設定所有符合之元素的 CSS 樣式；而第三種形式用來根據參數的鍵 / 值設定所有符合之元素的 CSS 樣式：

```
.css(CSS 屬性名稱 )
.css(CSS 屬性名稱 , CSS 屬性值 )
.css( 鍵 / 值 , 鍵 / 值 , ...)
```

例如下面的敘述是取得第一個 <h1> 元素的 color CSS 屬性值：

```
$('h1').css('color');
```

而下面的敘述是將所有 <h1> 元素的 color CSS 屬性設定為 'red'：

```
$('h1').css('color', 'red');
```

至於下面的敘述是將所有 <h1> 元素的 color、background-color 、text-shadow 等 CSS 屬性設定為 'red'、'yellow'、'gray 3px 3px'：

```
$('h1').css({
  'color' : 'red',
  'background-color' : 'yellow',
  'text-shadow' : 'gray 3px 3px'
});
```

下面是一個例子，當指標移到標題 1 時，會顯示紅色加陰影；而當指標離開標題 1 時，會顯示黑色不加陰影。請注意，第 13 ~15 行和第 18 ～ 20 行是利用標題 1 的 mouseover、mouseout 事件處理程式來設定文字色彩與陰影，我們會在第 24-4 節說明如何使用 jQuery 處理事件。

✅ **\Ch24\css.html**

```
01: <!DOCTYPE html>
02: <html>
03:   <head>
04:     <meta charset="utf-8">
05:   </head>
06:   <body>
07:     <h1>Hello, jQuery!</h1>
08:     <script src="https://code.jquery.com/jquery-3.7.1.min.js"></script>
09:     <script src="css.js"></script>
10:   </body>
11: </html>
```

✅ **\Ch24\css.js**

```
12: /* 繫結 <h1> 元素的 mouseover 事件與處理程式 */
13: $('h1').on('mouseover', function(){
14:   $(this).css({'color' : 'red', 'text-shadow' : 'gray 3px 3px'});
15: });
16:
17: /* 繫結 <h1> 元素的 mouseout 事件與處理程式 */
18: $('h1').on('mouseout', function(){
19:   $(this).css({'color' : 'black', 'text-shadow' : 'none'});
20: });
```

❶ 指標移到標題 1 會顯示紅色加陰影　　❷ 指標離開標題 1 會顯示黑色不加陰影

24-3-7 取得 / 設定元素的寬度與高度

 .width()

.width() 方法的語法如下，第一種形式用來取得第一個符合之元素的寬度，而第二種形式用來設定所有符合之元素的寬度：

```
.width()
.width( 參數 )
```

例如下面的敘述是取得第一個 <div> 元素的寬度：

```
$('div').width();
```

而下面的敘述是將所有 <div> 元素的寬度設定為 '20cm'，此例的單位為 cm（公分），若沒有提供單位，則預設值為 px（像素）：

```
$('div').width('20cm');
```

若要取得瀏覽器視窗的寬度，可以寫成 $(window).width();，若要取得網頁內容的寬度，可以寫成 $(document).width();。

.width() 和 .css('width') 的差別在於前者傳回的寬度沒有加上單位，而後者有。舉例來說，假設元素的寬度為 300 像素，則前者會傳回 '300'，而後者會傳回 '300px'。若要進行數學運算，那麼 .width() 方法是比較適合的。

.height()

.height() 方法的語法如下，第一種形式用來取得第一個符合之元素的高度，而第二種形式用來設定所有符合之元素的高度：

```
.height()
.height( 參數 )
```

例如下面的敘述是取得第一個 <div> 元素的高度：

```
$('div').height();
```

而下面的敘述是將所有 <div> 元素的高度設定為父元素的 20% 高度：

```
$('div').height('20%');
```

同樣的，.height() 和 .css('height') 的差別在於前者傳回的高度沒有加上單位，而後者有。

24-3-8 移除元素

●● .remove()

.remove() 方法的語法如下，用來移除參數所指定的元素：

```
.remove( 參數 )
```

例如下面的敘述會移除 id 屬性為 'book' 的元素：

```
$('#book').remove();
```

●● .empty()

.empty() 方法的語法如下，用來移除參數所指定之元素的子節點：

```
.empty( 參數 )
```

例如下面的敘述會移除 id 屬性為 'book' 之元素的子節點，即清空元素的內容，但仍在網頁中保留此元素：

```
$('#book').empty();
```

24-3-9 走訪 DOM

.find()

.find() 方法的語法如下,用來從目前選擇的元素集合中取得符合選擇器條件的所有子孫元素:

```
.find( 選擇器 )
```

下面是一個例子,它會從所有 `<p>` 元素中取得 `<span>` 子元素,然後將其文字色彩設定為紅色。

> ✅ **\Ch24\find.html**

```html
<!DOCTYPE html>
<html>
  <head>
    <meta charset="utf-8">
  </head>
  <body>
    <p><span>Hello</span>, what day is today?</p>
    <p>Today is <span>Sunday</span>.</p>
    <script src="https://code.jquery.com/jquery-3.7.1.min.js"></script>
    <script>
      $('p').find('span').css('color', 'red');
    </script>
  </body>
</html>
```

Hello, what day is today?

Today is Sunday.

.closest()

.closest() 方法的語法如下，用來從目前選擇的元素集合中取得符合選擇器條件的最近祖先元素：

```
.closest( 選擇器 )
```

下面是一個例子，它會取得第二層 <ul> 元素，然後將其文字色彩設定為紅色，所以「項目 1」和「項目 2」是紅色。

✅ \Ch24\closest.html

```html
<body>
  <ul class="level-1">
    <li class="item-a">項目 A</li>
    <li class="item-b">項目 B
      <ul class="level-2">
        <li class="item-1">項目 1</li>
        <li class="item-2">項目 2</li>
      </ul>
    </li>
    <li class="item-c">項目 C</li>
  </ul>
  <script src="https://code.jquery.com/jquery-3.7.1.min.js"></script>
  <script>
    $('li.item-1').closest('ul').css('color', 'red');
  </script>
</body>
```

- 項目A
- 項目B
  - 項目1
  - 項目2
- 項目C

.parent()、.parents()

.parent() 方法的語法如下，用來從目前選擇的元素集合中取得符合選擇器條件的直接父元素，選擇器為選擇性參數，可以省略不寫：

```
.parent([ 選擇器 ])
```

.parents() 方法的語法如下，用來從目前選擇的元素集合中取得符合選擇器條件的祖先元素，選擇器為選擇性參數，可以省略不寫：

```
.parents([ 選擇器 ])
```

下面是一個例子，它會從 <p> 元素中取得 class 屬性為 "selected" 的直接父元素 (即第二個 <div> 元素)，然後將其文字色彩設定為紅色。

\Ch24\parent.html

```
<body>
  <div><p>Hello</p></div>
  <div class="selected"><p>Hello Again</p></div>
  <script src="https://code.jquery.com/jquery-3.7.1.min.js"></script>
  <script>
    $('p').parent('.selected').css('color', 'red');
  </script>
</body>
```

.children()

.children() 方法的語法如下，用來從目前選擇的元素集合中取得符合選擇器條件的所有子元素，選擇器為選擇性參數，可以省略不寫：

```
.children([ 選擇器 ])
```

下面是一個例子，它會取得第二層 <ul> 元素的所有子元素，然後將其文字色彩設定為紅色，所以「項目 1」和「項目 2」是紅色。

✅ \Ch24\children.html

```
<body>
  <ul class="level-1">
    <li class="item-a"> 項目 A</li>
    <li class="item-b"> 項目 B
      <ul class="level-2">
        <li class="item-1"> 項目 1</li>
        <li class="item-2"> 項目 2</li>
      </ul>
    </li>
    <li class="item-c"> 項目 C</li>
  </ul>
  <script src="https://code.jquery.com/jquery-3.7.1.min.js"></script>
  <script>
    $('ul.level-2').children().css('color', 'red');
  </script>
</body>
```

- 項目A
- 項目B
    - 項目1
    - 項目2
- 項目C

.siblings()

.siblings() 方法的語法如下，用來從目前選擇的元素集合中取得符合選擇器條件的所有兄弟元素，選擇器為選擇性參數，可以省略不寫：

```
.siblings([ 選擇器 ])
```

 .next()

.next() 方法的語法如下，用來從目前選擇的元素集合中取得符合選擇器條件的下一個兄弟元素，選擇器為選擇性參數，可以省略不寫：

```
.next([ 選擇器 ])
```

 .nextAll()

.nextAll() 方法的語法如下，用來從目前選擇的元素集合中取得符合選擇器條件的後面所有兄弟元素，選擇器為選擇性參數，可以省略不寫：

```
.nextAll([ 選擇器 ])
```

 .prev()

.prev() 方法的語法如下，用來從目前選擇的元素集合中取得符合選擇器條件的前一個兄弟元素，選擇器為選擇性參數，可以省略不寫：

```
.prev([ 選擇器 ])
```

 .prevAll()

.prevAll() 方法的語法如下，用來從目前選擇的元素集合中取得符合選擇器條件的前面所有兄弟元素，選擇器為選擇性參數，可以省略不寫：

```
.prevAll([ 選擇器 ])
```

24-3-10 篩選元素

.eq()

.eq() 方法的語法如下，用來從目前選擇的元素集合中篩選指定索引的元素：

```
.eq( 索引 )
```

.first()

.first() 方法的語法如下，用來從目前選擇的元素集合中篩選第一個元素：

```
.first()
```

.last()

.last() 方法的語法如下，用來從目前選擇的元素集合中篩選最後一個元素：

```
.last()
```

.even()

.even() 方法的語法如下，用來從目前選擇的元素集合中篩選偶數元素（索引值是從 0 開始）：

```
.even()
```

.odd()

.odd() 方法的語法如下，用來從目前選擇的元素集合中篩選奇數元素（索引值是從 0 開始）：

```
.odd()
```

下面是一個例子，它會篩選偶數項目和奇數項目，然後將其文字色彩設定為紅色和藍色，由於索引值是從 0 開始，所以「項目 1」和「項目 3」是紅色，而「項目 2」和「項目 4」是藍色。

> ✅ \Ch24\evenodd.html

```html
<body>
  <ul>
    <li> 項目 1</li>
    <li> 項目 2</li>
    <li> 項目 3</li>
    <li> 項目 4</li>
  </ul>
  <script src="https://code.jquery.com/jquery-3.7.1.min.js"></script>
  <script>
    $('li').even().css('color', 'red');
    $('li').odd().css('color', 'blue');
  </script>
</body>
```

- 項目1
- 項目2
- 項目3
- 項目4

.is()

.is() 方法的語法如下，用來檢查目前選擇的元素集合是否符合參數所指定的條件，是就傳回 true，否則傳回 false：

```
.is( 參數 )
```

例如下面的敘述會傳回核取方塊的父元素是否為 <form> 元素：

```
var isFormParent = $("input[type='checkbox']").parent().is("form");
```

.not()

.not() 方法的語法如下，用來從目前選擇的元素集合中移除參數所指定的元素：

```
.not( 參數 )
```

下面是一個例子，它會篩選 id 屬性值為 "notli" 以外的 <li> 元素，然後將其文字色彩設定為紅色，所以「項目 1」、「項目 2」、「項目 4」、「項目 5」和「項目 6」是紅色。

✅ \Ch24\not.html

```html
<body>
  <ul>
    <li> 項目 1</li>
    <li> 項目 2</li>
    <li id="notli"> 項目 3</li>
    <li> 項目 4</li>
    <li> 項目 5</li>
    <li> 項目 6</li>
  </ul>
  <script src="https://code.jquery.com/jquery-3.7.1.min.js"></script>
  <script>
    $('li').not(document.getElementById('notli')).css('color', 'red');
  </script>
</body>
```

- 項目1
- 項目2
- 項目3
- 項目4
- 項目5
- 項目6

.has()

.has() 方法的語法如下，用來從目前選擇的元素集合中篩選有子孫元素符合參數指定條件的元素：

```
.has( 參數 )
```

下面是一個例子，它會篩選有包含 <ul> 元素的 <li> 元素，然後將其文字色彩設定為紅色，所以「項目 2」、「項目 2a」和「項目 2b」是紅色。

\Ch24\has.html

```html
<body>
  <ul>
    <li> 項目 1</li>
    <li> 項目 2
      <ul>
        <li> 項目 2a</li>
        <li> 項目 2b</li>
      </ul>
    </li>
    <li> 項目 3</li>
  </ul>
  <script src="https://code.jquery.com/jquery-3.7.1.min.js"></script>
  <script>
    $('li').has('ul').css('color', 'red');
  </script>
</body>
```

- 項目1
- 項目2
  - 項目2a
  - 項目2b
- 項目3

.filter()

.filter() 方法的語法如下，用來從目前選擇的元素集合中篩選符合參數指定條件的元素：

```
.filter( 參數 )
```

下面是一個例子，它會篩選奇數項目，然後將其文字色彩設定為紅色，由於索引值是從 0 開始，所以「項目 2」、「項目 4」和「項目 6」是紅色。

🛡 **\Ch24\filter.html**

```html
<body>
  <ul>
    <li> 項目 1</li>
    <li> 項目 2</li>
    <li> 項目 3</li>
    <li> 項目 4</li>
    <li> 項目 5</li>
    <li> 項目 6</li>
    <li> 項目 7</li>
  </ul>
  <script src="https://code.jquery.com/jquery-3.7.1.min.js"></script>
  <script>
    $('li').filter(':odd').css('color', 'red');
  </script>
</body>
```

- 項目1
- 項目2
- 項目3
- 項目4
- 項目5
- 項目6
- 項目7

24-4 事件處理

我們在第 18 章介紹過事件的類型，以及如何使用 JavaScript 處理事件，而在本節中，我們將說明如何使用 jQuery 提供的方法讓事件處理變得更簡單。

24-4-1 .on() 方法

jQuery 針對多數瀏覽器原生的事件提供了對應的方法，例如 .load()、.unload()、.error()、.scroll()、.resize()、.keydown()、.keyup()、.keypress()、.mousedown()、.mouseup()、.mouseover()、.mousemove()、.mouseout()、.mouseenter()、.mouseleave()、.click()、.dblclick()、.submit()、.select()、.change()、.focus()、.blur()、.focusin()、.focusout() 等。不過，您無須背誦這些方法的名稱，只要使用 .on() 方法，就可以繫結各種事件與處理程式。

.on() 方法的語法如下，用來針對被選擇之元素的一個或多個事件繫結處理程式：

```
.on(events [, selector] [, data], handler)
.on(events [, selector] [, data])
```

- ✅ *events*：設定一個或多個以空白隔開的事件名稱，例如 'click dblclick' 表示 click 和 dblclick 兩個事件。

- ✅ *selector*：設定觸發事件的元素。

- ✅ *data*：設定要傳遞給處理程式的資料。

- ✅ *handler*：設定當事件被觸發時所要執行的函式，即處理程式。

我們可以使用 .on() 方法繫結一個事件和一個處理程式，下面是一個例子，當使用者按兩下單行文字方塊時，會在下方的段落顯示「單行文字方塊被按兩下」。

✅ **\Ch24\event1.html**

```
01: <body>
02:   <input type="text">
03:   <p></p>
04:   <script src="https://code.jquery.com/jquery-3.7.1.min.js"></script>
05:   <script src="event1.js"></script>
06: </body>
```

✅ **\Ch24\event1.js**

```
07: $('input').on('dblclick', function() {
08:   $('p').text(' 單行文字方塊被按兩下 ');
09: });
```

使用 .on() 方法繫結 dblclick
事件和處理程式

❶ 按兩下單行文字方塊

❷ 顯示此訊息

我們也可以使用 .on() 方法繫結多個事件和一個處理程式，舉例來說，假設
將 \Ch24\event1.js 改寫成如下，使用 .on() 方法繫結 dblclick、input 兩個
事件和相同的處理程式，這麼一來，當使用者按兩下單行文字方塊或輸入資料
時，均會在下方的段落顯示「單行文字方塊被按兩下或輸入資料」。

```
$('input').on('dblclick input', function() {
  $('p').text(' 單行文字方塊被按兩下或輸入資料 ');
});
```

❶ 按兩下單行文字方塊會顯示此訊息　　❷ 在單行文字方塊輸入資料會顯示相同訊息

我們還可以使用 .on() 方法繫結多個事件和多個處理程式,舉例來說,假設將 \Ch24\event1.js 改寫成如下,使用 .on() 方法繫結 dblclick、input 兩個事件和不同的處理程式,這麼一來,當使用者按兩下單行文字方塊時,會在下方的段落顯示「單行文字方塊被按兩下」;當使用者在單行文字方塊輸入資料時,會在下方的段落顯示「單行文字方塊被輸入資料」。

```javascript
$('input').on({
  'dblclick' : function() {$('p').text(' 單行文字方塊被按兩下 ');},
  'input': function() {$('p').text(' 單行文字方塊被輸入資料 ');}
});
```

❶ 按兩下單行文字方塊會顯示此訊息　　❷ 在單行文字方塊輸入資料會顯示另一個訊息

24-4-2 .off() 方法

.off() 方法的語法如下,用來移除參數所指定的事件處理程式,若沒有參數,表示移除使用 .on() 方法繫結的事件處理程式:

```
.off(events [, selector] [, handler])
.off()
```

- ⊘ *events*:設定一個或多個以空白隔開的事件名稱。
- ⊘ *selector*:設定觸發事件的元素。
- ⊘ *handler*:設定當事件被觸發時所要執行的函式,即處理程式。

例如下面的敘述是移除所有段落的所有事件處理程式:

```
$('p').off();
```

而下面的敘述是移除所有段落的所有 click 事件處理程式:

```
$('p').off('click', '**');
```

至於下面的敘述則是在第 01 ~ 03 行定義一個 f1() 函式,接著在第 06 行呼叫 .on() 方法繫結段落的 click 事件和 f1() 函式,令使用者按一下段落時,就執行 f1() 函式,最後在第 09 行呼叫 .off() 方法移除段落的 click 事件和 f1() 函式的繫結,令使用者按一下段落時,不再執行 f1() 函式。

```
01: var f1 = function() {
02:    // 在此撰寫處理事件的程式碼
03: };
04:
05: // 繫結段落的 click 事件和 f1() 函式
06: $('body').on('click', 'p', f1);
07:
08: // 移除段落的 click 事件和 f1() 函式的繫結
09: $('body').off('click', 'p', f1);
```

24-4-3 .ready() 方法

.ready() 方法的語法如下，用來設定當 HTML 文件的 DOM 載入完畢時，就執行參數 *handler* 所指定的函式：

```
.ready(handler)
```

下面是一個例子，它會在 HTML 文件的 DOM 載入完畢時顯示「DOM 已經載入完畢！」。

✅ \Ch24\ready.html

```
<body>
  <p>DOM 尚未完全載入！</p>
  <script src="https://code.jquery.com/jquery-3.7.1.min.js"></script>
  <script src="ready.js"></script>
</body>
```

✅ \Ch24\ready.js

```
$(document).ready(function() {
  $('p').text('DOM 已經載入完畢！');
});
```

大部分的瀏覽器會透過 DOMContentLoaded 事件提供類似的功能，不過，兩者還是有所不同，若瀏覽器在呼叫 .ready() 方法之前就已經觸發 DOMContentLoaded 事件，.ready() 方法所指定的函式仍會執行；相反的，在觸發該事件之後所繫結的 DOMContentLoaded 事件處理程式則不會執行。

此外，執行 .ready() 方法的時間點亦有別於 Window 物件的 load 事件，前者是在 DOM 載入完畢時就會執行，無須等到圖檔、影音檔等資源載入完畢，而後者是在所有資源載入完畢時才會執行，時間點比 .ready() 方法晚。

對於一開啟網頁就要執行的動作，例如設定事件處理程式、初始化外掛程式等，可以使用 .ready() 方法來處理，而一些會用到資源的動作，例如設定圖檔的寬度、高度等，就要使用 Window 物件的 load 事件來處理。

最後要說明的是 jQuery 提供了下列數種語法，用來設定當 HTML 文件的 DOM 載入完畢時所要執行的函式：

- ✅ **$(*handler*)**

- ✅ **$(document).ready(*handler*)**

- ✅ **$("document").ready(*handler*)**

- ✅ **$("img").ready(*handler*)**

- ✅ **$().ready(*handler*)**

不過，jQuery 3.0 只推薦使用第一種語法，其它語法雖然能夠運作，但被認為過時 (deprecated)，因此，我們可以將 \Ch24\ready.js 改寫成如下：

```
$(function() {
  $('p').text('DOM 已經載入完畢！');
});
```

jQuery 3.0 已經移除下列語法，原因是若 DOM 在繫結 ready 事件處理程式之前就已經載入完畢，那麼該處理程式將不會被執行：

```
$(document).on("ready", handler)
```

24-4-4 Event 物件

我們可以透過 jQuery 提供的 **Event 物件**取得事件的相關資訊，比較重要的成員如下。

屬性 / 方法	說明
target	最初觸發事件的目標元素。
type	事件類型。
pageX、pageY	指標在頁面中的 X、Y 座標。
which	傳回被按下的鍵盤按鍵或滑鼠按鍵 (1 是左鍵，2 是中鍵，3 是右鍵)。
data	要傳遞給事件處理程式的資料。
timeStamp	從 1970-01-01T00:00:00 到觸發事件所經過的毫秒數。
preventDefault()	取消元素預設的行為 (如可取消的話)。
stopPropagation()	停止往外的事件傳遞。
stopImmediatePropagation()	停止所有事件傳遞。

當我們要在事件處理程式中存取 Event 物件時，可以透過名稱為 **e** 的參數來加以傳遞，而且 e 必須是第一個參數。下面是一個例子，當使用者按一下單行文字方塊時，就會顯示事件類型與目標元素。

✅ \Ch24\event2.html

```html
<body>
  <input type="text">
  <script src="https://code.jquery.com/jquery-3.7.1.min.js"></script>
  <script src="event2.js"></script>
</body>
```

✅ \Ch24\event2.js

```javascript
$('input').on('click', function(e) {
  $(this).after('<p> 目標元素：' + e.target + '</p>')
         .after('<p> 事件類型：' + e.type + '</p>');
});
```

❶ 按一下單行文字方塊　　❷ 顯示事件類型與目標元素

下面是另一個例子，當使用者在單行文字方塊按滑鼠按鍵時，就會顯示對應的數字，1 是左鍵，2 是中鍵，3 是右鍵。

✅ \Ch24\event3.html

```
<body>
  <input id="whichkey" value=" 在此按滑鼠 ">
  <div id="log"></div>
  <script src="https://code.jquery.com/jquery-3.7.1.min.js"></script>
  <script src="event3.js"></script>
</body>
```

✅ \Ch24\event3.js

```
$('#whichkey').on('mousedown', function(e) {
  $('#log').text(e.type + ' : ' +  e.which);
});
```

❶ 在單行文字方塊按滑鼠按鍵，例如中鍵　　❷ 顯示對應的數字 2

24-41

24-5 特效與動畫

jQuery 針對特效與動畫提供許多方法，以下介紹一些常用的方法。至於其它方法或更多的使用範例，有興趣的讀者可以到 jQuery Learning Center 查看。

24-5-1 基本特效

常用的基本特效如下：

- **.hide()**：語法如下，用來隱藏符合的元素，參數 *duration* 為特效的執行時間，預設值為 400（毫秒），數字愈大，執行時間就愈久，而參數 *complete* 為特效結束時所要執行的函式：

```
.hide()
.hide([duration] [, complete])
```

- **.show()**：語法如下，用來顯示符合的元素，兩個參數的意義和 .hide() 方法相同：

```
.show()
.show([duration] [, complete])
```

- **.toggle()**：語法如下，用來循環切換顯示和隱藏符合的元素，其中參數 *display* 為布林值，true 表示顯示，false 表示隱藏，而另外兩個參數的意義和 .hide() 方法相同：

```
.toggle()
.toggle(display)
.toggle([duration] [, complete])
```

下面是一個例子，當使用者按一下 [隱藏] 時，會在 600 毫秒內以特效隱藏標題 1，而當使用者按一下 [顯示] 時，會在 600 毫秒內以特效顯示標題 1。

✅ \Ch24\effect1.html

```
<body>
  <button id="btn1"> 隱藏 </button>
  <button id="btn2"> 顯示 </button>
  <h1>Hello, jQuery!</h1>
  <script src="https://code.jquery.com/jquery-3.7.1.min.js"></script>
  <script src="effect1.js"></script>
</body>
```

✅ \Ch24\effect1.js

```
$('#btn1').on('click', function() {
  $('h1').hide(600);
});

$('#btn2').on('click', function() {
  $('h1').show(600);
});
```

❶ 按一下 [隱藏] 會以特效隱藏標題 1　　❷ 按一下 [顯示] 會以特效顯示標題 1

下面是另一個例子，使用者可以按 [Toggle] 來循環切換隱藏和顯示標題 1。

✅ **\Ch24\effect2.html**

```
<body>
  <button id="btn">Toggle</button>
  <h1>Hello, jQuery!</h1>
  <script src="https://code.jquery.com/jquery-3.7.1.min.js"></script>
  <script src="effect2.js"></script>
</body>
```

✅ **\Ch24\effect2.js**

```
$('#btn').on('click', function() {
  $('h1').toggle();
});
```

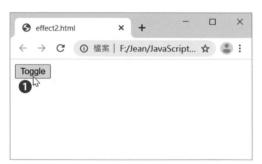

❶ 按一下 [Toggle] 會以特效隱藏標題 1

❷ 再按一下 [Toggle] 會以特效顯示標題 1

24-5-2 淡入 / 淡出 / 移入 / 移出特效

常用的淡入 / 淡出 / 移入 / 移出特效如下：

✅ **.fadeIn()**：語法如下，用來以淡入特效顯示元素，參數 *duration* 為淡入特效的執行時間，預設值為 400（毫秒），數字愈大，執行時間就愈久，而參數 *complete* 為淡入特效結束時所要執行的函式：

```
.fadeIn([duration] [, complete])
```

- **.fadeOut()**：語法如下，用來以淡出特效隱藏元素，兩個參數的意義和 .fadeIn() 方法相同：

```
.fadeOut([duration] [, complete])
```

- **.fadeTo()**：語法如下，用來調整元素的透明度，其中參數 *opacity* 是透明度，值為 0.0 ~ 1.0 的數字，表示完全透明 ~ 完全不透明，而另外兩個參數的意義和 .fadeIn() 方法相同：

```
.fadeTo(duration, opacity [, complete])
```

例如下面的敘述會在 400 毫秒內將 <img> 元素（即圖片）的透明度調整為 50%：

```
$('img').fadeTo(400, 0.5);
```

- **.fadeToggle()**：語法如下，用來循環切換淡入和淡出元素，兩個參數的意義和 .fadeIn() 方法相同：

```
.fadeToggle([duration] [, complete])
```

- **.slideDown()**：語法如下，用來以移入（由上往下滑動）特效顯示元素，兩個參數的意義和 .fadeIn() 方法相同：

```
.slideDown([duration] [, complete])
```

- **.slideUp()**：語法如下，用來以移出（由下往上滑動）特效隱藏元素，兩個參數的意義和 .fadeIn() 方法相同：

```
.slideUp([duration] [, complete])
```

- **.slideToggle()**：語法如下，用來循環切換移入和移出元素，兩個參數的意義和 .fadeIn() 方法相同：

```
.slideToggle([duration] [, complete])
```

舉例來說，假設將 \Ch24\effect1.js 改寫成如下，這麼一來，當使用者按一下 [隱藏] 時，會在 600 毫秒內以淡出特效隱藏標題 1，而當使用者按一下 [顯示] 時，會在 600 毫秒內以淡入特效顯示標題 1。

```javascript
$('#btn1').on('click', function() {
  $('h1').fadeOut(600);
});


$('#btn2').on('click', function() {
  $('h1').fadeIn(600);
});
```

❶ 按一下 [隱藏] 會以淡出特效隱藏標題 1　　❷ 按一下 [顯示] 會以淡入特效顯示標題 1

同理，假設將 \Ch24\effect1.js 改寫成如下，這麼一來，當使用者按一下 [隱藏] 時，會在 600 毫秒內以移出特效隱藏標題 1，而當使用者按一下 [顯示] 時，會在 600 毫秒內以移入特效顯示標題 1。

```javascript
$('#btn1').on('click', function() {
  $('h1').slideUp(600);
});

$('#btn2').on('click', function() {
  $('h1').slideDown(600);
});
```

24-5-3　自訂動畫

jQuery 提供的 **.animate()** 方法可以針對元素的 CSS 屬性自訂動畫,其語法如下:

```
.animate(properties [, duration] [, easing] [, complete])
```

- ✅　*properties*:設定欲套用動畫的 CSS 屬性與值。

- ✅　*duration*:設定動畫的執行時間,預設值為 400 (毫秒)。

- ✅　*easing*:設定在動畫套用不同的變化速度,預設值為 swing (在中段會加速,在前段和後段則較慢),亦可設定為 linear (等速)。

- ✅　*complete*:設定動畫結束時所要執行的函式。

下面是一個例子,當使用者按一下 [放大] 時,會在 1500 毫秒內將圖片從寬度 100px、透明度 0.5、框線寬度 1px 逐漸放大到寬度 300px、完全不透明、框線寬度 10px。

✅ \Ch24\animate.html

```html
<!DOCTYPE html>
<html>
  <head>
    <meta charset="utf-8">
    <style>
      img {
        width: 100px;
        opacity: 0.5;
        border: 1px solid lightblue;
      }
    </style>
  </head>
  <body>
    <button id="enlarge"> 放大 </button><br>
    <img src="boy.png">
    <script src="https://code.jquery.com/jquery-3.7.1.min.js"></script>
    <script src="animate.js"></script>
  </body>
</html>
```

✅ \Ch24\animate.js

```javascript
/* 令圖片在 1500 毫秒內逐漸放大到寬度 300px、完全不透明、框線寬度 10px */
$('#enlarge').on('click', function() {
  $('img').animate({
    width: '300px',
    opacity: 1,
    borderWidth: '10px'
  }, 1500);
});
```

CHAPTER

25

Vue.js

25-1　認識 Vue.js

根據 Vue.js 官方網站 (https://vuejs.org/) 的說明指出,「**Vue**(唸做 /vju:/)是一個用來建立使用者介面的 JavaScript 框架 (framework),建立在標準的 HTML、CSS 和 JavaScript 之上,並提供一個宣告式 (declarative) 與基於元件 (component-based) 的程式設計模式,可以幫助您有效率地開發簡單或複雜的使用者介面。」。

簡單地說,Vue.js 是一個 JavaScript 函式庫,提供 API 讓 Web 開發人員進行資料繫結及操作網頁上的元素。

Vue.js 是由尤雨溪所開發,他在 Google 任職期間接觸到 Angular,並對於 Angular 能夠透過資料繫結來處理網頁 DOM 的運作方式深感興趣,於是在 2014 年推出功能類似但內容較為輕巧的 Vue.js 0.8,之後於 2015、2016、2020、2023 年推出 1.0、2.0、3.0、3.3,其中 3.0 的底層核心以 TypeScript 重寫,有九成以上的 API 與 2.x 相容,但效率更高、編譯出來的檔案更小,本章所介紹的 Vue.js 就是以 3.x 為主。

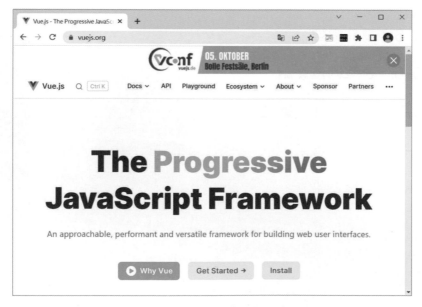

Vue.js 官方網站

Vue.js 與 MVVM

MVVM (Model-View-ViewModel) 是一種軟體架構模式，有助於將軟體開發的商業邏輯與畫面顯示分隔開來。MVVM 是由下列三個部分所組成：

- **Model**：資料狀態（資料層），負責管理資料。

- **View**：畫面顯示（視圖層），也就是使用者所看到的網頁畫面。

- **ViewModel**：資料連結器，做為 Model 與 View 之間溝通的橋梁，無論 Model 或 View 哪方發生變動，ViewModel 都會即時更新另一方。

Vue.js 所扮演的正是 MVVM 架構中 ViewModel 的角色，也就是「資料狀態」與「畫面顯示」之間溝通的橋梁，如下圖所示，Vue.js 將 DOM 事件監聽程式與資料繫結封裝起來，當 Model 裡面的資料狀態改變時，例如將資料進行運算產生新的結果，Vue.js 會同步更新 View 裡面的畫面顯示；相反的，當 View 裡面的畫面顯示改變時，例如使用者在表單欄位輸入資料或觸發某些事件，Vue.js 會同步更新 Model 裡面的資料狀態，而該資料狀態是由 JavaScript 物件所表示。

參考資料來源：https://012.vuejs.org/guide/#Concepts_Overview

25-2 安裝與使用 Vue.js

在開始使用 Vue.js 之前，我們可以透過 npm、bower、yarn 等套件管理工具安裝 Vue.js，也可以透過 CDN (Content Delivery Networks) 的方式參考 Vue.js，對初學者來說，後者是比較簡單的。

下面的敘述可以用來參考 Vue.js 3：

```
<script src="https://unpkg.com/vue@3"></script>
```

或者，也可以寫成如下，參考最新的 Vue.js 3.x：

```
<script src="https://unpkg.com/vue@next"></script>
```

現在，我們來示範一個例子，請您也跟著一起做：

1 首先，撰寫如下的 HTML 文件。

🛡 \Ch25\hello.html

```
01: <!DOCTYPE html>
02: <html>
03:   <head>
04:     <meta charset="utf-8">
05:     <script src="https://unpkg.com/vue@3"></script>
06:   </head>
07:   <body>
08:     <div id="app">{{ message }}</div>
09:     <script src="hello.js"></script>
10:   </body>
11: </html>
```

- 08：這行敘述使用了 Vue.js 稱為 **Mustache 標籤**的樣板語法，兩組大括號裡面的內容 {{ ○○ }} 會對應到 Vue 應用程式實體裡面同名的資料。

- 09：載入 hello.js，使用 Vue.js 的程式碼就是放在這個檔案。

2 接著，撰寫如下的 JavaScript 程式檔。每個 Vue 應用程式都是從呼叫
Vue.createApp() 函式建立**應用程式實體** (application instance) 開
始，該函式的參數是一個物件，稱為 **Options 物件**，裡面有與樣板相關
的資料、方法或事件，例如第 02 ~ 06 行是一個 **data 屬性**，該屬性以函
式的形式呈現，會傳回第 04 行的鍵 / 值對，而 Vue.js 會將「值」指派給
與「鍵」同名的 Mustache 標籤，也就是 \Ch25\hello.html 中第 08 行的
{{ message }}。

在建立應用程式實體後，我們必須呼叫其 **mount()** 方法將之掛載到
HTML 文件中的元素，才能控制該元素的內容，例如此處的參數 '#app'
代表 HTML 文件中 id 屬性為 app 的元素，即 \Ch25\hello.html 中第 08
行的 <div> 元素。

✅ **\Ch25\hello.js**

```
01: Vue.createApp({
02:   data() {
03:     return {
04:       message: 'Hello, Vue.js!'
05:     }
06:   }
07: }).mount('#app');
```

---

3 最後，使用瀏覽器開啟 \Ch25\hello.html，瀏覽結果如下圖，Mustache
標籤 {{ message }} 所在的位置會顯示「Hello, Vue.js!」。

- **mount()** 方法用來將應用程式實體掛載到 HTML 文件中的元素，其語法如下，參數 *container* 是 DOM 節點或 CSS 選擇器，若同時有多個元素符合條件，則會掛載到第一個元素：

```
mount(container)
```

在呼叫 mount() 方法之前，應用程式實體不會渲染 (render) 任何資料，而且每個應用程式實體的 mount() 方法只能被呼叫一次。

- 相同網頁可以有多個應用程式實體，它們有各自的存取範圍，例如：

```
// 將應用程式實體指派給變數 vm1，同時呼叫 mount() 方法掛載到 HTML 元素
const vm1 = Vue.createApp({
  /* ... */
}).mount('#container1');

// 將應用程式實體指派給變數 vm2，之後再呼叫 mount() 方法掛載到 HTML 元素
const vm2 = Vue.createApp({
  /* ... */
});

vm2.mount('#container2');
```

- Vue 3 規定 data 屬性必須以函式的形式呈現，所以 \Ch25\hello.js 就相當於如下程式碼，JavaScript ES6 允許我們將物件裡面的函式 data: function() {...} 簡寫成 data() {...} 的形式。

```
Vue.createApp({
  data: function() {
    return {
      message: 'Hello, Vue.js!'
    }
  }
}).mount('#app');
```

25-3 樣板語法

Vue.js 所使用的是一種基於 HTML 的**樣板語法** (template syntax)，在本節中，我們會介紹一些樣板語法，例如資料繫結、屬性繫結、運算式、指令等。

25-3-1 資料繫結

資料繫結最基本的形式是一種名叫 **Mustache 標籤**的樣板語法，它會將兩組大括號裡面的內容 {{ ○○ }} 對應到 Vue 應用程式實體裡面同名的資料。下面是一個例子，資料所包含的 \<h1\> 元素會被當作純文字顯示出來。

✅ \Ch25\showMsg.html

```
<body>
  <div id="app"><p>{{ msg }} 初體驗！</p></div>
  <script src="showMsg.js"></script>
</body>
```

✅ \Ch25\showMsg.js

```
Vue.createApp({
  data() {
    return {
      msg: '<h1>Vue.js!</h1>'
    }
  }
}).mount('#app');
```

v-text

Vue.js 提供了一組以 **v-** 開頭的特殊屬性，稱為 **Directive**（指令），其中 **v-text** 指令用來更新元素的 textContent 屬性，也就是文字內容。下面是一個例子，資料所包含的 \<h1\> 元素會被當作純文字顯示出來，但和 \Ch25\ showMsg.html 不同的是 v-text 指令會覆寫元素裡面既有的內容，若您只要更新部分的內容，那麼必須使用 Mustache 標籤。

✓ \Ch25\v-text.html

```
<body>
  <div id="app"><p v-text="msg"> 初體驗！</p></div>
  <script src="showMsg.js"></script>
</body>
```

v-html

v-html 指令用來更新元素的 innerHTML 屬性，也就是 HTML 內容。下面是一個例子，資料所包含的 \<h1\> 元素會被解譯成標題 1 格式，而且 v-html 指令會覆寫元素裡面既有的內容。

✓ \Ch25\v-html.html

```
<body>
  <div id="app"><p v-html="msg"> 初體驗！</p></div>
  <script src="showMsg.js"></script>
</body>
```

v-pre

v-pre 指令用來略過樣板解譯，換句話說，若元素有加上 v-pre 指令，瀏覽器將不會解譯其內的樣板語法。下面是一個例子，瀏覽結果會直接顯示「{{ msg }} 初體驗！」，而不會將 {{ msg }} 當作 Mustache 標籤進行解譯。

```
<body>
  <div id="app"><p v-pre>{{ msg }} 初體驗！</p></div>
  <script src="showMsg.js"></script>
</body>
```

在接下來的小節中，我們會陸續介紹一些常見的指令，例如 v-bind、v-on、v-model、v-if、v-else、v-else-if、v-show、v-for 等，完整的指令說明可以到 Vue.js 官方網站查看 (https://vuejs.org/api/)。

25-3-2　屬性繫結

在看過如何以 Mustache 標籤進行資料繫結後，或許您也會想以同樣的方式進行屬性繫結，不過，Mustache 標籤並不能使用在 HTML 元素的屬性，此時必須改用 **v-bind** 指令。

下面是一個例子，它在 <img> 元素加上 v-bind 指令，後面跟著冒號與屬性名稱 src（第 02 行），表示要進行繫結的屬性為 src，其值會和 Vue 應用程式實體的 dynamicSrc 同步（第 08 行），也就是在網頁上嵌入圖片 rose.jpg。

✓ \Ch25\v-bind.html

```
01: <body>
02:   <div id="app"><img v-bind:src="dynamicSrc"></div>   ❶
03:   <script src="v-bind.js"></script>
04: </body>
```

✓ \Ch25\v-bind.js

```
05: Vue.createApp({
06:   data() {
07:     return {
08:       dynamicSrc: 'rose.jpg'
09:     }
10:   }
11: }).mount('#app');
```

❶ 亦可簡寫成
<img :src="dynamicSrc">

❷ 網頁上會顯示 rose.jpg 且圖片為原始大小

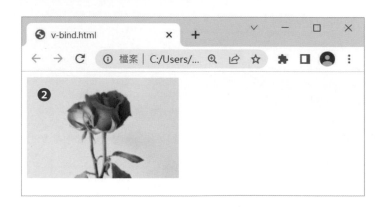

動態繫結多個屬性

我們也可以動態繫結多個屬性，下面是一個例子，它使用 v-bind 指令將 objectOfAttrs 物件繫結到 <img> 元素 (第 02 行)，這個物件裡面有兩個鍵 / 值對，分別代表 src 和 width 屬性的值 (第 08 ～ 11 行)。

✅ \Ch25\v-bind2.html

```
01 : <body>
02 :   <div id="app"><img v-bind="objectOfAttrs"></div>
03 :   <script src="v-bind2.js"></script>
04 : </body>
```

✅ \Ch25\v-bind2.js

```
05 : Vue.createApp({
06 :   data() {
07 :     return {
08 :       objectOfAttrs: {
09 :         src: 'rose.jpg',
10 :         width: '100'
11 :       }
12 :     }
13 :   }
14 : }).mount('#app');
```

瀏覽結果如下圖，網頁上會顯示 rose.jpg 且圖片寬度為 100 像素。

布林屬性

布林屬性 (Boolean attributes) 指的是值為 true 或 false 的屬性，例如 disabled 就是一個常見的布林屬性。

我們可以對 HTML 元素的布林屬性進行動態繫結，下面是一個例子，若應用程式實體的 isBtnDisabled 為 true，表示 <button> 元素包含 disabled 屬性，因而顯示不可點按的按鈕；相反的，若應用程式實體的 isBtnDisabled 為 false，表示 <button> 元素沒有包含 disabled 屬性，因而顯示可以點按的按鈕。

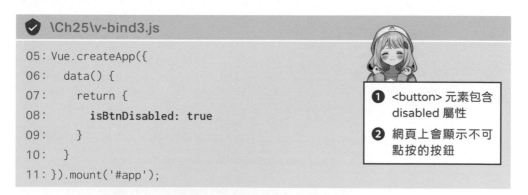

✅ \Ch25\v-bind3.html

```
01: <body>                                ❶
02:   <div id="app"><button :disabled="isBtnDisabled"> 按鈕 </button></div>
03:   <script src="v-bind3.js"></script>
04: </body>
```

✅ \Ch25\v-bind3.js

```
05: Vue.createApp({
06:   data() {
07:     return {
08:       isBtnDisabled: true
09:     }
10:   }
11: }).mount('#app');
```

❶ <button> 元素包含 disabled 屬性

❷ 網頁上會顯示不可點按的按鈕

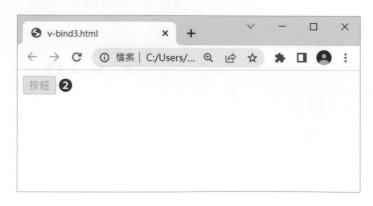

25-3-3 使用 JavaScript 運算式

除了單純的資料之外，我們也可以在 Mustache 標籤中使用 JavaScript 運算式，下面是一個例子，它會顯示底、高及三角形面積，其中三角形面積是利用 JavaScript 運算式所計算出來的結果。

🛡 \Ch25\expr.html

```html
<body>
  <div id="app">
    <p>底：{{ base }}</p>
    <p>高：{{ height }}</p>
    <p>三角形面積：{{ (base * height) / 2 }}</p>
  </div>
  <script src="expr.js"></script>
</body>
```

🛡 \Ch25\expr.js

```javascript
Vue.createApp({
  data() {
    return {
      base: 10,
      height: 5
    }
  }
}).mount('#app');
```

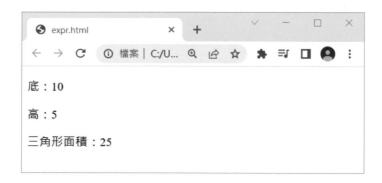

事實上，JavaScript 運算式並不侷限於算術運算這種簡單的式子，只要是最終能夠產生值的敘述都可以，包括函式呼叫在內。下面是一個例子，它在 Mustache 標籤中呼叫 Array 物件的 join() 方法，傳回值是以參數所指定的字串連接陣列的元素。

✅ \Ch25\expr2.html

```
<body>
  <div id="app">{{ fruits.join("--") }}</div>
  <script src="expr2.js"></script>
</body>
```

✅ \Ch25\expr2.js

```
Vue.createApp({
  data() {
    return {
      fruits: ['香蕉', '蘋果', '芭樂']
    }
  }
}). mount('#app');
```

請注意，元件每次更新時都會呼叫運算式裡面的函式，因此，函式不應該有變更資料或觸發非同步操作的副作用，比方說，此例的 join() 方法不能換成 reverse() 方法，因為該方法會變更陣列，將元素的順序顛倒過來。

25-4 methods 與 computed 屬性

在前面的例子中，我們都是藉由 Vue 應用程式實體的 data 屬性來設定資料，然後直接將資料渲染到網頁畫面，但有時資料可能需要經過運算才進行渲染，此時，我們可以利用 methods 或 computed 屬性來定義運算過程。

25-4-1 methods 屬性

methods 屬性可以用來定義方法，下面是一個例子，它利用 methods 屬性定義一個 BMI() 方法，以根據身高與體重計算 BMI。

✅ **\Ch25\methods.html**

```
01: <body>
02:   <div id="app">
03:     <p>身高 (cm)：{{ height }}</p>
04:     <p>體重 (kg)：{{ weight }}</p>
05:     <p>BMI：{{ BMI() }}</p>
06:   </div>              ❶
07:   <script src="methods.js"></script>
08: </body>
```

✅ **\Ch25\methods.js**

```
09: Vue.createApp({
10:   data() {
11:     return {
12:       height：160,
13:       weight：45
14:     }
15:   },
16: ┌ methods：{
17: │   BMI() {
18: ❷│     return (this.weight / (this.height / 100) ** 2).toFixed(2);
19: │   }
20: └ }
21: }).mount('#app');
```

> ❶ 在 Mustache 標籤中呼叫 BMI() 方法
> ❷ 在 methods 屬性中定義 BMI() 方法

25-15

⊘ 05：在 Mustache 標籤中呼叫 BMI() 方法，所謂「方法」其實就是物件裡面的函式，正因為是函式呼叫，所以必須加上小括號，若函式有參數，寫在小括號裡面即可。

⊘ 16 ~ 20：在 methods 屬性中定義一個名稱為 BMI 的方法，傳回值為體重（公斤）除以身高（公尺）的平方，呼叫 toFixed(2) 方法可以取到小數點後面二位數，瀏覽結果如下圖。

請注意，第 18 行有一個 **this** 關鍵字，指的是此物件本身，也就是目前的應用程式實體，我們可以透過 this.weight 和 this.height 存取 data 屬性中的 weight 和 height；同理，若要在相同應用程式實體的其它方法中呼叫 BMI() 方法，只要寫成 this.BMI() 即可。

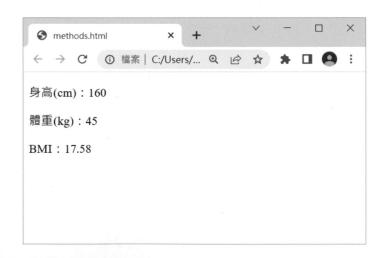

25-4-2 computed 屬性

computed 屬性可以用來將一些程式碼執行完畢的結果當作取出的資料值，它同樣是以函式的形式呈現。

舉例來說，我們可以換用 computed 屬性將前一節的例子改寫成如下，瀏覽結果是相同的。從這兩個例子可以看出，methods 與 computed 屬性都能夠用來將一些運算過程包裝起來以供重複使用。

✅ **\Ch25\computed.html**

```
<body>
  <div id="app">
    <p>身高 (cm)：{{ height }}</p>
    <p>體重 (kg)：{{ weight }}</p>
    <p>BMI：{{ BMI }}</p>
  </div>                ❶
  <script src="computed.js"></script>
</body>
```

✅ **\Ch25\computed.js**

```
Vue.createApp({
  data() {
    return {
      height: 160,
      weight: 45
    }
  },
  computed: {
    BMI() {
      return (this.weight / (this.height / 100) ** 2).toFixed(2);
    }
  }
}).mount('#app');
```

❶ 在 Mustache 標籤中存取 BMI 的值，注意此處沒有小括號

❷ 在 computed 屬性中定義 BMI 的值

身高(cm)：160

體重(kg)：45

BMI：17.58

25-17

乍看之下，methods 與 computed 屬性的用法非常類似，只是前者在 Mustache 標籤中是寫成 {{ BMI() }}，有小括號，而後者在 Mustache 標籤中是寫成 {{ BMI }}，沒有小括號，然事實上，兩者還存在著如下差異：

- computed 屬性會將執行結果暫存起來，若所參考的資料 (例如前面例子中的 this.height、this.weight) 沒有改變，運算過程就不會重複執行；相反的，methods 屬性中的方法在每次呼叫時都會執行，無論所參考的資料有無改變。

- computed 屬性無法傳入參數，若遇到需要傳入參數的情況，必須使用 methods 屬性。

25-4-3 可寫入的 computed 屬性

在預設的情況下，computed 屬性只能用來取出資料值，若要允許改變資料值，可以使用如下語法，其中 **get()** 方法用來撰寫取出資料值的程式碼，而 **set()** 方法用來透過參數接收被改變的資料值並據此更新其它值：

```
computed: {
  屬性名稱：{
    get() {...取出資料值的程式碼...},
    set( 參數 ) {...接收資料值並據此更新其它值的程式碼...}
  }
}
```

下面是一個例子，它會轉換公分與英吋 (1 英吋 =2.54 公分)，當使用者在第一個欄位輸入公分數時，第二個欄位會自動顯示對應的英吋數；當使用者在第二個欄位輸入英吋數時，第一個欄位會自動顯示對應的公分數。

請注意，第 03、04 行有兩個單行文字方塊，裡面各自加上 v-model 指令，用來將輸入的資料和應用程式實體中的 cm 與 inch 做繫結，我們會在第 25-6 節進一步介紹 v-model 指令。

✅ **\Ch25\computed2.html**

```
01 : <body>
02 :   <div id="app">
03 :     <p>公分：<input type="text" v-model="cm"></p>
04 :     <p>英吋：<input type="text" v-model="inch"></p>
05 :   </div>
06 :   <script src="computed2.js"></script>
07 : </body>
```

✅ **\Ch25\computed2.js**

```
08 : Vue.createApp({
09 :   data() {
10 :     return {
11 :       cm: 2.54
12 :     }
13 :   },
14 :   computed: {
15 :     inch: {
16 :       get() {
17 : ❶     return Number.parseFloat(Number(this.cm) / 2.54).toFixed(2);
18 :       },
19 :       set(val) {
20 : ❷     this.cm = Number.parseFloat(Number(val) * 2.54).toFixed(2);
21 :       }
22 :     }
23 :   }
24 : }).mount('#app');
```

❶ get() 方法用來取出 inch 的值，也就是公分數除以 2.54

❷ 當使用者輸入英吋數時，會呼叫 set() 方法接收英吋數並據此更新 cm 的值，也就是英吋數乘以 2.54

❸ 輸入公分數會自動更新英吋數，而輸入英吋數會自動更新公分數

25-5 事件處理

Vue.js 提供了 **v-on** 指令用來處理事件,其語法如下,後者為簡寫:

> v-on: 事件名稱 =" 事件處理程式 " 或 @ 事件名稱 =" 事件處理程式 "

下面是一個例子,它會監聽按鈕的 click 事件,每次點取按鈕,就會將 count 的值遞增 1。

✅ \Ch25\count.html

```
<body>
  <div id="app">      ❶
    <button v-on:click="count++">點按次數:{{ count }}</button>
  </div>
  <script src="count.js"></script>
</body>
```

✅ \Ch25\count.js

```
Vue.createApp({
  data() {
    return {
      count: 0
    }
  }
}).mount('#app');
```

❶ 亦可簡寫成 @click="count++"
❷ 每次點取按鈕,所顯示的次數就會遞增 1

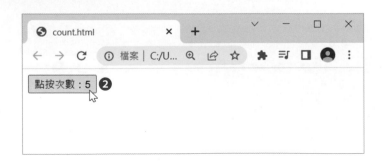

我們也可以將事件處理程式定義在 Vue 應用程式實體的 methods 屬性，這種方式適合用來定義一些運算邏輯比較複雜的事件處理程式。

下面是一個例子，它會監聽按鈕的 click 事件，每次點取按鈕，就會呼叫 increment() 方法將 count 的值遞增 1。

✅ \Ch25\count2.html

```html
<body>
  <div id="app">❶
    <button v-on:click="increment">點按次數：{{ count }}</button>
  </div>
  <script src="count2.js"></script>
</body>
```

✅ \Ch25\count2.js

```javascript
Vue.createApp({
  data() {
    return {
      count: 0
    }
  },
  methods: {
    increment() {
      this.count++;
    }
  }
}).mount('#app');
```

❶ 亦可簡寫成 @click="increment"
❷ 在 methods 屬性中定義 increment() 方法
❸ 每次點取按鈕，所顯示的次數就會遞增 1

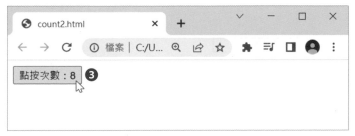

25-6 表單欄位繫結

Vue.js 提供了 **v-model** 指令用來進行表單欄位繫結，將使用者在 <input>、<textarea>、<select> 等表單欄位所輸入的資料同步更新到應用程式實體。

25-6-1 單行文字方塊

下面是一個例子，它會監聽單行文字方塊的 input 事件，只要其內的資料改變，v-model="message" 指令就會將資料同步更新到 data 屬性中的 message。

✅ \Ch25\input.html

```
<body>
  <div id="app">
    <input type="text" v-model="message">
    <p> 輸入訊息如下：<br> {{ message }} </p>
  </div>
  <script src="input.js"></script>
</body>
```

✅ \Ch25\input.js

```
Vue.createApp({
  data() {
    return {
      message: ''
    }
  }
}).mount('#app');
```

❶ 輸入資料
❷ 資料會逐字同步顯示在此

```
Hello, world! ❶

輸入訊息如下：
Hello, world! ❷
```

下面是另一個例子，使用者所輸入的身高與體重會同步更新到 data 屬性中的 height 和 weight，只要點取「計算 BMI」按鈕，就會據此計算 BMI 的值。

✅ **\Ch25\input2.html**

```
<body>
  <div id="app">
    <p> 身高（cm）：<input type="text" v-model="height"></p>
    <p> 體重（kg）：<input type="text" v-model="weight"></p>
    <button @click="evalBMI"> 計算 BMI</button>
    <p>BMI：{{ BMI }}</p>
  </div>
  <script src="input2.js"></script>
</body>
```

✅ **\Ch25\input2.js**

```
Vue.createApp({
  data() {
    return {
      height: 0,
      weight: 0,
      BMI: 0
    }
  },
  methods: {
    evalBMI() {
      this.BMI = (this.weight / (this.height / 100) ** 2).toFixed(2);
    }
  }
}).mount('#app');
```

❶ 輸入身高
❷ 輸入體重
❸ 點取此鈕
❹ 顯示 BMI 的值

身高(cm)：180 ❶

體重(kg)：70 ❷

計算BMI ❸

BMI：21.60 ❹

25-6-2 選擇鈕

下面是一個例子，它會監聽選擇鈕的 change 事件，只要變更所點取的選擇鈕，
v-model="married" 指令就會將其值同步更新到 data 屬性中的 married。由於
我們在 Vue 應用程式實體中將 married 的初始值設定為 '是'，所以在載入網頁
時預設會點取「是」。

✅ \Ch25\radio.html

```
<body>
  <div id="app">
    <p>已婚：{{ married }}</p>
    <input type="radio" id="yes" value="是" v-model="married">
    <label for="yes">是</label>
    <input type="radio" id="no" value="否" v-model="married">
    <label for="no">否</label>
  </div>
  <script src="radio.js"></script>
</body>
```

✅ \Ch25\radio.js

```
Vue.createApp({
  data() {
    return {
      married: '是'
    }
  }
}).mount('#app');
```

已婚：否 ❷

〇是 ◉否
    ❶

❶ 點取選擇鈕　　❷ 顯示被點取之選擇鈕的值

25-6-3 核取方塊

下面是一個例子，它會監聽核取方塊的 change 事件，只要變更所點取的核取方塊，v-model="interest" 指令就會將其值同步更新到 data 屬性中的 interest。

⬡ **\Ch25\checkbox.html**

```html
<body>
  <div id="app">
    <p>興趣（可複選）：{{ interest }}</p>
    <input type="checkbox" id="item1" value=" 閱讀 " v-model="interest">
    <label for="item1"> 閱讀 </label>
    <input type="checkbox" id="item2" value=" 運動 " v-model="interest">
    <label for="item2"> 運動 </label>
    <input type="checkbox" id="item3" value=" 園藝 " v-model="interest">
    <label for="item3"> 園藝 </label>
  </div>
  <script src="checkbox.js"></script>
</body>
```

⬡ **\Ch25\checkbox.js**

```js
Vue.createApp({
  data() {
    return {
      interest: []      ┤由於核取方塊允許複選，所以
    }                     interest 的值是陣列
  }
}).mount('#app');
```

興趣(可複選)：["運動","園藝"] ❷

☐閱讀 ☑運動 ☑園藝
　　　　　❶

❶ 點取核取方塊　　❷ 顯示被點取之核取方塊的值

25-6-4 多行文字方塊

下面是一個例子，它會監聽多行文字方塊的 input 事件，只要其內的資料改變，v-model="message" 指令就會將資料同步更新到 data 屬性中的 message。

✅ **\Ch25\textarea.html**

```
<body>
 <div id="app">
   <textarea rows="5" v-model="message"></textarea>
   <p style="white-space: pre-line;"> 輸入訊息如下：<br>{{ message }}</p>
 </div>
 <script src="textarea.js"></script>
</body>
```

✅ **\Ch25\textarea.js**

```
Vue.createApp({
  data() {
    return {
     message: ''
    }
  }
}).mount('#app');
```

早安!
大家好!
今天的天氣很好! ❶

輸入訊息如下：
早安!
大家好!
今天的天氣很好! ❷

❶ 輸入資料　　❷ 資料會逐字同步顯示在此

25-6-5 下拉式清單

下面是一個例子，它會監聽 <select> 元素的 change 事件，只要變更所點取的選項，v-model="education" 指令就會將其值同步更新到 data 屬性中的 education。

✅ \Ch25\select.html

```
<body>
  <div id="app">
    <p>最高學歷：{{ education }}</p>
    <select v-model="education">
      <option disabled value="">請選擇一個 </option>
      <option>碩士或以上 </option>
      <option>大專 </option>
      <option>高中或以下 </option>
    </select>
  </div>
  <script src="select.js"></script>
</body>
```

✅ \Ch25\select.js

```
Vue.createApp({
  data() {
    return {
      education: ''
    }
  }
}).mount('#app');
```

❶ 點取選項　　❷ 顯示被點取之選項的值

25-6-6 v-model 指令與修飾字

修飾字 (modifier) 是一種後置詞，能夠讓指令以某種特殊的方式進行繫結。v-model 指令有 .lazy、.trim、.number 等修飾字，以下有進一步的說明。

v-model 指令預設會監聽文字方塊的 input 事件，只要使用者一敲擊鍵盤就會觸發 input 事件，令應用程式實體中對應的資料馬上更新，若希望在輸入完畢後才更新，可以加上修飾字 **.lazy**，改成監聽 change 事件。下面是一個例子，它在 \Ch25\input.html 的 v-model 指令後面加上 .lazy，這樣就可以等到輸入完畢並按 [Enter] 鍵後才顯示資料。

```
<body>
  <div id="app">
    <input type="text" v-model.lazy="message">
    <p>輸入訊息如下：<br>{{ message }}</p>
  </div>
  <script src="input.js"></script>
</body>
```

❶ 輸入資料，然後按 [Enter] 鍵
❷ 資料顯示在此

針對使用者在文字方塊所輸入的資料，若要自動去除前後的空白字元，可以在 v-model 指令後面加上修飾字 **.trim**，例如：

```
<input type="text" v-model.trim="message">
```

.number

使用者在文字方塊所輸入的資料（包括數值）都會被當作字串，若要視為數值，可以在 v-model 指令後面加上修飾字 **.number**。

下面是一個例子，使用者所輸入的數字 1 和數字 2 會被視為數值進行加法運算，而不是字串連接。

✅ \Ch25\number.html

```html
<body>
  <div id="app">
    <p>數字 1：<input type="text" v-model.number="num1"></p>
    <p>數字 2：<input type="text" v-model.number="num2"></p>
    <p>數字 1+ 數字 2：{{ num1 + num2 }}</p>
  </div>
  <script src="number.js"></script>
</body>
```

✅ \Ch25\number.js

```javascript
Vue.createApp({
  data() {
    return {
      num1: 0,
      num2: 0
    }
  }
}).mount('#app');
```

❶ 輸入數字 1
❷ 輸入數字 2
❸ 顯示兩數相加的結果

數字1：15 ❶

數字2：1.8 ❷

數字1+數字2：16.8 ❸

25-7 類別與樣式繫結

當我們進行資料繫結時，有時會需要操作元素的類別或行內樣式，為了簡化繫結的動作，Vue.js 提供 v-bind:class 與 v-bind:style 指令用來動態繫結 class（類別）和 style（樣式）屬性的值。

v-bind:class 指令的語法如下，亦可簡寫成 **:class**，其中 Vue 屬性是一個布林值，若值為 true，表示對應的 class 有效，會套用樣式；若值為 false，表示對應的 class 無效，不會套用樣式：

```
v-bind:class="{'class 名稱 ': Vue 屬性 }"  或  :class="{'class 名稱 ': Vue 屬性 }"
```

以下面的敘述為例，若 isActive 的值為 true，<div> 元素就會套用 active 類別；若 isActive 的值為 false，<div> 元素就不會套用 active 類別：

```
<div v-bind:class="{'active': isActive}"></div>
```

下面是一個例子，當指標移到標題 1 時，就變成紅底白字；當指標離開標題 1 時，就變成白底藍字。

✓ **\Ch25\classbind.html**

```
<!DOCTYPE html>
<html>
  <head>
    <meta charset="utf-8">
    <script src="https://unpkg.com/vue@3"></script>
    <link rel="stylesheet" href="classbind.css" type="text/css">
  </head>
  <body>
    <div id="app">
      <h1 v-bind:class="{'class1': isOne, 'class2': isTwo}" ❶
      ❷ @mouseover="change" @mouseout="restore">
        Hello, Vue.js!</h1>    ❸
    </div>
    <script src="classbind.js"></script>
  </body>
</html>
```

❶ 若 isOne 為 true，就套用 class1 類別（白底藍字）；若 isTwo 為 true，就套用 class2 類別（紅底白字）

❷ 當指標移到時，就呼叫 change() 函式

❸ 當指標離開時，就呼叫 restore() 函式

✅ **\Ch25\classbind.css**

```css
.class1 {
  color: blue; background: white;
}
.class2 {
  color: white; background: red;
}
```

✅ **\Ch25\classbind.js**

```js
Vue.createApp({
  data() {
    return {
      isOne: true,
      isTwo: false
    }
  },
  methods: {
    change() {
      this.isOne = false;
      this.isTwo = true;
    },
    restore() {
      this.isOne = true;
      this.isTwo = false;
    }
  }
}).mount('#app');
```

❹ isOne 的初始值為 true，isTwo 的初始值為 false，表示網頁載入時會套用 class1 類別

❺ 當指標移到時，就將 isOne 設定為 false，isTwo 設定為 true，表示套用 class2 類別

❻ 當指標離開時，就將 isOne 設定為 true，isTwo 設定為 false，表示套用 class1 類別

Hello, Vue.js!
ⓐ

Hello, Vue.js!
ⓑ

ⓐ 指標移到時會變成紅底白字　　　ⓑ 指標離開時會變成白底藍字

v-bind:style 指令的語法如下，亦可簡寫成 :style，表示將 CSS 屬性設定為 Vue 屬性的值：

```
v-bind:style="{'CSS 屬性': Vue 屬性 }"  或  :style="{'CSS 屬性': Vue 屬性 }"
```

我們可以使用 v-bind:style 指令將前面的例子改寫成如下，瀏覽結果是相同的。

✅ **\Ch25\stylebind.html**

```
<body>
  <div id="app">
    <h1 v-bind:style="{'color': fgColor, 'background': bgColor}" ❶
      @mouseover="change" @mouseout="restore">
      Hello, Vue.js!</h1>
  </div>
  <script src="stylebind.js"></script>
</body>
```

✅ **\Ch25\stylebind.js**

```
Vue.createApp({
  data() {
    return {
      fgColor: 'blue',          ❷
      bgColor: 'white'
    }
  },
  methods: {
    change() {
      this.fgColor = 'white';   ❸
      this.bgColor = 'red';
    },
    restore() {
      this.fgColor = 'blue';    ❹
      this.bgColor = 'white';
    }
  }
}).mount('#app');
```

❶ 將 color 屬性設定為 fgColor 的值；將 background 屬性設定為 bgColor 的值

❷ fgColor 的初始值為 blue，bgColor 的初始值為 white，表示白底藍字

❸ 當指標移到時，就將 fgColor 設定為 white，bgColor 設定為 red，表示紅底白字

❹ 當指標離開時，就將 fgColor 設定為 blue，bgColor 設定為 white，表示白底藍字

25-8 條件式渲染

條件式渲染 (conditional rendering) 會根據條件式的結果決定所要渲染的區塊，Vue.js 為此提供了 v-if、v-else、v-else-if 等指令，以下就為您做說明。

 v-if

若 **v-if** 指令的值為 true，就顯示元素；若 v-if 指令的值為 false，就移除元素。下面是一個例子，每次點取按鈕，就會在顯示或移除 <h1> 元素之間切換。

✅ \Ch25\vif.html

```
<body>
  <div id="app">
❶ <button @click="toggle = !toggle"> 切換 </button>
❷ <h1 v-if="toggle">Hello, Vue.js!</h1>
  </div>
  <script src="vif.js"></script>
</body>
```

✅ \Ch25\vif.js

```
Vue.createApp({
  data() {
    return {
      toggle: true
    }
  }
}).mount('#app');
```

❶ 每次點取按鈕，toggle 會由 true 變成 false，或由 false 變成 true

❷ 若 toggle 為 true，就顯示 <h1> 元素；若 toggle 為 false，就移除 <h1> 元素

切換
Hello, Vue.js! ⓐ

切換

ⓐ 網頁載入時會顯示 <h1> 元素　　ⓑ 點取此鈕會移除 <h1> 元素

v-else

v-else 指令用來設定 v-if 指令的 else 區塊，若 v-if 指令的值為 true，就顯示 v-if 所在的元素；若 v-if 指令的值為 false，就顯示 v-else 所在的元素。

下面是一個例子，每次點取按鈕，就會在兩個 <h1> 元素之間切換。

✅ **\Ch25\velse.html**

```
<body>
  <div id="app">
❶  <button @click="toggle = !toggle"> 切換 </button>
❷  <h1 v-if="toggle">Hello, Vue.js!</h1>
❸  <h1 v-else>Vue.js 初體驗 </h1>
  </div>
  <script src="velse.js"></script>
</body>
```

✅ **\Ch25\velse.js**

```
Vue.createApp({
  data() {
    return {
      toggle: true
    }
  }
}).mount('#app');
```

❶ 每次點取按鈕，toggle 會由 true 變成 false，或由 false 變成 true

❷ 若 toggle 為 true，就顯示第一個 <h1> 元素

❸ 若 toggle 為 false，就顯示第二個 <h1> 元素

切換

Hello, Vue.js! ⓐ

切換

Vue.js初體驗

ⓐ 網頁載入時會顯示第一個 <h1> 元素

ⓑ 點取此鈕會顯示第二個 <h1> 元素

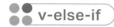 **v-else-if**

v-else-if 指令用來設定 v-if 指令的 else if 區塊，下面是一個例子，由於 type 的值為 'A'，因此，第 03、04、05 行中 v-if、v-else-if、v-else-if 指令的值均為 false，所在的 <div> 元素都會被移除，只會顯示第 06 行中 v-else 指令所在的 <div> 元素。

✅ \Ch25\velseif.html

```
01: <body>
02:   <div id="app">
03:     <div v-if="type === 'X'">X</div>
04:     <div v-else-if="type === 'Y'">Y</div>
05:     <div v-else-if="type === 'Z'">Z</div>
06:     <div v-else>Not X/Y/Z</div>
07:   </div>
08:   <script src="velseif.js"></script>
09: </body>
```

✅ \Ch25\velseif.js

```
10: Vue.createApp({
11:   data() {
12:     return {
13:       type: 'A'
14:     }
15:   }
16: }).mount('#app');
```

Not X/Y/Z

針對條件式渲染，Vue.js 提供了另一個 **v-show** 指令，用法幾乎與 v-if 相同。下面是一個例子，它和 \Ch25\vif.html、\Ch25\vif.js 的差別在於將 v-if 換成 v-show，每次點取按鈕，就會在顯示或隱藏 <h1> 元素之間切換，也就是說 <h1> 元素不會被移除，而是被加上 style="display: none;" 屬性隱藏起來。

原則上，v-if 指令會等到條件式成立才進行渲染，而 v-show 指令是不管條件式成立與否都會進行渲染，只是當條件式不成立時，元素會被隱藏起來。

✔️ **\Ch25\vshow.html**

```html
<body>
  <div id="app">
    <button @click="toggle = !toggle"> 切換 </button>
    <h1 v-show="toggle">Hello, Vue.js!</h1>
  </div>
  <script src="vshow.js"></script>
</body>
```

✔️ **\Ch25\vshow.js**

```javascript
Vue.createApp({
  data() {
    return {
      toggle: true
    }
  }
}).mount('#app');
```

切換		切換 ❷
Hello, Vue.js! ❶		

❶ 網頁載入時會顯示 <h1> 元素　　　❷ 點取此鈕會隱藏 <h1> 元素

25-9 清單渲染

Vue.js 提供了 **v-for** 指令用來進行**清單渲染** (list rendering)，該指令就像 for 迴圈一樣可以用來存取陣列或物件。

v-for 指令與陣列

v-for 指令可以用來取出陣列的元素，下面是一個例子，它會從應用程式實體中取出陣列 arr 的元素，儲存在變數 item 中，然後顯示出來。

✓ \Ch25\vfor.html

```
<body>
  <div id="app">❶       ❷        ❸
    <li v-for="item in arr">{{ item }}</li>
  </div>
  <script src="vfor.js"></script>
</body>
```

❶ item 是變數名稱，用來儲存陣列的元素
❷ arr 是應用程式實體中的陣列名稱
❸ 顯示變數 item 的值

✓ \Ch25\vfor.js

```
Vue.createApp({
  data() {
    return {
      arr: ['Dog', 'Cat', 'Bird']
    }
  }
}).mount('#app');
```

- Dog
- Cat
- Bird

下面是另一個例子,它利用 v-for 指令取出使用者在核取方塊中所核取的興趣,然後顯示出來。

✅ \Ch25\vfor2.html

```
<body>
  <div id="app">
    <p> 興趣(可複選):</p>
    <input type="checkbox" id="item1" value=" 閱讀 " v-model="interest">
    <label for="item1"> 閱讀 </label>
    <input type="checkbox" id="item2" value=" 運動 " v-model="interest">
    <label for="item2"> 運動 </label>
    <input type="checkbox" id="item3" value=" 園藝 " v-model="interest">
    <label for="item3"> 園藝 </label>
    <p> 您核取的興趣如下:</p>
    <ul>
      <li v-for="item in interest">{{ item }}</li>
    </ul>
  </div>
  <script src="vfor2.js"></script>
</body>
```

✅ \Ch25\vfor2.js

```
Vue.createApp({
  data() {
    return {
      interest: []
    }
  }
}).mount('#app');
```

❶ 核取興趣(可複選)
❷ 顯示所核取的興趣

興趣(可複選):

❶ ☑閱讀 ☐運動 ☑園藝

您核取的興趣如下:

❷
- 閱讀
- 園藝

v-for 指令與物件

除了陣列之外，v-for 指令也可以用來取出物件的屬性，下面是一個例子，它會從應用程式實體中取出物件 obj 的屬性，儲存在變數中，然後顯示出來。

✅ **\Ch25\vfor3.html**

```html
<body>
  <div id="app"> ❶      ❷        ❸        ❹              ❺
    <li v-for="(value, key) in obj">{{ key }}：{{ value }}</li>
  </div>
  <script src="vfor3.js"></script>
</body>
```

✅ **\Ch25\vfor3.js**

```javascript
Vue.createApp({
  data() {
    return {
      obj: {
        height: '160cm',
        weight: '45kg',
        birthday: '2000-02-14'
      }
    }
  }
}).mount('#app');
```

❶ value 是變數名稱，用來儲存物件的值
❷ key 是變數名稱，用來儲存物件的鍵
❸ obj 是應用程式實體中的物件名稱
❹ 顯示變數 key 的值
❺ 顯示變數 value 的值

- height：160cm
- weight：45kg
- birthday：2000-02-14

v-for 指令與數字範圍

v-for 指令還可以搭配正整數 n，以將樣板重複 n 次，要注意的是 n 的值是從 1 開始遞增，不是 0。下面是一個例子，它利用 v-for 指令讓 n 從 1 開始遞增到 7，然後顯示出來。

✅ \Ch25\vfor4.html

```
<body>
  <div id="app">
    <p v-for="n in 7">第 {{ n }} 次 </p>
  </div>
  <script src="vfor4.js"></script>
</body>
```

✅ \Ch25\vfor4.js

```
Vue.createApp({
  data() {
    return {
      n: 1
    }
  }
}).mount('#app');
```

第 1 次

第 2 次

第 3 次

第 4 次

第 5 次

第 6 次

第 7 次

網頁設計完全攻略 HTML、CSS、JavaScript、Bootstrap、jQuery、Vue.js、RWD｜搭配 ChatGPT 效率加倍

作　　者：陳惠貞
企劃編輯：江佳慧
文字編輯：王雅雯
設計裝幀：張寶莉
發 行 人：廖文良

發 行 所：碁峰資訊股份有限公司
地　　址：台北市南港區三重路 66 號 7 樓之 6
電　　話：(02)2788-2408
傳　　真：(02)8192-4433
網　　站：www.gotop.com.tw
書　　號：ACL070300
版　　次：2023 年 12 月初版
建議售價：NT$980

國家圖書館出版品預行編目資料

網頁設計完全攻略 HTML、CSS、JavaScript、Bootstrap、jQuery、
Vue.js、RWD：搭配 ChatGPT 效率加倍 / 陳惠貞著. -- 初版.
-- 臺北市：碁峰資訊, 2023.12
　　面；　公分
　　ISBN 978-626-324-687-4(平裝)
　　1.CST：網頁設計　2.CST：全球資訊網
312.1695　　　　　　　　　　　　　　　112020068